2021年
中国生态环境质量报告

生态环境部生态环境监测司
中 国 环 境 监 测 总 站　编

中国环境出版集团·北京

图书在版编目（CIP）数据

2021年中国生态环境质量报告/生态环境部生态环境监测司，中国环境监测总站编. —北京：中国环境出版集团，2023.11
ISBN 978-7-5111-5664-8

Ⅰ. ①2… Ⅱ. ①生…②中… Ⅲ. ①环境生态评价—研究报告—中国—2021 Ⅳ. ①X826

中国国家版本馆CIP数据核字（2023）第208594号

审图号：GS京（2023）0341号

出 版 人 武德凯
责任编辑 董蓓蓓
封面设计 彭 杉

出版发行 中国环境出版集团
（100062 北京市东城区广渠门内大街 16 号）
网　　址：http://www.cesp.com.cn
电子邮箱：bjgl@cesp.com.cn
联系电话：010-67112765（编辑管理部）
发行热线：010-67125803，010-67113405（传真）
印　　刷 北京中科印刷有限公司
经　　销 各地新华书店
版　　次 2023 年 11 月第 1 版
印　　次 2023 年 11 月第 1 次印刷
开　　本 787×1092 1/16
印　　张 21.5
字　　数 480 千字
定　　价 139.00 元

《2021年中国生态环境质量报告》编委会

(中国环境科学研究院、生态环境部卫星环境应用中心、生态环境部南京环境科学研究所、国家海洋环境监测中心、生态环境部辐射环境监测技术中心　以姓氏笔画为序)

万雅琼　马万栋　马　月　马鹏飞　王一飞　王孝程　王晓萌　王　蕾
卢晓强　白志杰　冯爱萍　毕京鹏　曲　玲　朱南华诺娃　朱海涛
刘慧明　李　飞　李佳琦　李圆圆　李梓湉　杨文超　吴艳婷　余嘉琦
张　云　张丽娟　张晓刚　陈琳涵　孟　斌　赵　焕　闻瑞红　姚延娟
贾　兴　徐茗荟　翁国庆　黄　莉　梁　斌　谢成玉　鲍晨光　蔡笑涯

(其他部委)

刘立明　农业农村部渔业渔政管理局
张　晨　农业农村部渔业渔政管理局
李应仁　中国水产科学研究院资源与环境研究中心
黄　瑛　中国水产科学研究院资源与环境研究中心
胡　炎　农业农村部农田建设管理司
江　旭　农业农村部农田建设管理司
董　岳　农业农村部农田建设管理司
江方利　水利部水资源管理司
张　剑　国家统计局能源统计司
李俊恺　国家林业和草原局规划财务司

[地方（生态）环境监测中心/站　以行政区划代码为序]

夏　夜　北京市生态环境监测中心
韩　龙　天津市生态环境监测中心
苏海燕　河北省生态环境监测中心
郝晓杰　山西省生态环境监测和应急保障中心(山西省生态环境科学研究院)
岳彩英　内蒙古自治区环境监测总站
惠婷婷　辽宁省生态环境监测中心
王洪梅　吉林省生态环境监测中心
李经纬　黑龙江省生态环境监测中心
胡雄星　上海市环境监测中心

刘　雷　　江苏省环境监测中心
林　广　　浙江省生态环境监测中心
王　欢　　安徽省生态环境监测中心
陈文花　　福建省环境监测中心站
胡　梅　　江西省生态环境监测中心
张起明　　江西省生态环境监测中心
金玲仁　　山东省生态环境监测中心
陈　珂　　河南省生态环境监测中心
冯　利　　湖北省生态环境监测中心站
高雯媛　　湖南省生态环境监测中心
柴子为　　广东省生态环境监测中心
李嘉力　　广西壮族自治区生态环境监测中心
符诗雨　　海南省生态环境监测中心
刘　灿　　重庆市生态环境监测中心
李　纳　　四川省生态环境监测总站
曾昭婵　　贵州省生态环境监测中心
铁　程　　云南省生态环境监测中心
德吉央宗　西藏自治区生态环境监测中心
李　飞　　陕西省环境监测中心站
成　丹　　甘肃省环境监测中心站
张妹婷　　青海省生态环境监测中心
赵　倩　　宁夏回族自治区生态环境监测中心
陈　静　　新疆维吾尔自治区生态环境监测总站
王立彬　　新疆生产建设兵团生态环境第一监测站

前 言

2021年是“十四五”开局之年，是党和国家历史上具有里程碑意义的一年。在以习近平同志为核心的党中央坚强领导下，各地区、各部门以习近平新时代中国特色社会主义思想为指导，全面贯彻党的十九大和十九届历次全会精神，深入学习贯彻习近平生态文明思想，认真落实党中央、国务院决策部署，按照立足新发展阶段、贯彻新发展理念、构建新发展格局、推动高质量发展的要求，扎实推进生态环境保护各项工作。生态环境保护实现“十四五”良好开局，美丽中国建设迈出坚实步伐。2021年国民经济和社会发展计划中生态环境领域8项约束性指标顺利完成，生态环境质量明显改善。全国空气质量持续向好，地表水环境质量稳步改善，海水水质整体持续向好，土壤环境风险得到基本管控，自然生态状况基本稳定，城市声环境质量总体向好，农村环境整治取得积极进展，核与辐射安全得到切实保障。

为客观反映2021年全国生态环境质量状况，根据《环境监测报告制度》《环境质量报告书编写技术规范》（HJ 641—2012），结合有关规定和要求，在生态环境部组织领导下，中国环境监测总站牵头编制《2021年中国生态环境质量报告》（以下简称《报告》）。《报告》以国家生态环境监测网络监测数据为基础，结合相关部门生态环境内容，系统分析和评价了2021年全国生态环境质量状况和变化情况，梳理了生态环境问题并提出了对策建议。

《报告》主体内容共分为四篇。第一篇为生态环境监测和评价方法，简述2021年生态环境监测情况。第二篇为生态环境质量状况，从全国、重点区域、流域等各个尺度分析2021年生态环境各要素质量及其变化情况。第三篇为污染源排放状况，从全国、各地区以及行业等多个层面分析污染源排放状况。第四篇为结论和对策建议，总结2021年全国生态环境质量总体情况，分析存在的主要生态环境问题并提出对策建议。《报告》另外设置附录，包含生态环境各要素主要监测依据和范围、评价依据和方法，以及部分监测结果。《报告》中的数据除有特殊说明外，均未包括香港特别行政区、澳门特别行政区和台湾省数据。

《报告》中难免有错漏之处，欢迎广大读者批评指正。

编者

目 录

第一篇　生态环境监测和评价方法

第二篇　生态环境质量状况

第三篇 污染源排放状况

第四篇 结论和对策建议

附 录

第一篇

生态环境监测和评价方法

生态环境监测是生态环境保护的基础，是生态文明建设的重要支撑。2021 年，是“十四五”开局之年，生态环境监测工作聚焦“实现减污降碳协同增效”总要求，锚定高质量发展目标，统筹规划监测顶层设计，全面落实监测方案要求，创新拓展监测业务领域，圆满完成各项监测任务，取得了新的明显成效，为深入打好污染防治攻坚战提供了强劲支撑。

系统谋划生态环境监测未来发展。生态环境部印发《“十四五”生态环境监测规划》，按照“一张蓝图、两大建设、三个导向、四项提升”总体思路，对照“提气降碳强生态，增水固土防风险”的要求，科学设置“十四五”生态环境监测重点任务。

优化调整国家生态环境监测网络。国家城市环境空气质量监测网国控点位由 1 436 个增至 1 734 个，解决了城市新增建成区缺少点位、现有建成区点位不均衡的问题，实现地级及以上城市和国家级新区全覆盖。国家地表水环境质量监测网国控断面由 1 940 个增至 3 646 个，有效实现水环境质量监测网和水功能区监测网的“两网合一”。统一设置地下水考核点位，实现地下水监测工程与考核点位数据共享。

创新发展重点领域监测业务。细颗粒物（$PM_{2.5}$）和臭氧（O_3）协同控制监测实现新跨越，建成 147 个城市挥发性有机物（VOCs）站和 180 个城市非甲烷总烃（NMHC）站，首次组织典型城市氨气试点监测。温室气体监测迈出重大步伐，推动碳监测评估试点，研究构建源汇监测技术与核算体系。水生态监测取得重大突破，形成水生态监测总体思路。补齐长江流域“十四五”水生态考核技术短板，首次完成七大流域水生态状况调查评价。生态质量监测取得重要进展，建立生态质量指数（EQI），开展生态质量监测评价。

坚守数据质量“生命线”，监测质量监管能力取得新提升。全国生态环境监管专用计量测试技术委员会正式成立，“国家—区域—机构”三级质量管理体系全面建成，国家生态环境监测网络“八四三”运维管理体系更加健全，确保了监测数据“真、准、全”。

第一章　环境空气

第一节　城市环境空气

2021 年，依托国家环境空气质量监测网[①]（包括 339 个地级及以上城市[②]1 734 个环境空气质量监测国控点位）开展城市环境空气质量监测。监测指标为二氧化硫（SO_2）、二氧化氮（NO_2）、可吸入颗粒物（PM_{10}）、细颗粒物（$PM_{2.5}$）、一氧化碳（CO）和臭氧（O_3）等六项污染物。监测方法为 24 h 连续自动监测。

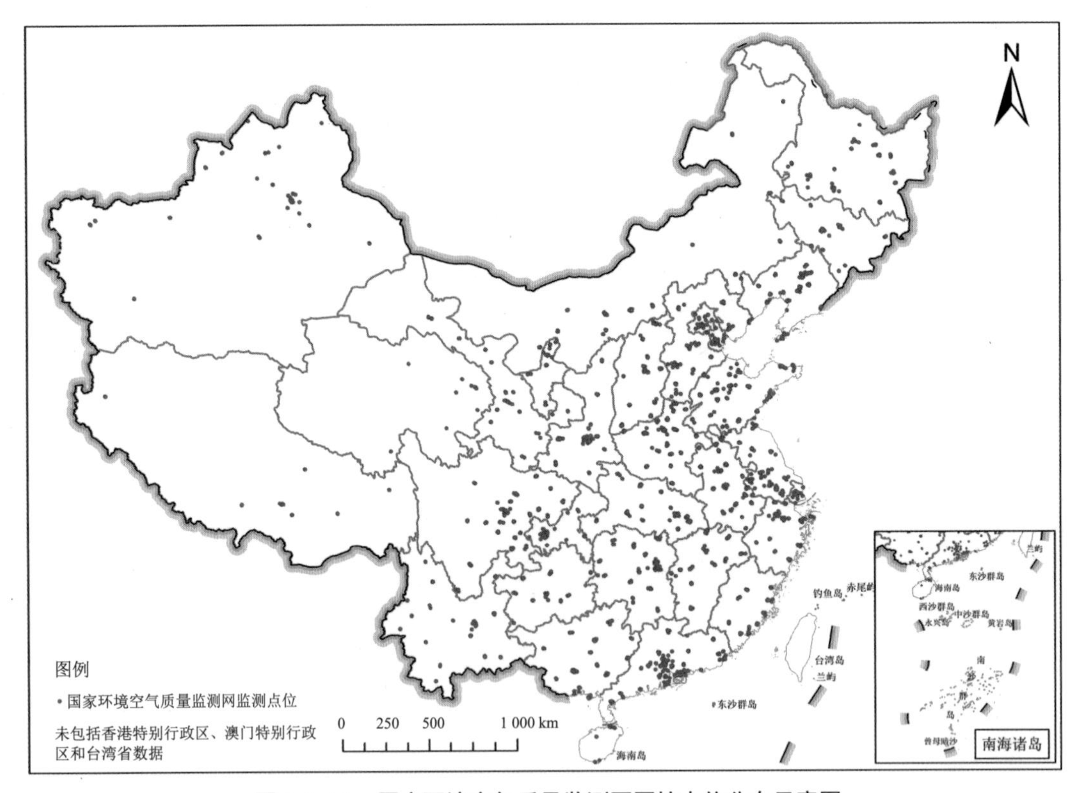

图 1.1.1-1　国家环境空气质量监测网国控点位分布示意图

① 2019 年起城市环境空气质量评价采用实况（参比状态）数据。

② 地级及以上城市：含直辖市、地级市、地区、自治州和盟，具体城市清单见附录，以下简称 339 个城市。

第二节　背景站和区域站

2021 年，全国 16 个国家背景环境空气质量监测站（以下简称背景站）开展背景环境空气质量监测，监测指标为 SO_2、NO_2、PM_{10}、$PM_{2.5}$、CO 和 O_3。其中，11 个背景站开展温室气体二氧化碳（CO_2）、甲烷（CH_4）监测，5 个背景站开展温室气体氧化亚氮（N_2O）监测。

表 1.1.2-1　国家背景环境空气质量监测站

序号	背景站	监测指标
1	内蒙古呼伦贝尔站	SO_2、NO_2、PM_{10}、$PM_{2.5}$、CO、O_3、CO_2、CH_4、N_2O
2	福建武夷山站	
3	山东长岛站	
4	四川海螺沟站	
5	青海门源站	
6	山西庞泉沟站	SO_2、NO_2、PM_{10}、$PM_{2.5}$、CO、O_3、CO_2、CH_4
7	湖北神农架站	
8	广东南岭站	
9	海南西沙永兴岛站	
10	南沙大气综合监测站	
11	云南丽江站	
12	吉林长白山站	SO_2、NO_2、PM_{10}、$PM_{2.5}$、CO、O_3
13	湖南衡山站	
14	海南五指山站	
15	西藏纳木错站	
16	新疆喀纳斯站	

全国 61 个区域环境空气质量监测站（以下简称区域站）开展区域环境空气质量监测，监测指标为 SO_2、NO_2、PM_{10}、$PM_{2.5}$、CO 和 O_3。背景站与区域站监测方法均为 24 h 连续自动监测。

第三节 沙尘

2021 年，全国沙尘遥感监测采用 TERRA 和 AQUA 卫星搭载的 MODIS 传感器数据（以下简称 MODIS 数据），卫星数据空间分辨率为 250 m～1 km，传感器覆盖紫外、可见、红外等谱段，光谱范围为 0.4～14 μm，监测频次为 2 次/d。

2021 年，全国沙尘地面监测继续依托覆盖北方地区的沙尘天气影响城市环境空气质量监测网（以下简称沙尘监测网）78 个监测站，并以国家环境空气质量监测网为补充开展监测。监测指标为总悬浮颗粒物（TSP）和 PM_{10}。沙尘天气发生期间，传输沙尘监测的小时数据或日报数据。大范围沙尘天气发生时，国家环境空气质量监测网作为沙尘监测网的补充，共同反映沙尘天气对城市环境空气质量的影响，监测方法为 24 h 连续自动监测。

第四节 降尘

2021 年，继续在京津冀及周边“2+26”城市[①]（以下简称“2+26”城市）、汾渭平原[②]和长三角地区[③]开展降尘监测工作，以准确掌握全国降尘水平，降尘监测采用手工监测方法，采样周期为 1 个月。

第五节 降水

2021 年，全国 465 个城市（区、县）报送降水监测数据，包括降水量、pH 值、电导率，以及硫酸根（SO_4^{2-}）、硝酸根（NO_3^-）、氟离子（F^-）、氯离子（Cl^-）、铵离子（NH_4^+）、钙离子（Ca^{2+}）、镁离子（Mg^{2+}）、钠离子（Na^+）和钾离子（K^+）等 9 种离子成分等指标。

第六节 颗粒物组分

2021 年，依托国家大气颗粒物组分监测网，在京津冀及周边地区 31 个城市[④]和汾渭平原 11 个城市开展大气颗粒物组分监测。共布设手工监测点位 49 个，其中北京 5 个、天津 4 个，其他城市各 1 个。手工监测频次在 1—3 月和 10—12 月均为 1 次/d，在 4—9 月为 1 次/3 d。

---

① 京津冀及周边“2+26”城市统计范围包含北京，天津，河北省石家庄、唐山、邯郸、邢台、保定、沧州、廊坊、衡水，山西省太原、阳泉、长治、晋城，山东省济南、淄博、济宁、德州、聊城、滨州、菏泽，河南省郑州、开封、安阳、鹤壁、新乡、焦作、濮阳，简称“2+26”城市。

② 汾渭平原统计范围包含山西省晋中、运城、临汾、吕梁，河南省洛阳、三门峡，陕西省西安、铜川、宝鸡、咸阳、渭南。

③ 长三角地区包含上海和江苏、浙江、安徽的所有地级市。

④ 京津冀及周边地区 31 个城市包含“2+26”城市、雄安新区、张家口和秦皇岛。

表 1.1.6-1　国家大气颗粒物组分手工监测必测指标与监测方法

监测项目	具体指标	分析方法	方法依据
$PM_{2.5}$	$PM_{2.5}$质量浓度	重量法	《环境空气　PM_{10}和$PM_{2.5}$的测定　重量法》（HJ 618—2011）
水溶性离子	硫酸根SO_4^{2-} 硝酸根NO_3^- 氟离子F^- 氯离子Cl^- 钠离子Na^+ 铵离子NH_4^+ 钾离子K^+ 镁离子Mg^{2+} 钙离子Ca^{2+}	离子色谱法	《环境空气　颗粒物中水溶性阳离子（Li^+、Na^+、NH_4^+、K^+、Ca^{2+}、Mg^{2+}）的测定　离子色谱法》（HJ 800—2016）、《环境空气　颗粒物中水溶性阴离子（F^-、Cl^-、Br^-、NO_2^-、NO_3^-、PO_4^{3-}、SO_3^{2-}、SO_4^{2-}）的测定　离子色谱法》（HJ 799—2016）
碳组分	元素碳（EC）、有机碳（OC）	热光法	《环境空气颗粒物源解析监测技术方法指南（试行）》（第二版）
无机元素	钒、铁、锌、镉、铬、钴、砷、铝、锡、锰、镍、硒、硅、钛、钡、铜、铅、钙、镁、钠、硫、氯、钾、锑	XRF 法、ICP 法、ICP-MS 法	《环境空气　颗粒物中无机元素的测定　波长色散 X 射线荧光光谱法》（HJ 830—2017）、 《环境空气　颗粒物中无机元素的测定　能量色散 X 射线荧光光谱法》（HJ 829—2017）、 《空气和废气　颗粒物中金属元素的测定　电感耦合等离子体发射光谱法》（HJ 777—2015）、 《空气和废气　颗粒物中铅等金属元素的测定　电感耦合等离子体质谱法》（HJ 657—2013）

手工监测必测指标 36 项，由中国环境监测总站（以下简称总站）委托社会化检测机构开展采样及测试工作，相关机构根据统一的监测方法及质控要求开展监测。此外，长江三角洲、长江中游城市群、成渝、苏皖鲁豫交界、珠江三角洲等地区逐步启动了手工监测工作，由省级生态环境监测中心（站）组织开展监测，监测指标、方法等要求与国家运行点位相同。

第七节　挥发性有机物

2021 年，依托国家大气光化学监测网，在全国 339 个城市开展光化学监测。监测采用手工监测方式和自动监测方式，手工监测项目包括光化学反应活性较强或可能影响人类健康的挥发性有机物（VOCs），包括烷烃、烯烃、芳香烃、含氧挥发性有机物（OVOCs）、卤代烃、非甲烷总烃（NMHC）等，共计 118 种物质，自动监测项目为除甲醛外的其他 117

种物质。

2021 年，重点区域 118 个城市手工监测时间段为 4 月 1 日—10 月 31 日，采样频次为 1 次/6 d，自动监测时间段为全年。京津冀及周边区域 7 个城市站点（北京、天津、石家庄、济南、太原、雄安新区、郑州）全部采用自动监测。

表 1.1.7-1　京津冀及周边区域光化学监测点位

序号	城市	采样点位
1	北京	北京市朝阳区安外大羊坊 8 号院（乙）中国环境监测总站楼顶
2	济南	济南市历下区山大路 183 号济南市环境监测中心站顶层
3	石家庄	河北经贸大学校内
4	天津	天津市河北区中山北路 1 号北宁公园北宁文化创意中心地面
5	太原	太原市晋源区景明南路 9 号太原市环保局晋源分局楼顶
6	雄安新区	河北省保定市安新县育才路白洋淀文化广场（迁址前） 安新县电力局（2021 年 9 月 25 日后迁址）
7	郑州	郑州四十七中楼顶

第八节　细颗粒物和秸秆焚烧火点遥感监测

细颗粒物遥感监测采用 MODIS 数据，传感器覆盖紫外、可见、红外等谱段，光谱范围为 0.4～14 μm，监测数据空间分辨率为 1 km，监测频次为 2 次/d。

秸秆焚烧火点遥感监测采用 MODIS 数据，监测数据空间分辨率为 1 km，监测频次为 2 次/d。

专栏　地方建设的空气自动监测站联网

2021 年，在生态环境部指导下，中国环境监测总站组织 31 个省（自治区、直辖市）[①]及新疆生产建设兵团（以下简称兵团）生态环境部门开展“十四五”省级监测网络备案工作，摸清全国环境空气质量监测点位底数。“十四五”期间，全国用于监测城市环境空气质量的点位达到 5 040 个，其中，国家点位 1 734 个、省级点位 3 306 个（含由省级生态环境部门管理的 279 个京津冀及周边加密监测点位）。

① 以下简称为“省（区、市）”或“省份”。

2018 年起，总站组织地方环境空气质量自动监测站与总站进行数据联网传输，范围覆盖 31 个省份和兵团。2021 年，在生态环境部组织下，总站有序推进冬奥会赛区周边城市乡镇自动监测站与总站进行数据联网传输，范围覆盖 6 个省份。至 2021 年年底，共有 6 800 余个地方空气站与总站实现联网，实时传输地方空气站数据，每月推送地方空气站审核数据。

2021 年 6 月，中国环境监测总站下发《关于调整地方环境空气质量自动监测站数据联网传输工作有关事项的通知》（总站业务字〔2021〕304 号），进一步提升地方建设站点数据联网规范性，加强联网站点数据标准化、规范化管理，确保联网数据的准确性和有效性。中国环境监测总站持续开展全国地方站数据共享服务，继续面向全国 32 个省级生态环境监测中心（站）共享已联网地方空气站数据，推动环境监测数据互联互通、共享共用，有力支撑生态环境管理决策和打好大气污染防治攻坚战。

第二章　淡水

第一节　地表水

2021 年，在国家设置的“十四五”国家地表水环境质量监测网范围内每月开展地表水水质监测。范围覆盖全国主要河流干流及主要支流，重要湖泊、水库（以下简称湖库），重要水体省市界，全国重要江河湖泊水功能区等。其中，评价、考核、排名断面（点位）共 3 641 个（以下简称国控断面），包括长江、黄河、珠江、松花江、淮河、海河和辽河七大流域及浙闽片河流、西北诸河、西南诸河，太湖、滇池和巢湖环湖河流等共 1 824 条河流的 3 292 个断面；太湖、滇池、巢湖等 210 个（座）重要湖库的 349 个点位（87 个湖泊 201 个点位，123 座水库 148 个点位）。

全年实际开展监测的国控断面有 3 632 个，其他 9 个国控断面因断流、交通阻断等原因未开展监测；实际开展监测的湖库有 210 个（座）。

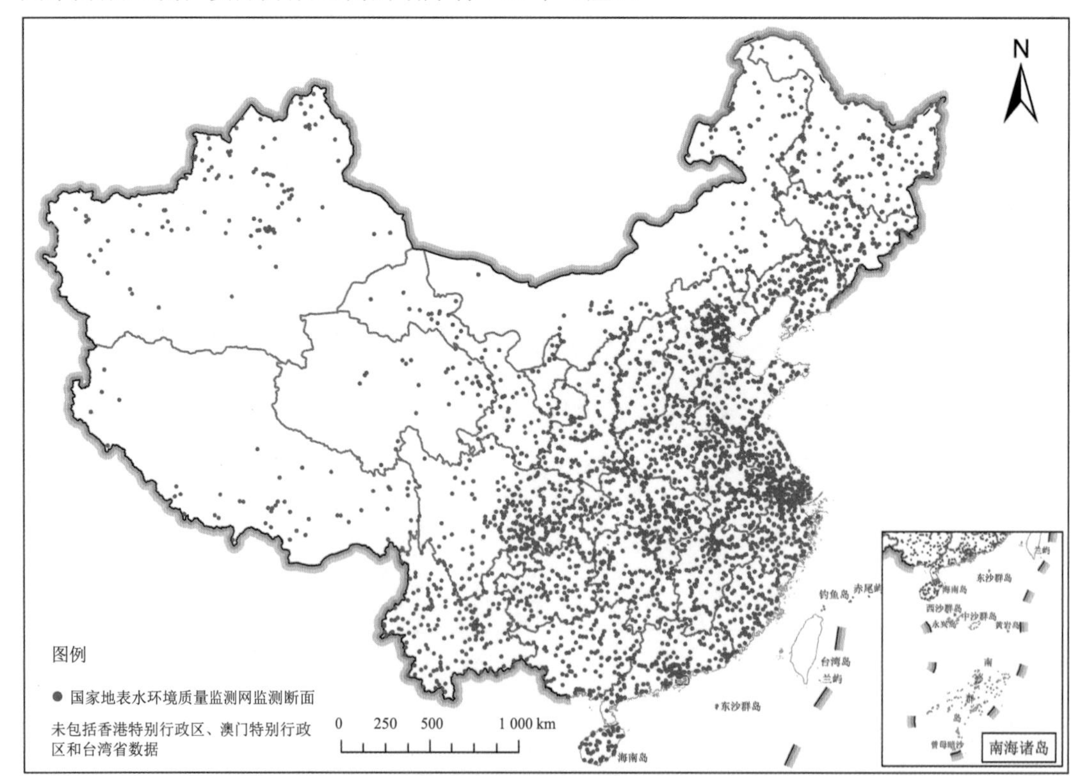

图 1.2.1-1　国家地表水环境质量监测网国控断面（点位）分布示意图

地表水水质监测指标在《地表水环境质量标准》（GB 3838—2002）表 1 的 24 项基本项目的基础上，增加了电导率和浊度，湖库监测指标还增加了叶绿素 a 和透明度。监测方式为水质自动站监测与人工监测相结合，配备自动监测设备的项目优先使用自动监测数据，其他项目采用人工监测数据。

第二节　饮用水水源地

2021 年，对 337[①]个地级及以上城市 876 个在用集中式生活饮用水水源地（587 个地表水水源地、289 个地下水水源地）开展例行水质常规监测，每个水源地布设 1 个监测断面（点位），每月上旬采样监测 1 次。

地表水水源地监测指标为《地表水环境质量标准》（GB 3838—2002）表 1 和表 2 除化学需氧量外的 28 项指标，以及表 3 中筛选的三氯甲烷、四氯化碳、三氯乙烯、四氯乙烯、苯乙烯、甲醛、苯、甲苯、乙苯、二甲苯、异丙苯、氯苯、1,2-二氯苯、1,4-二氯苯、三氯苯、硝基苯、二硝基苯、硝基氯苯、邻苯二甲酸二丁酯、邻苯二甲酸二（2-乙基己基）酯、滴滴涕、林丹、阿特拉津、苯并[*a*]芘、钼、钴、铍、硼、锑、镍、钡、钒和铊等 33 项指标，并统计取水量；地下水水源地监测指标为《地下水质量标准》（GB/T 14848—2017）中表 1 的 39 项常规指标，并统计取水量。全年开展 1 次地表水 109 项和地下水 93 项全分析。

第三节　湖库水华

2021 年，湖库水华监测范围包括太湖、巢湖和滇池（以下简称“三湖”）湖体、太湖饮用水水源地、三峡库区及长江 38 条主要支流。太湖湖体监测点位 20 个，饮用水水源地监测点位 3 个；巢湖湖体监测点位 12 个，其中东、西半湖各 6 个；滇池湖体监测点位 10 个，其中外海 8 个、草海 2 个；三峡库区及长江主要支流监测断面 77 个。

“三湖”湖体监测指标为水温、透明度、pH 值、溶解氧、氨氮、高锰酸盐指数、总氮、总磷、叶绿素 a 和藻类密度，监测时间为 4—10 月，监测频次为 1 次/周。三峡库区长江主要支流监测指标为《地表水环境质量标准》（GB 3838—2002）表 1 的 24 项基本项目以及电导率、流速、透明度、悬浮物、硝酸盐、亚硝酸盐、叶绿素 a 和藻类密度（鉴别优势种）共 32 项，监测频次为 1 次/月。

太湖、巢湖蓝藻水华遥感监测采用 MODIS 数据，空间分辨率为 250 m，监测频次为 1 次/d。滇池蓝藻水华遥感监测采用高分一号和高分六号卫星搭载的宽视场相机数据（以下简称 GF1-WFV、GF6-WFV 数据），空间分辨率为 16 m，监测频次为 1 次/周。监测指标

---

① 海南省三沙市无集中式饮用水水源地；新疆生产建设兵团石河子市未报送在用集中式饮用水水源水质监测数据。

为水华发生面积、水华发生次数、累计水华面积、平均水华面积、最大面积、最大面积发生日期、水华最早发生日期、水华最晚发生日期等。

第四节 地下水

根据《"十四五"国家地下水环境质量考核点位设置方案》，"十四五"期间，生态环境部共布设 1 912 个国家地下水环境质量考核点位，覆盖全国一级和二级水文地质分区及 339 个城市。其中，1 294 个为区域点位，按照水文地质区划设置，用于监控某一区域地下水环境质量状况；348 个为污染风险监控点位，设置于工业园区或污染源周边；270 个为饮用水水源点位，设置于地下水型饮用水水源保护区和主要补给区、径流区内。

2021 年，有 1 900 个点位在丰水期（7—10 月）实际开展监测，①监测项目包括基本指标和特征指标。

基本指标为《地下水质量标准》（GB/T 14848—2017）表 1 中的 29 项，包括 pH 值、硫酸盐、氯化物、铁、锰、铜、锌、铝、挥发性酚类（以苯酚计）、阴离子表面活性剂、耗氧量（COD_{Mn} 法，以 O_2 计）、氨氮（以 N 计）、硫化物、钠、亚硝酸盐（以 N 计）、硝酸盐（以 N 计）、氰化物、氟化物、碘化物、汞、砷、硒、镉、铬（六价）、铅、三氯甲烷、四氯化碳、苯和甲苯。在基本指标的基础上，污染风险监控点位增加监测部分特征指标。

第五节 内陆渔业水域

2021 年，依托全国渔业生态环境监测网，对黑龙江流域、黄河流域、长江流域、珠江流域的 115 个重要鱼虾类的产卵场、索饵场、洄游通道、增养殖区、重点保护水生生物栖息地和水产种质资源保护区等重要渔业水域水质状况进行了监测，监测水域总面积为 529.8 万 hm^2。其中，40 个国家级水产种质资源保护区（内陆）监测面积为 366.7 万 hm^2。

第六节 重点流域水生态

2021 年，对全国七大重点流域（长江、黄河、珠江、松花江、淮河、海河、辽河）开展水生态状况调查监测，共监测 705 个点位。

长江流域涉及 81 条河流 9 个湖泊（水库），共布设 265 个点位；黄河流域涉及 9 条河流 9 个湖泊（水库），共布设 123 个点位；珠江流域涉及 31 条河流，共布设 60 个点位；松花江流域涉及 14 条河流 9 个湖泊（水库），共布设 65 个点位；淮河流域涉及 18 条河流 8 个湖泊（水库），共布设 71 个点位；海河流域涉及 41 条河流 13 个湖泊（水库），共布设

---

① 12 个点位因水文地质条件变化等原因无法取样，未进行监测。

63 个点位；辽河流域涉及 18 条河流 16 个湖泊（水库），共布设 58 个点位。

监测项目包括水质理化指标、水生生物指标和物理生境指标。其中，水质理化指标包括水温、pH 值、溶解氧、电导率和浊度等现场监测项目和高锰酸盐指数、化学需氧量、五日生化需氧量、氨氮、总磷、总氮、铜、锌、氟化物、硒、砷、汞、镉、铬（六价）、铅、氰化物、挥发酚、石油类、阴离子表面活性剂和硫化物等实验室分析项目以及透明度和叶绿素 a 等湖库点位指标共计 27 项，水质参数采集主要针对非国控断面的水质样品，监测时间与频次与水生生物指标保持一致；国控断面水质参数采用国家网临近月份的数据。水生生物指标包括大型底栖动物、着生藻类、浮游植物和浮游动物共计 4 项，监测频次至少为每年 1 次。物理生境指标按照《河流水生态环境质量监测与评价技术指南》（报批稿）及《湖库水生态环境质量监测与评价技术指南》（报批稿）进行生境调查和生境指标记分，监测时间与频次与水生生物指标保持一致。

第三章　海　洋

第一节　海洋环境质量

一、海水质量

2021年，管辖海域共布设海水水质监测国控点位1 359个，包括近岸海域点位1 172个和近海海域点位187个，其中渤海开展4期监测，分别于冬季（2—3月）、春季（4—5月）、夏季（7—8月）、秋季（10—11月）实施；其他海区近岸海域开展3期监测，分别于春季（4—5月）、夏季（7—8月）、秋季（10—11月）实施；近海海域开展1期监测，于夏季（7—8月）实施。

海水水质监测指标包括基础指标和化学指标。其中，基础指标包括风速、风向、海况、天气现象、水深、水温、水色、盐度、透明度、叶绿素a等，化学指标包括pH值、溶解氧、化学需氧量、氨氮、硝酸盐氮、亚硝酸盐氮、活性磷酸盐、石油类、悬浮物质、总氮、总磷、铜、锌、总铬、汞、镉、铅、砷等。同时，全年在148个点位开展1期《海水水质标准》（GB 3097—1997）全项目监测（放射性核素、病原体除外），于夏季（7—8月）实施。

二、海洋垃圾和微塑料

2021年，在51个区域开展海洋垃圾监测，其中44个区域开展海滩垃圾监测，23个区域开展海面漂浮垃圾监测，5个区域开展海底垃圾监测；在渤海、黄海、东海和南海北部海域开展6个断面海面漂浮微塑料监测。

第二节　海洋生态状况

一、典型海洋生态系统

2021年，对24个典型生态系统开展1期监测，共布设监测点位457个（渤海89个、黄海68个、东海86个、南海214个）。监测生态系统类型包括近岸河口、海湾、滩涂湿地、珊瑚礁、红树林和海草床等海洋生态系统，监测内容包括水环境质量、沉积物质量、生物残毒、栖息地、生物群落等五个方面。其中大部分河口、海湾生态系统于8月开展监测（珠江口、乐清湾和北部湾于 7 月开展监测，鸭绿江口、滦河口-北戴河和渤海湾于 9 月开展监测，大亚湾于 10 月开展监测），滩涂湿地生态系统于 8 月开展监测，珊瑚礁、红树林和海草床海洋生态系统于 3—9 月开展监测（广西北海海草床于 3 月开展监测，北仑河口红树林和广西北海红树林于 5 月开展监测，雷州半岛珊瑚礁和西沙珊瑚礁于 7 月开展监测，海南东海岸海草床于 8 月开展监测，广西北海珊瑚礁和海南东海岸珊瑚礁于 9 月开展监测）。

二、海岸线保护与利用

2021 年，在全国沿海 11 个省份开展 1 期大陆海岸线保护与利用状况监测。监测指标为自然岸线保有率和开发利用现状。

海岸线保护与利用变化监测采用卫星遥感技术手段，主要采用高分一号、高分二号、高分 B/C/D 等国产高分辨率卫星遥感数据，两期影像时间分别为 2020 年年底和 2021 年年底，空间分辨率为 2～3 m，主要对大陆海岸线类型、利用现状及动态变化进行监测和分析。

第三节　入海河流与污染源

2021 年，对 230 个国控入海控制断面开展水质监测，对 458 个日排污水量大于 100 m^3 的直排海工业污染源、生活污染源、综合排污口开展污染源监测。

第四节　主要用海区域

一、海洋倾倒区

2021 年，在 11 个海洋倾倒区（渤海 3 个、黄海 3 个、东海 5 个）开展环境状况监测，监测采用企业自行监测方式，内容包括海水水质和沉积物质量，共收集 1～2 期监测数据；在 58 个海洋倾倒区（渤海 6 个、黄海 18 个、东海 21 个、南海 13 个）开展水深地形数据监测，监测采用监督性监测与企业自行监测方式。

二、海洋油气区

2021 年，在渤海 8 个海洋油气区（群）和东海 2 个海洋油气区（群）开展海水水质状况监测，监测采用渤海、东海的海水水质国控点位（近岸海域监测点位、近海海域监测点位）监测数据和中海油海洋环境质量调查报告监测数据。

三、海水浴场

2021 年，在游泳季节和旅游时段对 22 个沿海城市的 32 个海水浴场开展 18 次水质监测，共布设点位 102 个（渤海 24 个、黄海 29 个、东海 21 个、南海 28 个）。其中，浙江及以北区域各浴场监测时段为 7 月 1 日—9 月 30 日，福建及以南区域各浴场监测时段为 6 月 1 日—9 月 30 日，监测频率为 1 次/周。

海水浴场水质监测指标包括必测项目粪大肠菌群、漂浮物、溶解氧、色、臭、味和赤潮发生情况以及水温信息，选测项目石油类、pH 值，试点监测项目肠球菌。具备监测能力的地方同时开展浪高、天气现象、风向、风速、总云量、降水量、气温、能见度等其他项目监测。采样当天同步记录浴场人数、周边陆源排污情况等相关信息。

四、海洋渔业水域

2021 年，依托全国渔业生态环境监测网，对重要渔业水域开展 1 期监测。监测区域包括黄渤海区、东海区、南海区的 32 个重要渔业资源产卵场、索饵场、洄游通道、水产增养殖区、水生生物自然保护区、水产种质资源保护区等，监测水域总面积为 547.5 万 hm^2，其中，7 个国家级水产种质资源保护区（海洋）监测面积为 28.1 万 hm^2。监测指标包括水体中无机氮、活性磷酸盐、石油类、化学需氧量和沉积物中石油类、铜、锌、铅、镉、汞、砷、铬等。

第四章 声环境

全国城市声环境常规监测包括城市功能区、城市区域和城市道路交通声环境监测。

第一节 城市功能区声环境

2021 年，开展 4 次城市功能区声环境监测，全国共有 324 个地级及以上城市报送监测数据，[①]各类功能区监测 27 918 点次，昼间、夜间各 13 959 点次。31 个直辖市和省会城市各类功能区监测 4 726 点次，昼间、夜间各 2 363 点次。与上年相比，全国监测城市增加 13 个；全国总监测点次增加 4 372 个，其中 31 个直辖市和省会城市总监测点次增加 1 024 个。

第二节 城市区域声环境

2021 年，开展城市区域声环境昼间监测，[②]全国共有 324 个地级及以上城市报送监测数据，[③]监测 51 046 个点位，覆盖城市区域面积 42 247.4 km^2，31 个直辖市和省会城市区域声环境昼间监测覆盖面积 14 330.5 km^2。与上年相比，全国监测城市无变化，监测点位减少 4 870 个，覆盖城市区域面积增加 11 699.7 km^2。

第三节 城市道路交通声环境

2021 年，开展城市道路交通声环境昼间监测，全国共有 324 个地级及以上城市报送监测数据，[④]监测 21 706 个点位，监测道路长度 48 602.9 km，31 个直辖市和省会城市道路声环境昼间监测道路长度 12 447.6 km^2。与上年相比，全国监测城市无变化，监测点位增加 379 个，道路长度增加 9 653.1 km。

---

① 本节中地级及以上城市含直辖市、地级市、地区、自治州和盟，共 338 个（不含三沙市），下同。海南省儋州，西藏自治区昌都、山南、日喀则、那曲、阿里、林芝，青海省海北、黄南、海南、果洛、玉树、海西，新疆生产建设兵团五家渠共 14 个城市因不具备监测能力或未布设监测点位等原因未报送监测结果。

② 昼间区域声环境监测、道路交通声环境监测均为每年开展 1 次，对应夜间监测每五年开展 1 次，在每个五年规划的第三年监测。

③ 内蒙古自治区阿拉善，西藏自治区昌都、山南、日喀则、那曲、阿里、林芝，青海省海北、黄南、海南、果洛、玉树、海西，新疆生产建设兵团五家渠共 14 个城市因不具备监测能力或未布设监测点位等原因未报送监测结果。

④ 内蒙古自治区阿拉善，西藏自治区昌都、山南、日喀则、那曲、阿里、林芝，青海省海北、黄南、海南、果洛、玉树、海西，新疆生产建设兵团五家渠共 14 个城市因不具备监测能力或未布设监测点位等原因未报送监测结果。

第五章　生　态

第一节　全国生态状况

生态环境部每年组织中国环境监测总站、全国 31 个省（区、市）环境监测中心（站）和有关单位开展全国生态监测与评价工作，利用 ZY-3、ZY-02C、GF-1/2、MODIS、环境卫星等多源遥感数据，对我国生态状况及变化进行评价。2021 年，在生态状况评价基础上，扩展建成区绿地、生物多样性、海域开发、海岸线等相关监测工作，开展全国生态质量评价。

第二节　典型生态系统

2021 年，在 16 个省份开展典型生态系统地面监测，涉及江苏太湖、安徽巢湖、湖北丹江口库区、湖南洞庭湖、辽宁辽河流域、浙江浦阳江；河北典型草原、山地草原，内蒙古荒漠草原、草原化荒漠和沙地，甘肃高寒草甸草原，青海高寒草原、温带草原，新疆草甸草原；吉林长白山区温带森林、安徽黄山亚热带森林、海南中部山区热带森林、四川龙门山区亚热带森林、广西大明山亚热带常绿阔叶林；深圳市以及海南西沙群岛等 18 个区域。监测指标涵盖陆地植物群落、水体中浮游动植物和底栖动物、水环境、空气环境、土壤环境和气象等要素，同时调查监测区域的人类活动状况、病虫害及外来物种入侵发生情况。

表 1.5.2-1　生态系统地面监测要素的监测时间及频次要求

监测要素		监测时间	监测频次
生物	陆地生物群落	7—8 月	1 次/a
	水域生物群落	4—10 月	1～2 次/a
土壤或湖泊底泥		与生物要素同步采样	1 次/3a
水环境		每季度监测 1 次	4 次/a
空气环境		每季度监测 1 次	4 次/a
气象		在 6—9 月监测降雨，逢雨必测； 其他要素利用自动气象站监测	自动监测
景观指标		与生物要素同步调查	1 次/a

第三节　自然保护区人类活动遥感监测

2021 年，继续开展国家级自然保护区人类活动变化监测。监测以卫星遥感技术为主，采用高分一号、高分二号和资源三号卫星遥感数据，重点对国家自然保护区 2021 年上半年、2021 年下半年新增或规模扩大的矿产资源开发、工业开发、旅游开发和水电开发四种类型的人类活动进行监测。2021 年上半年和 2021 年下半年国家级自然保护区人类活动遥感监测分别采用可获得的有效高分辨率卫星遥感影像 3 555 幅和 3 719 幅。

专栏　国家重点生态功能区无人机监测

国家重点生态功能区县域生态环境质量遥感监测采用“卫星遥感普查-无人机遥感抽查-地面现场核查”的业务流程，该流程综合集成卫星遥感和无人机遥感等技术，对国家重点生态功能区县域生态变化进行监测。基于卫星遥感普查，对 810 个生态县域考核年和基准年两期卫星遥感影像进行对比分析，提取生态变化信息；采用无人机遥感对重点区域进行抽查，进一步确定生态变化的区域边界、面积和地物空间分布特征信息；根据无人机遥感抽查结果，通过地面现场核查，进一步明确县域生态变化属性信息，找出变化原因。此项工作实现了国家重点生态功能区县域生态变化“天-空-地”一体化的遥感监测业务运行体系，为生态县域监测评价提供了科学、客观、高效的技术支撑。

2021 年，卫星遥感普查生态县域 810 个，筛选 15 个县域进行无人机遥感抽查，无人机飞行面积 280 km^2，无人机遥感抽查生态变化面积 29 km^2。通过现场核查发现，15 个县域生态变化类型主要为矿产资源开发、工业用地和水库修建等。

专栏　典型生态系统地面监测进展

随着人类对生态环境保护认识的提高，保护生态环境，走可持续发展的道路，已成为全世界的共识。总站自 2010 年开始筹建生态地面监测站，2011 年选择 6 个省份进行试点监测，截至 2021 年，生态地面监测工作已覆盖 16 个省份，监测范围涵盖森林、草地、湿地、荒漠、城市等生态系统，监测点位 40 个。

为进一步落实习近平生态文明思想、实现美丽中国目标、加强生态环境部监管职能，需要不断提高监测能力水平、补齐生态监测短板。2021 年生态环境部发布《区域生态质量评价办法（试行）》，基于遥感与地面监测指标，从生态格局、功能、生物多样性和生态胁迫 4 个维度对生态质量开展全面评价。生态地面监测工作，作为重要的数据来源之一，将为生态质量评价工作提供重要的技术支撑。未来，总站将利用人工现场监测、自动在线监测、卫星遥感监测等手段在全国范围开展生态质量监测与评价工作。建立全国生态质量监测网络，构建科学、独立、权威、高效的生态质量监测体系，监测站向多要素、多功能的综合性转变，为建立现代化生态环境治理体系、建成美丽中国提供技术支撑。

第六章　农　村

第一节　农村环境监测

2021 年，农村环境空气质量共监测 31 个省份及兵团的 2 973 个村庄。其中，采用自动监测的有 1 334 个村庄，采用手工监测的有 1 639 个村庄。

2021 年，农村地表水水质状况共监测 31 个省份及兵团的 4 646 个断面，与上年相比，增加 1 499 个。

2021 年，农村千吨万人饮用水水源水质共监测 30 个省份[①]10 345 个水源地（断面/点位），其中地表水饮用水水源监测断面 5 612 个、地下水饮用水水源监测点位 4 733 个，与上年相比，增加 279 个断面（点位），其中地表水增加 310 个、地下水减少 31 个。

2021 年，规模达到 10 万亩及以上农田灌区的灌溉用水共监测 27 个省份[②]及兵团的 1 353 个断面（点位），与上年相比，减少 15 个。

第二节　农业面源污染遥感监测

2021 年，全国农业面源污染遥感监测采用 MODIS 数据产品和多源地面数据。MODIS 数据产品包括植被指数产品（MOD13Q1）和地表反射率产品（MOD09GA），地面数据（公开发表的统计、调查和试验数据）包括农业统计数据、污染普查数据、降水空间插值数据和坡度坡长空间数据等。监测对象包括农村生活、畜禽养殖和农田种植（包含水土流失）等人类活动型面源污染，监测数据空间分辨率为 1 km，监测频次为 1 次/a。

① 上海市和新疆生产建设兵团无千吨万人饮用水水源。

② 北京市、上海市、重庆市和贵州省无规模达到 10 万亩及以上农田灌区。

第七章 土 壤

依据《“十四五”土壤环境监测总体方案》，国家土壤环境监测网每 5 年开展一轮次监测。根据年度监测计划和地方监测能力，2021 年对珠江流域和太湖流域 2 118 个国家土壤环境基础点开展监测。监测项目为《土壤环境质量　农用地土壤污染风险管控标准（试行）》（GB 15618—2018）的全部 12 项指标，包括镉、汞、砷、铅、铬、铜、锌和镍等 8 项重金属（类金属），六六六总量、滴滴涕总量和苯并[*a*]芘等 3 项有机污染物以及 pH 值。

第八章　辐射环境

2021 年，在 197 个地级及以上城市开展环境 γ 辐射剂量率自动监测，布设点位 263 个；在 235 个地级及以上城市开展环境 γ 辐射剂量率累积监测，布设点位 328 个。

空气监测在 190 个地级及以上城市开展气溶胶监测，布设点位 225 个；在 135 个地级及以上城市开展沉降物和气态放射性碘同位素监测，布设点位 157 个；在 32 个地级及以上城市开展空气水分和降水监测，每个城市布设点位 1 个。

水体监测在长江、黄河、珠江、松花江、淮河、海河、辽河七大流域和浙闽片河流、西北诸河、西南诸河开展地表水（江河水）监测，布设断面 81 个；在太湖、巢湖、密云水库、新安江水库等重要湖泊（水库）开展地表水（湖库水）监测，布设点位 21 个；在 336 个地级及以上城市开展集中式饮用水水源地水监测，布设断面（点位）344 个；在 31 个城市开展地下水监测，每个城市布设点位 1 个；在沿海 11 个省份开展近岸海域海水和海洋生物监测，布设海水点位 48 个、海洋生物点位 34 个；西太平洋海洋环境放射性监测布设点位 14 个，开展 1 期；在 12 个核电基地邻近海域开展海洋放射性监测。

土壤监测在 337 个地级及以上城市开展，布设点位 362 个。

环境电磁辐射监测在 35 个地级及以上城市开展，布设点位 44 个。

第九章　污染源

第一节　排放源监测

执法监测　2021 年，30 个省份和兵团[①]对 18 520 家已核发排污许可证的企业开展废水排放执法监测，对 15 564 家已核发排污许可证的企业开展废气排放执法监测。监测项目按照排放标准、环评及批复和排污许可证等要求确定。监测频次由生态环境部门根据管理需求，结合“双随机、一公开”确定。

固定污染源废气 VOCs 监测　2021 年，27 个省份和兵团[②]开展固定污染源废气 VOCs 监督监测。其中，有组织监测企业共 2 779 家，纳入评价的 2 673 家（因少数企业的监测指标无管控要求，故不评价）；无组织监测企业共 1 263 家，全部纳入评价。监测项目按照排放标准、环评及批复和排污许可证等要求确定。监测频次由生态环境部门根据管理需求，结合“双随机、一公开”确定。

生活垃圾焚烧厂二噁英监测　2021 年，全国完成“装树联”的生活垃圾焚烧厂 652 家，与上年相比新增 161 家，累计开展生活垃圾焚烧厂废气中二噁英排放监测 576 家次。监测频次由生态环境部门根据管理需求，结合“双随机、一公开”确定。

长江经济带入河排污口监督监测　2021 年，长江经济带上海、江苏、浙江、安徽、江西、湖北、湖南、重庆、四川、贵州和云南 11 个省份共监测入河排污口 4 723 个，与上年相比减少 972 个。监测指标主要包括 pH 值、水温、色度、化学需氧量、五日生化需氧量、氨氮、总氮、总磷、重金属、有机物等 90 余项指标。

第二节　排放源统计调查

2021 年，继续开展排放源统计调查工作，调查范围覆盖 31 个省份和兵团，包括涉及污染物、温室气体产生或排放的工业污染源（以下简称工业源）、农业污染源（以下简称农业源）、生活污染源（以下简称生活源）、集中式污染治理设施和移动污染源（以下简称移动源）。

工业源的调查范围为《国民经济行业分类》（GB/T 4754—2017）中采矿业，制造业，电力、热力、燃气及水生产和供应业 3 个门类中纳入重点调查的工业企业，包括经工商行政管理部门核准登记，领取《营业执照》的各类工业企业以及未经有关部门批准但实际从

① 废水排放执法监测结果未包括西藏自治区和四川省，废气排放执法监测结果未包括西藏自治区。

② 固定污染源废气 VOCs 监督监测结果未包括湖北省、四川省、西藏自治区和青海省。

事工业生产经营活动，有污染物、温室气体产生或排放的工业企业。

农业源的调查范围包括种植业、畜禽养殖业和水产养殖业。

生活源的调查范围包括《国民经济行业分类》（GB/T 4754—2017）中的第三产业以及居民生活源。

集中式污染治理设施的调查范围包括污水处理厂、生活垃圾处理厂、危险废物（医疗废物）集中处理厂。

移动源的调查范围为机动车，包括汽车、低速汽车和摩托车，不包括厂内自用、未在交管部门登记注册的机动车等。

表 1.9.2-1　排放源统计调查（工业源）大类行业

行业代码	行业名称
05	农、林、牧、渔专业及辅助性活动
06	煤炭开采和洗选业
07	石油和天然气开采业
08	黑色金属矿采选业
09	有色金属矿采选业
10	非金属矿采选业
11	开采专业及辅助性活动
12	其他采矿业
13	农副食品加工业
14	食品制造业
15	酒、饮料和精制茶制造业
16	烟草制品业
17	纺织业
18	纺织服装、服饰业
19	皮革、毛皮、羽毛及其制品和制鞋业
20	木材加工和木、竹、藤、棕、草制品业
21	家具制造业
22	造纸和纸制品业
23	印刷和记录媒介复制业
24	文教、工美、体育和娱乐用品制造业
25	石油、煤炭及其他燃料加工业
26	化学原料和化学制品制造业
27	医药制造业
28	化学纤维制造业
29	橡胶和塑料制品业

行业代码	行业名称
30	非金属矿物制品业
31	黑色金属冶炼和压延加工业
32	有色金属冶炼和压延加工业
33	金属制品业
34	通用设备制造业
35	专用设备制造业
36	汽车制造业
37	铁路、船舶、航空航天和其他运输设备制造业
38	电气机械和器材制造业
39	计算机、通信和其他电子设备制造业
40	仪器仪表制造业
41	其他制造业
42	废弃资源综合利用业
43	金属制品、机械和设备修理业
44	电力、热力生产和供应业
45	燃气生产和供应业
46	水的生产和供应业

专栏　全国生态环境监管专用计量测试技术委员会

为落实中共中央办公厅、国务院办公厅《关于深化环境监测改革提高环境监测数据质量的意见》中关于"健全国家环境监测量值溯源体系"的明确要求，保障全国生态环境监测数据真实、准确，在生态环境部和国家市场监督管理总局的支持和指导下，中国环境监测总站联合中国计量科学研究院共同成立了全国生态环境监管专用计量测试技术委员会（MTC-41，以下简称环境计量委），针对各级生态环境主管部门组织开展的环境质量考核/排名/评价、环境执法、环保税征收、排污许可、污染防治政策制定与成效评估等重点监管工作所需的在线监测系统等生态环境监测专用仪器，组织开展相关计量技术规范的制（修）订和计量比对等技术工作，保证相关检定/校准工作有规可依。生态环境部黄润秋部长、国家质量监督检验检疫总局秦宜智副局长（正部长级）、生态环境部叶民副部长共同出席了环境计量委成立大会，对环境计量委相关工作提出了明确要求，并为环境计量委揭牌。2021年，环境计量委共完成《环境空气臭氧前体物连续在线监测系统校准规范》《便携式烟气预处理器校准规范》《烟气氯化氢和一氧化碳连续监测系统校准规范》《水质自动在线采样器校准规范》等8项计量技术规范的立项工作，支撑$PM_{2.5}$与O_3协同控制、环境执法等重点管理工作所需监测仪器的计量校准工作。

第二篇

生态环境质量状况

第一章 环境空气

第一节 地级及以上城市

一、总体情况

2021 年，全国 339 个城市中有 218 个城市环境空气质量达标，占 64.3%。[①]121 个城市超标，占 35.7%，其中 101 个城市 $PM_{2.5}$ 超标，占 29.8%；61 个城市 PM_{10} 超标，占 18.0%；1 个城市 NO_2 超标，占 0.3%；50 个城市 O_3 超标，占 14.7%；无 CO、SO_2 超标城市。从污染物超标项数来看，1 项超标的城市 61 个，2 项超标的城市 28 个，3 项超标的城市 32 个。

若不扣除沙尘天气过程影响，339 个城市中有 193 个城市环境空气质量达标，占 56.9%。146 个城市超标，占 43.1%，其中 115 个城市 $PM_{2.5}$ 超标，占 33.9%；99 个城市 PM_{10} 超标，占 29.2%。

与上年相比，环境空气质量达标城市增加 12 个，其中 $PM_{2.5}$、PM_{10}、NO_2 和 O_3 超标城市分别减少 20 个、17 个、4 个和 8 个。若不扣除沙尘天气过程影响，与上年相比，环境空气质量达标城市减少 3 个，$PM_{2.5}$ 超标城市减少 11 个，PM_{10} 超标城市增加 10 个。

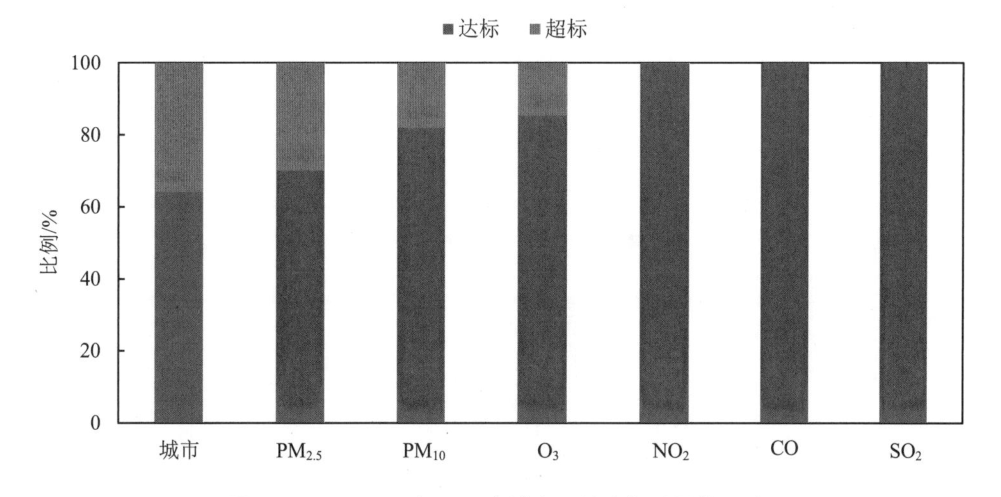

图 2.1.1-1 2021 年 339 个城市环境空气质量状况

---

① 本报告中所有类别、级别比例计算，均为某项目的数量除以总数，结果按照《数值修约规则与极限数值的表示和判定》（GB/T 8170—2008）进行数值修约，故可能出现两个或两个以上类别的综合比例不等于各项类别比例加和的情况，也可能出现所有类别比例加和不等于 100%的情况。下同。

表 2.1.1-1　2021 年各省份地级及以上城市环境空气质量状况

省份	城市数量/个		超标城市比例/%	省份	城市数量/个		超标城市比例/%
	达标	超标			达标	超标	
北京	1	0	0.0	湖北	6	7	53.8
天津	0	1	100.0	湖南	6	8	57.1
河北	3	8	72.7	广东	18	3	14.3
山西	1	10	90.9	广西	14	0	0.0
内蒙古	11	1	8.3	海南	4	0	0.0
辽宁	7	7	50.0	重庆	1	0	0.0
吉林	9	0	0.0	四川	13	8	38.1
黑龙江	12	1	7.7	贵州	9	0	0.0
上海	1	0	0.0	云南	16	0	0.0
江苏	4	9	69.2	西藏	7	0	0.0
浙江	9	2	18.2	陕西	4	6	60.0
安徽	10	6	37.5	甘肃	13	1	7.1
福建	9	0	0.0	青海	8	0	0.0
江西	10	1	9.1	宁夏	4	1	20.0
山东	4	12	75.0	新疆	4	12	75.0
河南	0	17	100.0	总计	218	121	35.7

二、各省份情况

2021 年，河南、天津、河北、山东和山西等 5 个省份 $PM_{2.5}$ 年均浓度超过二级标准，河南、新疆、山西和山东等 4 个省份 PM_{10} 年均浓度超过二级标准，山西、山东、江苏、河南和河北等 5 个省份 O_3 日最大 8 h 平均值第 90 百分位数浓度超过二级标准，各省份 SO_2 年均浓度、NO_2 年均浓度和 CO 日均值第 95 百分位数浓度均达到二级标准。

与上年相比，$PM_{2.5}$、PM_{10} 和 O_3 年均浓度超过二级标准的省份分别减少 6 个、1 个和 2 个，NO_2、SO_2 和 CO 持平。

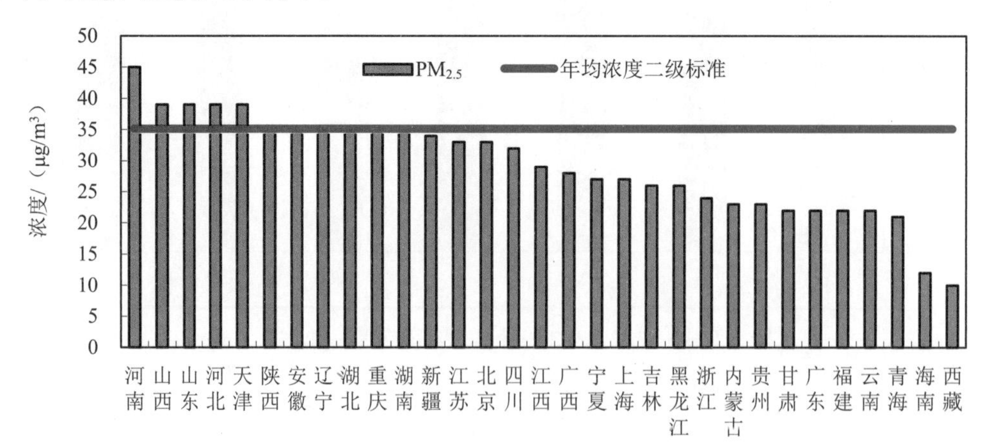

图 2.1.1-2　2021 年各省份 $PM_{2.5}$ 浓度比较

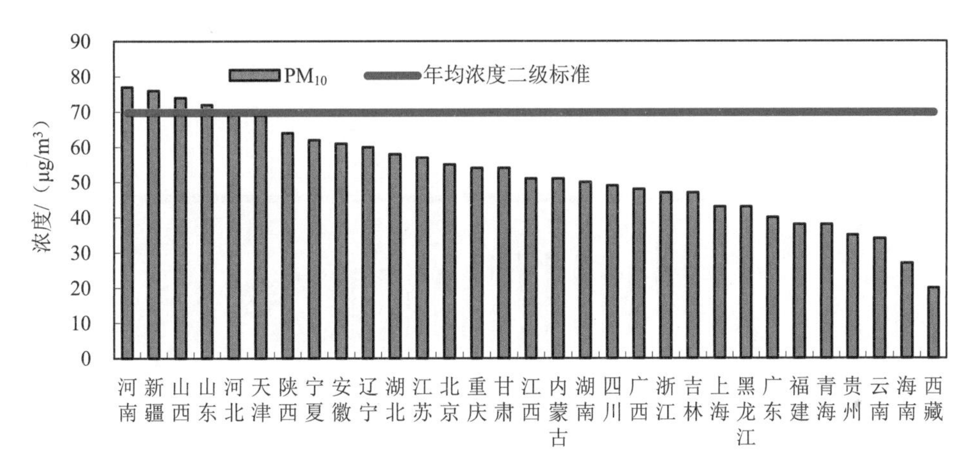

图 2.1.1-3　2021 年各省份 PM_{10} 浓度比较

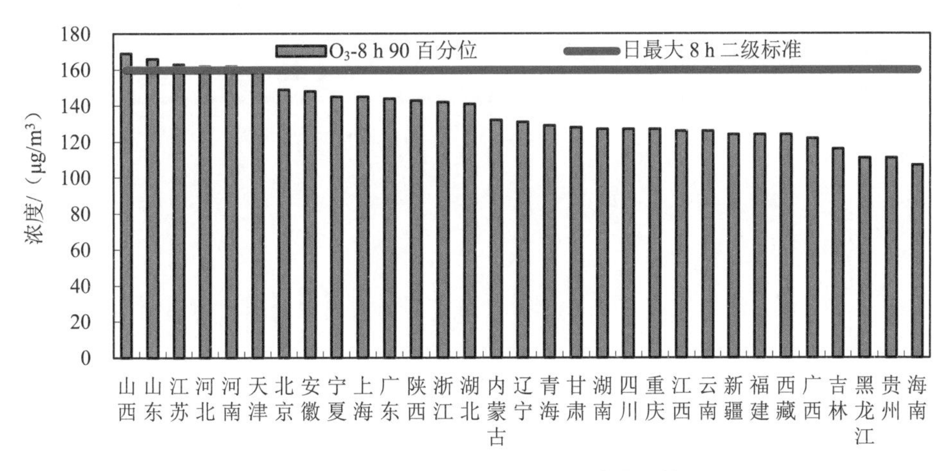

图 2.1.1-4　2021 年各省份 O_3 浓度比较

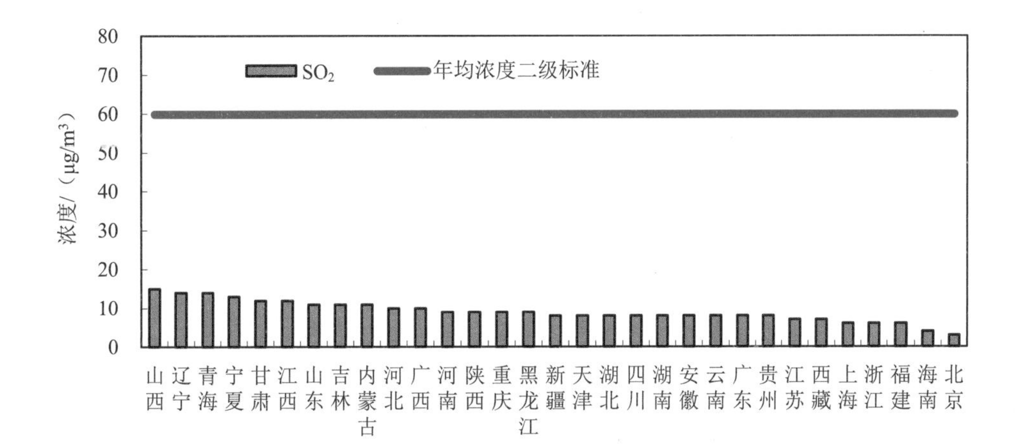

图 2.1.1-5　2021 年各省份 SO_2 浓度比较

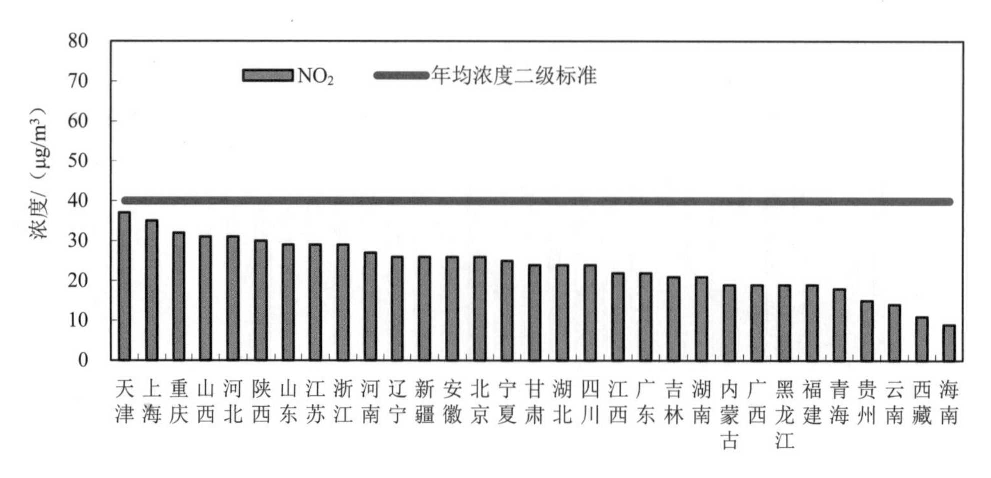

图 2.1.1-6　2021 年各省份 NO_2 浓度比较

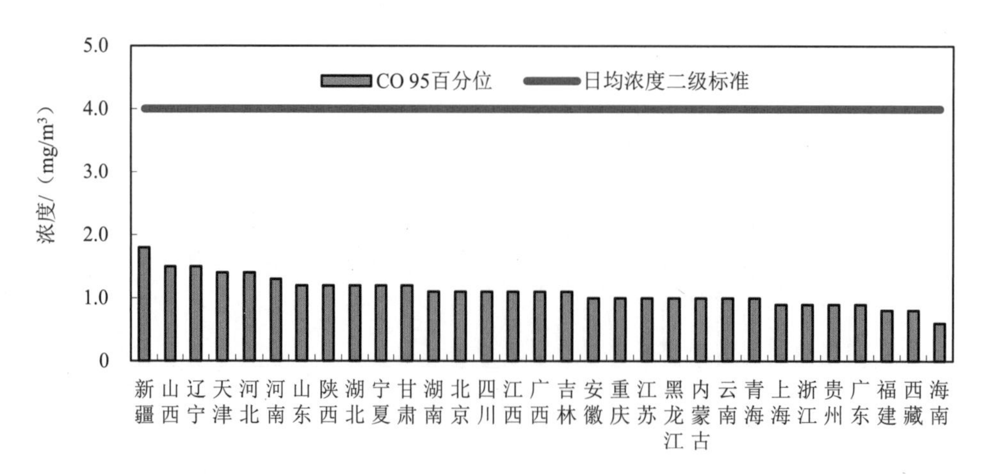

图 2.1.1-7　2021 年各省份 CO 浓度比较

三、优良天数比例

2021 年，全国 339 个城市环境空气质量优良天数[①]比例在 28.8%～100%之间，平均为 87.5%，平均超标天数[②]比例为 12.5%。与上年相比，优良天数比例上升 0.5 个百分点。

① 优良天数：空气质量指数（AQI）在 0～100 之间的天数为优良天数，又称达标天数。计算优良天数时不扣除沙尘影响。

② 超标天数：空气质量指数（AQI）大于 100 的天数为超标天数。其中，101～150 之间为轻度污染，151～200 之间为中度污染，201～300 之间为重度污染，大于 300 为严重污染。计算超标天数时不扣除沙尘影响。

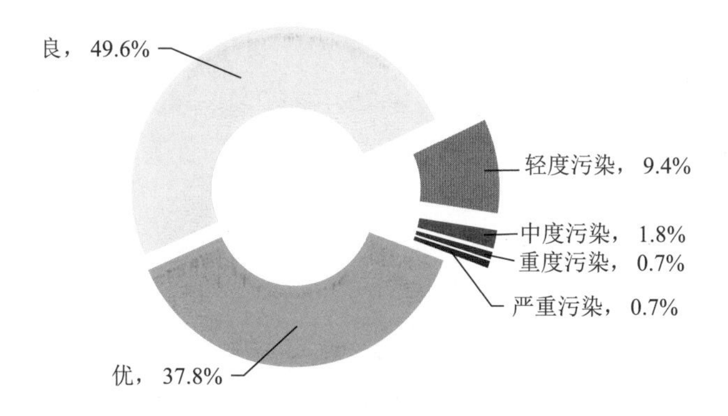

图 2.1.1-8　2021 年 339 个城市环境空气质量状况

2021 年，三沙市、林芝市、昌都市等 12 个城市环境空气质量优良天数比例为 100%，日喀则市、锡林郭勒盟、阿里地区等 254 个城市优良天数比例大于等于 80%且小于 100%，克孜勒苏柯尔克孜自治州、北京市、巴音郭楞蒙古自治州等 71 个城市优良天数比例大于等于 50%且小于 80%，和田、喀什 2 个地区优良天数比例小于 50%。

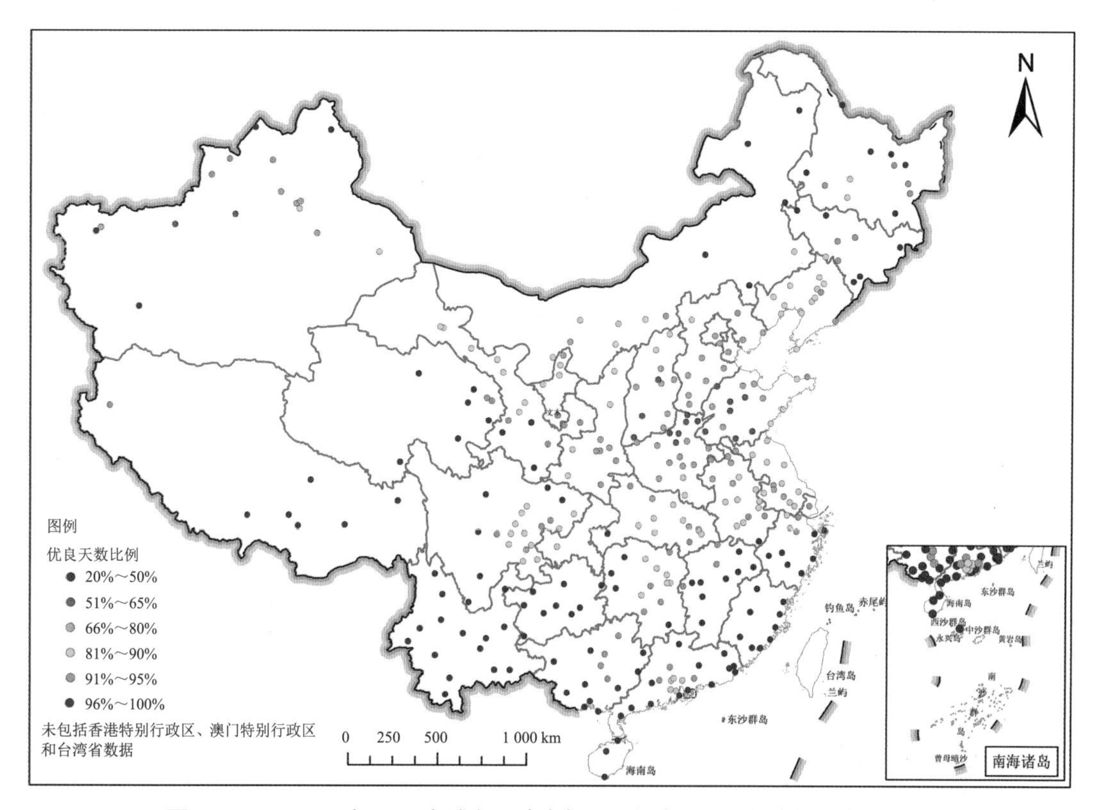

图 2.1.1-9　2021 年 339 个城市环境空气质量优良天数比例空间分布示意图

全国 339 个城市共出现空气污染 15 451 天次，其中轻度污染、中度污染、重度污染和严重污染分别占 74.8%、14.6%、5.3%和 5.3%。以 $PM_{2.5}$、PM_{10}、O_3 和 NO_2 为首要污染物[①]的超标天数分别占总超标天数的 39.7%、25.2%、34.7%和 0.6%，以 CO 为首要污染物的占比不足 0.1%（仅出现 1 天次），没有以 SO_2 为首要污染物的超标天。与上年相比，空气污染天次数减少 628 天次。

表 2.1.1-2　2021 年 339 个城市环境空气质量超标情况

污染等级	首要污染物	累计超标天数/d	出现城市数/个
轻度污染	$PM_{2.5}$	4 424	279
	PM_{10}	2 217	239
	O_3	4 833	284
	SO_2	0	0
	NO_2	100	26
	CO	1	1
中度污染	$PM_{2.5}$	1 062	178
	PM_{10}	676	156
	O_3	513	114
	SO_2	0	0
	NO_2	0	0
	CO	0	0
重度污染	$PM_{2.5}$	552	128
	PM_{10}	251	98
	O_3	21	20
	SO_2	0	0
	NO_2	0	0
	CO	0	0
严重污染	$PM_{2.5}$	95	44
	PM_{10}	748	127
	O_3	0	0
	SO_2	0	0
	NO_2	0	0
	CO	0	0

① 首要污染物：空气质量指数（AQI）大于 50 时，空气质量分指数最大的污染物为首要污染物。

2021 年，受冬季不利气象条件、春季沙尘天气和夏季 O_3 污染影响，339 个城市 1 月、3 月和 6 月超标天数较多，分别占全年总超标天数的 17.2%、12.3%和 11.4%；10 月、4 月和 7 月超标天数较少，分别占 4.3%、4.9%和 5.1%。

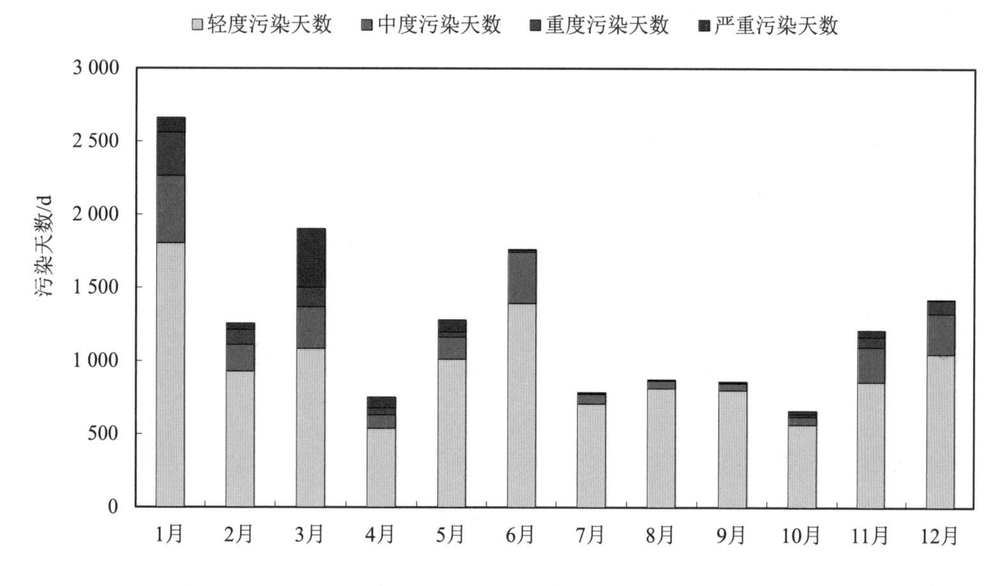

图 2.1.1-10　2021 年 339 个城市环境空气质量超标天数月际变化

四、六项污染物

（一）$PM_{2.5}$

2021 年，全国 339 个城市中，$PM_{2.5}$ 年均浓度达到一级标准的城市有 21 个，占 6.2%；达到二级标准的城市有 217 个，占 64.0%；超过二级标准的城市有 101 个，占 29.8%。达标城市比例为 70.2%，与上年相比上升 5.9 个百分点。$PM_{2.5}$ 年均浓度在 7～58 μg/m^3 之间，平均为 30 μg/m^3，与上年相比下降 9.1%；在 21～30 μg/m^3 范围内分布的城市比例最高，占 42.2%。

表 2.1.1-3　339 个城市 $PM_{2.5}$ 年均浓度级别比例

$PM_{2.5}$ 年均浓度级别	城市比例/%	
	2020 年	2021 年
一级	5.6	6.2
二级	58.7	64.0
超二级	35.7	29.8

若不扣除沙尘天气过程影响，339个城市$PM_{2.5}$年均浓度达到一级标准的城市有19个，占 5.6%；达到二级标准的城市有 205 个，占 60.5%；超过二级标准的城市有 115 个，占 33.9%。达标城市比例为 66.1%，与上年相比上升 3.3 个百分点。$PM_{2.5}$ 年均浓度在 7～94 μg/m³ 之间，平均为 31 μg/m³，与上年相比下降 6.1%。

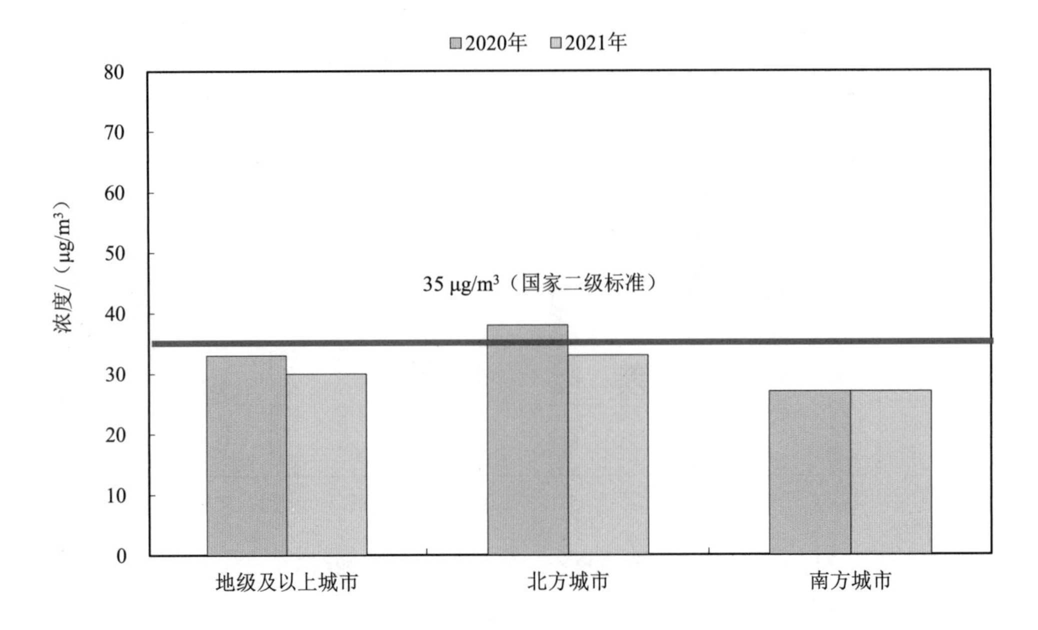

图 2.1.1-11　$PM_{2.5}$年均浓度年际变化

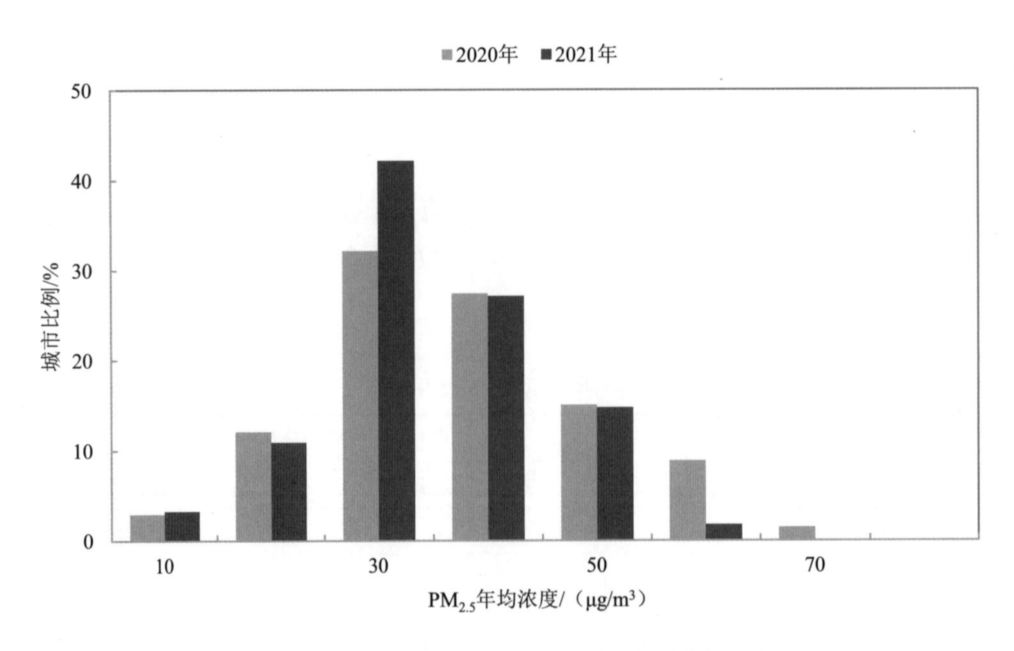

图 2.1.1-12　339 个城市 $PM_{2.5}$年均浓度区间分布年际变化

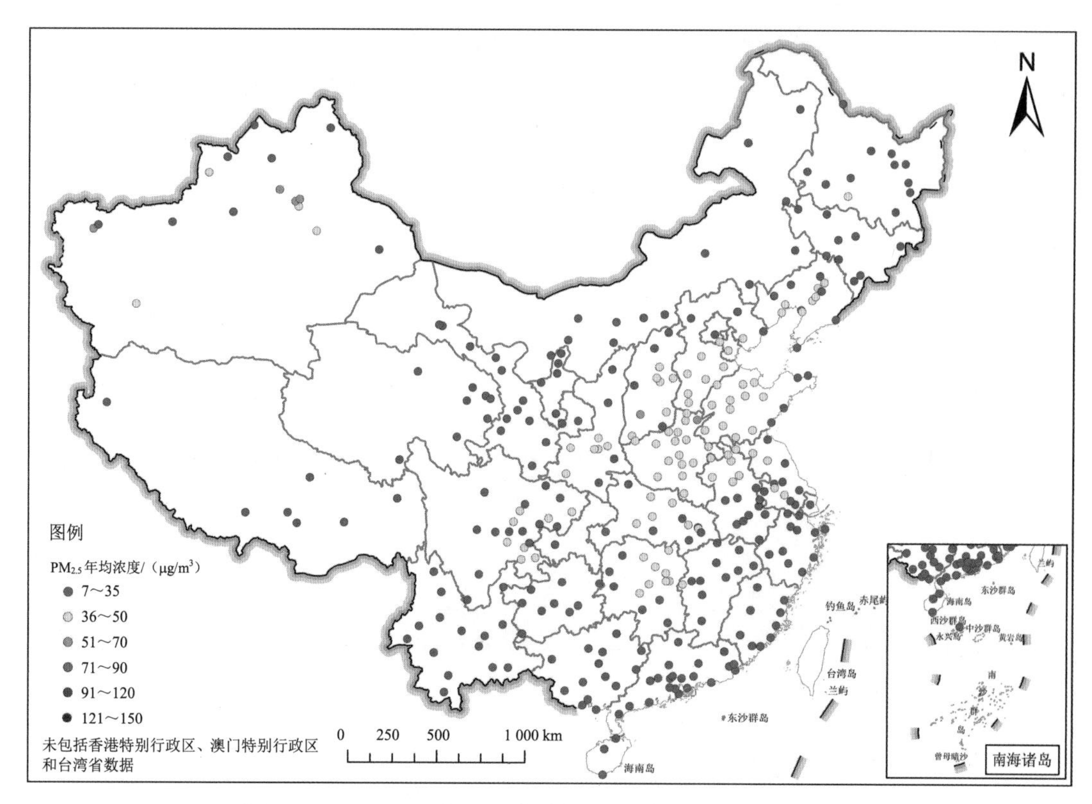

图 2.1.1-13　2021 年 339 个城市 $PM_{2.5}$ 年均浓度分布示意图

（二）PM_{10}

2021 年，339 个城市 PM_{10} 年均浓度达到一级标准的城市有 81 个，占 23.9%；达到二级标准的城市有 197 个，占 58.1%；超过二级标准的城市有 61 个，占 18.0%。达标城市比例为 82.0%，与上年相比上升 5.0 个百分点。PM_{10} 年均浓度在 15～123 μg/m³ 之间，平均为 54 μg/m³，与上年相比下降 3.6%；在 41～60 μg/m³ 范围内分布的城市比例最高，占 44.2%。

表 2.1.1-4　339 个城市 PM_{10} 年均浓度级别比例

PM_{10} 年均浓度级别	地级及以上城市比例/%	
	2020 年	2021 年
一级	24.5	23.9
二级	52.5	58.1
超二级	23.0	18.0

若不扣除沙尘天气过程影响，339 个城市 PM_{10} 年均浓度达到一级标准的城市有 77 个，

占22.7%；达到二级标准的城市有163个，占48.1%；超过二级标准的城市有99个，占29.2%。达标城市比例为70.8%，与上年相比下降2.9个百分点。PM_{10}年均浓度在15～327 μg/m³之间，平均为63 μg/m³，与上年相比上升6.8%。

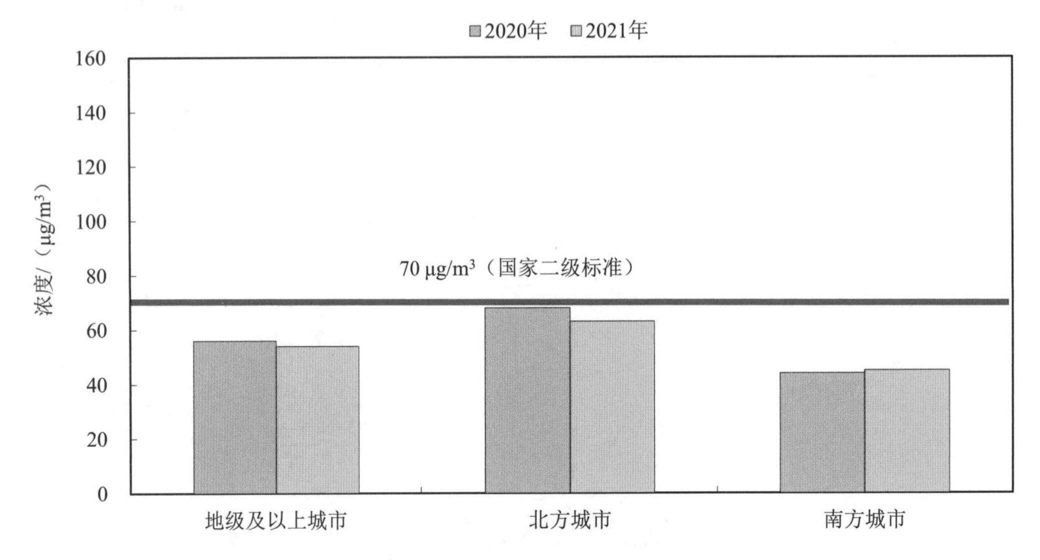

图2.1.1-14　PM_{10}年均浓度年际变化

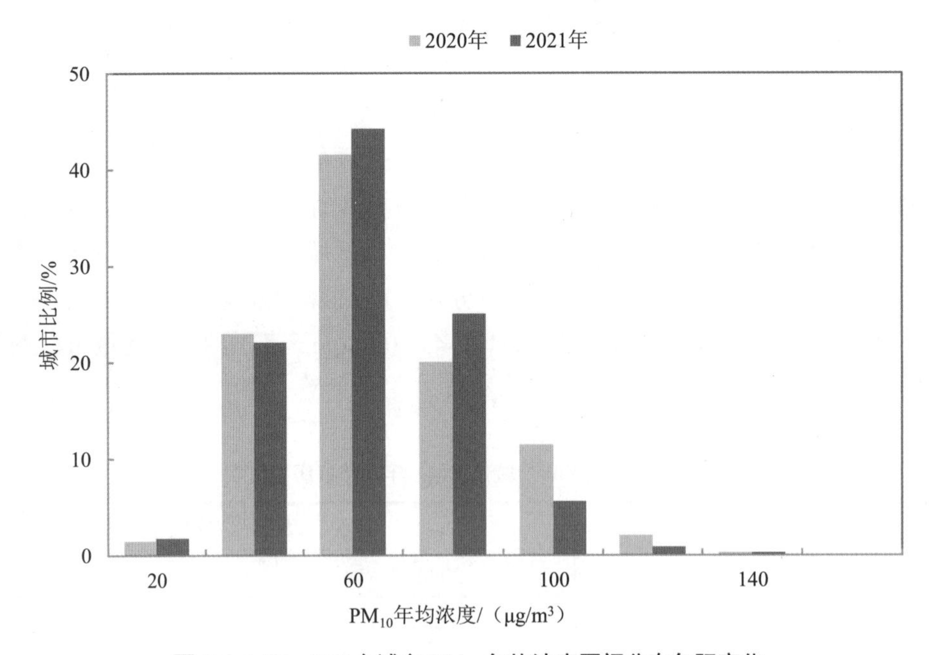

图2.1.1-15　339个城市PM_{10}年均浓度区间分布年际变化

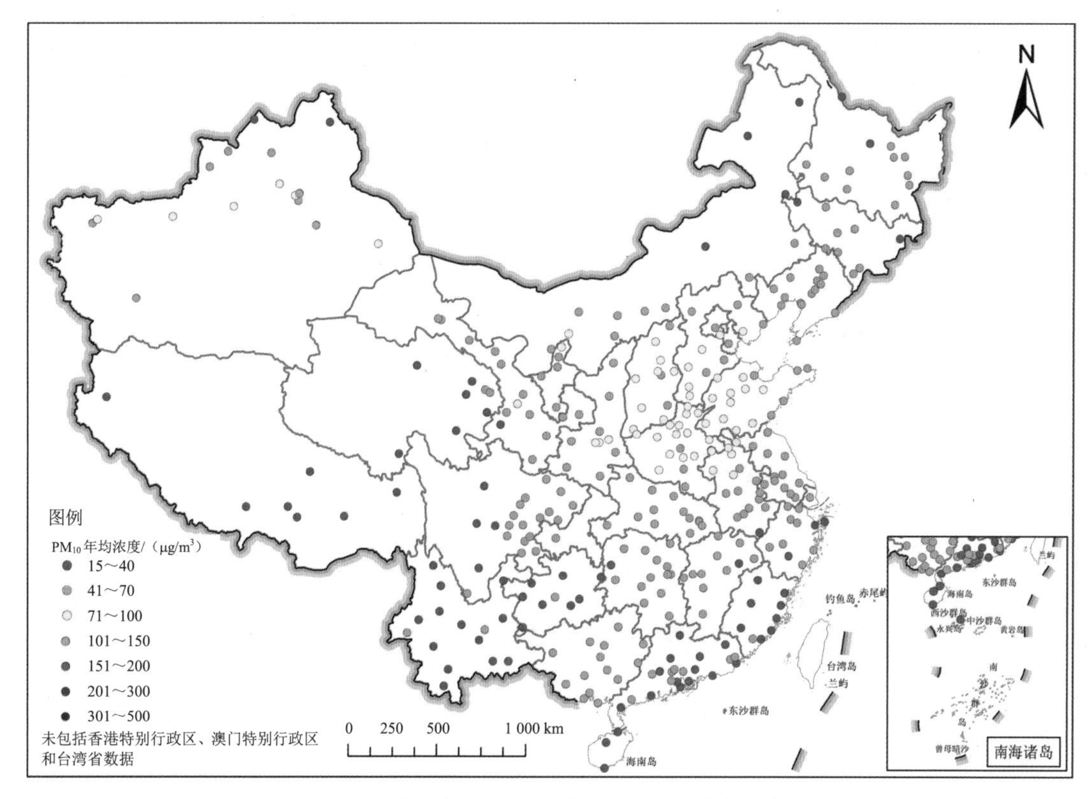

图 2.1.1-16 2021 年 339 个城市 PM_{10} 年均浓度分布示意图

（三）O_3

2021 年，全国 339 个城市中，O_3 日最大 8 h 平均值第 90 百分位数浓度达到一级标准的城市有 9 个，占 2.7%；达到二级标准的城市有 280 个，占 82.6%；超过二级标准的城市有 50 个，占 14.7%。达标城市比例为 85.3%，与上年相比上升 2.4 个百分点。O_3 日最大 8 h 平均值第 90 百分位数浓度在 94～197 μg/m³之间，平均为 137 μg/m³，与上年相比下降 0.7%；在 120～150 μg/m³ 范围内分布的城市比例最高，占 55.4%。

表 2.1.1-5 339 个城市 O_3 日最大 8 h 平均值第 90 百分位数浓度级别比例

O_3 日最大 8 h 平均值第 90 百分位数浓度	城市比例/%	
	2020 年	2021 年
一级	3.2	2.7
二级	79.6	82.6
超二级	17.1	14.7

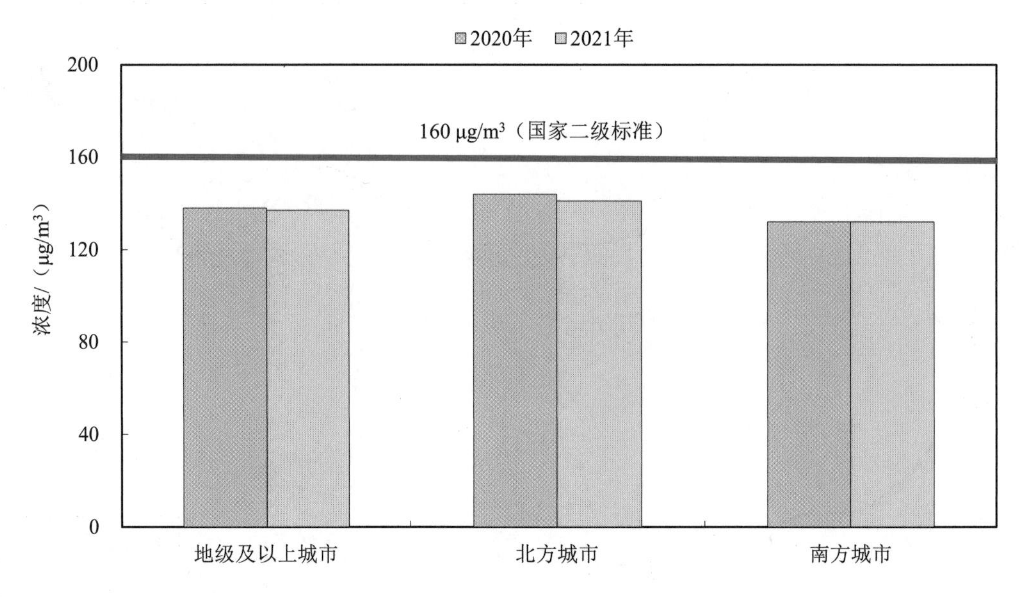

图 2.1.1-17　O_3 日最大 8 h 平均值第 90 百分位数浓度年际变化

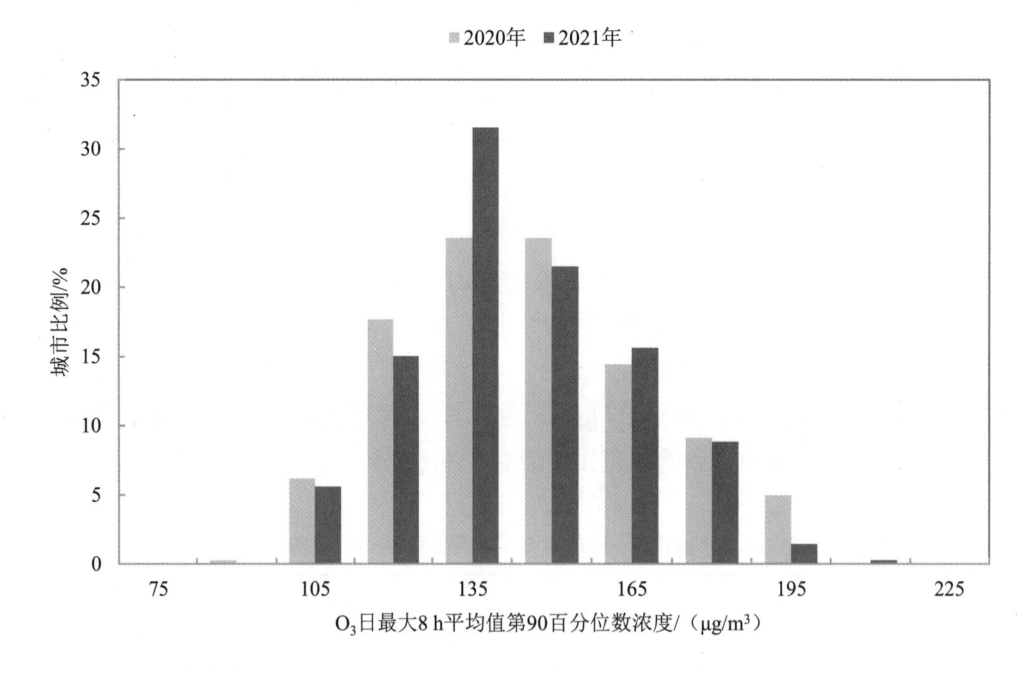

图 2.1.1-18　339 个城市 O_3 日最大 8 h 平均值第 90 百分位数浓度分布年际变化

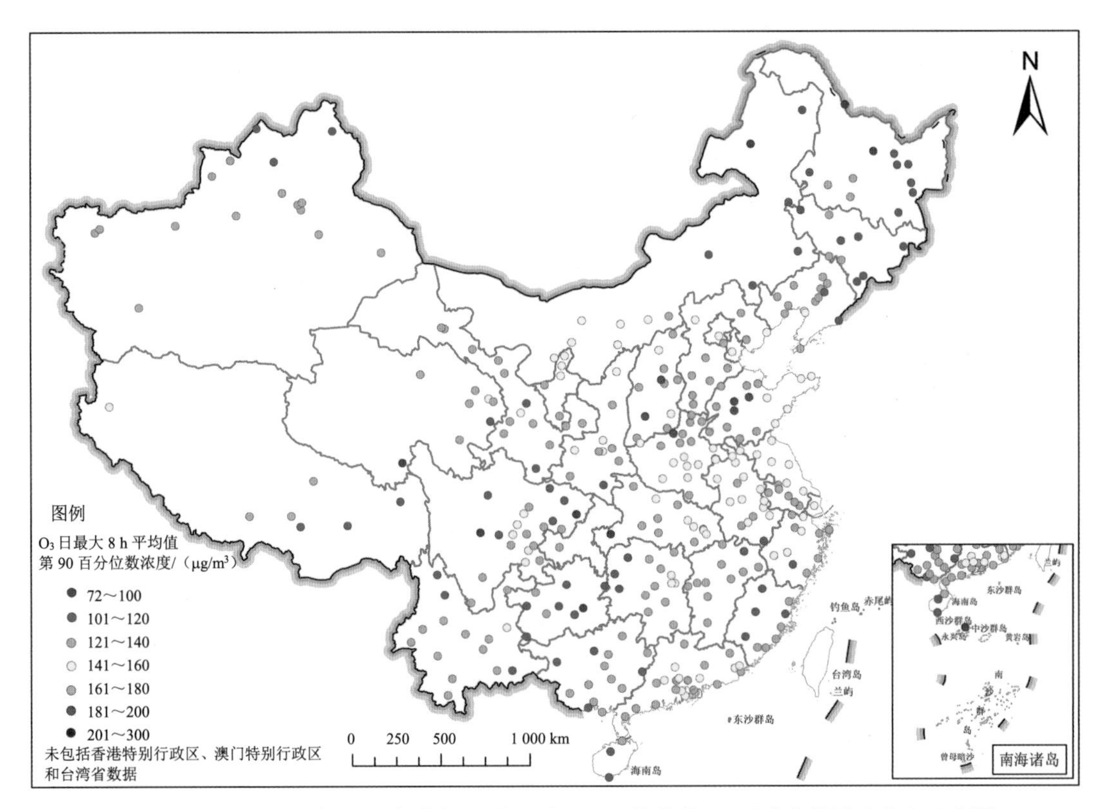

图 2.1.1-19　2021 年 339 个城市 O_3 日最大 8 h 平均值第 90 百分位数浓度分布示意图

（四）SO_2

2021 年，全国 339 个城市中，SO_2 年均浓度达到一级标准的城市有 333 个，占 98.2%；达到二级标准的城市有 6 个，占 1.8%；无超过二级标准的城市。达标城市比例为 100%，与上年持平。SO_2 年均浓度在 2～31 μg/m³ 之间，平均为 9 μg/m³，与上年相比下降 10.0%；在 1～10 μg/m³ 范围内分布的城市比例最高，占 70.8%。

表 2.1.1-6　339 个城市 SO_2 年均浓度级别比例

SO_2 年均浓度级别	地级及以上城市比例/%	
	2020 年	2021 年
一级	97.1	98.2
二级	2.9	1.8
超二级	0.0	0.0

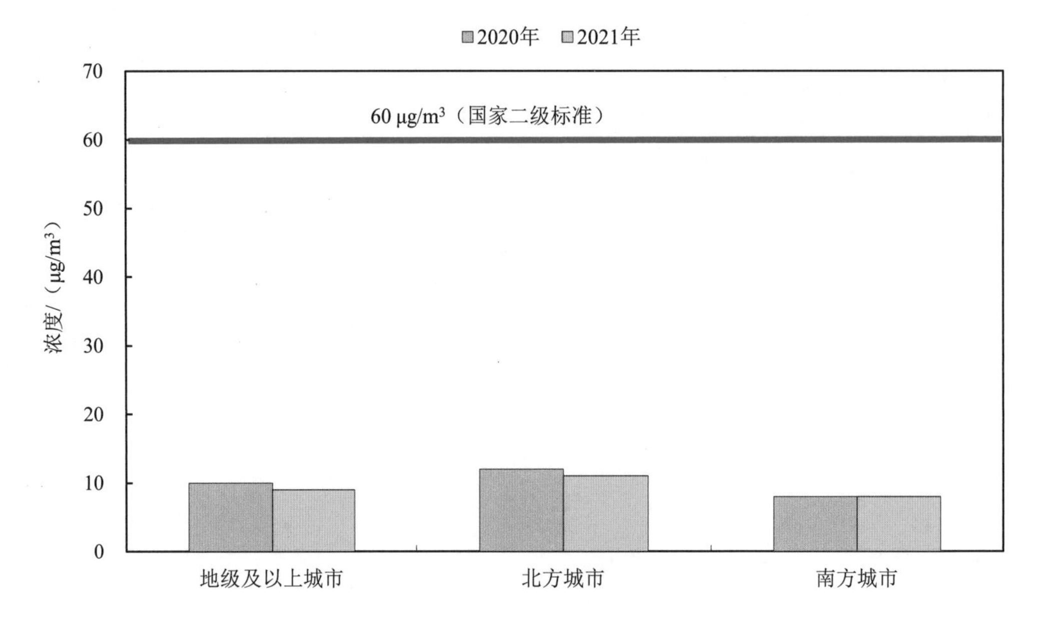

图 2.1.1-20　SO_2 年均浓度年际变化

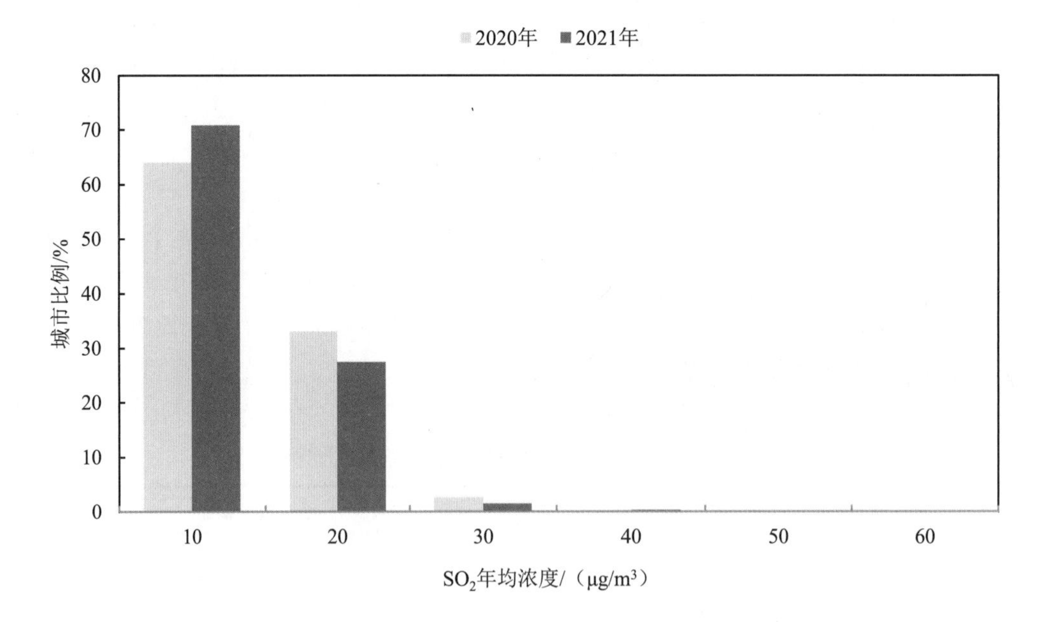

图 2.1.1-21　339 个城市 SO_2 年均浓度区间分布年际变化

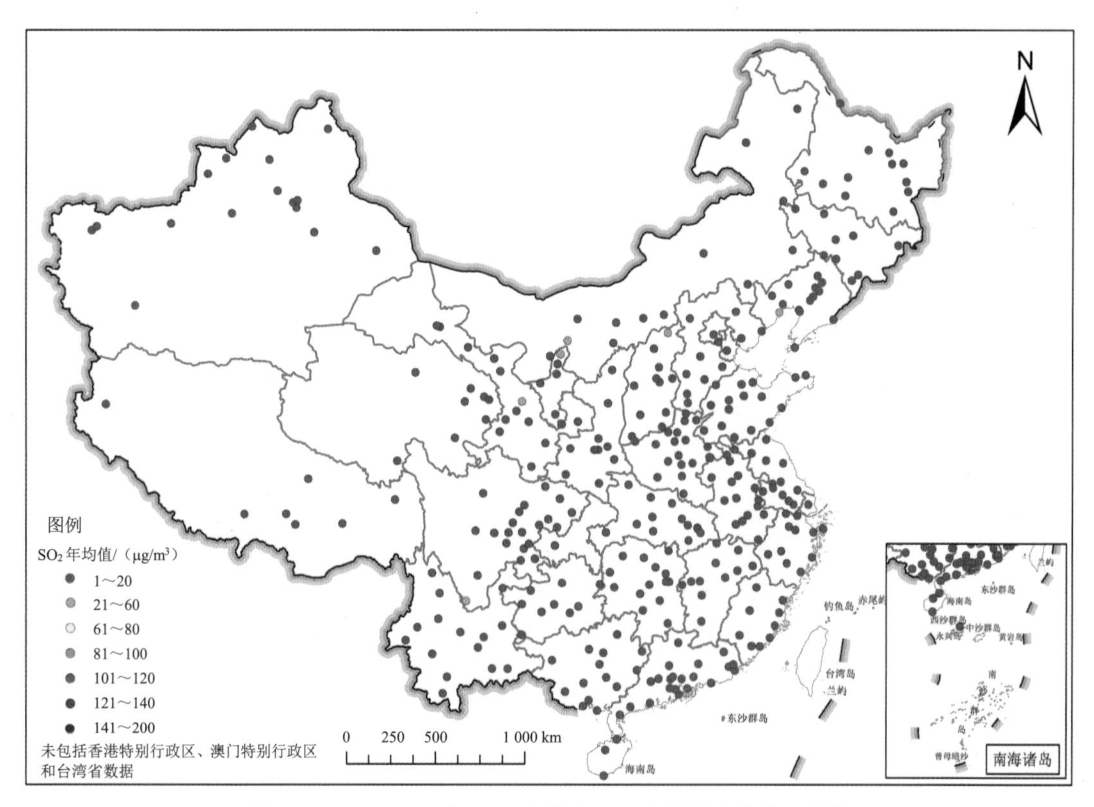

图 2.1.1-22 2021 年 339 个城市 SO_2 年均浓度分布示意图

（五）NO_2

2021 年，全国 339 个城市中，NO_2 年均浓度达到一级/二级标准的城市有 338 个，占 99.7%，与上年相比上升 1.2 个百分点；超过二级标准的城市有 1 个，占 0.3%。NO_2 年均浓度在 6～46 μg/m^3 之间，平均为 23 μg/m^3，与上年相比下降 4.2%；在 21～30 μg/m^3 范围内分布的城市比例最高，占 44.0%。

表 2.1.1-7 339 个城市 NO_2 年均浓度分级城市比例

NO_2 年均浓度级别	地级及以上城市比例/%	
	2020 年	2021 年
一级/二级	98.5	99.7
超二级	1.5	0.3

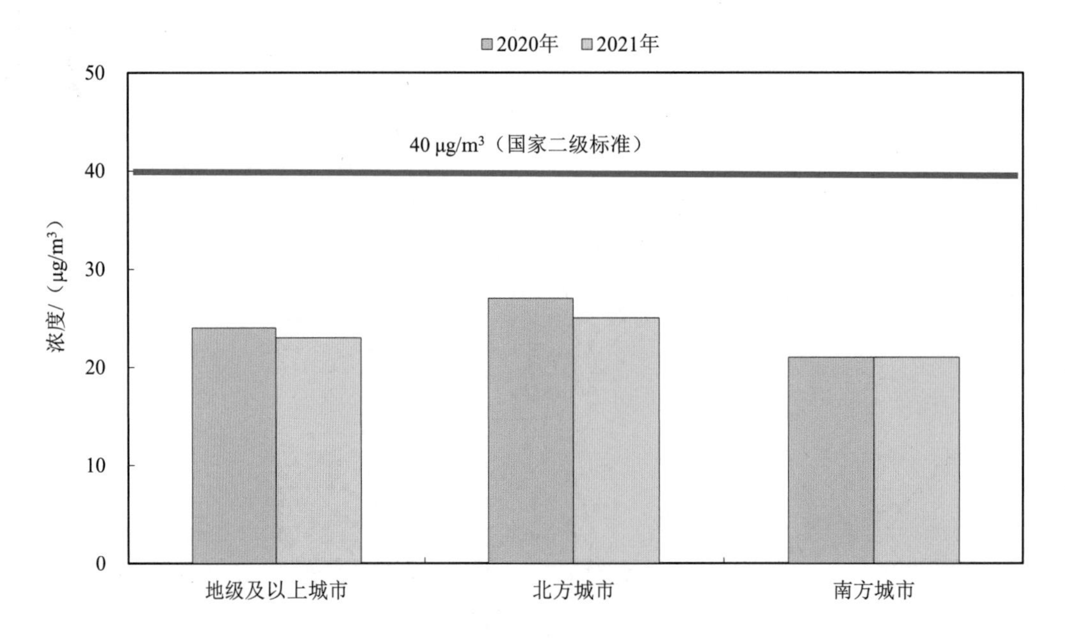

图 2.1.1-23　NO_2 年均浓度年际变化

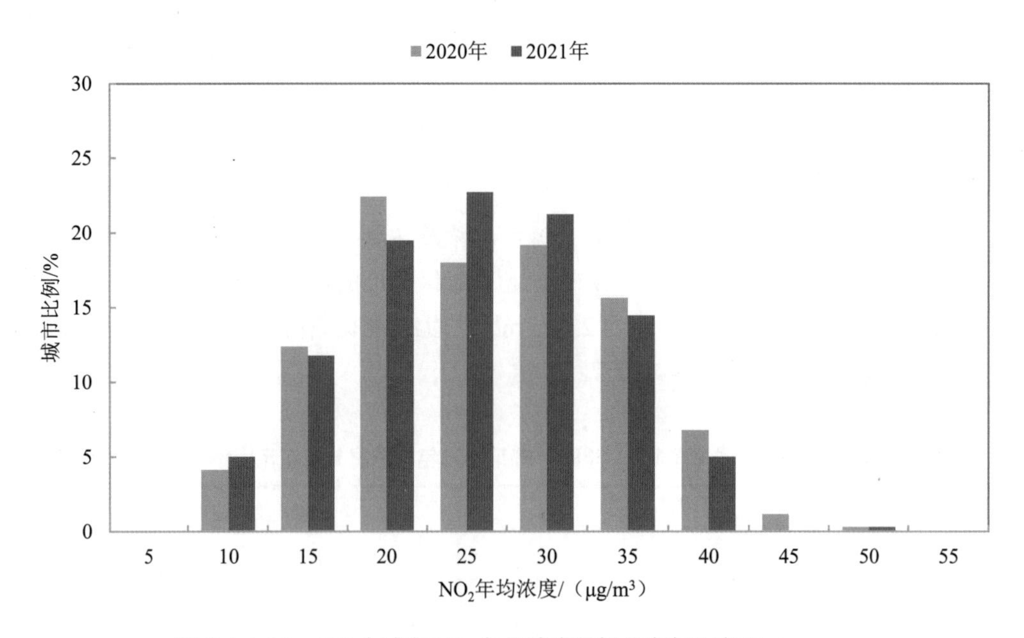

图 2.1.1-24　339 个城市 NO_2 年均浓度区间分布年际变化

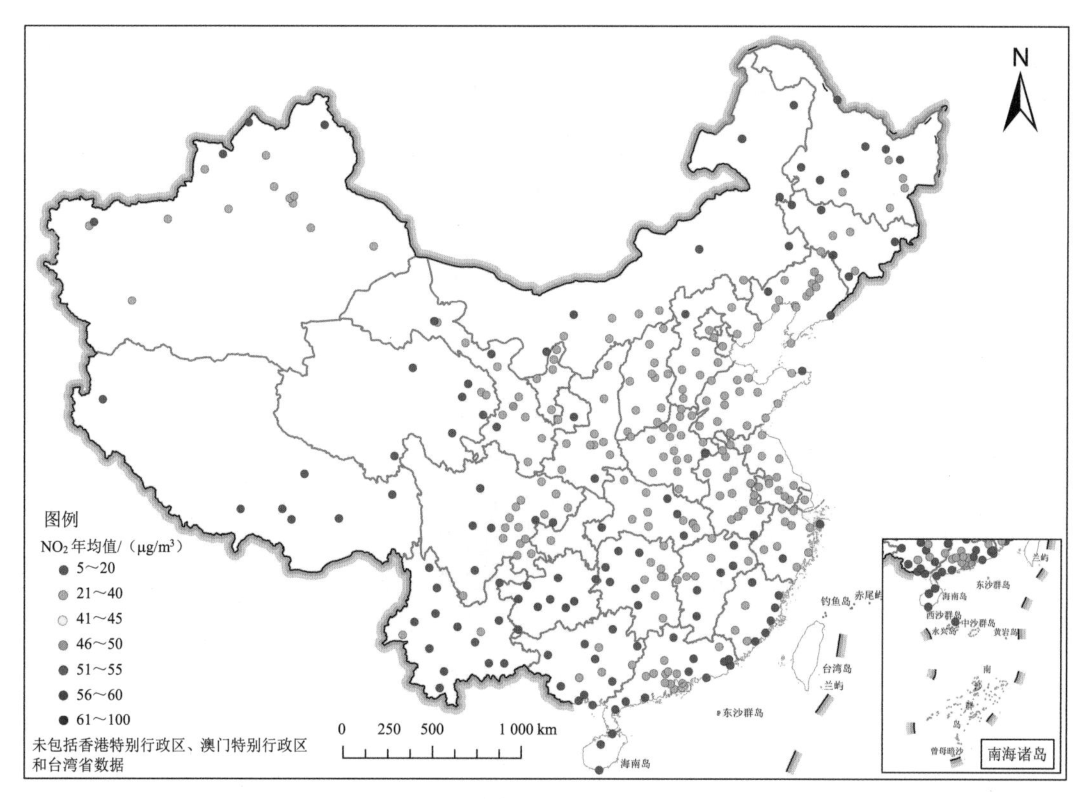

图 2.1.1-25 2021 年 339 个城市 NO_2 年均浓度分布示意图

（六）CO

2021 年，全国 339 个城市中，CO 日均值第 95 百分位数浓度达到一级/二级标准的城市有 339 个，占 100%，与上年持平。CO 日均值第 95 百分位数浓度在 0.5～3.2 mg/m^3 之间，平均为 1.1 mg/m^3，与上年相比下降 8.3%；在 0.8～1.2 mg/m^3 范围内分布的城市比例最高，占 57.5%。

表 2.1.1-8 339 个城市 CO 日均值第 95 百分位数浓度级别比例

CO 日均值第 95 百分位数浓度级别	地级及以上城市比例/%	
	2020 年	2021 年
一级/二级	100	100
超二级	0.0	0.0

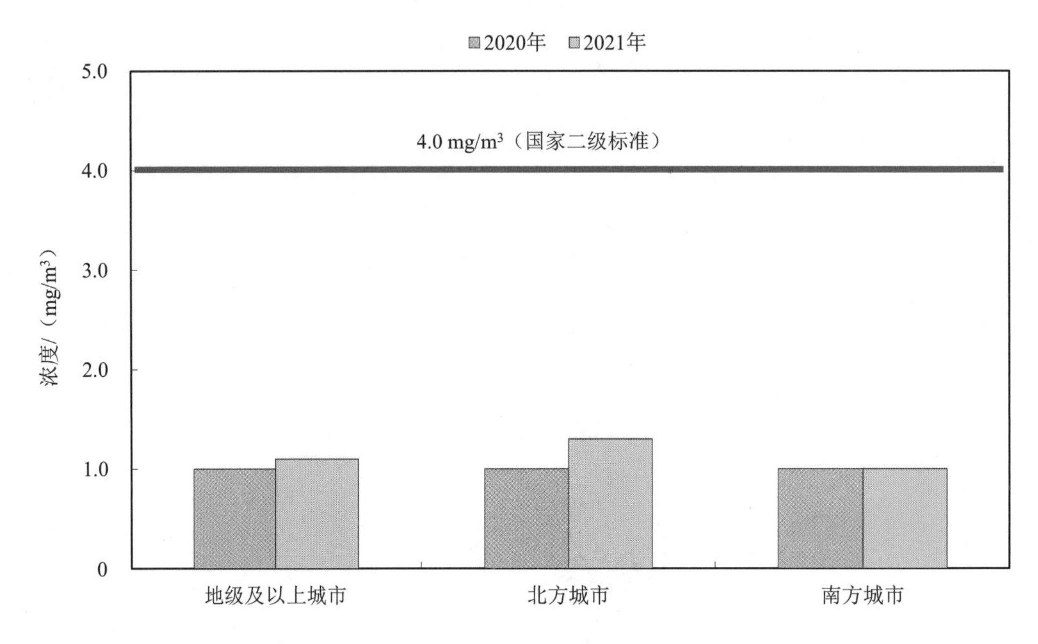

图 2.1.1-26　CO 年均浓度年际变化

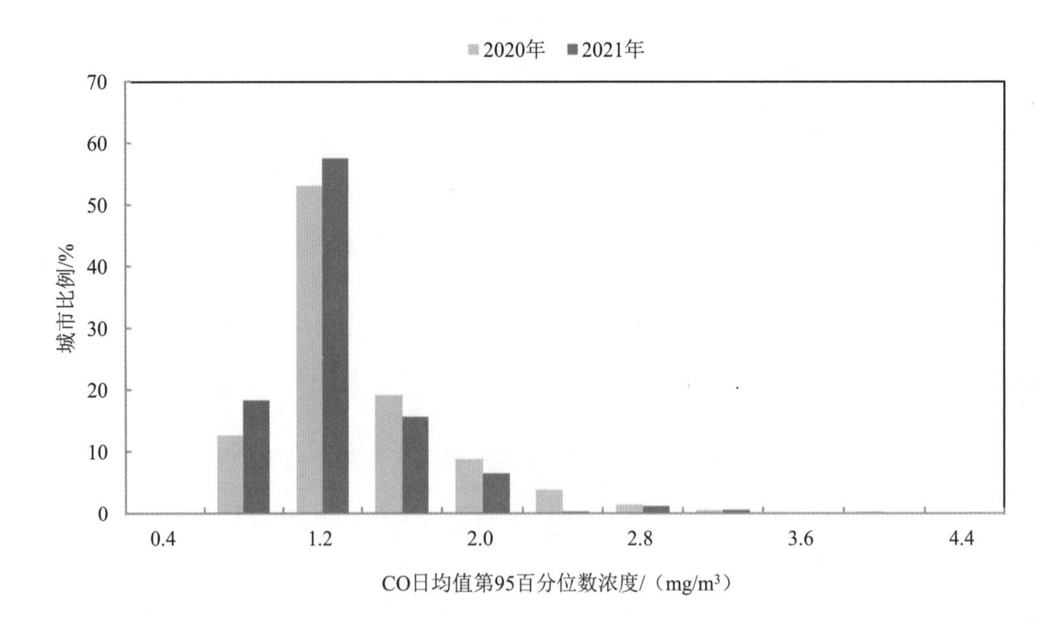

图 2.1.1-27　339 个城市 CO 日均值第 95 百分位数浓度区间分布年际变化

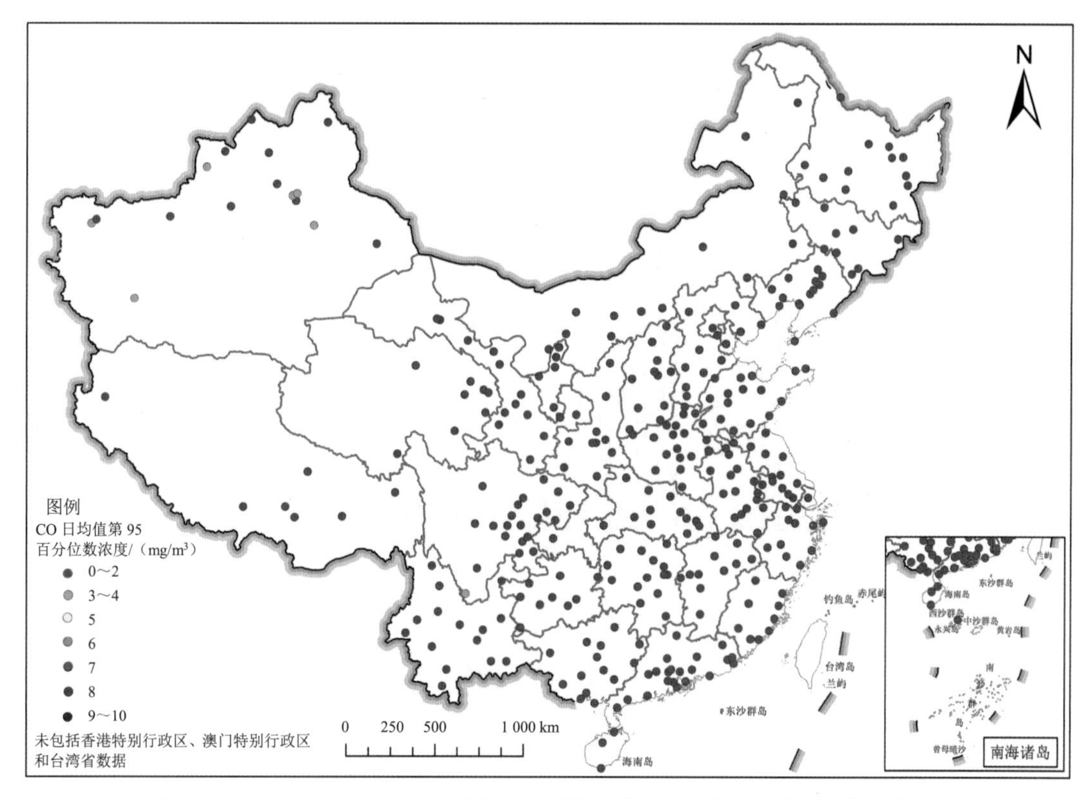

图 2.1.1-28　2021 年 339 个城市 CO 日均值第 95 百分位数浓度分布示意图

五、典型重污染过程

2021 年，全国共出现重度及以上污染 1 637 天次，与上年相比增加 116 天次。其中，$PM_{2.5}$ 和 O_3 为首要污染物的天数分别减少 533 d 和 3 d；PM_{10} 为首要污染物的天数增加 664 d，春季沙尘过程强度和影响范围同比显著增大为主因。以 $PM_{2.5}$、PM_{10} 和 O_3 为首要污染物的占比分别为 39.5%、61.0%和 1.3%。

（一）1—2 月重污染过程

2021 年 1—2 月，全国发生多次大范围区域性重污染过程，其中 1 月 21—26 日和 2 月 11—13 日的重污染过程较为典型，影响范围包括“2+26”城市、汾渭平原、成渝地区、苏皖鲁豫交界、湖南、湖北、内蒙古中部、新疆乌昌石及东北三省。1 月 22 日全国有 43 个城市达到重度及以上污染级别，$PM_{2.5}$ 最大日均浓度为 292 μg/m³，PM_{10} 最大日均浓度为 345 μg/m³；2 月 12 日全国共有 36 个城市达到重度及以上污染级别，$PM_{2.5}$ 最大日均浓度为 407 μg/m³，PM_{10} 最大日均浓度为 430 μg/m³。此外，1 月 12—14 日发生的沙尘重污染过程，以 PM_{10} 为首要污染物，PM_{10} 最大日均浓度为 1 663 μg/m³。

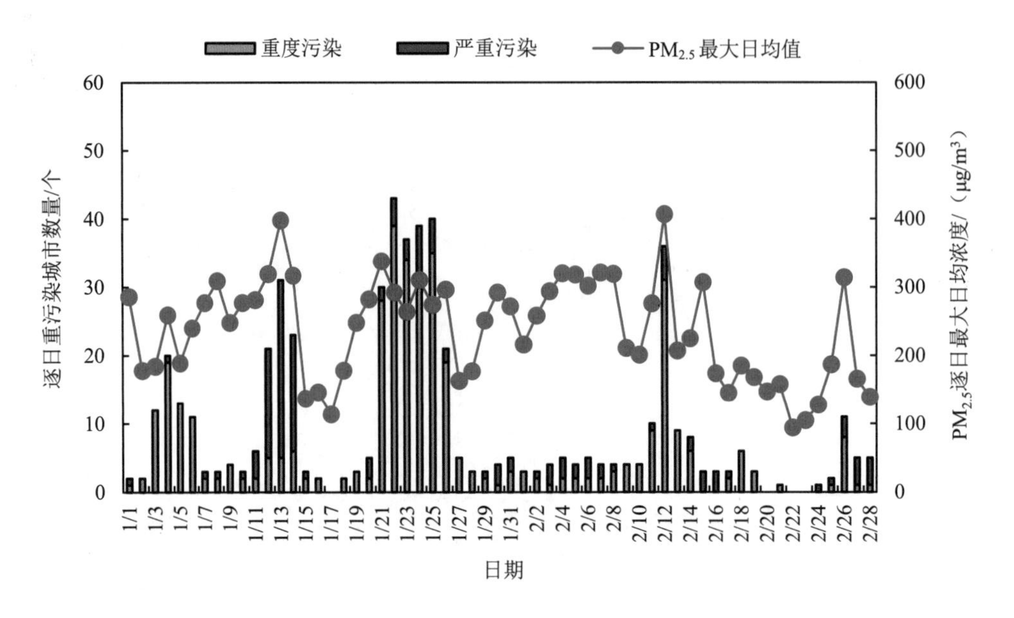

图 2.1.1-29　2021 年 1—2 月全国重污染城市数和 $PM_{2.5}$ 最大日均浓度逐日变化

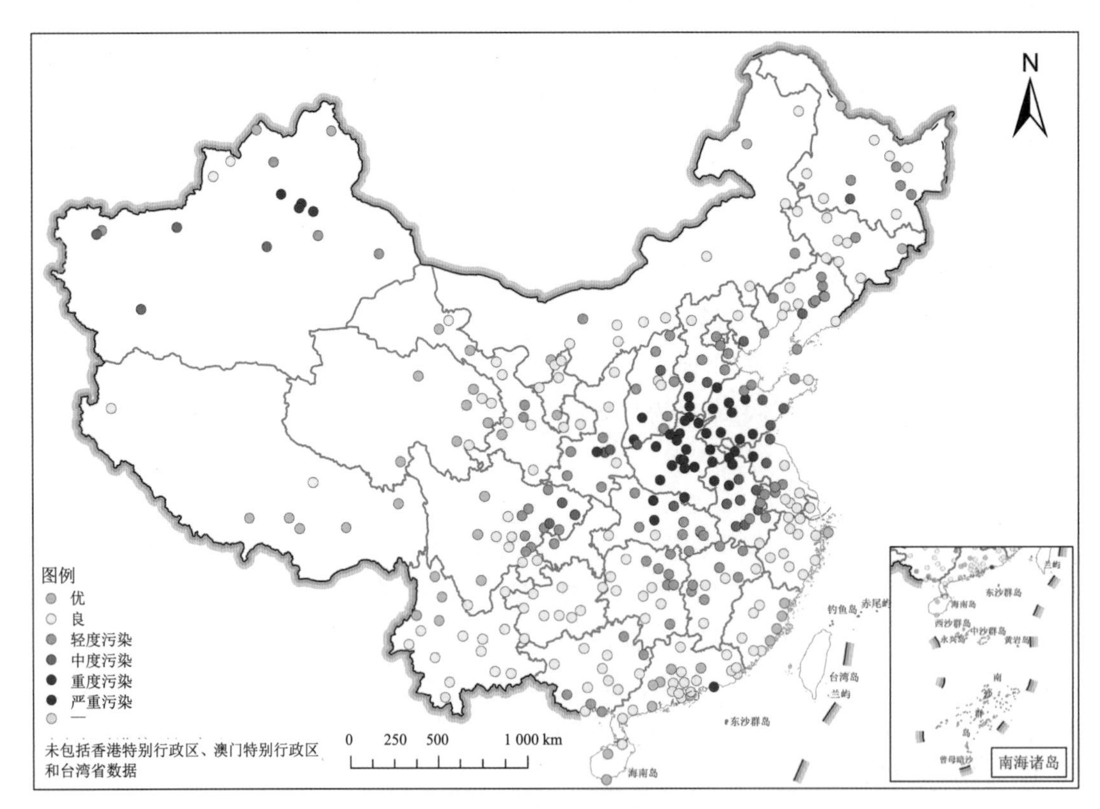

图 2.1.1-30　2021 年 1 月 22 日 339 个城市环境空气质量状况分布示意图

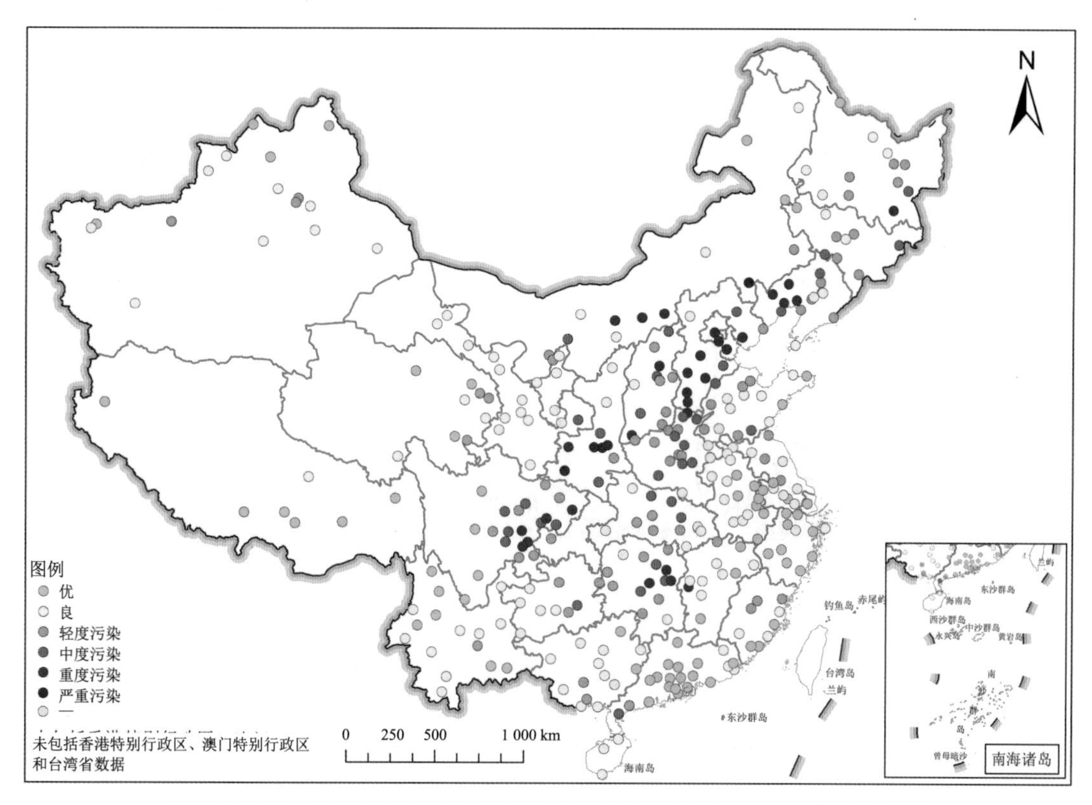

图 2.1.1-31　2021 年 2 月 12 日 339 个城市环境空气质量状况分布示意图

（二）3—5 月重污染过程

2021 年春节，全国发生多次大范围区域性沙尘重污染过程，其中 3 月 15—20 日和 3 月 28—30 日的沙尘过程较为典型。3 月 15—20 日的污染过程为我国近 10 年来强度最大、影响范围最广的沙尘天气过程，全国共有 114 个城市出现 PM_{10} 重度及以上污染，PM_{10} 最大日均浓度为 6 264 μg/m^3。3 月 28—30 日的沙尘过程期间，全国共有 105 个城市出现 PM_{10} 重度及以上污染，PM_{10} 最大日均浓度为 1 850 μg/m^3。

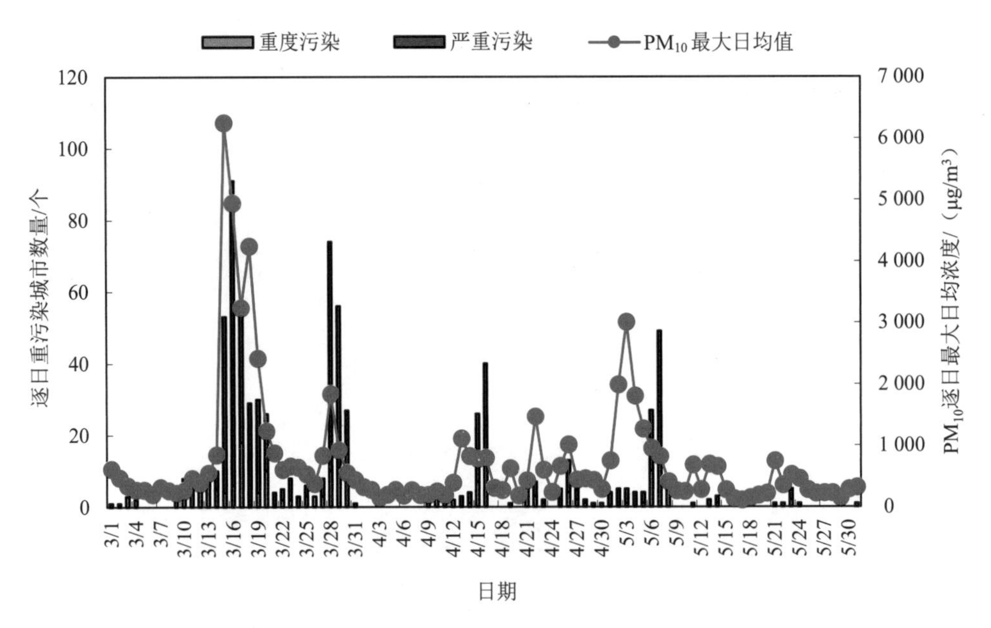

图 2.1.1-32　2021 年 3—5 月全国重污染城市数和 PM_{10} 最大日均浓度逐日变化

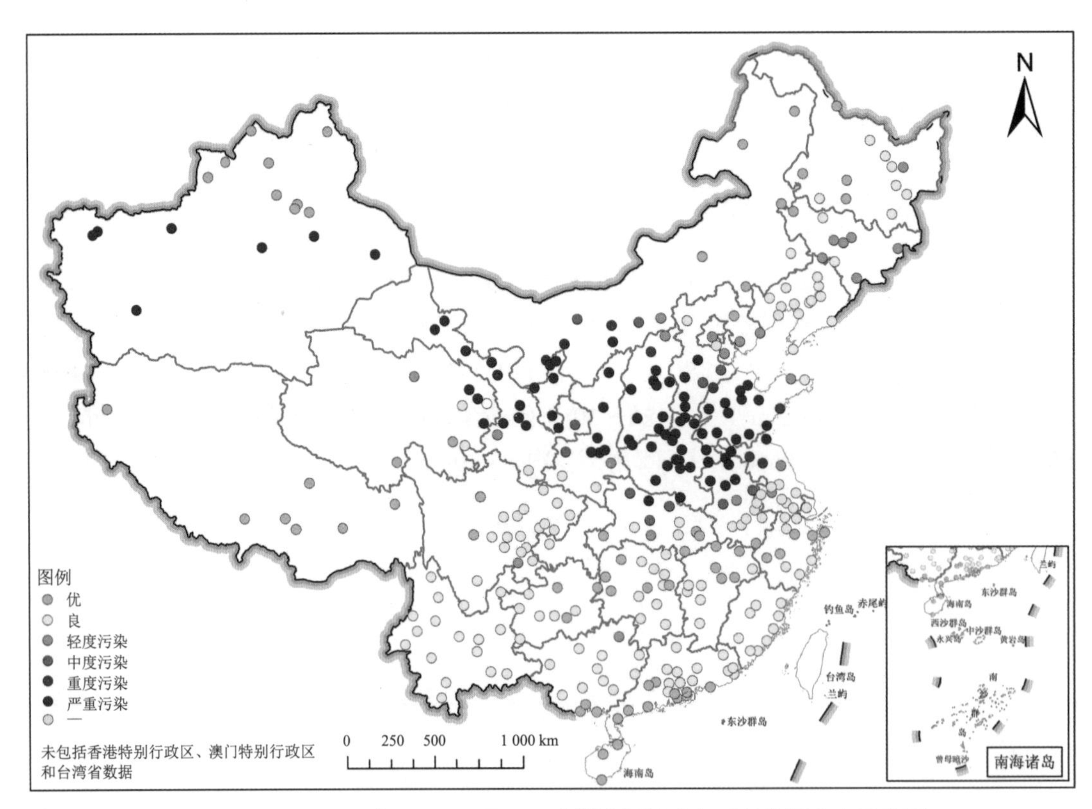

图 2.1.1-33　2021 年 3 月 16 日 339 个城市环境空气质量状况分布示意图

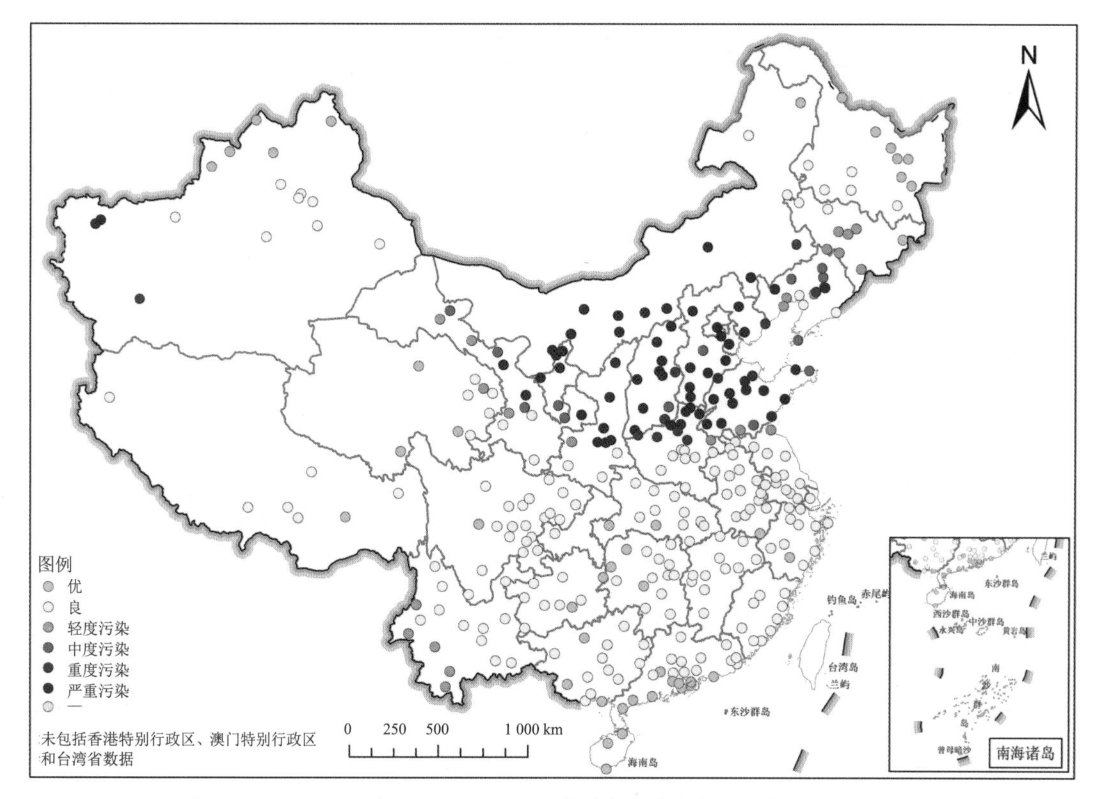

图 2.1.1-34 2021 年 3 月 28 日 339 个城市环境空气质量状况分布示意图

（三）11—12 月重污染过程

2021 年 11—12 月，全国区域性重污染过程范围及污染程度不及 1—2 月。11 月单日重污染城市数量均未超过 10 个，11 月中上旬新疆及甘肃等西北省份持续出现沙尘重污染天气，$PM_{2.5}$ 最大日均浓度为 465 μg/m^3，PM_{10} 最大日均浓度为 2 015 μg/m^3，同时苏皖鲁豫交界出现小范围 $PM_{2.5}$ 重污染过程，$PM_{2.5}$ 最大日均浓度为 200 μg/m^3，PM_{10} 最大日均浓度为 252 μg/m^3。12 月 10 日，全国有 23 个城市达到重度及以上污染级别，$PM_{2.5}$ 最大日均浓度为 200 μg/m^3，PM_{10} 最大日均浓度为 255 μg/m^3。

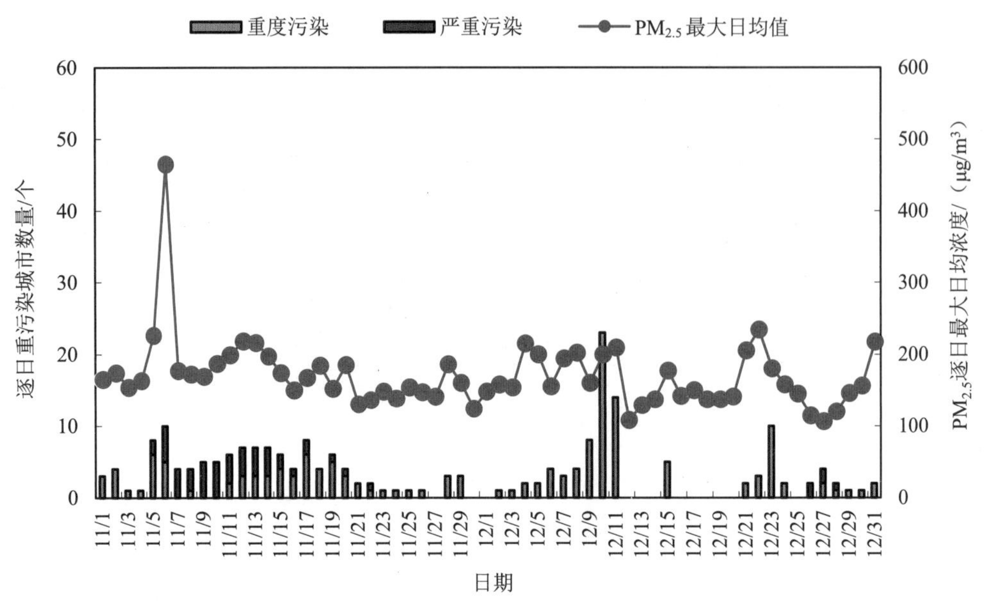

图 2.1.1-35　2021 年 11—12 月全国重污染城市数和 $PM_{2.5}$ 最大日均浓度逐日变化

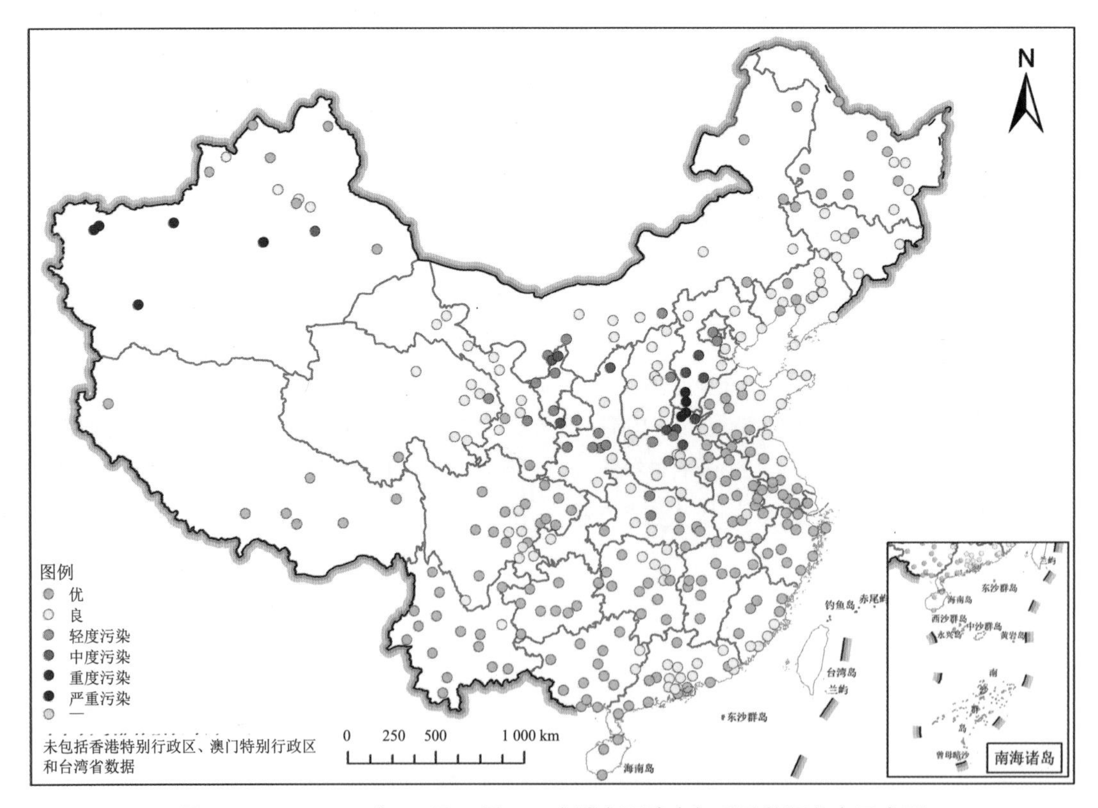

图 2.1.1-36　2021 年 11 月 6 日 339 个城市环境空气质量状况分布示意图

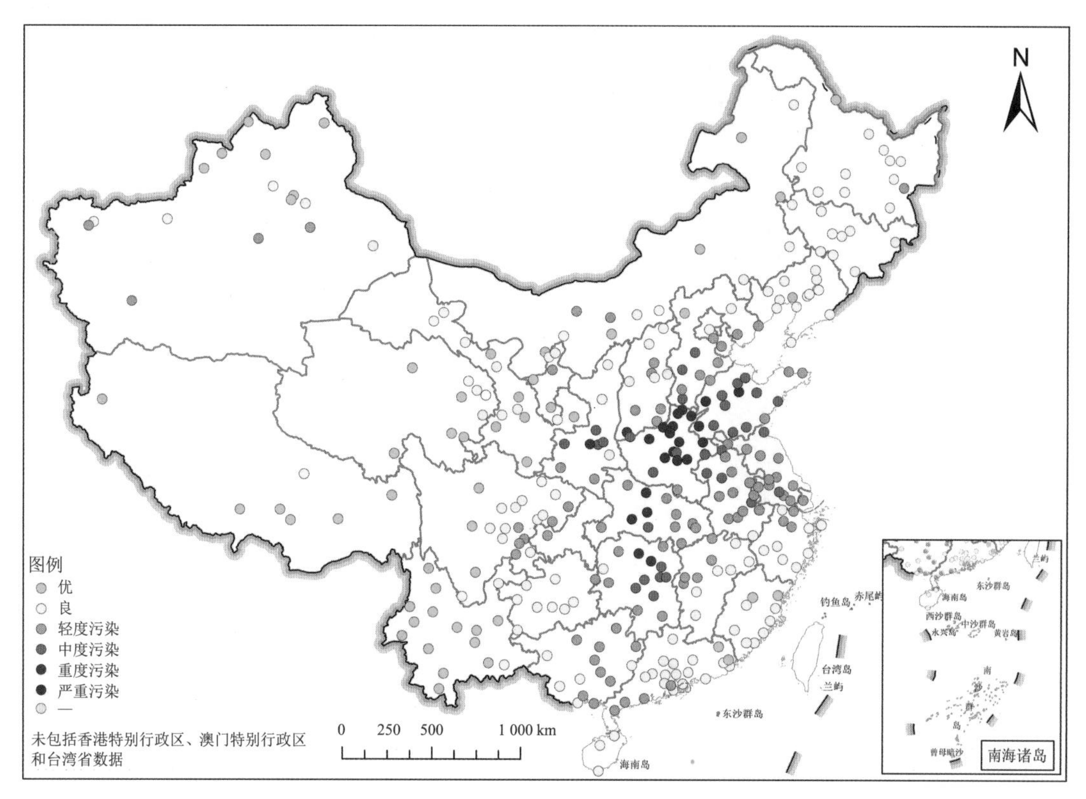

图 2.1.1-37　2021 年 12 月 10 日 339 个城市环境空气质量状况分布示意图

第二节　168 个城市

一、总体情况

2021 年，按照环境空气质量综合指数评价，168 个城市①中环境空气质量相对较差的 20 个城市（从第 168 名到第 149 名）依次为临汾市、太原市、鹤壁市、安阳市、新乡市、淄博市、咸阳市、唐山市、阳泉市、渭南市、运城市、聊城市、石家庄市、菏泽市、邯郸市、焦作市、保定市、濮阳市、枣庄市、西安市和兰州市（西安市和兰州市并列倒数第 20 名）；空气质量相对较好的 20 个城市（从第 1 名到第 20 名）依次为海口市、拉萨市、黄山市、舟山市、福州市、厦门市、丽水市、深圳市、惠州市、珠海市、贵阳市、雅安市、台州市、中山市、昆明市、张家口市、肇庆市、咸宁市、遂宁市和宁波市。168 个城市中，海口市、拉萨市、黄山市等 67 个城市环境空气质量达标，占 39.9%；101 个城市超标，占 60.1%。其中，87 个城市 $PM_{2.5}$ 超标，占 51.8%；49 个城市 PM_{10} 超标，占 29.2%；50 个城

① 168 个城市包括京津冀及周边地区 54 个城市、长三角地区 41 个城市、汾渭平原 11 个城市、成渝地区 16 个城市、长江中游城市群 22 个城市、珠三角地区 9 个城市，以及其他 15 个省会城市和计划单列市，清单见附录。

市 O_3 超标，占 29.8%；1 个城市 NO_2 超标，占 0.6%；所有城市 CO 和 SO_2 均达标。从污染物超标项数来看，1 项超标的城市 47 个，2 项超标的城市 22 个，3 项超标的城市 32 个，未出现 4 项及以上污染物超标的城市。

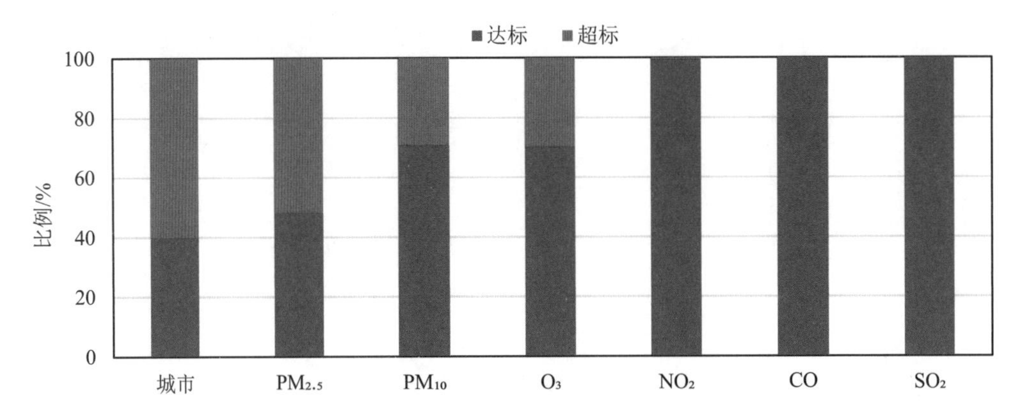

图 2.1.2-1 2021 年 168 个城市环境空气质量状况

若不扣除沙尘天气影响，168 个城市中有 60 个城市环境空气质量达标，占 35.7%；108 个城市超标，占 64.3%，其中 91 个城市 $PM_{2.5}$ 超标，占 54.2%；69 个城市 PM_{10} 超标，占 41.1%。

与上年相比，环境空气质量达标城市增加 7 个，其中 $PM_{2.5}$、PM_{10}、NO_2 和 O_3 超标城市分别减少 13 个、15 个、4 个和 8 个。若不扣除沙尘天气过程影响，与上年相比，环境空气质量达标城市增加 2 个，$PM_{2.5}$ 达标城市增加 9 个，PM_{10} 达标城市减少 3 个。

二、优良天数比例

2021 年，168 个城市环境空气质量优良天数比例为 53.2%～100.0%，平均为 81.9%；平均超标天数比例为 18.1%。与上年相比，达标城市数量增加 7 个。拉萨市、福州市 2 个城市优良天数比例为 100%，海口市、黄山市、舟山市等 103 个城市优良天数比例大于等于 80% 且小于 100%，北京市、亳州市、自贡市等 63 个城市优良天数比例大于等于 50%且小于 80%。

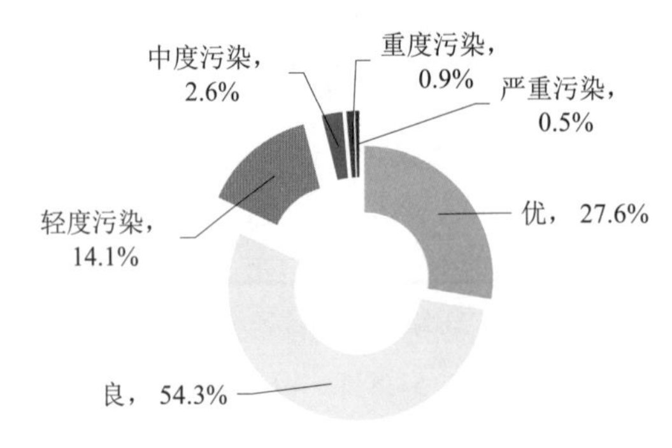

图 2.1.2-2 2021 年 168 个城市环境空气质量状况

2021 年，168 个城市环境空气质量共超标 11 113 天次。其中，以 $PM_{2.5}$、PM_{10}、O_3 和 NO_2 为首要污染物的超标天数分别占总超标天数的 41.1%、16.5%、41.6%和 0.9%，未出现以 SO_2 和 CO 为首要污染物的超标天。与上年相比，空气污染天次数减少 855 天次。

1 月和 6 月超标天数较多，分别占 16.5%和 13.8%；4 月和 10 月超标天数较少，分别占 3.7%和 4.6%。

表 2.1.2-1　2021 年 168 个城市环境空气质量超标情况

污染等级	首要污染物	累计超标天数/d	出现城市数/个
轻度污染	$PM_{2.5}$	0	0
	PM_{10}	99	25
	O_3	1 145	140
	SO_2	0	0
	NO_2	4 097	162
	CO	3 287	155
中度污染	$PM_{2.5}$	0	0
	PM_{10}	0	0
	O_3	274	93
	SO_2	0	0
	NO_2	504	106
	CO	848	120
重度污染	$PM_{2.5}$	0	0
	PM_{10}	0	0
	O_3	104	61
	SO_2	0	0
	NO_2	20	19
	CO	407	94
严重污染	$PM_{2.5}$	0	0
	PM_{10}	0	0
	O_3	316	82
	SO_2	0	0
	NO_2	0	0
	CO	23	17

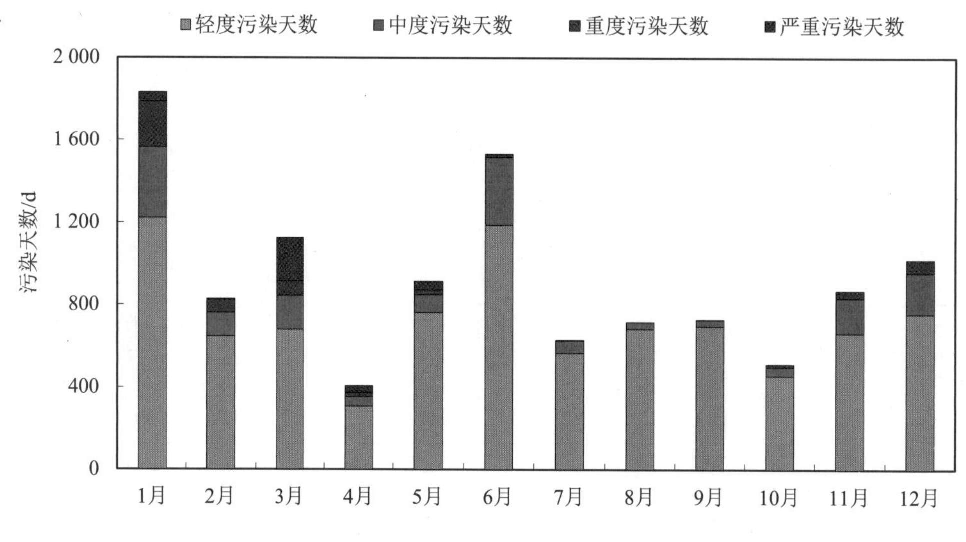

图 2.1.2-3　2021 年 168 个城市环境空气质量超标天数月际变化

三、六项污染物

（一）$PM_{2.5}$

2021 年，168 个城市 $PM_{2.5}$ 年均浓度在 10～53 μg/m³ 之间，平均为 35 μg/m³，与上年相比下降 10.3%；日均值超标天数占监测天数的 7.8%，与上年相比下降 2.5 个百分点。其中，3 个城市 $PM_{2.5}$ 年均浓度达到一级标准，占 1.8%；78 个城市达到二级标准，占 46.4%；87 个城市超过二级标准，占 51.8%。与上年相比，17 个城市达标情况发生变化，其中 2 个城市由达标变为不达标，15 个城市由不达标变为达标。

若不扣除沙尘天气过程影响，$PM_{2.5}$ 年均浓度在 10～55 μg/m³ 之间，平均为 36 μg/m³，与上年相比下降 7.7%；日均值超标天数占监测天数的 8.5%，与上年相比下降 1.8 个百分点。其中，3 个城市 $PM_{2.5}$ 年均浓度达到一级标准，占 1.8%；74 个城市达到二级标准，占 44.0%；91 个城市超过二级标准，占 54.2%。

（二）PM_{10}

2021 年，168 个城市 PM_{10} 年均浓度在 24～93 μg/m³ 之间，平均为 61 μg/m³，与上年相比下降 4.7%；日均值超标天数占监测天数的 3.4%，与上年相比下降 0.6 个百分点。其中，14 个城市 PM_{10} 年均浓度达到一级标准，占 8.3%；105 个城市达到二级标准，占 62.5%；49 个城市超过二级标准，占 29.2%。与上年相比，15 个城市达标情况发生变化，由不达标变为达标。

若不扣除沙尘天气过程影响，PM_{10} 年均浓度在 24～112 μg/m³ 之间，平均为 69 μg/m³，与上年相比上升 4.5%；日均值超标天数占监测天数的 5.8%，与上年相比上升 1.1 个百分点。其中，14 个城市 PM_{10} 年均浓度达到一级标准，占 8.3%；85 个城市达到二级标准，占 50.6%；69 个城市超过二级标准，占 41.1%。

（三）O_3

2021 年，168 个城市 O_3 日最大 8 h 平均值第 90 百分位数浓度在 96～197 μg/m³ 之间，平均为 150 μg/m³，与上年相比下降 2.6%；超标天数占监测天数的 7.6%，与上年相比下降 0.8 个百分点。其中，1 个城市 O_3 浓度达到一级标准，占 0.6%；117 个城市达到二级标准，占 69.6%；50 个城市超过二级标准，占 29.8%。与上年相比，24 个城市达标情况发生变化，其中 8 个城市由达标变为不达标，16 个城市由不达标变为达标。

（四）SO_2

2021 年，168 个城市 SO_2 年均浓度在 3～21 μg/m³ 之间，平均为 9 μg/m³，与上年相比下降 10.0%；日均值未出现超标，与上年持平。其中，166 个城市 SO_2 年均浓度达到一级标准，占 98.8%；2 个城市达到二级标准，占 1.2%。与上年相比，所有城市 SO_2 达标情况未发生变化。

（五）NO_2

2021 年，168 个城市 NO_2 年均浓度在 10～46 μg/m³ 之间，平均为 28 μg/m³，与上年相比下降 3.4%；日均值超标天数占监测天数的 0.3%，与上年相比下降 0.3 个百分点。其中，167 个城市 NO_2 年均浓度达到一级/二级标准，占 99.4%；1 个城市超过二级标准，占 0.6%。与上年相比，4 个城市达标情况发生变化，由不达标变为达标。

（六）CO

2020 年，168 个城市 CO 日均值第 95 百分位数浓度在 0.7～2.0 mg/m³ 之间，平均为 1.2 mg/m³，与上年相比下降 7.7%；日均值超标天数占监测天数的比例不足 0.1%，与上年持平。所有城市 CO 年均浓度均达到一级/二级标准。与上年相比，所有城市 CO 达标情况未发生变化。

第三节 重点区域

一、总体情况

2021 年，“2+26” 城市有 1 个城市环境空气质量达标，长三角地区有 24 个城市环境空气质量达标，珠三角地区有 6 个城市环境空气质量达标，苏皖鲁豫交界有 3 个城市环境空气质量达标，汾渭平原所有城市环境空气质量均未达标。

表 2.1.3-1　2021 年重点区域六项污染物达标城市数量

单位：个

区域	城市总数	$PM_{2.5}$ 达标城市	PM_{10} 达标城市	O_3 达标城市	SO_2 达标城市	NO_2 达标城市	CO 达标城市	达标城市
“2+26”城市	28	2	5	3	28	28	28	1
长三角地区	41	30	35	32	41	41	41	24
汾渭平原	11	1	3	4	11	11	11	0
珠三角地区	9	9	9	6	9	9	9	6
苏皖鲁豫交界	22	3	8	18	22	22	22	3

（一）优良天数比例

2021 年，“2+26”城市、长三角地区、汾渭平原、珠三角地区和苏皖鲁豫交界环境空气质量优良天数比例分别为 67.2%、86.7%、70.2%、90.8%和 76.3%，重度及以上污染天数比例分别为 3.1%、0.4%、3.0%、0 和 2.3%。与上年相比，“2+26”城市、长三角地区、汾渭平原和苏皖鲁豫交界优良天数比例分别上升 4.7 个、1.6 个、0.4 个和 4.5 个百分点，珠三角地区优良天数比例下降 2.2 个百分点。

表 2.1.3-2　2021 年重点区域环境空气质量各级别天数比例

单位：%

区域	优	良	轻度污染	中度污染	重度污染	严重污染
“2+26”城市	13.7	53.5	24.0	5.7	2.0	1.2
长三角地区	29.5	57.2	11.3	1.6	0.2	0.2
汾渭平原	14.3	55.9	21.8	5.0	1.6	1.4
珠三角地区	46.7	44.1	8.2	1.0	＜0.1	0.0
苏皖鲁豫交界	18.6	57.6	17.3	4.2	1.4	0.9

“2+26”城市环境空气质量优良天数比例 6 月最低，为 41.4%；4 月最高，为 84.5%。长三角地区优良天数比例 6 月最低，为 68.0%；7 月最高，为 95.6%。汾渭平原优良天数比例 6 月最低，为 49.1%；10 月最高，为 93.5%。珠三角地区优良天数比例 9 月最低，为 75.2%；11 月最高，为 97.8%。苏皖鲁豫交界优良天数比例 1 月最低，为 46.8%；7 月最高，为 92.7%。

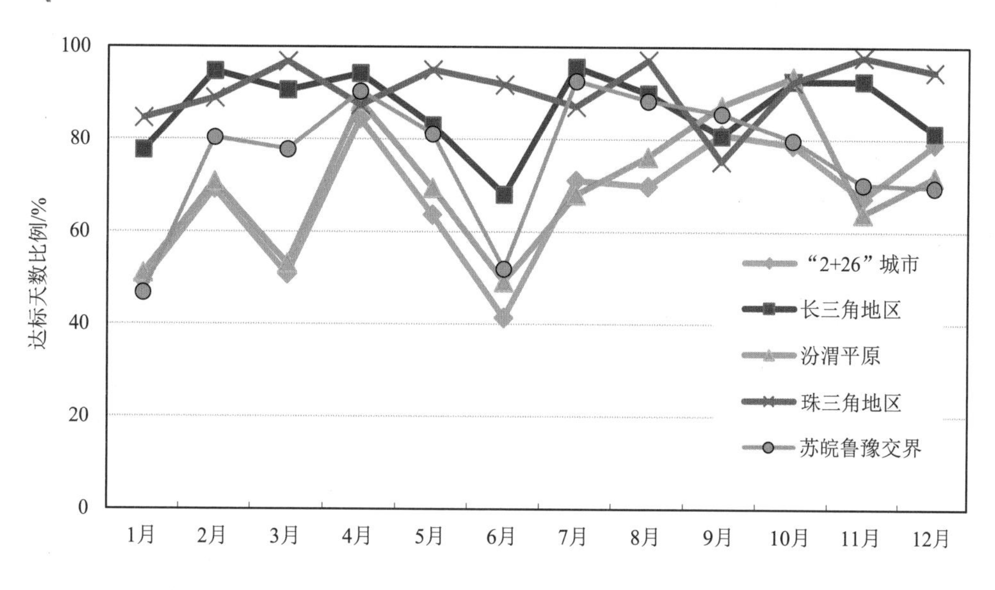

图 2.1.3-1　2021 年重点区域环境空气质量优良天数比例月际变化

（二）首要污染物

2021 年，“2+26”城市以 $PM_{2.5}$、PM_{10} 和 O_3 为首要污染物的超标天数分别占总超标天数的 38.9%、19.3%和 41.8%；长三角地区以 $PM_{2.5}$、PM_{10}、O_3 和 NO_2 为首要污染物的超标天数分别占总超标天数的 30.7%、12.3%、55.4%和 1.7%；汾渭平原以 $PM_{2.5}$、PM_{10} 和 O_3 为首要污染物的超标天数分别占总超标天数的 38.0%、22.7%和 39.3%。珠三角地区以 $PM_{2.5}$、O_3 和 NO_2 为首要污染物的超标天数分别占总超标天数的 2.3%、88.1%和 9.6%。苏皖鲁豫交界以 $PM_{2.5}$、PM_{10}、O_3 和 NO_2 为首要污染物的超标天数分别占总超标天数的 46.7%、18.4%、35.0%和 0.1%。

表 2.1.3-3　2021 年重点区域超标天数中首要污染物比例

单位：%

区域	$PM_{2.5}$	PM_{10}	O_3	SO_2	NO_2	CO
“2+26”城市	38.9	19.3	41.8	0.0	0.0	0.0
长三角地区	30.7	12.3	55.4	0.0	1.7	0.0
汾渭平原	38.0	22.7	39.3	0.0	0.0	0.0
珠三角地区	2.3	0.0	88.1	0.0	9.6	0.0
苏皖鲁豫交界	46.7	18.4	35.0	0.0	0.1	0.0

（三）六项污染物

1. $PM_{2.5}$

2021年，“2+26”城市$PM_{2.5}$浓度1月最高，为72 μg/m³；7月最低，为21 μg/m³。长三角地区1月最高，为55 μg/m³；7月最低，为14 μg/m³。汾渭平原1月最高，为72 μg/m³；7月最低，为20 μg/m³。珠三角地区1月最高，为41 μg/m³；8月最低，为12 μg/m³。苏皖鲁豫交界1月最高，为83 μg/m³；7月最低，为16 μg/m³。

若不扣除沙尘影响，“2+26”城市、长三角地区、汾渭平原、珠三角地区和苏皖鲁豫交界$PM_{2.5}$浓度1月最高，分别为73 μg/m³、54 μg/m³、73 μg/m³、41 μg/m³和81 μg/m³，“2+26”城市、长三角地区、汾渭平原和苏皖鲁豫交界$PM_{2.5}$浓度7月最低，分别为21 μg/m³、14 μg/m³、20 μg/m³和16 μg/m³，珠三角地区8月最低，为12 μg/m³。

2. PM_{10}

2021年，“2+26”城市PM_{10}浓度1月最高，为128 μg/m³；7月最低，为41 μg/m³。长三角地区1月最高，为94 μg/m³；7月最低，为28 μg/m³。汾渭平原1月最高，为127 μg/m³；9月最低，为41 μg/m³。珠三角地区1月最高，为78 μg/m³；8月最低，为25 μg/m³。苏皖鲁豫交界1月最高，为133 μg/m³；7月最低，为29 μg/m³。

若不扣除沙尘影响，“2+26”城市、汾渭平原PM_{10}浓度3月最高，分别为182 μg/m³、195 μg/m³，长三角地区、珠三角地区和苏皖鲁豫交界1月最高，分别为99 μg/m³、78 μg/m³和144 μg/m³，“2+26”城市、长三角地区和苏皖鲁豫交界PM_{10}浓度7月最低，分别为41 μg/m³、28 μg/m³和29 μg/m³，汾渭平原9月最低，为41 μg/m³，珠三角地区8月最低，为25 μg/m³。

3. O_3

2021年，“2+26”城市O_3日最大8 h平均值第90百分位数浓度6月最高，为222 μg/m³；12月最低，为63 μg/m³。长三角地区6月最高，为190 μg/m³；1月最低，为79 μg/m³。汾渭平原6月最高，为213 μg/m³；12月最低，为64 μg/m³。珠三角地区9月最高，为184 μg/m³；5月最低，为123 μg/m³。苏皖鲁豫交界6月最高，为213 μg/m³；12月最低，为76 μg/m³。

4. SO_2

2021年，“2+26”城市SO_2浓度1月最高，为18 μg/m³；7月最低，为6 μg/m³。长三角地区1月、12月相对较高，为9 μg/m³；6—9月相对较低，为6 μg/m³。汾渭平原1月最高，为19 μg/m³；7—9月最低，为6 μg/m³。珠三角地区1月相对较高，为10 μg/m³；5—6月相对较低，为6 μg/m³。苏皖鲁豫交界1月最高，为13 μg/m³，7—8月最低，为6 μg/m³。

5. NO_2

2021年，“2+26”城市NO_2浓度1月最高，为46 μg/m³；7月最低，为16 μg/m³。长三角地区12月最高，为45 μg/m³；7月最低，为14 μg/m³。汾渭平原1月最高，为46 μg/m³；

7 月最低，为 20 μg/m³。珠三角地区 1 月最高，为 50 μg/m³；5 月最低，为 16 μg/m³。苏皖鲁豫交界 1 月最高，为 43 μg/m³；7 月最低，为 11 μg/m³。

6. CO

2021 年，“2+26”城市 CO 日均值第 95 百分位数浓度 1 月最高，为 2.1 mg/m³；5 月、7 月最低，为 0.9 mg/m³。长三角地区 1 月最高，为 1.2 mg/m³；7 月最低，为 0.7 mg/m³。汾渭平原 1 月最高，为 1.9 mg/m³；5—7 月最低，为 0.8 mg/m³。珠三角地区 1 月相对较高，为 1.0 mg/m³；5—9 月相对较低，为 0.7 mg/m³。苏皖鲁豫交界 1 月最高，为 1.7 mg/m³；7 月最低，为 0.7 mg/m³。

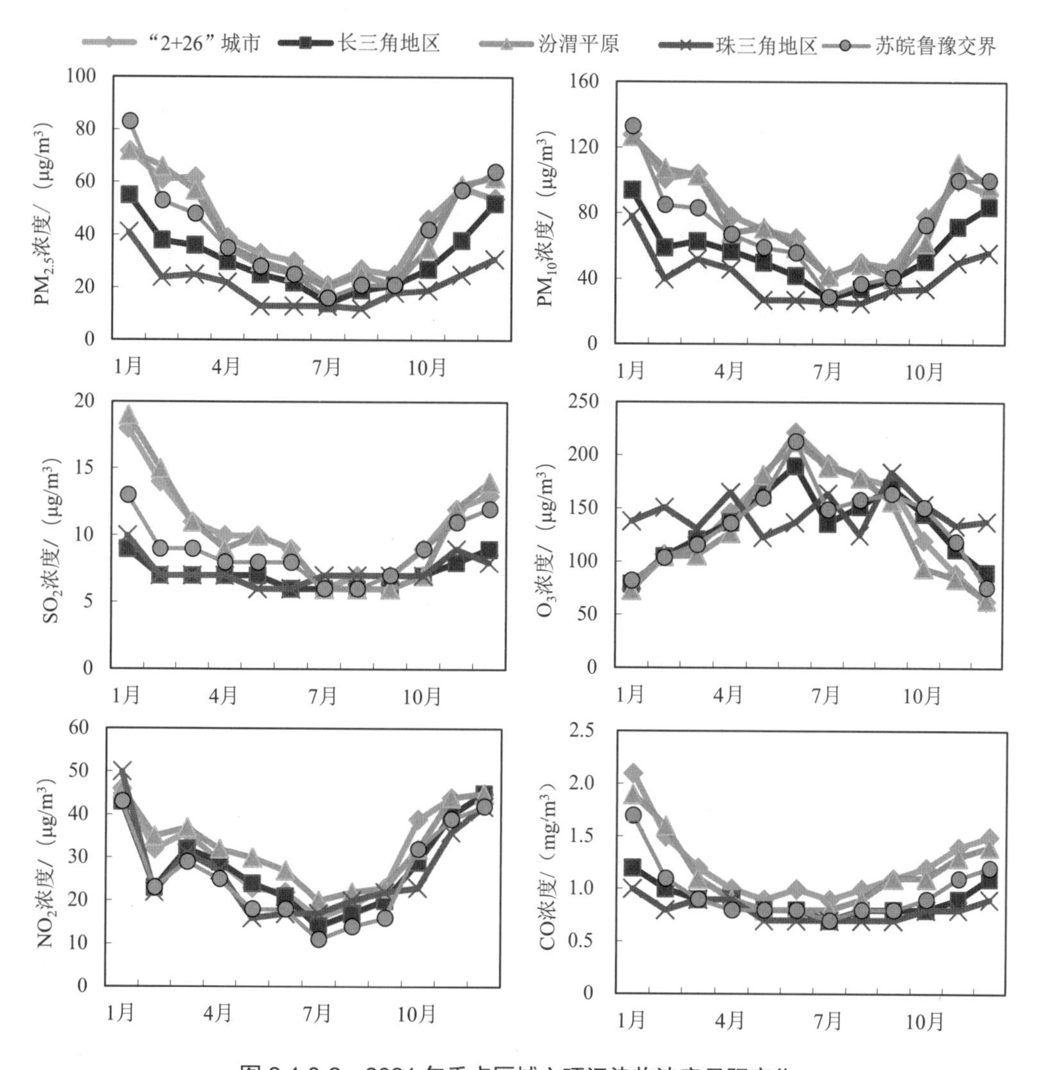

图 2.1.3-2　2021 年重点区域六项污染物浓度月际变化

二、“2+26”城市

2021 年,“2+26”城市环境空气质量优良天数比例范围为 60.3%～79.2%，平均为 67.2%，与上年相比上升 4.7 个百分点。

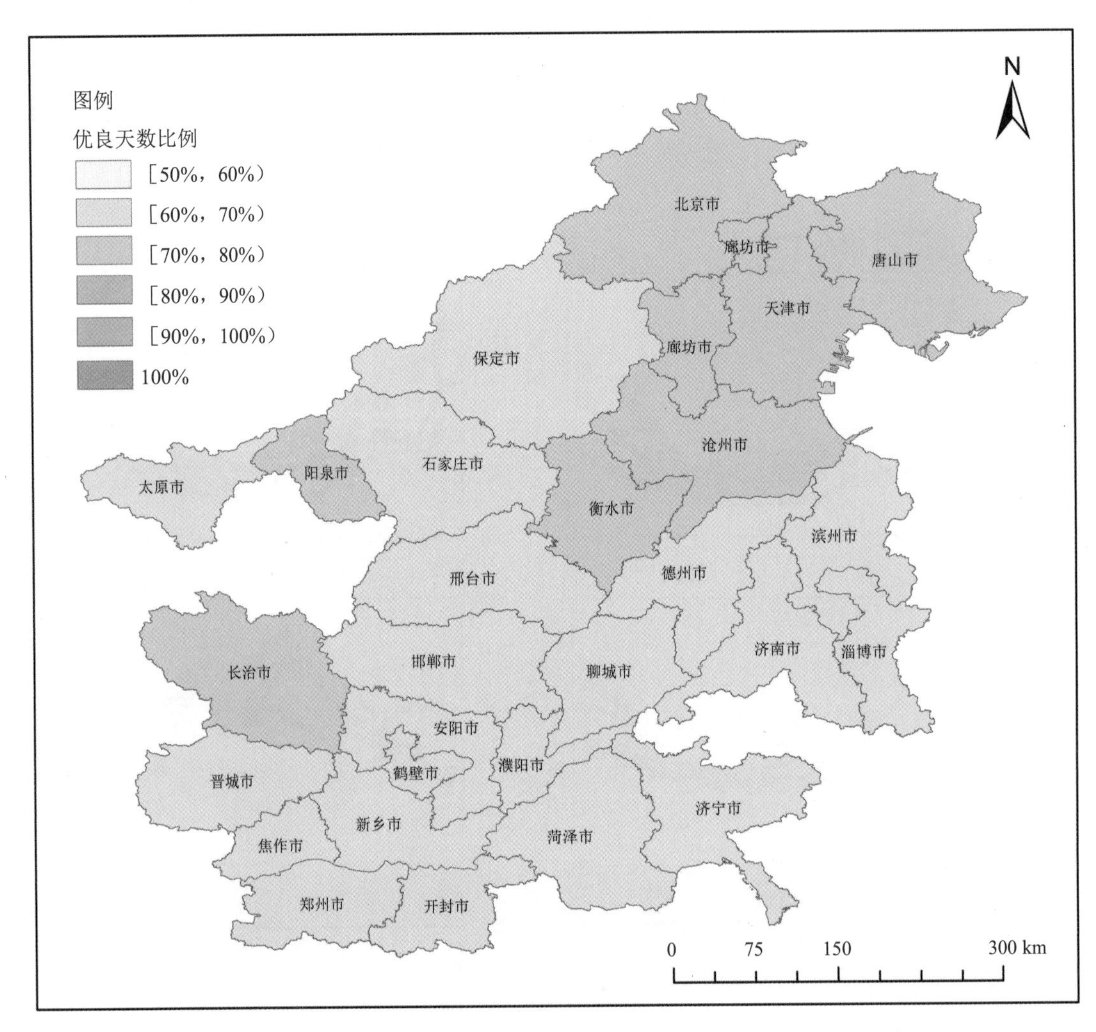

图 2.1.3-3　2021 年“2+26”城市环境空气质量优良天数比例分布示意图

“2+26”城市 $PM_{2.5}$ 年均浓度为 43 μg/m^3，与上年相比下降 18.9%；PM_{10} 年均浓度为 78 μg/m^3，与上年相比下降 11.4%；O_3 日最大 8 h 平均值第 90 百分位数浓度平均为 171 μg/m^3，与上年相比下降 5.0%；SO_2 年均浓度为 11 μg/m^3，与上年相比下降 15.4%；NO_2 年均浓度为 31 μg/m^3，与上年相比下降 11.4%；CO 日均值第 95 百分位数浓度平均为 1.4 mg/m^3，与上年相比下降 22.2%。

若不扣除沙尘天气过程影响，“2+26”城市 $PM_{2.5}$ 年均浓度为 45 μg/m^3，与上年相比下降 15.1%；PM_{10} 年均浓度为 93 μg/m³，与上年相比上升 2.2%。

北京市环境空气质量优良天数比例为 78.9%，与上年相比上升 2.1 个百分点；出现重度污染 6 天，严重污染 2 天，与上年相比重度及以上污染天数减少 2 天。

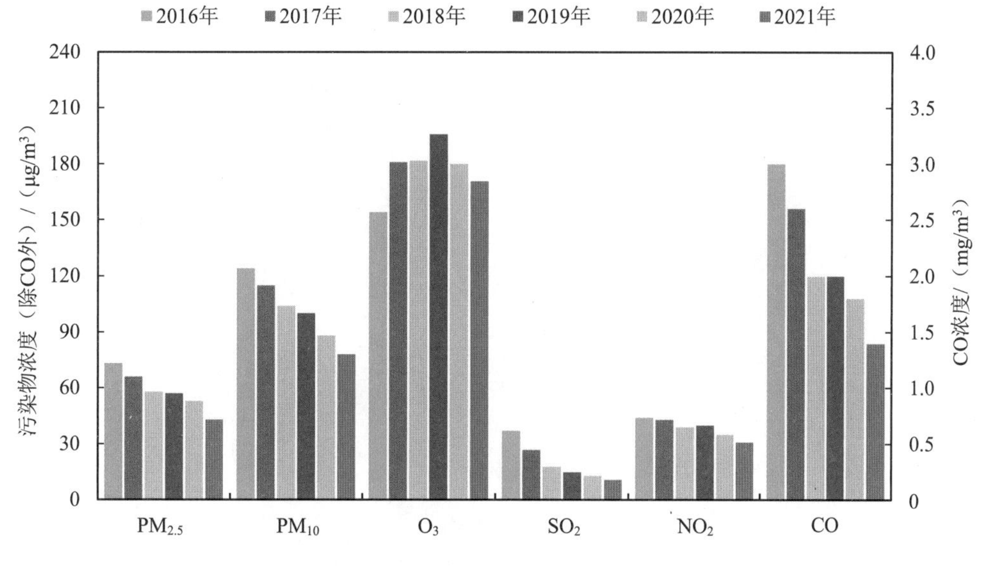

图 2.1.3-4　“2+26”城市六项污染物浓度年际变化

三、长三角地区

2021 年，长三角地区 41 个城市环境空气质量优良天数比例范围为 74.8%～99.7%，平均为 86.7%，与上年相比上升 1.6 个百分点。丽水市、黄山市、台州市等 32 个城市优良天数比例大于等于 80%且小于 100%，徐州市、镇江市、宿州市等 9 个城市优良天数比例大于等于 50%且小于 80%。

长三角地区 $PM_{2.5}$ 年均浓度为 31 μg/m³，与上年相比下降 11.4%；PM_{10} 年均浓度为 56 μg/m³，与上年持平；O_3 日最大 8 h 平均值第 90 百分位数浓度平均为 151 μg/m³，与上年相比下降 0.7%；SO_2 年均浓度为 7 μg/m³，与上年持平；NO_2 年均浓度为 28 μg/m³，与上年相比下降 3.4%；CO 日均值第 95 百分位数浓度平均为 1.0 mg/m³，与上年相比下降 9.1%。

若不扣除沙尘天气过程影响，长三角地区 $PM_{2.5}$ 年均浓度为 32 μg/m³，与上年相比下降 8.6%；PM_{10} 年均浓度为 60 μg/m³，与上年相比上升 5.3%。

上海市环境空气质量优良天数比例为 91.8%，与上年相比上升 3.8 个百分点；未出现重度及以上污染天，与上年相比减少 1 天。

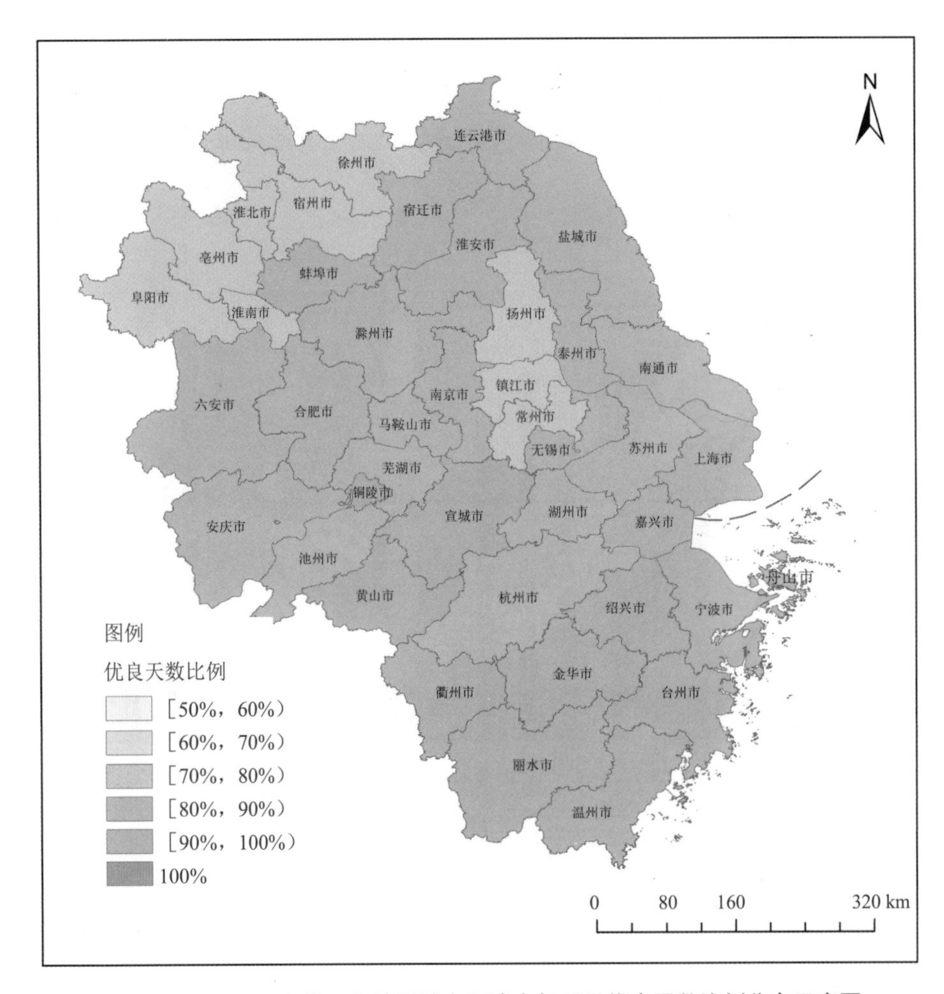

图 2.1.3-5　2021 年长三角地区城市环境空气质量优良天数比例分布示意图

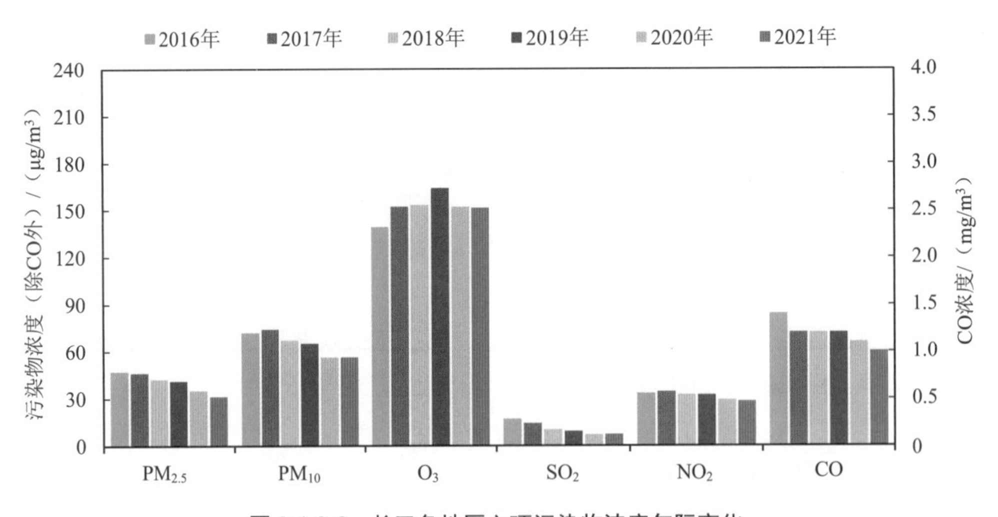

图 2.1.3-6　长三角地区六项污染物浓度年际变化

四、汾渭平原

2021 年，汾渭平原 11 个城市环境空气质量优良天数比例范围为 53.2%～80.8%，平均为 70.2%，与上年相比上升 0.4 个百分点。宝鸡市优良天数比例大于等于 80%且小于 100%，铜川市、吕梁市、晋中市等 10 个城市优良天数比例大于等于 50%且小于 80%。

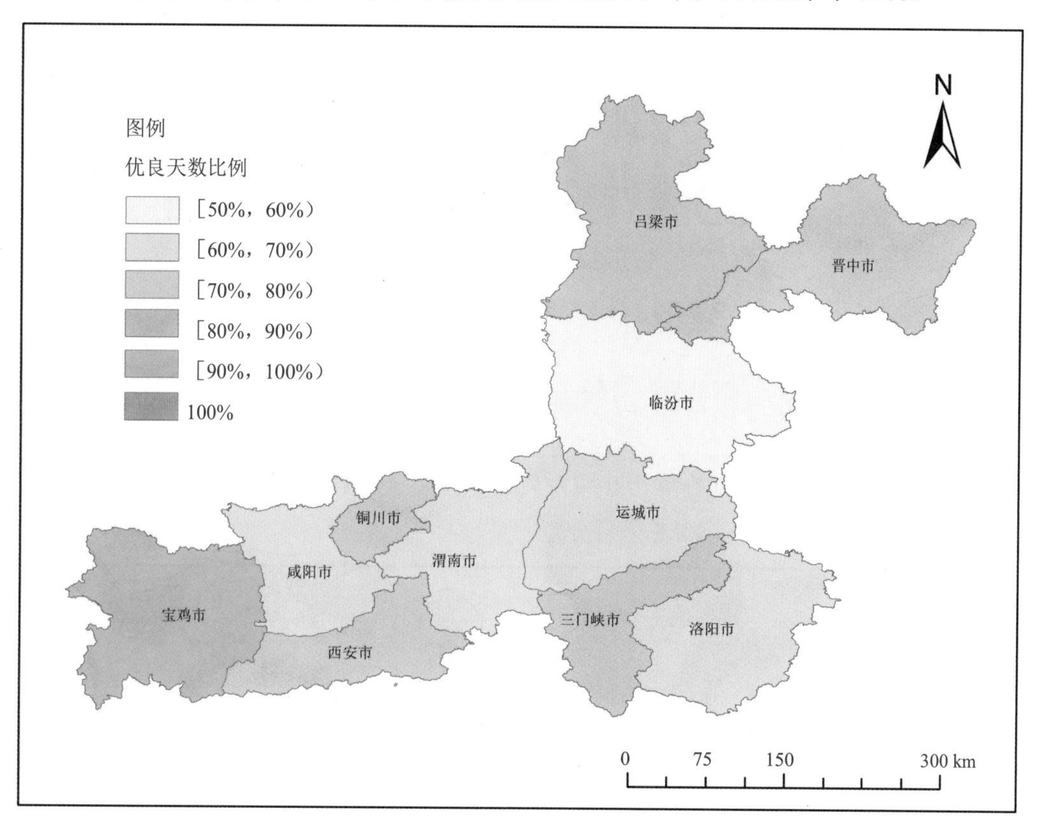

图 2.1.3-7　2021 年汾渭平原城市环境空气质量优良天数比例分布示意图

汾渭平原 $PM_{2.5}$ 年均浓度为 42 μg/m^3，与上年相比下降 16.0%；PM_{10} 年均浓度为 76 μg/m^3，与上年相比下降 8.4%；O_3 日最大 8 h 平均值第 90 百分位数浓度平均为 165 μg/m^3，与上年相比上升 3.1%；SO_2 年均浓度为 10 μg/m^3，与上年相比下降 16.7%；NO_2 年均浓度为 33 μg/m^3，与上年相比下降 2.9%；CO 日均值第 95 百分位数浓度平均为 1.3 mg/m^3，与上年相比下降 13.3%。

若不扣除沙尘天气过程影响，汾渭平原 $PM_{2.5}$ 年均浓度为 44 μg/m^3，与上年相比下降 12.0%；PM_{10} 年均浓度为 93 μg/m^3，与上年相比上升 8.1%。

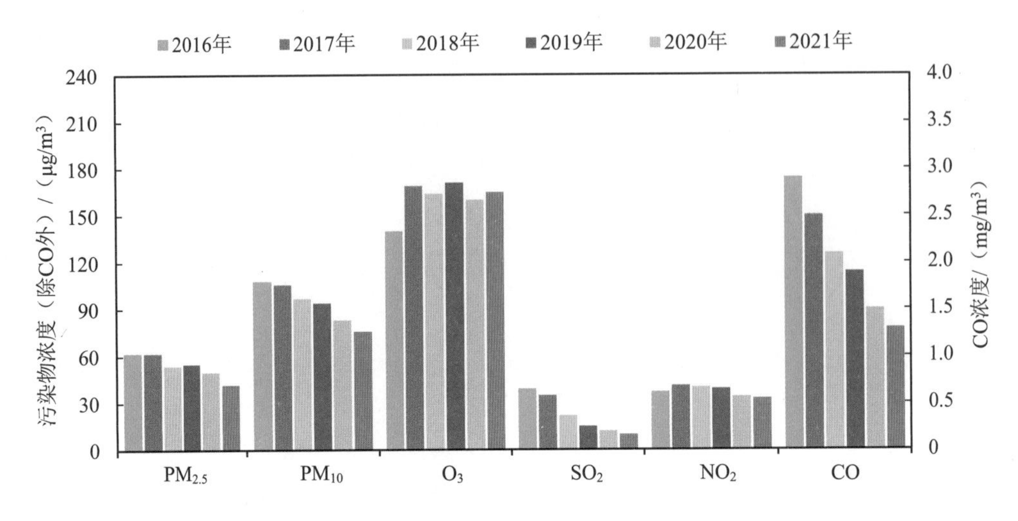

图 2.1.3-8 汾渭平原六项污染物浓度年际变化

五、珠三角地区

2021 年，珠三角地区 9 个城市环境空气质量优良天数比例范围为 85.5%～96.2%，平均为 90.8%，与上年相比下降 2.2 个百分点。

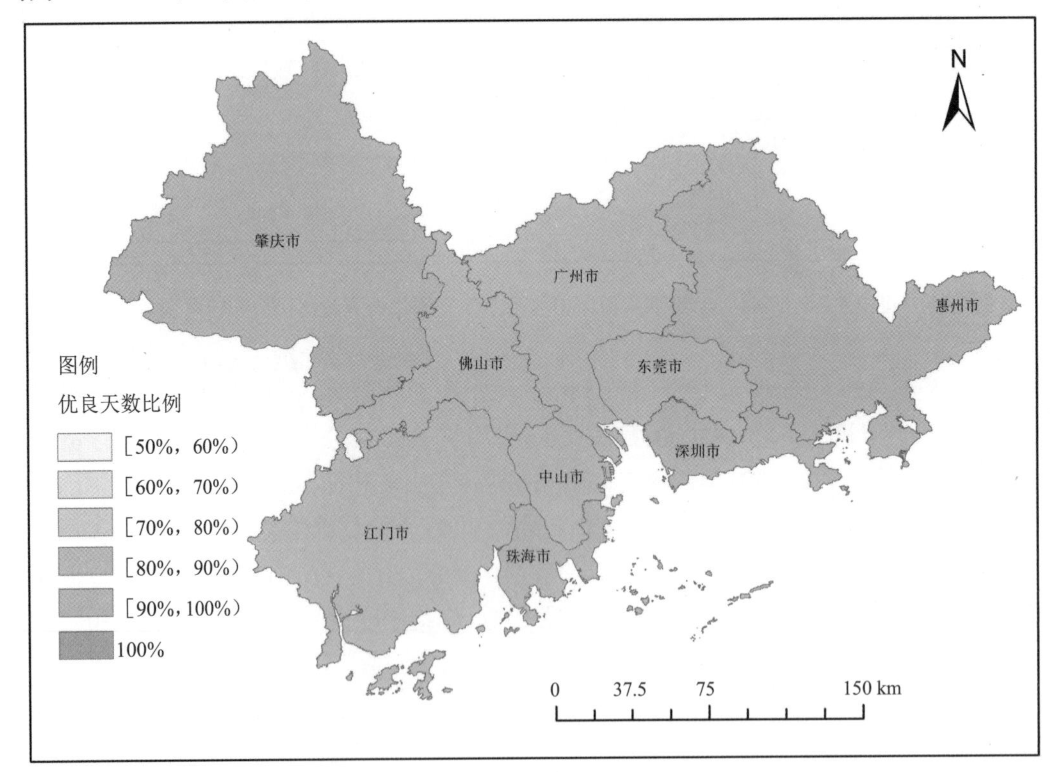

图 2.1.3-9 2021 年珠三角地区城市环境空气质量优良天数比例分布示意图

珠三角地区 $PM_{2.5}$ 年均浓度为 21 μg/m³，与上年持平；PM_{10} 年均浓度为 41 μg/m³，与上年相比上升 7.9%；O_3 日最大 8 h 平均值第 90 百分位数浓度平均为 153 μg/m³，与上年相比上升 3.4%；SO_2 年均浓度为 7 μg/m³，与上年持平；NO_2 年均浓度为 27 μg/m³，与上年相比上升 8.0%；CO 日均值第 95 百分位数浓度平均为 0.9 mg/m³，与上年持平。

若不扣除沙尘天气过程影响，珠三角地区 $PM_{2.5}$ 年均浓度为 21 μg/m³，与上年持平；PM_{10} 年均浓度为 41 μg/m³，与上年相比上升 7.9%。

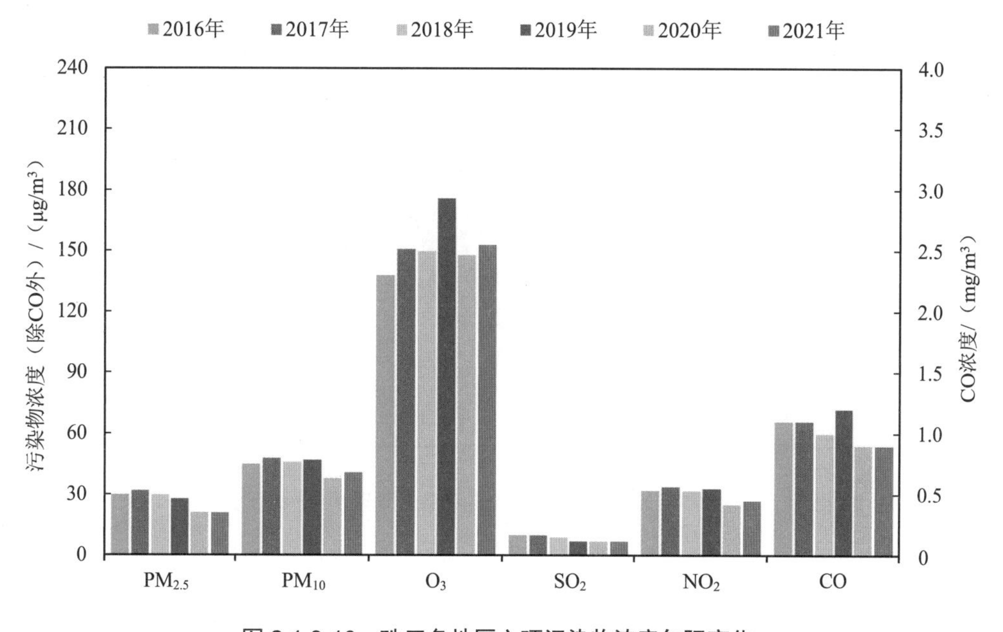

图 2.1.3-10　珠三角地区六项污染物浓度年际变化

六、苏皖鲁豫交界

2021 年，苏皖鲁豫交界 22 个城市环境空气质量优良天数比例范围为 62.5%～85.5%，平均为 76.3%，与上年相比上升 4.5 个百分点。信阳市、青岛市、连云港市等 6 个城市优良天数比例大于等于 80%且小于 100%，徐州市、潍坊市、宿州市等 16 个城市优良天数比例大于等于 50%且小于 80%。

苏皖鲁豫交界 $PM_{2.5}$ 年均浓度为 41 μg/m³，与上年相比下降 12.8%；PM_{10} 年均浓度为 70 μg/m³，与上年相比下降 9.1%；O_3 日最大 8 h 平均值第 90 百分位数浓度平均为 155 μg/m³，与上年相比下降 4.9%；SO_2 年均浓度为 9 μg/m³，与上年相比下降 10.0%；NO_2 年均浓度为 26 μg/m³，与上年相比下降 7.1%；CO 日均值第 95 百分位数浓度平均为 1.1 mg/m³，与上年相比下降 15.4%。

若不扣除沙尘天气过程影响，苏皖鲁豫交界 $PM_{2.5}$ 年均浓度为 42 μg/m³，与上年相比下降 12.5%；PM_{10} 年均浓度为 81 μg/m³，与上年相比上升 1.2%。

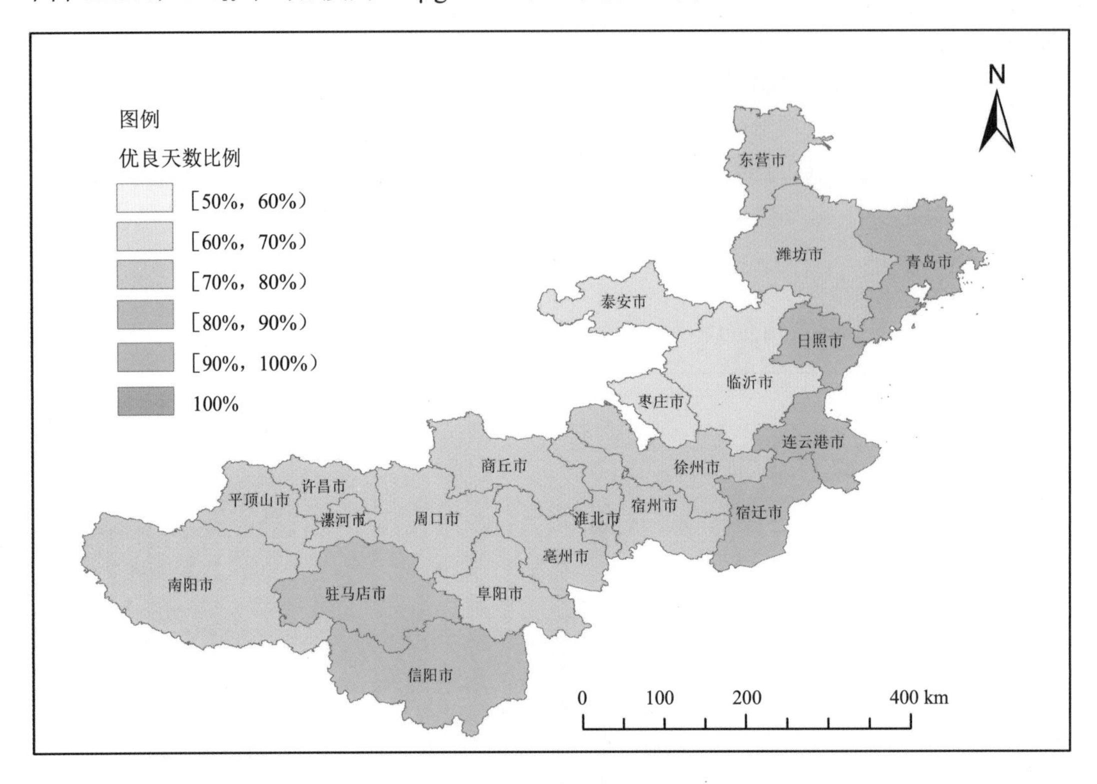

图 2.1.3-11　2021 年苏皖鲁豫交界城市环境空气质量优良天数比例分布示意图

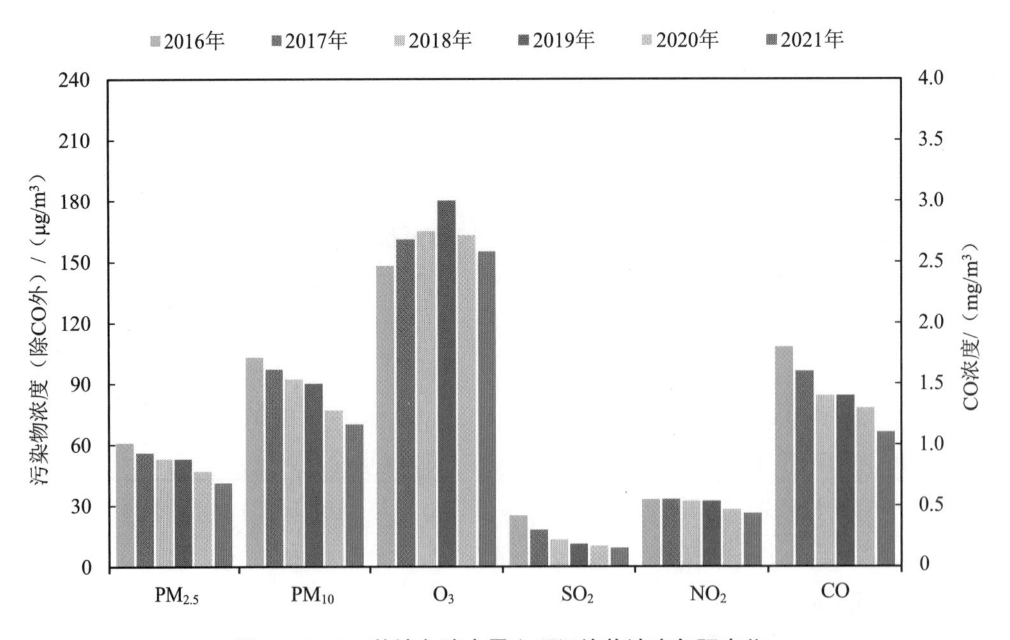

图 2.1.3-12　苏皖鲁豫交界六项污染物浓度年际变化

第四节 背景站和区域站

一、背景站

2021 年，全国背景地区 $PM_{2.5}$、PM_{10}、SO_2、NO_2 年均浓度和 CO 日均值第 95 百分位数浓度均明显低于区域和城市，O_3 日最大 8 h 平均值第 90 百分位数浓度略低于区域和城市。

背景地区 $PM_{2.5}$ 年均浓度为 9.5 μg/m³，区域和城市分别为背景地区的 2.6 倍和 3.2 倍；背景地区 PM_{10} 年均浓度为 19.2 μg/m³，区域和城市分别为背景地区的 2.6 倍和 2.8 倍；背景地区 O_3 日最大 8 h 平均值第 90 百分位数浓度为 111.2 μg/m³，区域和城市分别为背景地区的 1.2 倍和 1.2 倍；背景地区 SO_2 年均浓度为 1.0 μg/m³，区域和城市分别为背景地区的 6.0 倍和 9.0 倍；背景地区 NO_2 年均浓度为 3.4 μg/m³，区域和城市分别为背景地区的 4.1 倍和 6.8 倍；背景地区 CO 日均值第 95 百分位数浓度为 0.4 mg/m³，区域和城市分别为背景地区的 2.0 倍和 2.8 倍。

与上年相比，2021 年背景地区 SO_2 年均浓度、CO 日均值第 95 百分位数浓度和 O_3 日最大 8 h 平均值第 90 百分位数浓度分别下降 16.7%、20.0%和 7.0%，NO_2 持平；因 2021 年沙尘影响较大，背景地区 $PM_{2.5}$ 和 PM_{10} 两项污染物浓度同比上升 3.3%和 15.7%。

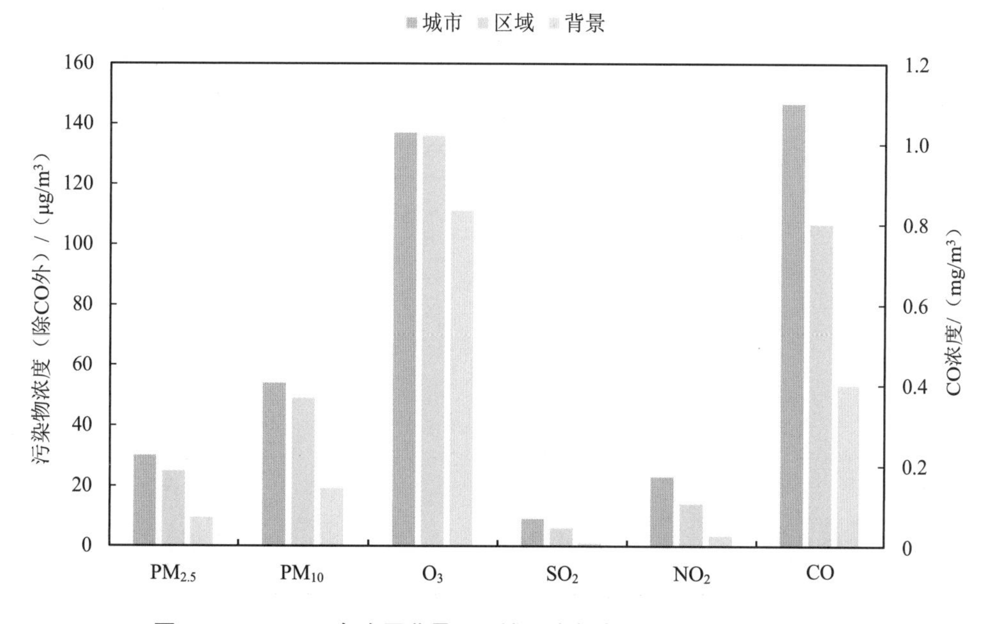

图 2.1.4-1 2021 年全国背景、区域和城市地区六项污染物浓度比较

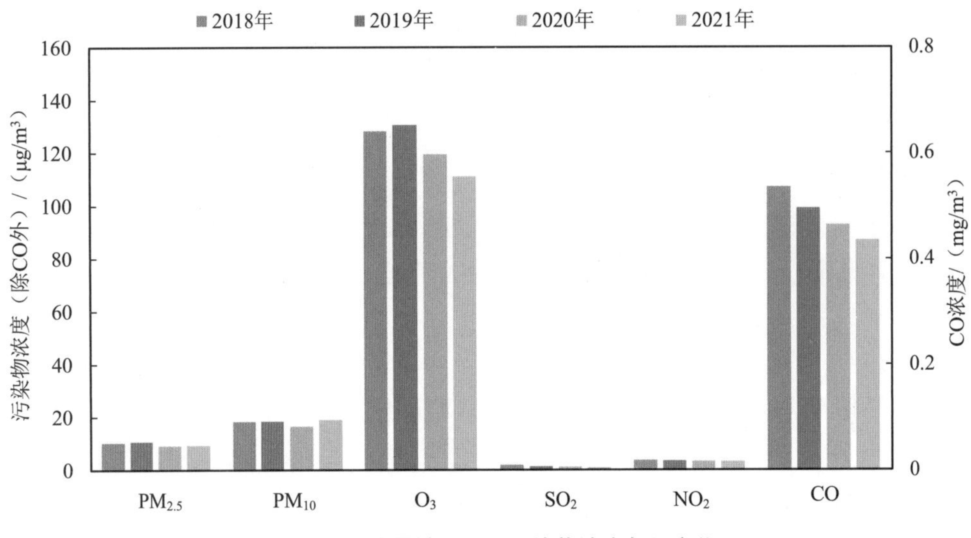

图 2.1.4-2　背景地区六项污染物浓度年际变化

二、区域站

2021 年，全国区域站 $PM_{2.5}$ 浓度在 8～59 μg/m³ 之间，平均为 25 μg/m³，与上年相比下降 7.4%；PM_{10} 浓度在 16～112 μg/m³ 之间，平均为 49 μg/m³，与上年相比上升 4.3%；O_3 日最大 8 h 平均值第 90 百分位数浓度在 92～192 μg/m³ 之间，平均为 136μg/m³，与上年相比下降 3.5%；SO_2 浓度在 1～15 μg/m³ 之间，平均为 6 μg/m³，与上年持平；NO_2 浓度在 2～40 μg/m³ 之间，平均为 14 μg/m³，与上年相比下降 6.7%；CO 日均值第 95 百分位数浓度在 0.4～1.9 mg/m³ 之间，平均为 0.8 mg/m³，与上年相比下降 11.1%。

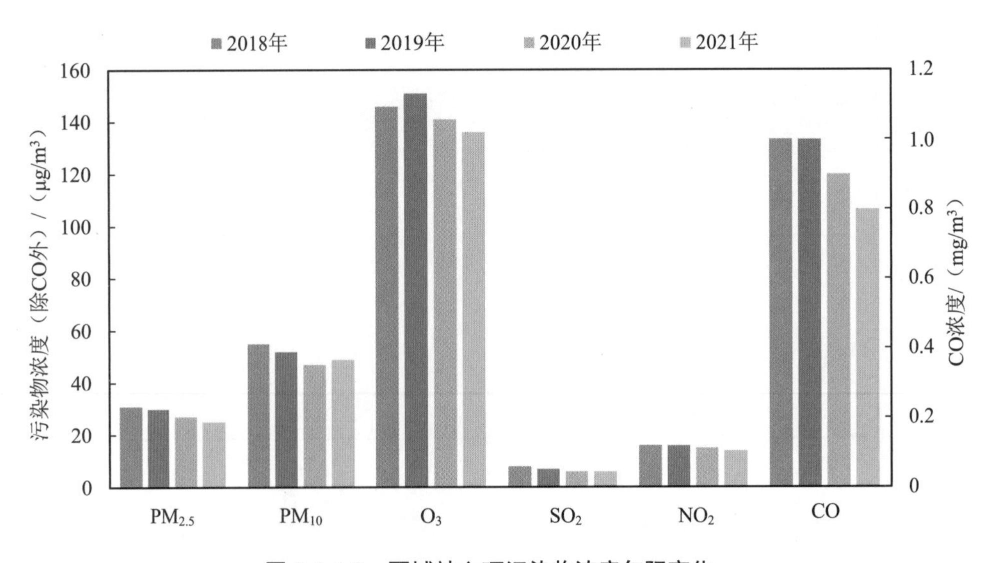

图 2.1.4-3　区域站六项污染物浓度年际变化

2021 年，全国区域站 $PM_{2.5}$、PM_{10}、O_3、SO_2、NO_2 和 CO 年均浓度分别比所在城市低 21.9%、22.2%、2.9%、33.3%、46.2%和 27.3%。$PM_{2.5}$、SO_2、NO_2 和 CO 月均浓度均在 1 月最高，分别为 40 μg/m³、9 μg/m³、22 μg/m³ 和 1.0 mg/m³；受沙尘影响，PM_{10} 浓度在 3 月最高，为 82 μg/m³；O_3 日最大 8 h 平均值第 90 百分位数浓度在 6 月最高，为 151 μg/m³。

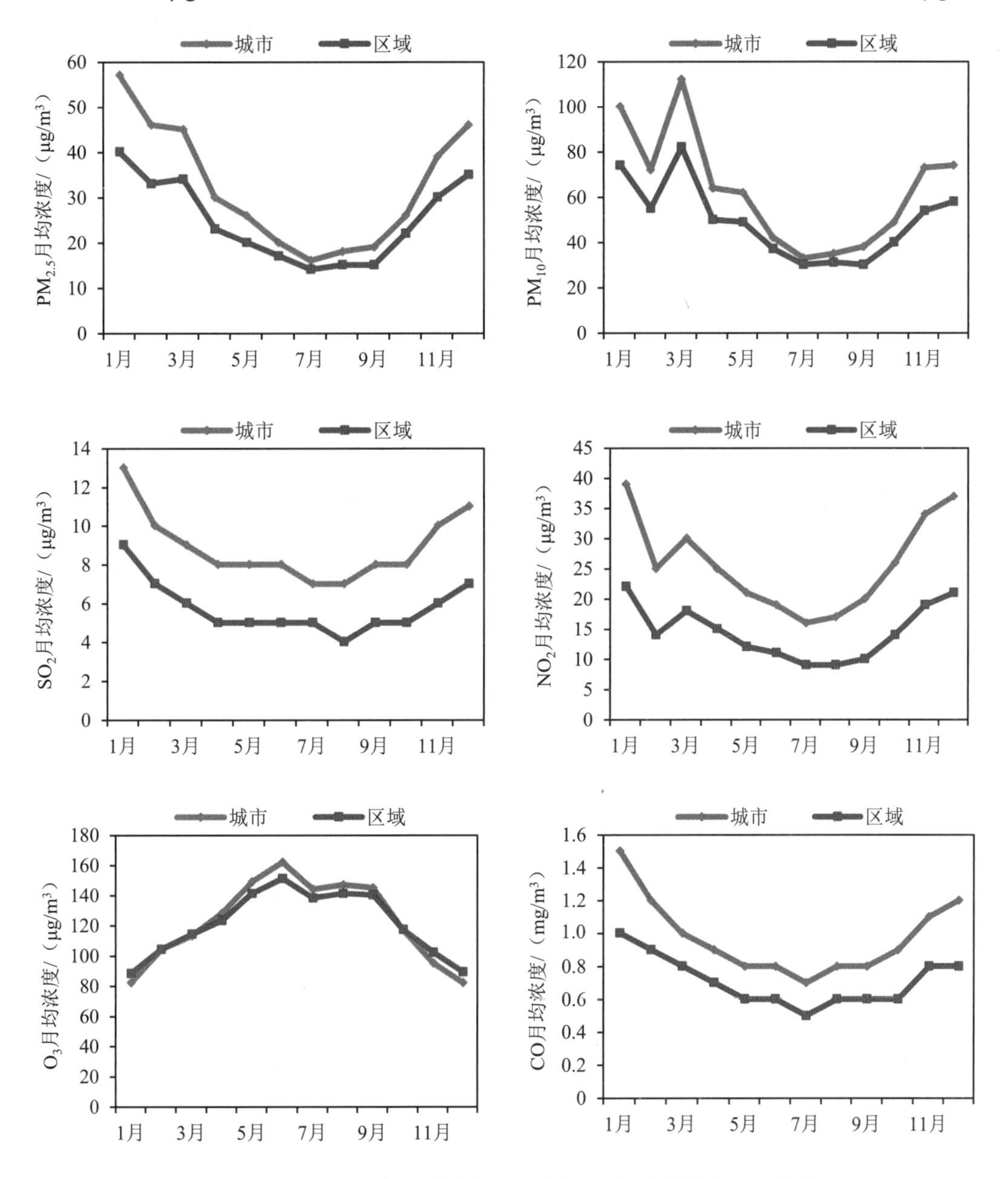

图 2.1.4-4　2021 年区域站和所在城市六项污染物浓度月际变化

第五节 沙 尘

一、沙尘天气过程影响

2021 年，沙尘天气过程 14 次累计 64 d 影响全国城市环境空气质量，受影响的主要是新疆、青海、内蒙古、甘肃、宁夏、陕西、山西、河北、北京、天津、河南、山东、安徽、江苏、辽宁、吉林、黑龙江等省份，3 月、4 月部分沙尘过程甚至不同程度影响到贵州、广西、江西、福建、广东、海南等西南及东南、南部沿海省份。

2021 年，影响北方地区的首次大范围沙尘天气过程发生在 1 月 10 日，与上年相比首次发生时间提前约 1 个月，3 月 13—18 日发生了近 10 年强度最大、范围最广的一次沙尘天气过程。

由于 2021 年春季我国北方地区大风日数和冷空气次数偏多、气温偏高、前期有效降水偏少、地表植被覆盖较差等原因，沙尘天气呈现沙尘首发时间偏早、强度偏强、影响范围大等特征。2021 年沙尘天气发生次数和影响天数与上年相比均有所增加。

表 2.1.5-1 2021 年沙尘天气过程对 339 个城市环境空气质量影响情况

发生次序	发生时间	影响城市数量/个
第 1 次	1 月 10 日	3
	1 月 11 日	4
	1 月 12 日	22
	1 月 13 日	33
	1 月 14 日	27
	1 月 15 日	8
	1 月 16 日	2
	1 月 17 日	3
	1 月 18 日	2
第 2 次	1 月 27 日	5
	1 月 28 日	2
	1 月 29 日	5
	1 月 30 日	5
	1 月 31 日	5
	2 月 1 日	5

发生次序	发生时间	影响城市数量/个
第 3 次	2 月 5 日	6
	2 月 6 日	2
第 4 次	2 月 20 日	3
	2 月 21 日	7
第 5 次	2 月 26 日	2
	2 月 27 日	3
	2 月 28 日	2
第 6 次	3 月 13 日	5
	3 月 14 日	9
	3 月 15 日	35
	3 月 16 日	89
	3 月 17 日	62
	3 月 18 日	24
第 7 次	3 月 19 日	25
	3 月 20 日	32
	3 月 21 日	27
	3 月 22 日	17
	3 月 23 日	4
第 8 次	3 月 27 日	7
	3 月 28 日	77
	3 月 29 日	63
	3 月 30 日	48
	3 月 31 日	5
第 9 次	4 月 11 日	1
	4 月 12 日	1
	4 月 13 日	3
	4 月 14 日	1
	4 月 15 日	25
	4 月 16 日	48
	4 月 17 日	45
	4 月 18 日	6
第 10 次	4 月 22 日	5
	4 月 23 日	2

发生次序	发生时间	影响城市数量/个
第 10 次	4 月 24 日	4
	4 月 25 日	5
	4 月 26 日	25
	4 月 27 日	4
	4 月 28 日	10
	4 月 29 日	8
	4 月 30 日	5
第 11 次	6 月 5 日	3
	6 月 6 日	3
第 12 次	11 月 5 日	7
	11 月 6 日	10
第 13 次	11 月 20 日	4
	11 月 21 日	3
第 14 次	12 月 19 日	3
	12 月 20 日	3
	12 月 21 日	2

2016—2021 年，全国大范围沙尘天气过程平均每年发生 14 次，每年累计影响天数平均为 44.2 d，对全国尤其是北方地区的城市环境空气质量造成一定影响。从沙尘天气过程次数和累计影响天数年际变化来看，2016 年和 2018 年发生影响我国城市环境空气质量的沙尘天气过程次数较多，均为 18 次；2017 年和 2020 年沙尘天气过程发生次数相对较少，均为 11 次；2016 年、2018 年、2021 年累计影响天数较多，分别为 58 d、50 d、64 d；其他年份均低于 50 d，但仍高于 25 d。

表 2.1.5-2　2016—2021 年沙尘天气过程和影响情况

年份	沙尘天气过程次数/次	监测范围	累计影响天数/d
2016	18	337 个地级及以上城市	58
2017	11		34
2018	18		50
2019	12		28
2020	11	339 个地级及以上城市	31
2021	14		64

二、沙尘遥感监测结果

2021 年，沙尘遥感监测结果显示，全国西北、华北、东北地区的大部分区域以及华中、华东地区的北部区域均出现了沙尘天气，总影响面积累计达到 10 833 万 km²。其中，一级沙尘影响面积约 9 748 万 km²，占沙尘影响总面积的 89.9%，主要分布在我国北方大部分地区；二级沙尘影响面积约 808 万 km²，占沙尘影响总面积的 7.5%，主要分布在新疆、内蒙古、甘肃、青海、西藏、陕西、山西、黑龙江、吉林、辽宁等省（区）；三级沙尘影响面积约 277 万 km²，占沙尘影响总面积的 2.6%，主要分布在新疆、内蒙古、甘肃、青海等省（区）。全年冬季和春季沙尘影响面积较大，一级沙尘影响面积的日变化趋势与总面积的日变化趋势基本一致；二级、三级沙尘影响面积及发生频次远远小于一级沙尘，且主要发生在春季 3—5 月，其中 3 月 20 日单日沙尘影响面积最大，约为 146 万 km²。

与上年相比，2021 年沙尘总影响面积减少约 55 万 km²，占上年沙尘影响总面积的 0.5%；其中一级沙尘影响面积增加约 193 万 km²，二级沙尘影响面积减少约 189 万 km²，三级沙尘影响面积减少约 58 万 km²。

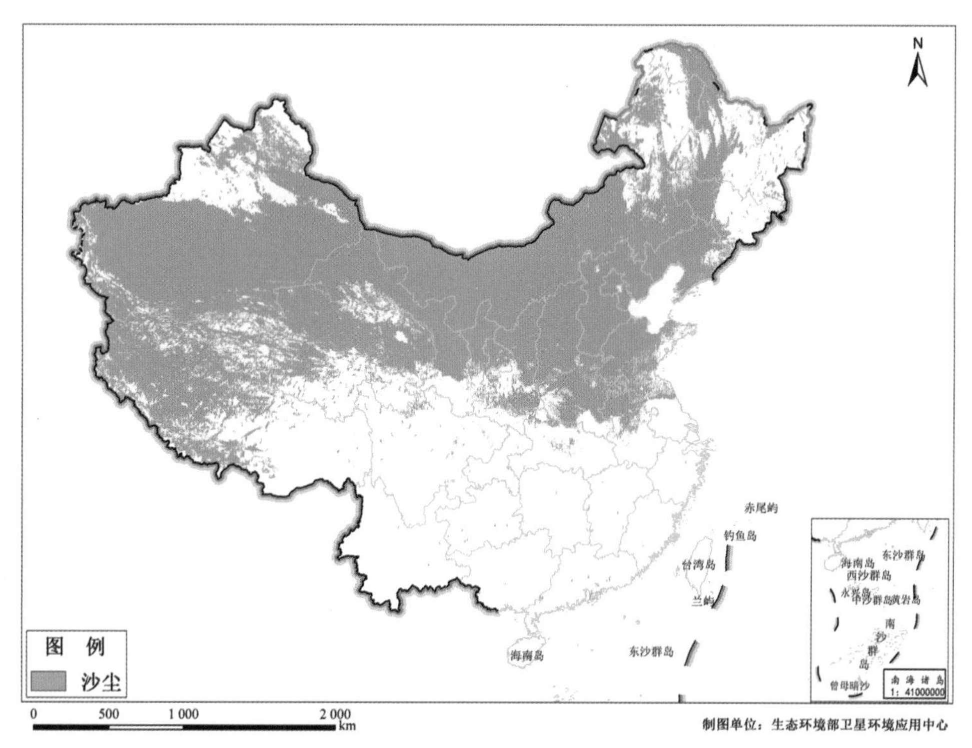

（a）沙尘

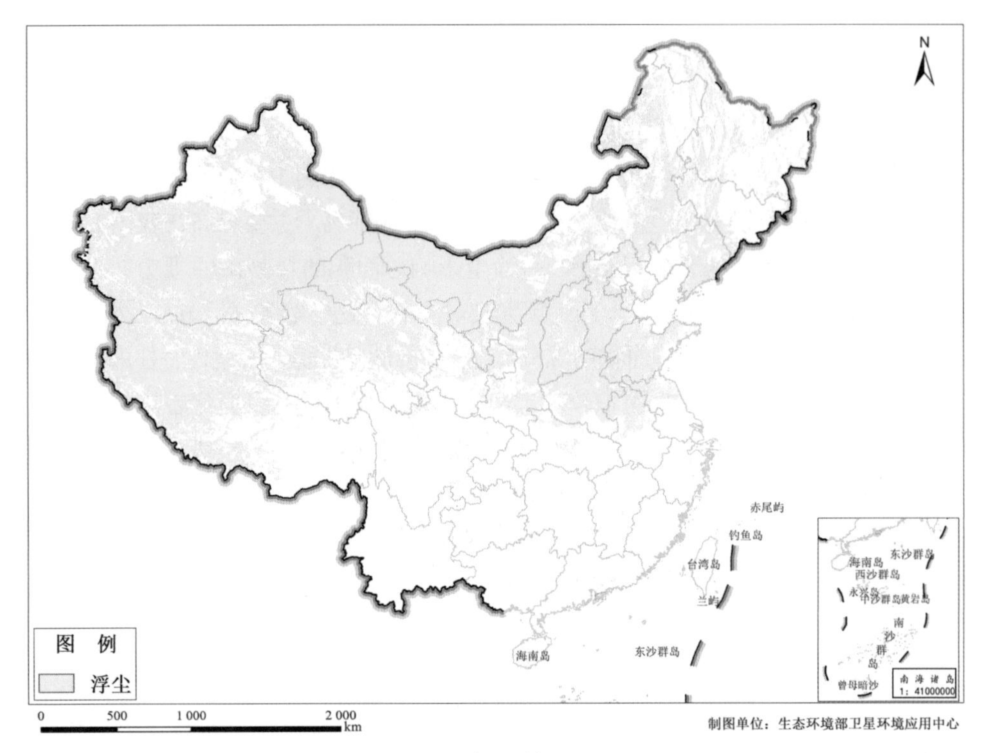
N
赤尾屿
钓鱼岛
台湾岛
兰屿
海南岛
东沙群岛
海南岛
东沙群岛
西沙群岛
永兴岛
中沙群岛
黄岩岛
南
沙
群
岛
曾母暗沙
南海诸岛
1：41000000
图 例
浮尘
0 500 1 000 2 000
km
制图单位：生态环境部卫星环境应用中心

（b）一级

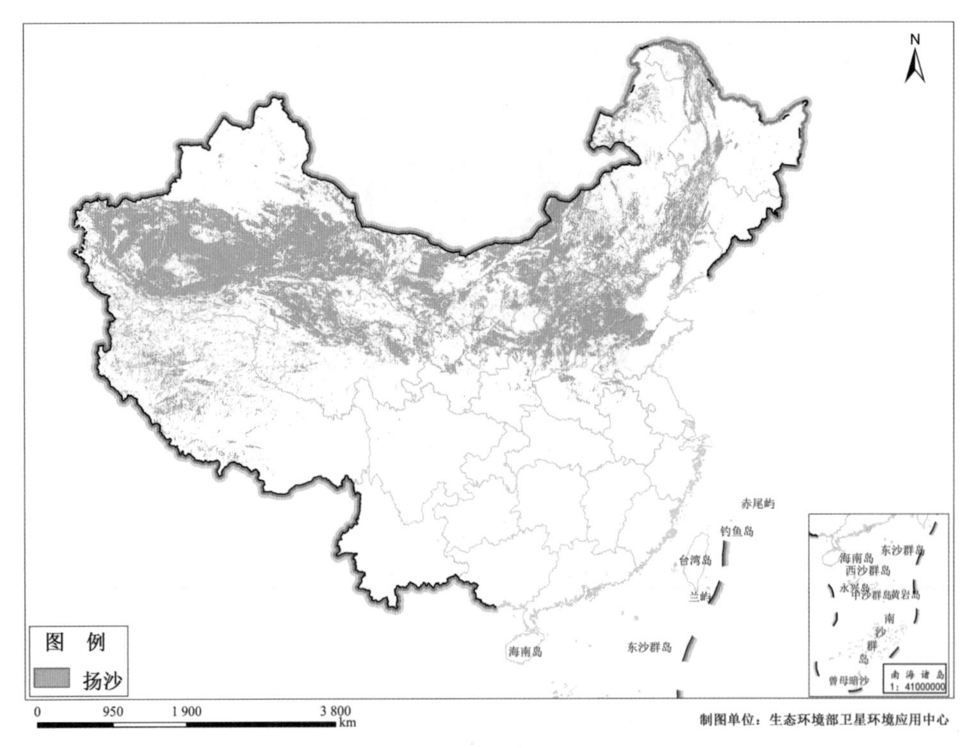
N
赤尾屿
钓鱼岛
台湾岛
兰屿
海南岛
东沙群岛
海南岛
东沙群岛
西沙群岛
永兴岛
中沙群岛
黄岩岛
南
沙
群
岛
曾母暗沙
南海诸岛
1：41000000
图 例
扬沙
0 950 1 900 3 800
km
制图单位：生态环境部卫星环境应用中心

（c）二级

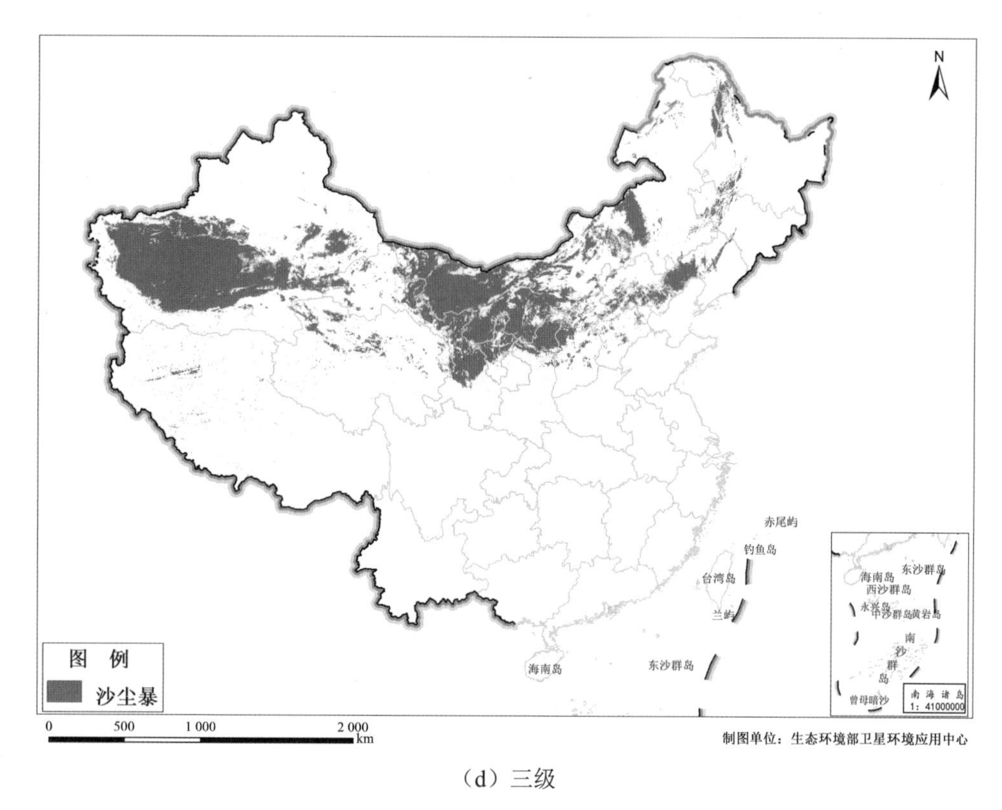

（d）三级

图 2.1.5-1 2021 年全国沙尘遥感监测等级分布示意图

第六节 降 尘

一、“2+26”城市

2021 年，“2+26”城市降尘量年均值在 3.9 t/（km^2·30 d）（晋城）～10.6 t/（km^2·30 d）（濮阳）之间，平均为 7.2 t/（km^2·30 d）。327 个县（市、区）降尘量年均值在 0.8 t/（km^2·30 d）（济宁汶上县、菏泽定陶区、石家庄桥西区、长治潞州区）～32.0 t/（km^2·30 d）（阳泉市盂县）之间，平均为 7.2 t/（km^2·30 d）。

与上年相比，2021 年“2+26”城市降尘量年均值持平，其中安阳市、北京市、邯郸市、鹤壁市、焦作市、开封市、聊城市、濮阳市、石家庄市、太原市、天津市、新乡市、邢台市、阳泉市、长治市和郑州市等 16 个城市降尘量年均值上升，其他 12 个城市下降。

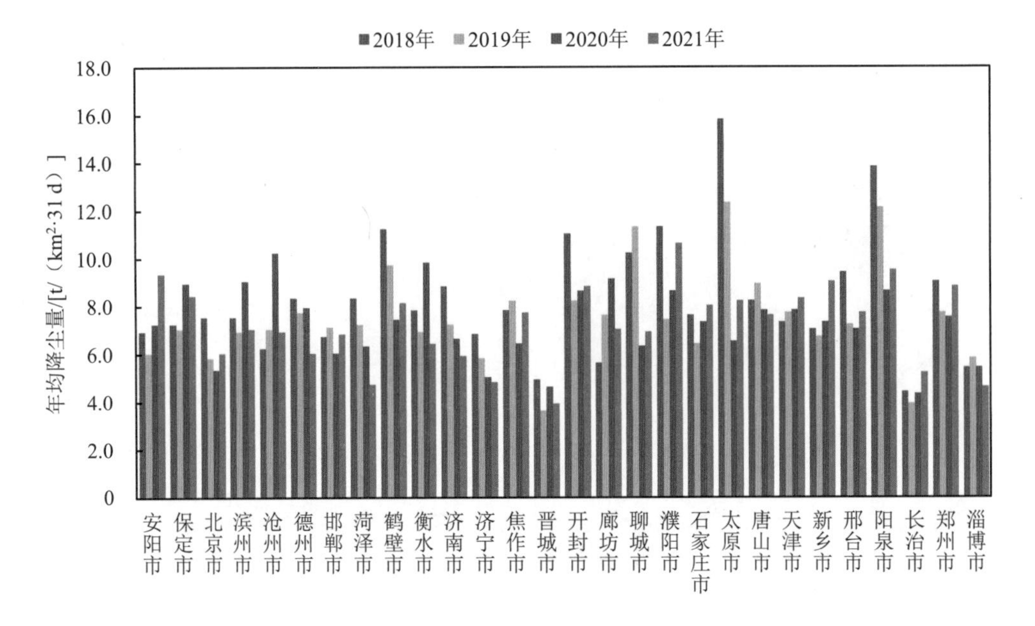

图 2.1.6-1 “2+26”城市降尘量年际变化

2021 年，“2+26”城市春夏季降尘量高于秋冬季，1—5 月降尘量整体较高，6 月下旬进入雨季后降尘量呈明显下降趋势。

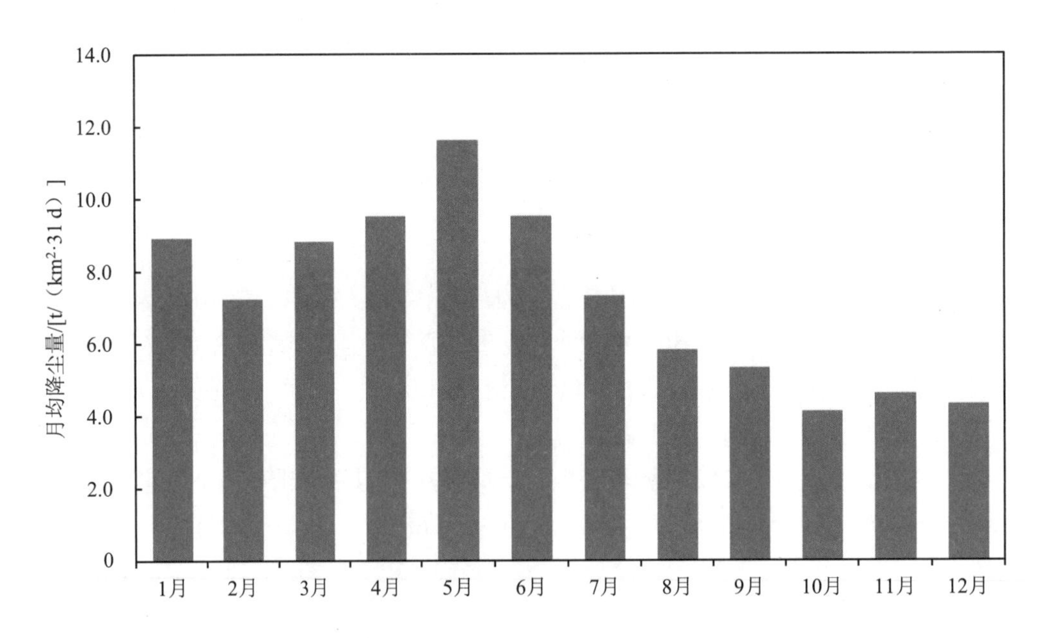

图 2.1.6-2 2021 年“2+26”城市降尘量月际变化

二、长三角地区

2021 年，长三角地区 25 个城市降尘量年均值在 1.6 t/(km²·30 d)（丽水）～4.6 t/(km²·30 d)（徐州）之间，平均为 2.7 t/（km²·30 d）。201 个县（市、区）降尘量年均值在 0.3 t/（km²·30 d）（丽水龙泉、丽水景宁、无锡惠山）～9.7 t/(km²·30 d)（上海长宁）之间，平均为 2.7 t/(km²·30 d)。

与上年相比，2021 年长三角地区城市降尘量年均值下降 15.6%，其中舟山市、杭州市和苏州市等 3 个城市降尘量年均值上升，嘉兴市不变，其他 21 个城市下降。

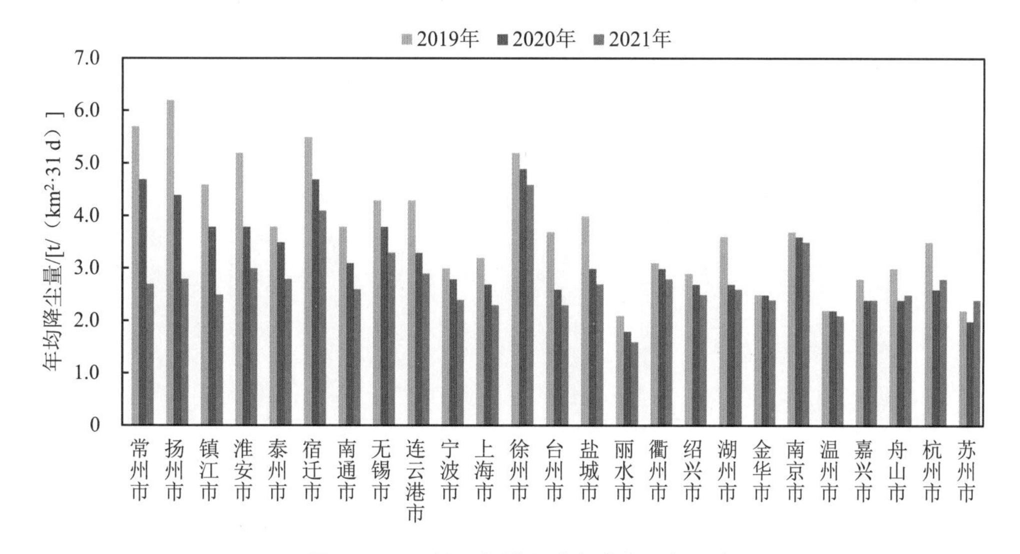

图 2.1.6-3　长三角地区城市降尘量年际变化

2021 年，长三角地区春夏季降尘量高于秋冬季，1—5 月降尘量整体较高，6 月以后有所下降。

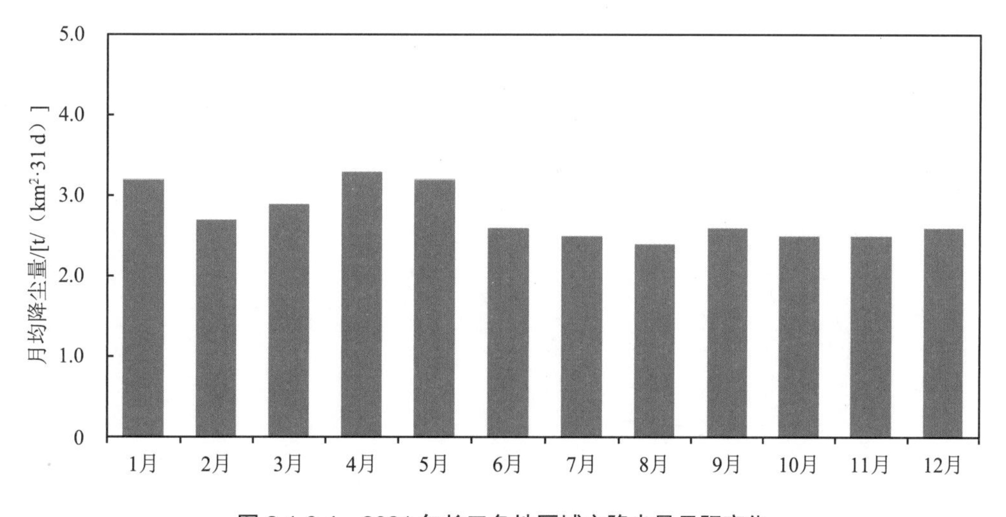

图 2.1.6-4　2021 年长三角地区城市降尘量月际变化

三、汾渭平原

2021 年，汾渭平原 11 个城市降尘量年均值在 4.2 t/(km^2·30 d)(咸阳)～7.3 t/(km^2·30 d)（吕梁）之间，平均为 5.7 t/(km^2·30 d)。131 个县（市、区）降尘量年均值在 0.8 t/(km^2·30 d)（咸阳旬邑、宝鸡太白）～27.3 t/(km^2·30 d)（吕梁柳林）之间，平均为 5.8 t/(km^2·30 d)。

与上年相比，2021 年汾渭平原城市降尘量年均值持平，其中西安市、晋中市、宝鸡市、三门峡市和洛阳市等 5 个城市降尘量年均值上升，2 个城市不变，其他 4 个城市下降。

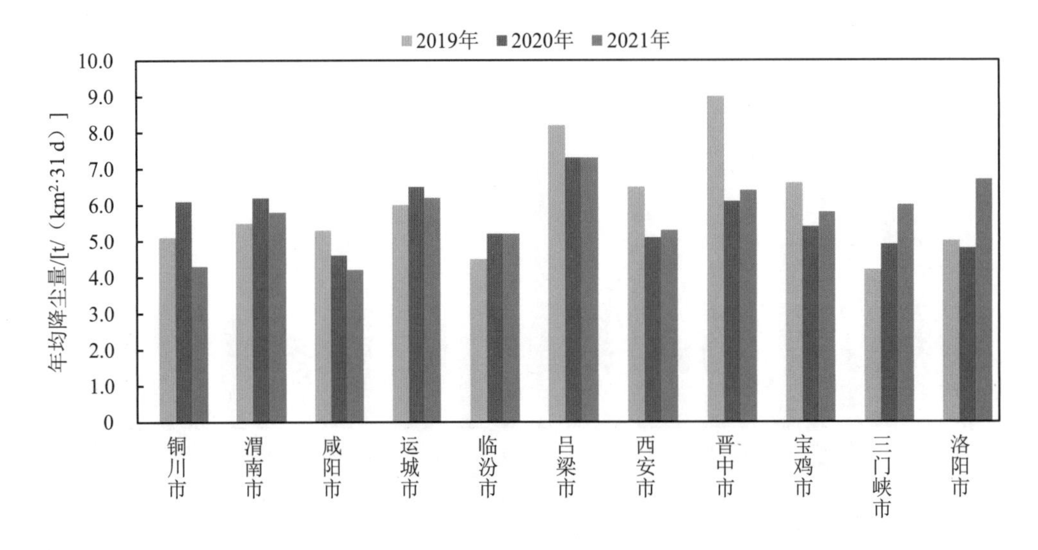

图 2.1.6-5 汾渭平原城市降尘量年际变化

2021 年，汾渭平原春夏季降尘量高于秋冬季，1—5 月降尘量整体较高，6 月以后有所下降。

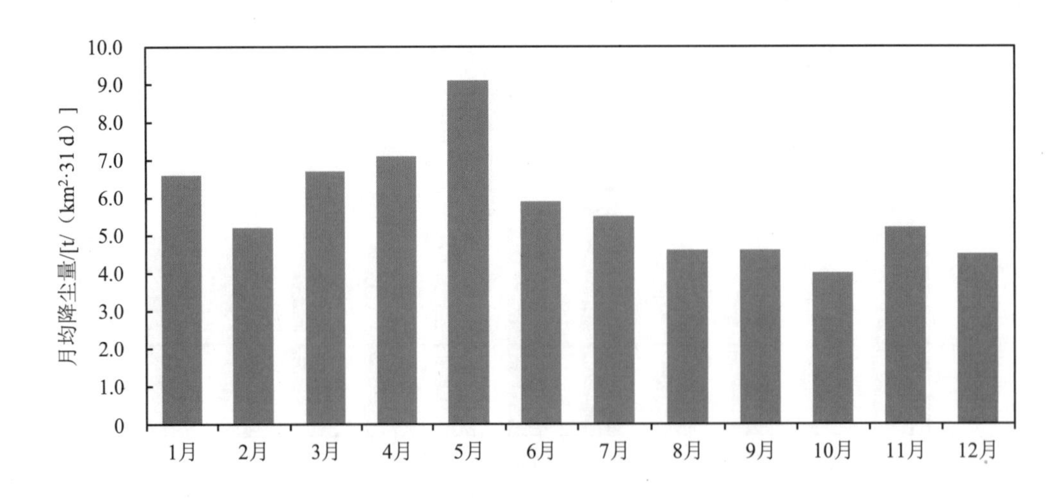

图 2.1.6-6 2021 年汾渭平原城市降尘量月际变化

第七节　降　水

一、降水酸度

2021 年，全国 465 个城市（区、县）降水 pH 年均值范围为 4.79（广西桂林市）～8.25（新疆库尔勒市），平均为 5.73。南方地区（294 个市、县）降水 pH 年均值为 5.64，北方地区（171 个市、县）降水 pH 年均值为 6.59。

与上年相比，全国降水酸度略有上升，南方地区降水酸度略有上升，北方地区降水酸度持平。

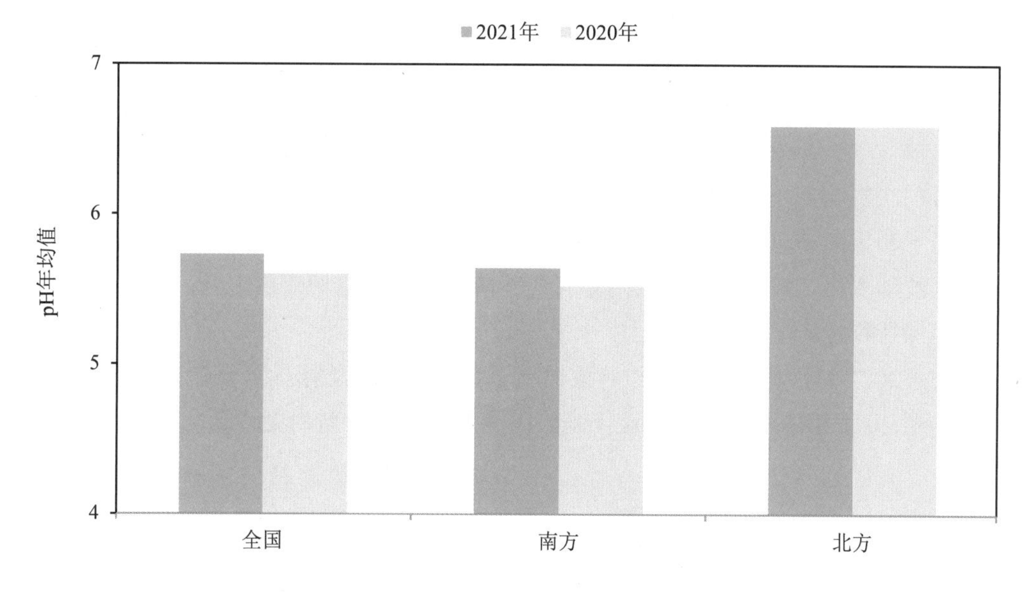

图 2.1.7-1　全国降水 pH 年均值年际变化

二、降水化学组成

2021年，全国419个城市（区、县）降水离子组分监测结果显示，降水中主要阳离子为钙离子和铵离子，分别占离子总当量的28.4%和12.2%；主要阴离子为硫酸根离子，占离子总当量的18.7%；硝酸根离子占离子总当量的7.7%。降水中硫酸根与硝酸根当量浓度比为2.4，硫酸盐为全国降水中的主要致酸物质。

与上年相比，硝酸根离子、氟离子、铵离子和镁离子当量浓度比例有所下降，氯离子和钠离子有所上升，其他离子保持稳定。

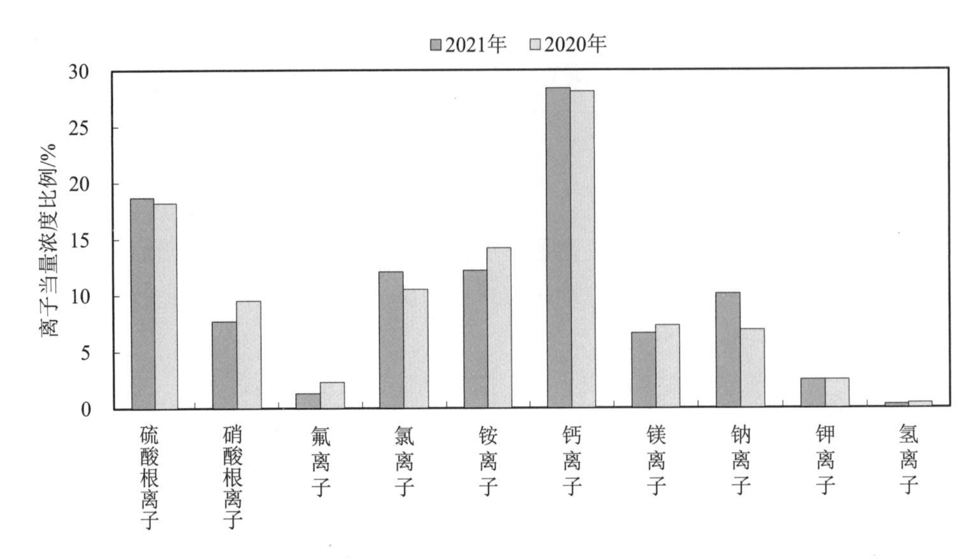

图 2.1.7-2　降水中主要离子当量浓度比例年际变化

2001—2021 年，全国降水主要阴离子中，硫酸根离子当量浓度比例总体呈下降趋势，硝酸根离子和氯离子总体呈上升趋势，氟离子基本保持稳定；主要阳离子中，钙离子当量浓度比例波动变化，铵离子比例近两年有所下降，钠离子比例有所上升，钾离子和镁离子比例基本保持稳定。

2005—2021 年，硝酸根离子与硫酸根离子当量浓度比总体呈上升趋势，由 2005 年的 0.21 上升至 2021 年的 0.68，表明近年来酸雨类型由以硫酸型为主逐渐向硫酸-硝酸复合型转变。

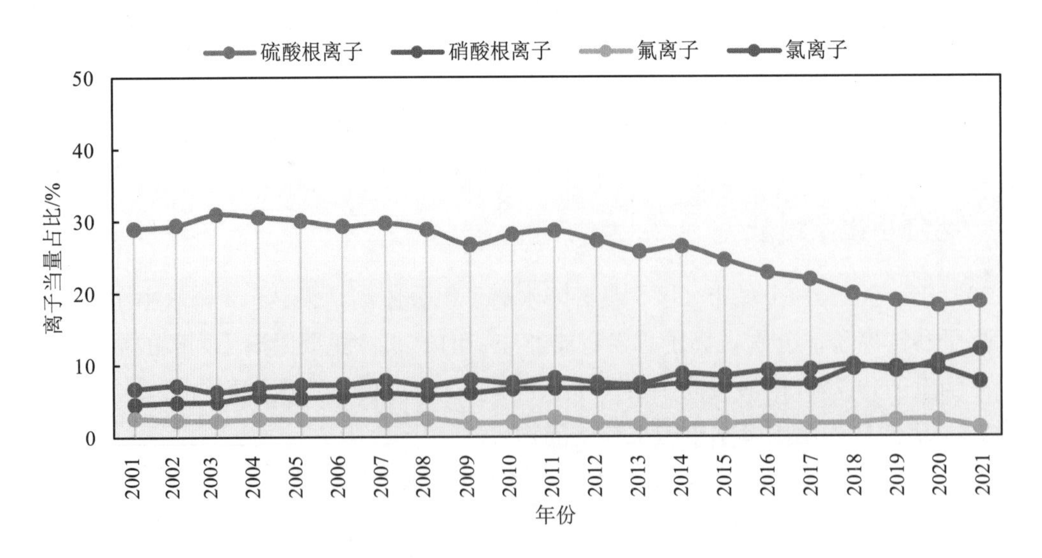

图 2.1.7-3　2001—2021 年降水中阴离子当量浓度比例年际变化

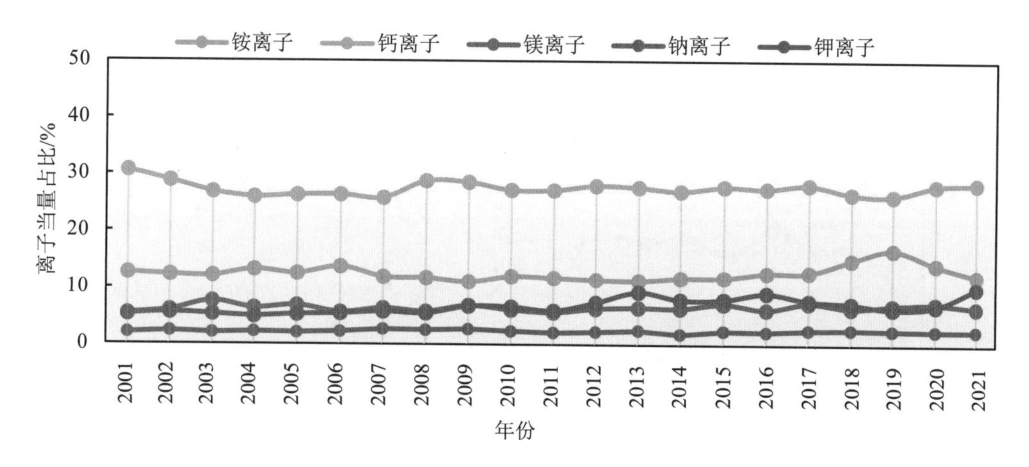

图 2.1.7-4　2001—2021 年阳离子当量浓度比例年际变化

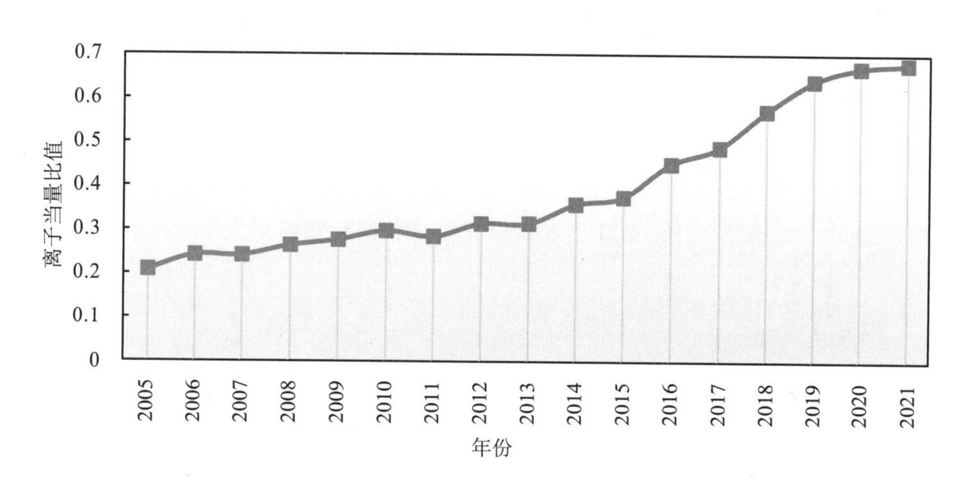

图 2.1.7-5　2005—2021 年全国硝酸根离子和硫酸根离子当量浓度比年际变化

三、酸雨城市比例

2021 年，全国 465 个城市（区、县）降水监测结果显示，酸雨城市有 54 个，占 11.6%。其中，较重酸雨城市有 6 个，占 1.3%；未出现重酸雨城市。

与上年相比，酸雨城市比例下降 4.1 个百分点，较重酸雨城市比例下降 1.5 个百分点，重酸雨城市比例下降 0.2 个百分点。

表 2.1.7-1　2021 年全国降水 pH 年均值统计

pH 年均范围	＜4.5	4.5～5.0	5.0～5.6	5.6～7.0	≥7.0
市（区、县）数/个	0	6	48	280	131
所占比例/%	0.0	1.3	10.3	60.2	28.2

2001—2021 年，酸雨、较重酸雨和重酸雨城市比例总体上均呈先上升后下降趋势，2005 年以前基本呈上升趋势，之后呈下降趋势。

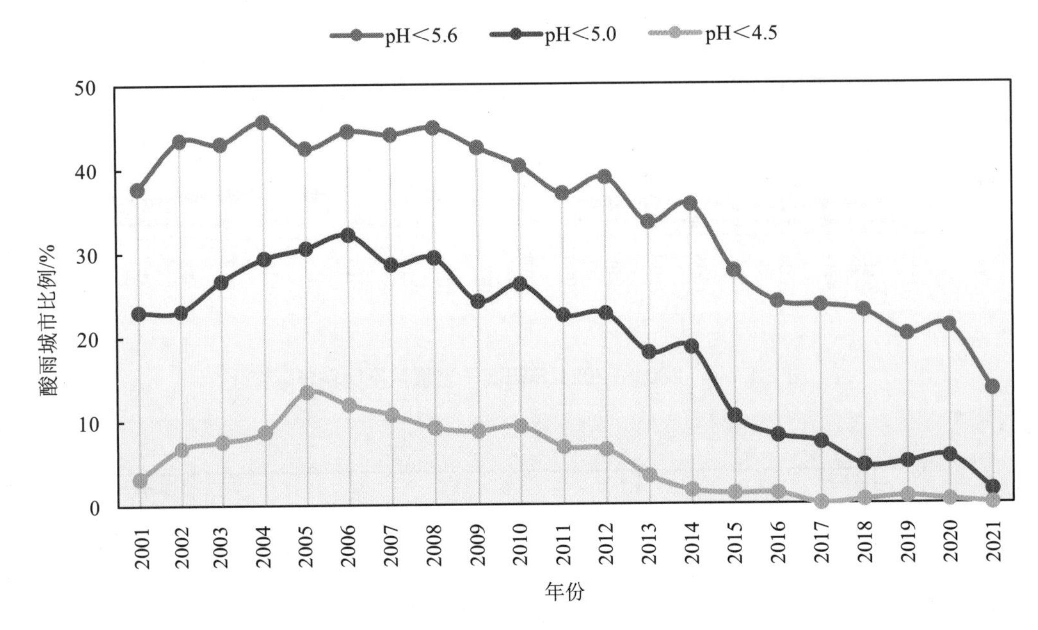

图 2.1.7-6 2001—2021 年全国酸雨城市比例年际变化

四、酸雨发生频率

2021 年，全国酸雨发生频率平均为 8.5%；143 个城市（区、县）出现酸雨，占总数的 30.8%。其中，酸雨发生频率在 25%及以上的有 58 个，占 12.5%；在 50%及以上的有 27 个，占 5.8%；在 75%及以上的有 12 个，占 2.6%。

与上年相比，全国酸雨发生频率下降 1.8 个百分点，出现酸雨的城市比例下降 3.2 个百分点；酸雨发生频率在 25%及以上的城市比例下降 3.8 个百分点，在 50%及以上的城市比例下降 1.7 个百分点，在 75%及以上的城市比例下降 0.2 个百分点。

表 2.1.7-2 2021 年全国酸雨发生频率分段统计

酸雨发生频率	0	0～25%	25%～50%	50%～75%	≥75%
市（区、县）数/个	322	85	31	15	12
所占比例/%	69.2	18.3	6.7	3.2	2.6

2001—2021 年，全国酸雨发生频率总体呈下降趋势。2006 年以前逐年上升，之后波动下降，2017—2019 年较平稳，之后下降。

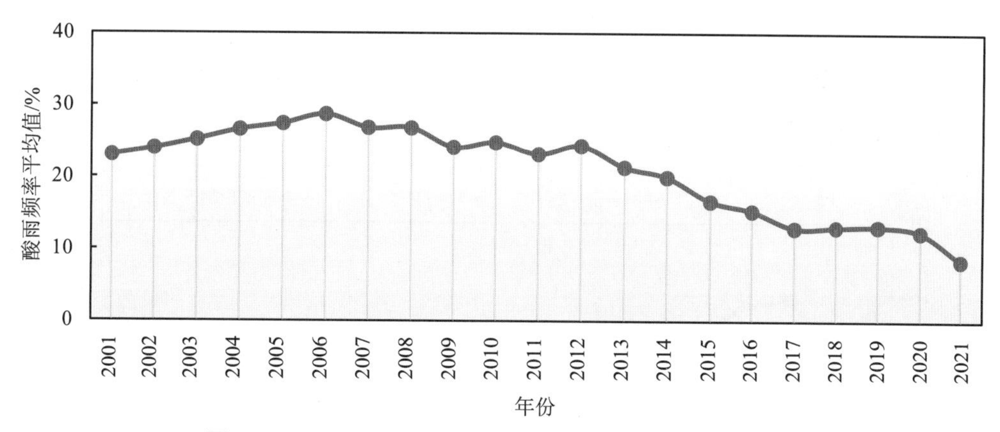

图 2.1.7-7　2001—2021 年全国酸雨发生频率年际变化

五、酸雨区域分布

2021 年，全国酸雨污染主要分布在长江以南—云贵高原以东地区，主要包括浙江、上海的大部分地区、福建北部、江西中部、湖南中东部、重庆南部、广西南部以及广东部分区域。

酸雨发生面积约 36.9 万 km^2，占国土面积的 3.8%，较重酸雨区面积占 0.04%，未出现重酸雨区。与上年相比，2021 年酸雨发生面积比例下降 1.0 个百分点。

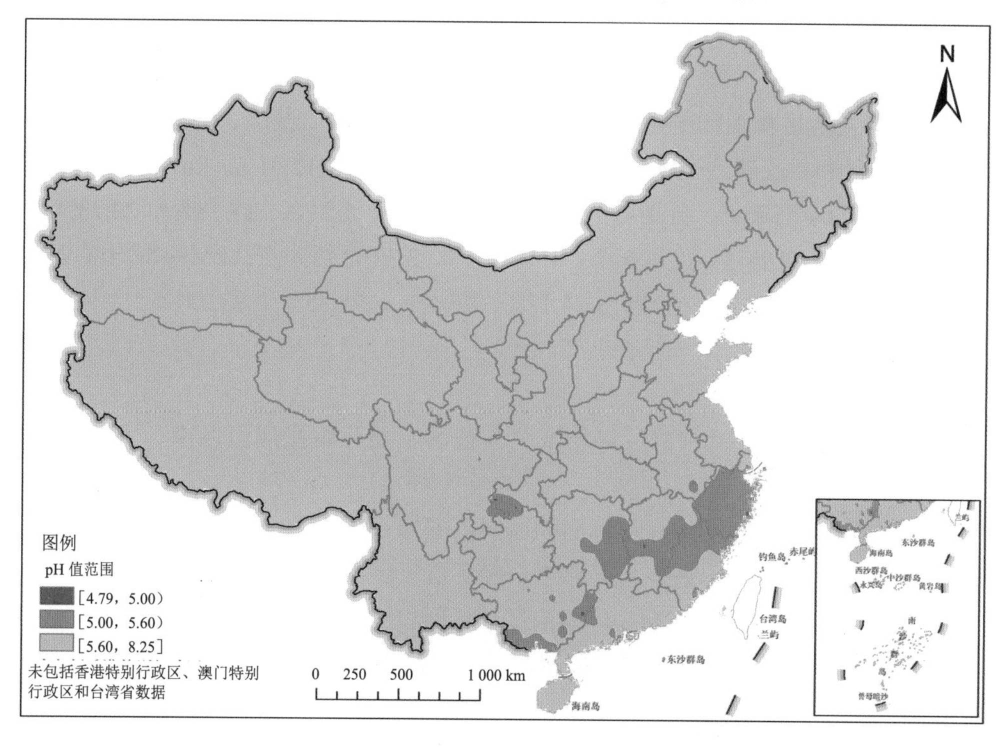

图 2.1.7-8　2021 年全国酸雨区域分布示意图

2001—2021 年，全国酸雨区面积占国土面积的比例范围为 3.8%～15.6%，总体呈下降趋势；较重酸雨区面积比例先上升后下降，近 5 年来总体稳中有降；重酸雨区面积比例同样稳中有降，2021 年首次为 0。

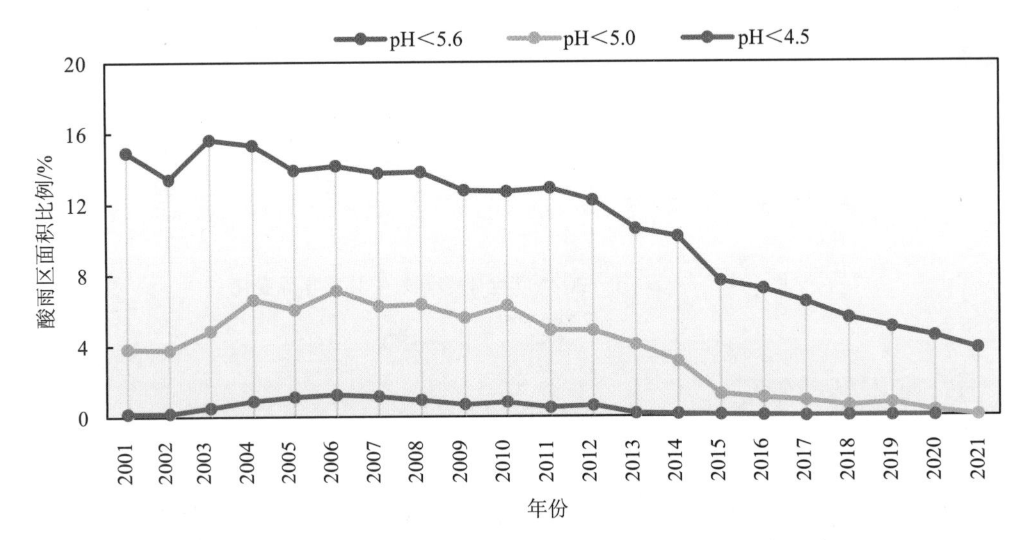

图 2.1.7-9 2001—2021 年全国酸雨区面积占国土面积比例年际变化

第八节 细颗粒物遥感监测

2021 年，重点区域细颗粒物遥感监测结果显示，“2+26”城市、长三角地区、汾渭平原、珠三角地区和雄安新区 $PM_{2.5}$ 年均浓度超标面积分别为 12.31 万 km^2、0.57 万 km^2、2.70 万 km^2 和 0.04 万 km^2，分别占区域面积的 44.75%、1.71%、17.78%和 20.78%。与上年相比，分别下降 24.25 个、23.09 个、10.82 个和 72.32 个百分点；$PM_{2.5}$ 年均浓度与上年相比有所下降地区的面积比例分别为 94.12%、99.43%、95.85%和 93.38%。

一、“2+26”城市

2021 年，“2+26”城市 $PM_{2.5}$ 年均浓度高值区主要分布在燕山以南、太行山以东等区域。

“2+26”城市 $PM_{2.5}$ 年均浓度超标面积比例范围为 0.15%～99.72%。其中，北京市、唐山市、长治市、晋城市、阳泉市、天津市、廊坊市、太原市、保定市、滨州市、淄博市、济南市和沧州市等 13 个城市 $PM_{2.5}$ 年均浓度超标面积比例小于 50%，石家庄市、济宁市、安阳市、郑州市、邯郸市、邢台市和德州市等 7 个城市 $PM_{2.5}$ 年均浓度超标面积比例大于等于 50%且小于 80%，焦作市、鹤壁市、新乡市、衡水市、聊城市、菏泽市、濮阳市、开封市等 8 个城市 $PM_{2.5}$ 年均浓度超标面积比例大于等于 80%。

与上年相比，“2+26”城市 $PM_{2.5}$ 年均浓度超标面积减少 6.73 万 km^2，超标面积比例下降 24.25 个百分点。其中，超标面积减少最大的前 3 位城市依次为天津市、沧州市和滨州市，分别减少 0.93 万 km^2、0.77 万 km^2 和 0.70 万 km^2；超标面积比例降幅最大的前 3 位城市依次为滨州市、天津市和廊坊市，分别下降 80.60 个、76.08 个和 63.37 个百分点。

“2+26”城市 $PM_{2.5}$ 年均浓度下降面积比例范围为 60.84%～100.00%。其中，阳泉市、保定市、北京市和太原市等 4 个城市 $PM_{2.5}$ 年均浓度下降面积比例大于等于 60%且小于 90%，太原市、石家庄市、衡水市、沧州市、廊坊市等 13 个城市 $PM_{2.5}$ 年均浓度下降面积比例大于 90%且小于 100%，淄博市、晋城市、郑州市、新乡市、安阳市等 11 个城市 $PM_{2.5}$ 年均浓度下降面积比例为 100%。

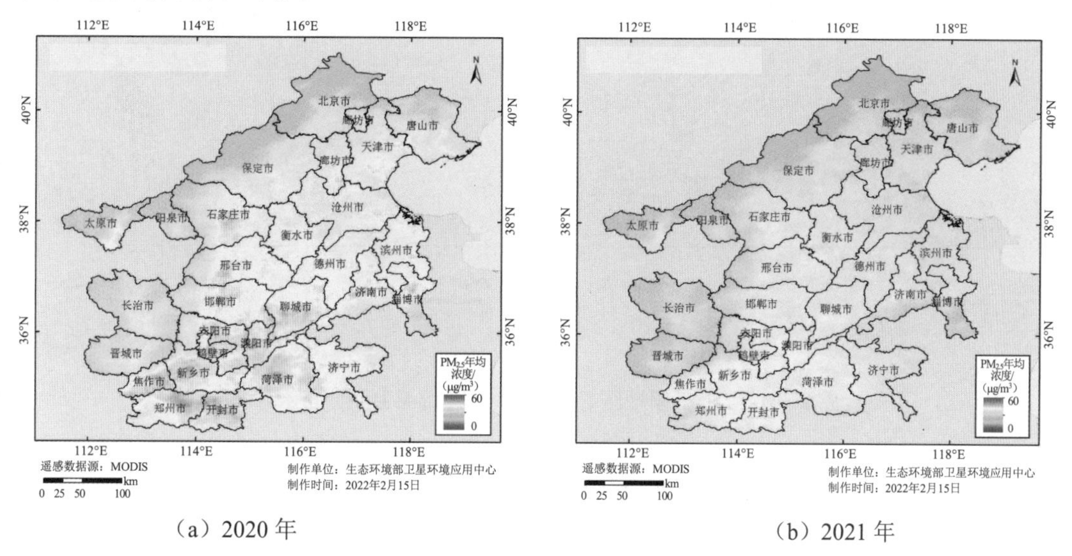

（a）2020 年　　　　（b）2021 年

图 2.1.8-1　“2+26”城市 $PM_{2.5}$ 年均浓度遥感监测分布示意图

二、长三角地区

2021 年，长三角地区 $PM_{2.5}$ 年均浓度高值区主要分布在徐州市、宿州市、淮北市、亳州市和阜阳市等长三角西北部城市。

长三角地区 $PM_{2.5}$ 年均浓度超标面积比例范围为 0.00%～35.58%。其中，安庆市、常州市、池州市、滁州市、杭州市等 26 个城市 $PM_{2.5}$ 年均浓度超标面积比例为 0%；台州市、盐城市、扬州市、连云港市等 14 个城市 $PM_{2.5}$ 年均浓度超标面积比例小于 10%；徐州市 $PM_{2.5}$ 年均浓度超标面积比例大于 10%且小于 50%。

与上年相比，长三角地区 $PM_{2.5}$ 年均浓度超标面积减少 7.79 万 km^2，超标面积比例下降 23.09 个百分点。其中，超标面积减少最大的前 3 位城市依次为宿州市、阜阳市和六安市，分别减少 0.95 万 km^2、0.94 万 km^2 和 0.88 万 km^2；超标面积比例降幅最大的前 3 位城市依次为淮南市、宿州市和阜阳市，分别下降 99.61 个、97.83 个和 96.28 个百分点。

长三角地区 $PM_{2.5}$ 年均浓度下降面积比例范围为 86.44%～100.00%。其中，舟山市 $PM_{2.5}$ 年均浓度下降面积比例大于 80%且小于 90%，上海市、嘉兴市、南通市、苏州市、宁波市等 19 个城市 $PM_{2.5}$ 年均浓度下降面积比例大于 90%且小于 100%，安庆市、蚌埠市、池州市、阜阳市、湖州市等 21 个城市 $PM_{2.5}$ 年均浓度下降面积比例为 100%。

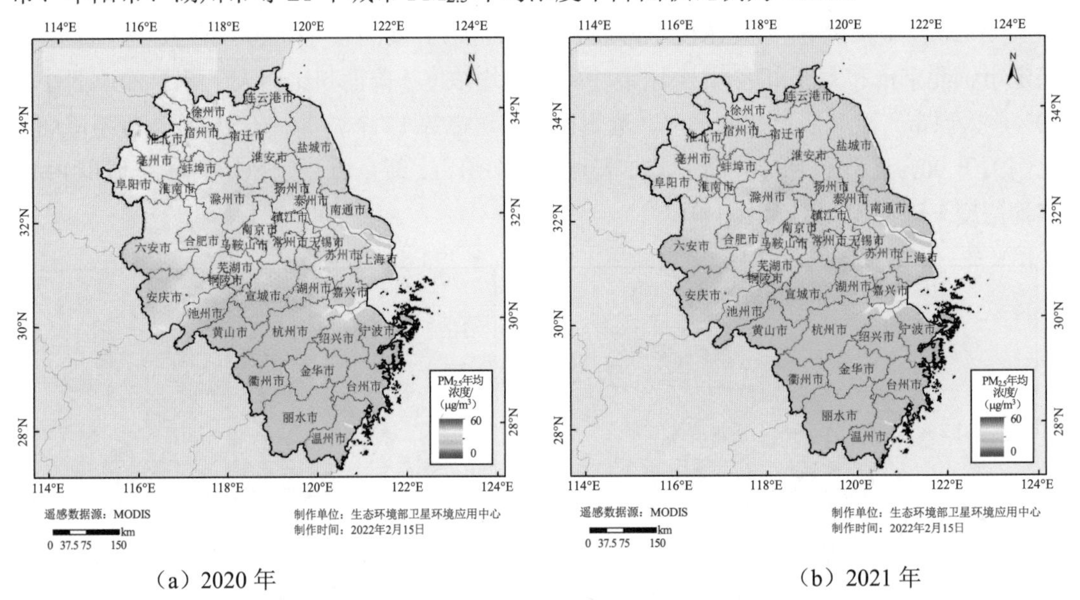

（a）2020 年　　（b）2021 年

图 2.1.8-2　长三角地区 $PM_{2.5}$ 年均浓度遥感监测分布示意图

三、汾渭平原

2021 年，汾渭平原 $PM_{2.5}$ 年均浓度高值区主要分布在西安市、咸阳市、渭南市、运城市、洛阳市等城市。

汾渭平原 $PM_{2.5}$ 年均浓度超标面积比例范围为 0.05%～50.84%。其中，铜川市、宝鸡市、吕梁市、三门市和晋中市等 5 个城市 $PM_{2.5}$ 年均浓度超标面积比例小于 10%，临汾市、咸阳市、洛阳市、西安市和渭南市等 5 个城市 $PM_{2.5}$ 年均浓度超标面积比例大于等于 10%且小于 50%，运城市 $PM_{2.5}$ 年均浓度超标面积比例大于等于 50%。

与上年相比，汾渭平原 $PM_{2.5}$ 年均浓度超标面积减少 2.7 万 km^2，超标面积比例下降 10.82 个百分点。其中，超标面积减少最大的前 3 位城市依次为洛阳市、渭南市和运城市，分别减少 0.33 万 km^2、0.20 万 km^2 和 0.17 万 km^2；超标面积比例降幅最大的前 3 位城市依次为洛阳市、渭南市和三门峡市，分别下降 22.16 个、15.83 个和 15.46 个百分点。

汾渭平原 $PM_{2.5}$ 年均浓度下降面积比例范围为 88.61%～100.00%。其中，宝鸡市 $PM_{2.5}$ 年均浓度下降面积比例大于 80%且小于 90%，运城市、西安市、晋中市、咸阳市、三门峡市等 9 个城市 $PM_{2.5}$ 年均浓度下降面积比例大于 90%且小于 100%，洛阳市 $PM_{2.5}$ 年均浓度下降面积比例为 100%。

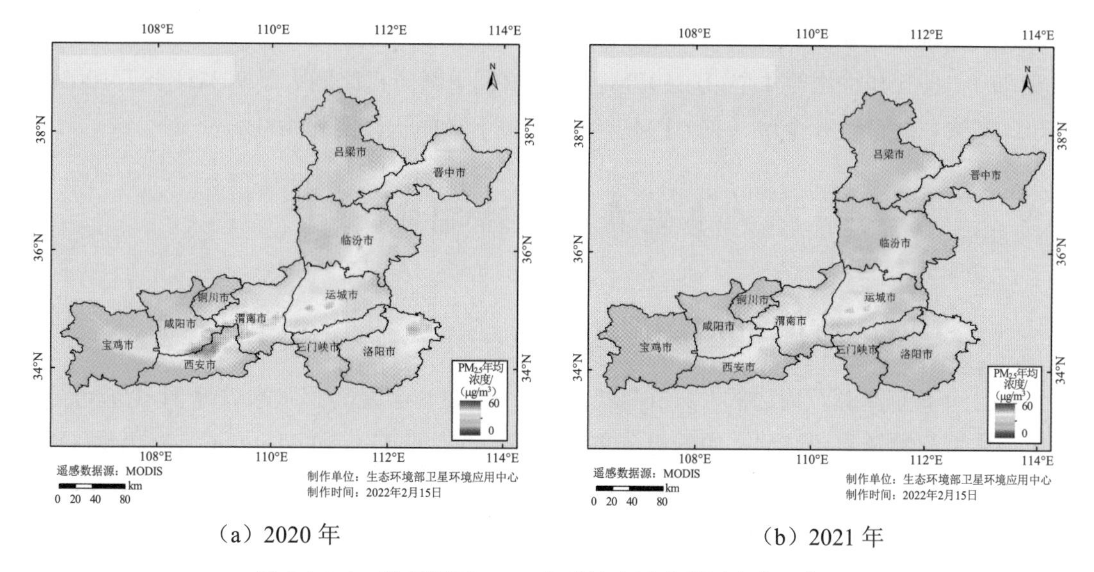

（a）2020 年　　（b）2021 年

图 2.1.8-3　汾渭平原 $PM_{2.5}$ 年均浓度遥感监测分布示意图

四、雄安新区

2021 年，雄安新区 $PM_{2.5}$ 年均浓度高值区主要分布在容城县、清苑县和文安县等地区。雄安新区 $PM_{2.5}$ 年均浓度超标面积比例为 20.78%。

与上年相比，雄安新区 $PM_{2.5}$ 年均浓度超标面积减少 1 346 km²，超标面积比例下降 72.32 个百分点。

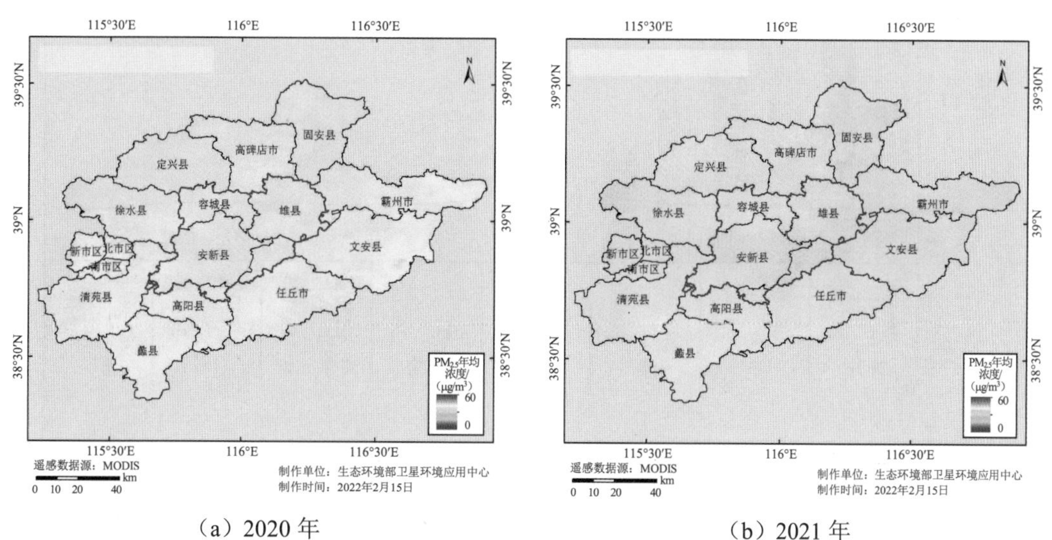

（a）2020 年　　（b）2021 年

图 2.1.8-4　雄安新区 $PM_{2.5}$ 年均浓度遥感监测分布示意

雄安新区 $PM_{2.5}$ 年均浓度下降面积比例范围为 70.83%～100.00%。其中，定兴、高碑店、容城和雄县等4个市（县）$PM_{2.5}$年均浓度下降面积比例大于等于60%且小于90%，固安、安新、任丘和徐水等4个市（县）$PM_{2.5}$年均浓度下降面积比例大于90%且小于100%，霸州、文安、北市等8个市（县）$PM_{2.5}$年均浓度下降面积比例为100%。

第九节　颗粒物组分

一、京津冀及周边

2021年，京津冀及周边的“2+26”城市、雄安新区、秦皇岛和张家口等31个城市（本节中简称京津冀及周边）$PM_{2.5}$中的组分主要包括硝酸盐（NO_3^-，14.41 μg/m³）、有机物（OM，13.84 μg/m³）、硫酸盐（SO_4^{2-}，6.96 μg/m³）、铵盐（NH_4^+，6.84 μg/m³）、地壳物质（5.18 μg/m³）、微量元素（1.88 μg/m³）、元素碳（EC，1.75 μg/m³）和氯盐（Cl^-，1.51 μg/m³）。其中，NO_3^-、OM、SO_4^{2-}、NH_4^+和地壳物质浓度相对较高，是$PM_{2.5}$的主要组分。

与上年相比，京津冀及周边$PM_{2.5}$组分中，除地壳物质浓度上升16.9%外，NO_3^-、SO_4^{2-}、OM、NH_4^+、EC和Cl^-浓度均有所下降，分别下降2.72 μg/m³、2.68 μg/m³、2.55 μg/m³、1.90 μg/m³、0.53 μg/m³和0.49 μg/m³，降幅为15.5%～27.8%，微量元素浓度基本持平。

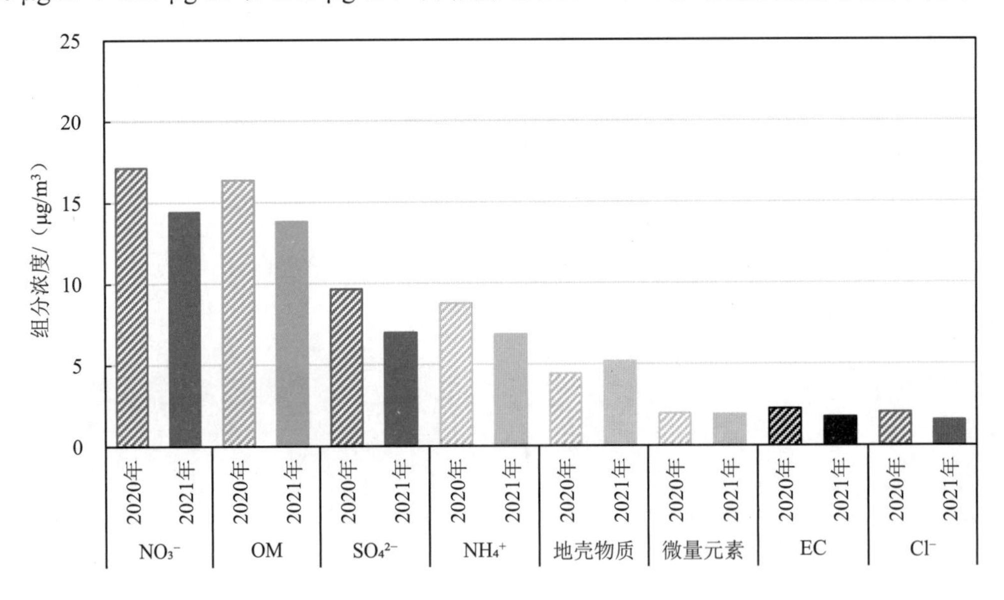

图2.1.9-1　2020—2021年京津冀及周边$PM_{2.5}$各组分浓度年际变化

2021年，京津冀及周边OM、SO_4^{2-}、EC和Cl^-浓度均1月最高，分别为19.21 μg/m³、9.36 μg/m³、2.59 μg/m³和2.91 μg/m³；NO_3^-浓度11月最高，为19.36 μg/m³；NH_4^+和地壳物质浓度3月最高，分别为8.71 μg/m³和12.85 μg/m³；微量元素浓度2月最高，为3.34 μg/m³。

各城市 OM 占比为 23.7%～31.4%，地壳物质占比为 8.1%～21.0%，均为张家口市最高；NO_3^-占比为 17.5%～32.0%，开封市最高；SO_4^{2-}占比为 11.8%～15.7%，微量元素占比为 2.1%～5.1%，均为长治市最高；NH_4^+占比为 9.1%～14.1%，唐山市最高；EC 占比为 2.6%～3.9%，太原市最高；Cl^-占比为 1.9%～3.8%，淄博市最高。总体来看，京津冀及周边 OM 和 SNA 浓度及占比较高，对颗粒物浓度贡献较大。

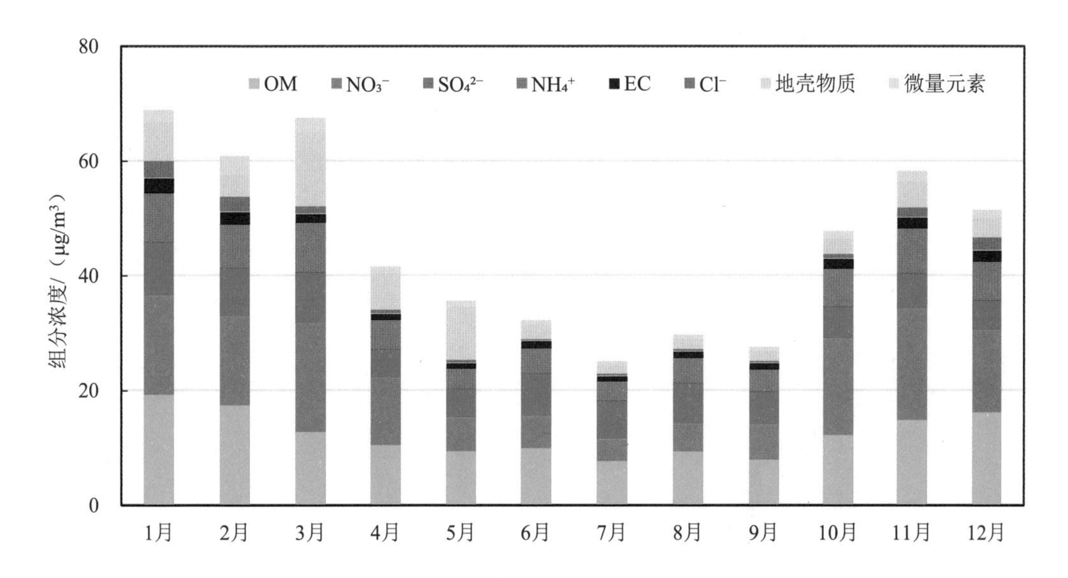

图 2.1.9-2　2021 年京津冀及周边 $PM_{2.5}$ 各组分浓度月际变化

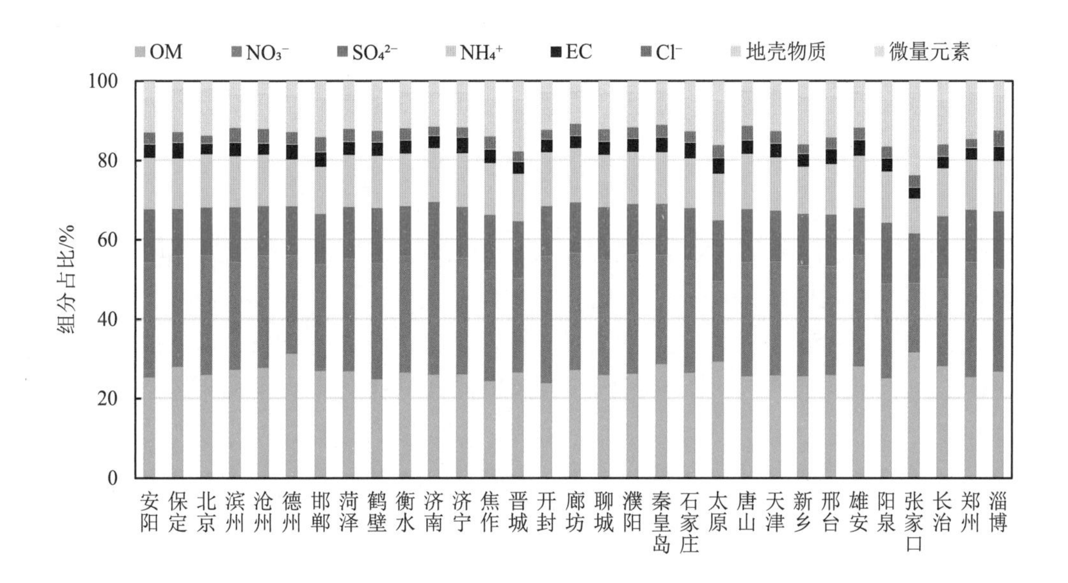

图 2.1.9-3　2021 年京津冀及周边各城市 $PM_{2.5}$ 各组分占比

二、汾渭平原

2021 年，汾渭平原 11 个城市 $PM_{2.5}$ 中的组分主要包括 OM（16.57 μg/m³）、NO_3^-（12.28 μg/m³）、SO_4^{2-}（6.61 μg/m³）、地壳物质（6.33 μg/m³）、NH_4^+（5.88 μg/m³）、微量元素（1.95 μg/m³）、EC（1.86 μg/m³）和 Cl^-（1.35 μg/m³）。其中 OM、NO_3^-、SO_4^{2-}、地壳物质和 NH_4^+浓度相对较高，是汾渭平原 $PM_{2.5}$ 的主要组分。

与上年相比，汾渭平原 11 个城市 $PM_{2.5}$ 组分中，除地壳物质和微量元素浓度上升（升幅分别为 57.2%和 28.7%）外，SO_4^{2-}、NO_3^-、NH_4^+、OM 和 EC 浓度均有所下降，分别下降 3.32 μg/m³、2.55 μg/m³、2.32 μg/m³、1.80 μg/m³ 和 0.43 μg/m³，降幅为 9.8%～33.5%，Cl^-浓度基本持平。

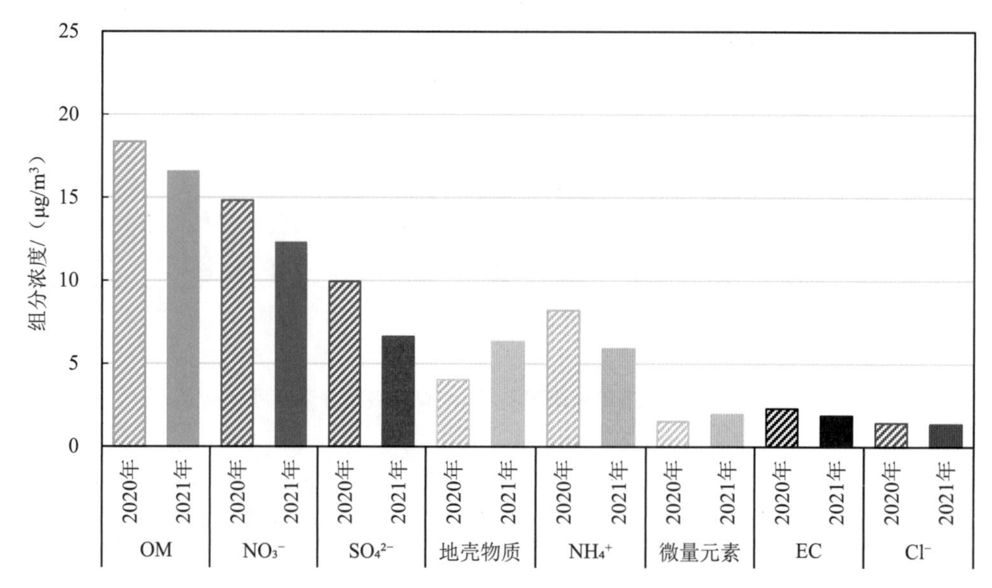

图 2.1.9-4　2020—2021 年汾渭平原 $PM_{2.5}$ 各组分浓度年际变化

2021 年，汾渭平原 OM、NH_4^+、EC 和 Cl^-浓度均 1 月最高，分别为 24.53 μg/m³、7.37 μg/m³、3.03 μg/m³ 和 2.89 μg/m³；NO_3^-浓度 11 月最高，为 18.41 μg/m³；SO_4^{2-}和微量元素浓度 2 月最高，分别为 8.39 μg/m³ 和 3.42 μg/m³；地壳物质浓度 3 月最高，为 16.61 μg/m³。各城市 OM 占比为 24.7%～37.9%，微量元素占比为 2.0%～4.9%，均为宝鸡市最高；NO_3^-占比为 14.4%～29.5%，NH_4^+占比为 8.2%～13.2%，均为洛阳市最高；SO_4^{2-}占比为 10.0%～15.3%，临汾市最高；EC 占比为 2.4%～4.4%，地壳物质占比为 8.8%～22.7%，均为吕梁市最高；Cl^-占比为 1.7%～3.3%，运城市最高。总体来看，汾渭平原 OM、SNA 和地壳物质浓度及占比较高，对颗粒物浓度贡献较大。

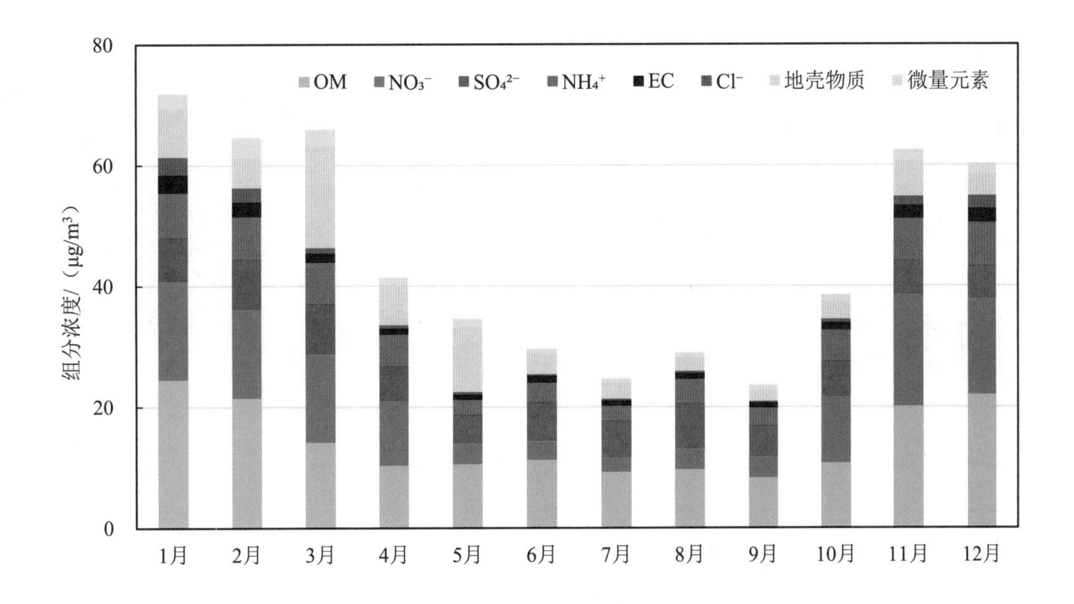

图 2.1.9-5　2021 年汾渭平原 $PM_{2.5}$ 各组分浓度月际变化

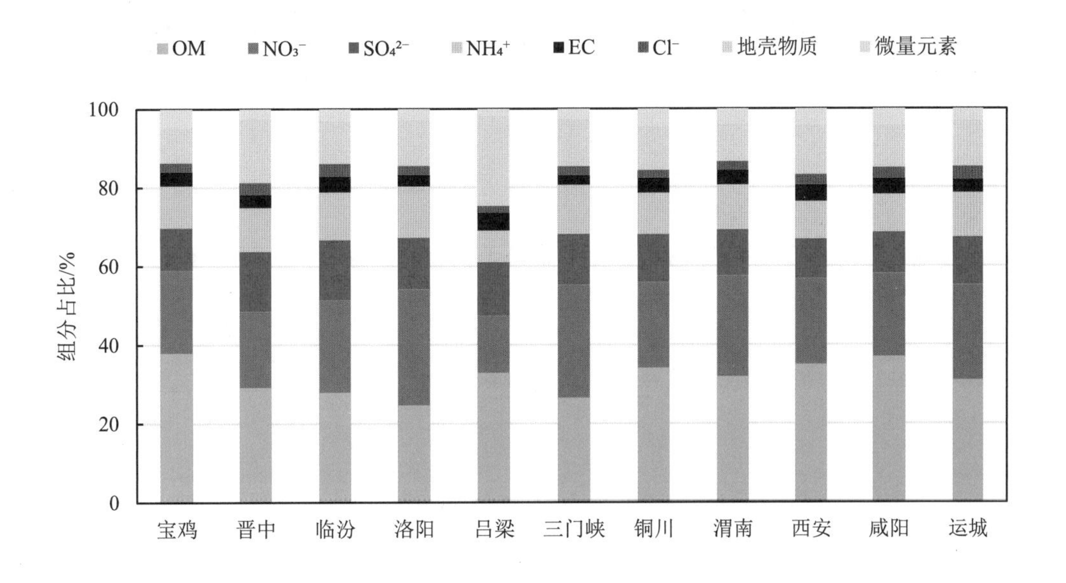

图 2.1.9-6　2021 年汾渭平原 $PM_{2.5}$ 各组分占比

整体来看，2021 年，京津冀及周边 31 个城市和汾渭平原 11 个城市的 OM 浓度在 9.29（张家口）～21.76（咸阳）μg/m³ 之间，高值区集中在山西西南部、陕西中部及德州、菏泽等区域；NO_3^-浓度在 5.19（张家口）～18.95（濮阳）μg/m³ 之间，高值区集中在石家庄、衡水及区域南部；SO_4^{2-}浓度在 3.66（张家口）～9.52（临汾）μg/m³ 之间，高值区集中在山西、河南、山东的部分城市；NH_4^+浓度在 2.70（张家口）～8.57（菏泽）μg/m³ 之间，高值区与 NO_3^-高值区相似。

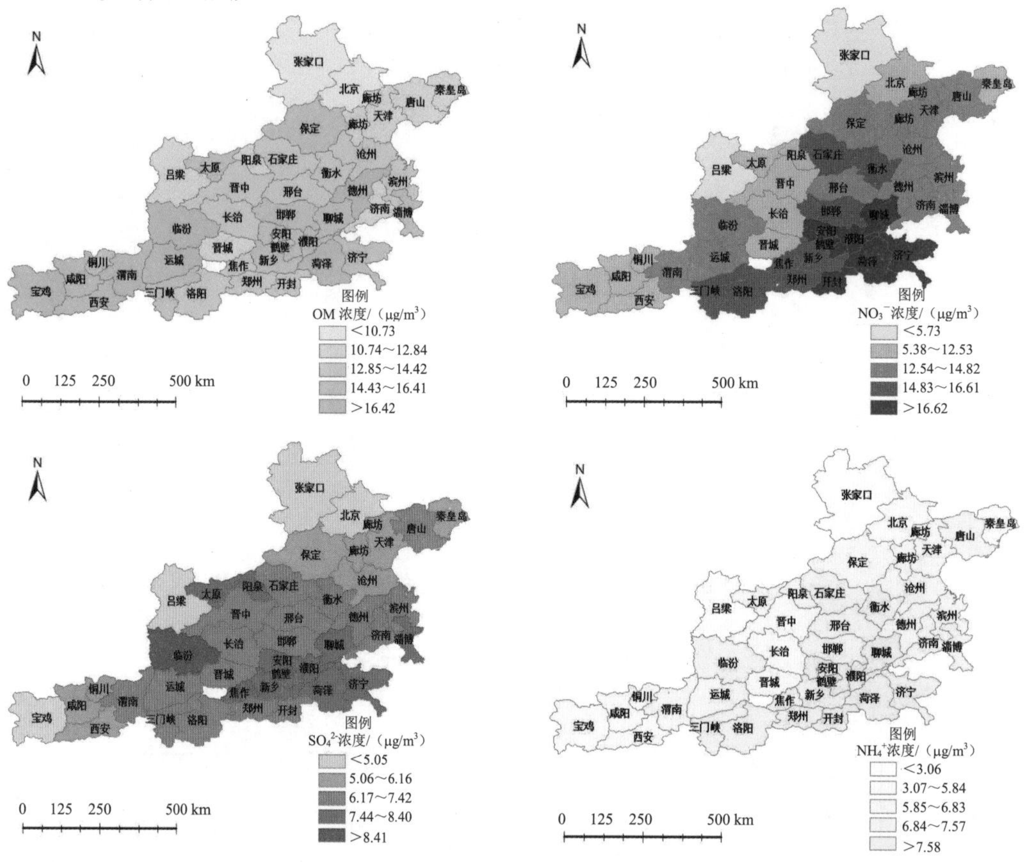

图 2.1.9-7　2021 年京津冀及周边和汾渭平原 $PM_{2.5}$ 主要组分浓度空间分布示意图

第十节　挥发性有机物

一、全国重点城市

2021 年 4—10 月，全国重点城市 ①57 种非甲烷烃类（PAMS）物质平均浓度为（17.89±5.12）ppbv②，与上年同期相比有所上升。各月浓度变化规律明显，9 月浓度最高，7 月浓度最低。PAMS 物质的化学组成以烷烃为主，占比为 63.0%，其次为芳香烃。

---

① 见附表 1-2。

② 1 ppbv=10^{-9}=1 μ/L，指干空气中的体积比，全书同。

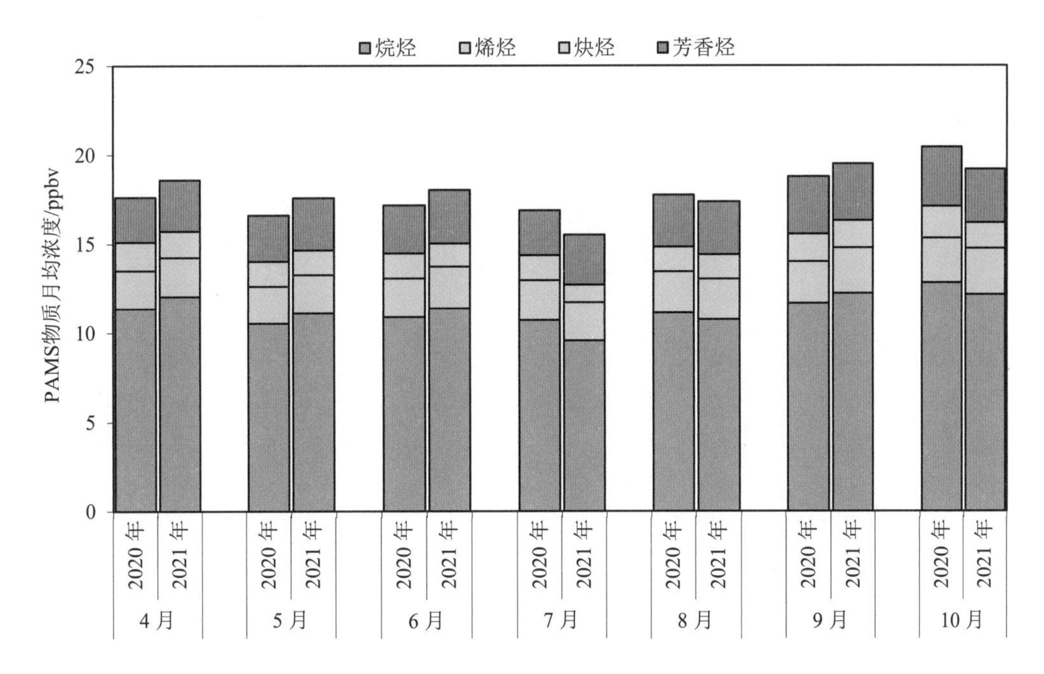

图 2.1.10-1　2020—2021 年全国重点城市 PAMS 物质浓度月际变化

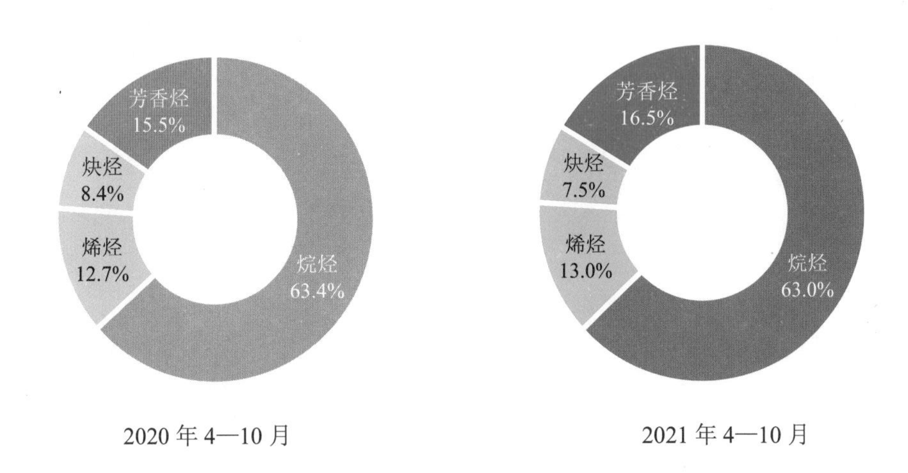

图 2.1.10-2　全国重点城市 PAMS 物质的化学组成年际变化

2021 年 4—10 月，全国重点城市醛酮类物质平均浓度为（13.25±5.29）ppbv，与上年同期相比有所下降。各月浓度变化规律明显，5 月浓度最高，10 月浓度最低。醛酮类物质的化学组成以甲醛、丙酮和乙醛为主，占比分别为 43.0%、26.1%和 23.8%。

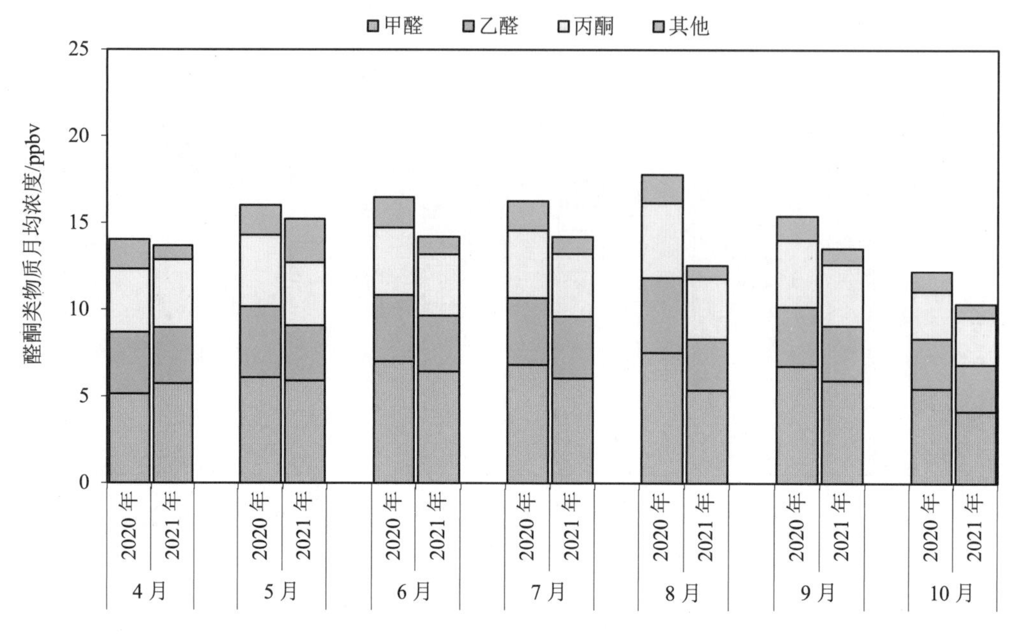

图 2.1.10-3　2020—2021 年全国重点城市醛酮类物质浓度月际变化

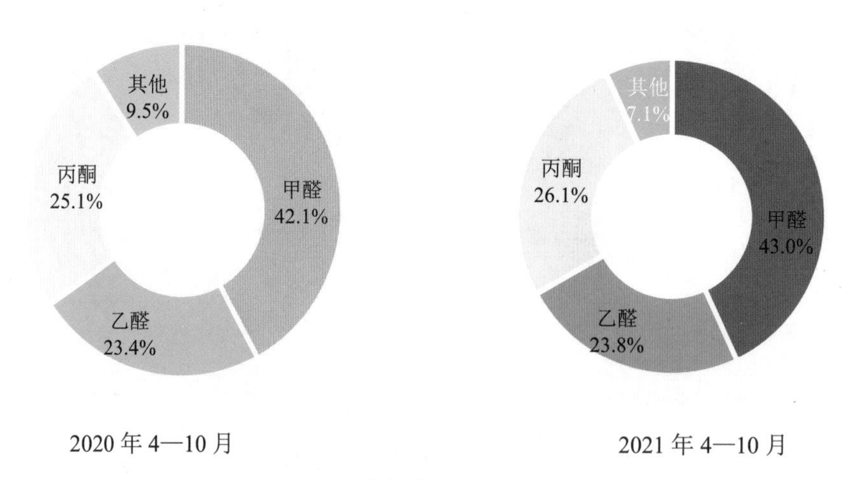

图 2.1.10-4　全国重点城市醛酮类物质的化学组成年际变化

二、京津冀及周边

2021 年 4—10 月，北京、雄安、天津、济南、郑州、太原和石家庄（本节简称京津冀及周边）自动监测 VOCs 日均浓度在 26.47～40.78 ppbv 之间，分类组成均以烷烃为主。臭氧生成潜势（OFP）总体范围在 190.29～295.46 μg/m³ 之间。

表 2.1.10-1 监测城市 VOCs 日均浓度和 OFP 范围

序号	站点	VOCs 日均浓度/ppbv	OFP/（μg/m³）
1	北京	26.47±9.21	190.29±66.76
2	雄安	35.33±16.66	213.67±88.89
3	天津	34.34±15.66	233.35±101.49
4	济南	40.78±14.38	295.46±104.75
5	郑州	33.02±9.85	248.84±85.98
6	太原	30.37±12.17	189.57±84.71
7	石家庄	28.14±8.31	222.56±68.11

第十一节 温室气体

2021 年，全国单位 GDP 二氧化碳排放与上年相比下降 3.8%。

温室气体监测结果显示，11 个背景站 CO_2 浓度范围为 395.8 ppm①（海南南沙）～428.2 ppm（山东长岛），平均为 419.0 ppm；CH_4 浓度范围为 1 859 ppb②（海南南沙）～2 075 ppb（山西庞泉沟），平均为 1 998.7 ppb；5 个背景站 N_2O 浓度范围为 335.1 ppb（青海门源）～339.5 ppb（山东长岛），平均为 336.6 ppb。与上年相比，CO_2、CH_4 和 N_2O 浓度分别上升 5.7 ppm、17.6 ppb 和 1.3 ppb。

表 2.1.11-1 2021 年背景站温室气体监测结果

点位名称	经纬度	海拔高度/m	CO_2 浓度/ppm	CH_4 浓度/ppb	N_2O 浓度/ppb
山西庞泉沟	37.9°N，111.5°E	1 807	427.6	2 075	—
内蒙古呼伦贝尔	49.9°N，119.3°E	615	424.4	2 023	335.5
福建武夷山	27.6°N，117.7°E	1 139	413.3	2 004	336.8
山东长岛	38.2°N，120.7°E	163	428.2	2 065	339.5
湖北神农架	31.5°N，110.3°E	2 930	417.8	1 999	—
广东南岭	24.7°N，112.9°E	1 689	423.1	2 016	—
四川海螺沟	29.6°N，102.0°E	3 571	422.3	2 016	336.3
云南丽江	27.2°N，100.3°E	3 410	419.2	1 971	—
青海门源	37.6°N，101.3°E	3 295	417.2	1 993	335.1
西沙永兴岛	16.8 °N，112.3°E	5	419.9	1 965	—
海南南沙	9.9°N，115.6°E	3	395.8	1 859	—

① 1 ppm=10^{-6}=1 μmol/mol，指干空气中的摩尔分数比，全书同。

② 1 ppb=10^{-9}=1 nmol/mol，指干空气中的摩尔分数比，全书同。

第十二节　秸秆焚烧火点

2021 年，遥感监测到全国秸秆焚烧火点 7 729 个（不包括云覆盖下的火点信息），主要分布在吉林、黑龙江、内蒙古、广西、山西、河北、辽宁、河南和山东等 9 个省份，火点共计 7 196 个，占全国火点总数的 93.1%，其他省份全年火点个数均不足 100 个。

与上年相比，2021 年全国火点个数增加 94 个，增加 1.2%。全国共计 11 个省份火点个数增加，16 个省份火点个数减少。

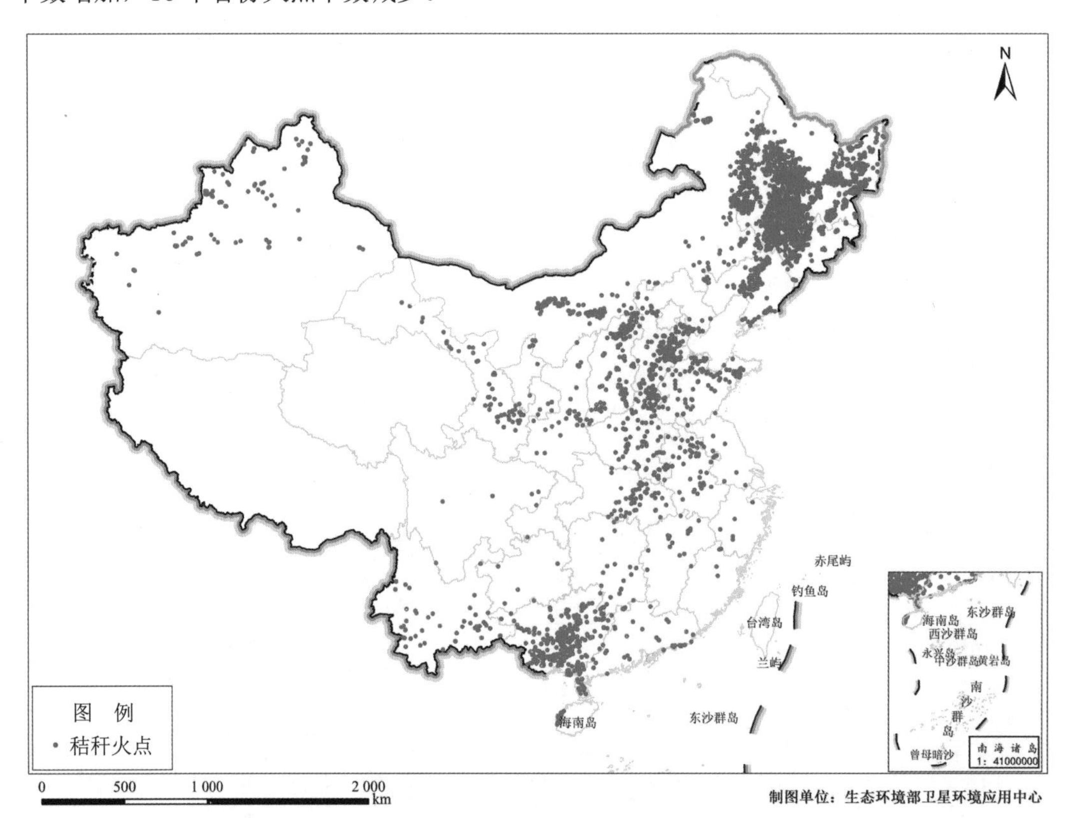

图 2.1.12-1　2021 年全国秸秆焚烧火点卫星遥感监测分布示意图

表 2.1.12-1　2021 年全国各省份秸秆焚烧火点个数及年际变化

省份	2021 年火点个数/个	比 2020 年变化个数/个	变化率/%
全国	7 729	94	1.2
吉林	2 686	−491	−15.5
黑龙江	2 575	1 543	149.5
内蒙古	521	−756	−59.2
广西	407	294	260.2

省份	2021 年火点个数/个	比 2020 年变化个数/个	变化率/%
山西	301	–50	–14.2
河北	239	22	10.1
辽宁	200	–320	–61.5
河南	143	40	38.8
山东	124	–66	–34.7
新疆	93	–40	–30.1
甘肃	66	–40	–37.7
广东	66	40	153.8
湖北	59	11	22.9
安徽	55	–12	–17.9
云南	49	–28	–36.4
陕西	29	2	7.4
天津	26	–9	–25.7
江西	18	8	80.0
海南	17	–40	–70.2
湖南	16	–3	–15.8
宁夏	9	–1	–10.0
江苏	8	2	33.3
四川	6	–8	–57.1
浙江	6	1	20.0
贵州	5	–4	–44.4
福建	4	0	0.0
重庆	1	1	—
青海	0	–2	–100.0

专栏　环境空气质量预测开展情况与评估

一、全国环境空气质量业务预报开展情况

2021 年，总站每日组织京津冀及周边（华北）、长三角（华东）、华南、西南、东北和西北等六大区域预报中心开展全国未来 5 d 和重点区域 7 ~ 10 d 空气质量形势预测，组织 31 个省（区、市）开展行政区域未来 7 天空气质量形势预测和 339 个地级及以上城市未来 7 d 空气质量业务预报。通过全国空气质量预报信息发布系统、空气质量发布 App、生态环境部和中国环境监测总站官方网站、微信公众号、微博等多种渠道发布预报信息，及时向管理部门和公众提供预报信息服务，指导公众日常出行和健康防护。

总站组织开展区域、跨区域空气质量预报会商，每月联合六大区域预报中心、中央气象台等相关单位共同开展2次全国空气质量预报视频会商，支持生态环境部发布未来半月全国环境空气质量形势预报信息24期。重点围绕秋冬季$PM_{2.5}$污染和夏季O_3污染，以1周为周期，定期开展全国空气质量回顾和未来形势预报，形成《空气质量形势周报》28期和《臭氧形势周报》18期。积极应对区域沙尘过程影响，建立沙尘快报迅速响应机制，全年完成沙尘过程对空气质量影响的预测和分析快报16期。针对区域性重污染过程，适时组织开展加密预报研判和复盘分析，深度参与管理部门决策会商，为妥善应对重污染天气和开展大气污染精准管控提供关键技术支持。

二、全国环境空气质量业务预报评估

为保障全国环境空气质量预报评估的统一性和可比性，基于总站印发的《城市环境空气质量指数（AQI）预报评估技术规定（暂行）》和《区域环境空气质量预报评估技术规定（暂行）》（总站预报字〔2020〕549号）等评估方法，对2021年全国六大区域和339个城市空气质量业务预报效果开展总体评估。

2021年，六大区域24 h（提前1 d）和72 h（提前3 d）跨级预报准确率分别为86.5%~97.1%和84.8%~96.5%，两个时效下全国平均预报准确率分别为92.5%和90.7%，华北区域预报准确率最低，西南区域预报准确率最高，各区域72 h预报准确率均低于24 h预报准确率。两个时效下各区域预报偏高率均高于偏低率，预报偏差以偏高为主。

表2.1.Z-1　2021年六大区域24 h和72 h跨级预报效果①

区域	24 h预报			72 h预报			范围
	准确率/%	偏高率/%	偏低率/%	准确率/%	偏高率/%	偏低率/%	
华北	86.5	8.6	4.9	84.8	8.4	6.8	北京、天津、河北、河南、山东、陕西、内蒙古中部
华东	94.5	3.5	2.0	91.5	5.3	3.2	上海、江苏、浙江、安徽、江西
东北	95.5	3.0	1.5	94.3	3.4	2.3	辽宁、吉林、黑龙江、内蒙古东部
华南	93.1	4.7	2.2	91.0	5.8	3.2	广东、广西、海南、福建、湖北、湖南
西南	97.1	1.9	1.0	96.5	2.1	1.4	四川、重庆、贵州、云南、西藏
西北	88.4	6.1	5.5	86.3	6.9	6.8	陕西、甘肃、宁夏、青海、新疆、内蒙古西部

2021年，全国339个城市不同月份24 h和72 h AQI级别范围预报效果统计显示，②

① 区域跨级预报评估方法：区域内某分区所有城市当日实况AQI的算术平均值对应的空气质量级别落入分区预报级别内，则记为预报准确，否则为预报偏高或偏低。区域内所有分区预报准确率的平均值即为区域预报准确率，偏高率和偏低率同理。

② AQI级别范围预报评估方法：当AQI预报中值≤50时，对中值上下浮动10（下限数值≥0），当AQI预报中值>50时，对中值上下浮动20%，得到浮动后的AQI预报范围（全部向上进位取整），若城市当日实况空气质量级别落入浮动AQI预报范围对应的级别预报范围内，则记为预报准确，否则为预报偏高或偏低。城市AQI预报评估中的AQI实况数据为实时发布数据，2021年339个城市AQI实况或预报数据缺失的城市天次未纳入预报评估统计（24 h和72 h预报评估分别缺失84天次和95天次）。

各月预报准确率范围分别在 81.9%～89.9%和 77.3%～87.3%波动，各月准确率相差不大，受春季沙尘过程等因素影响，1—3 月准确率相对较低；两个时效全年平均准确率分别为 87.0%和 83.5%。从各月和全年平均来看，72 h 预报准确率均低于 24 h 预报准确率。除 1 月和 3 月预报偏低率高于偏高率外，多数月份预报偏差以偏高为主。

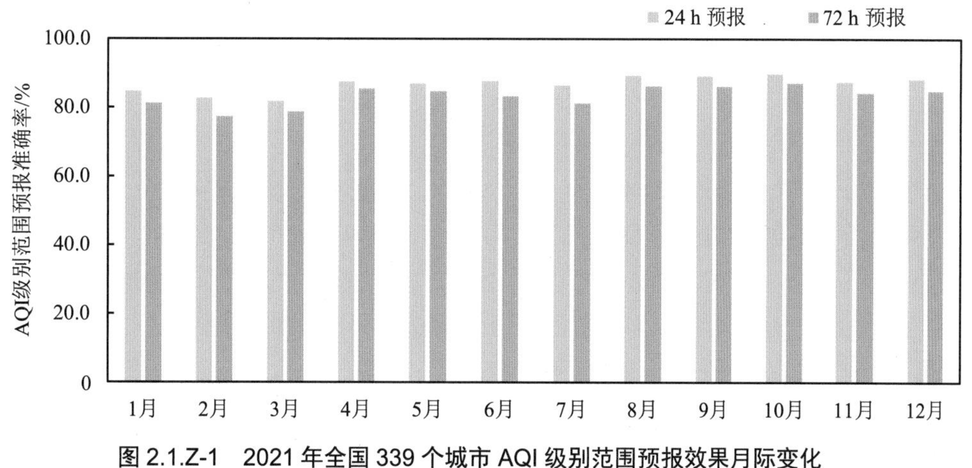

图 2.1.Z-1　2021 年全国 339 个城市 AQI 级别范围预报效果月际变化

2021 年，全国 339 个城市实况空气质量不同级别下的 24 h 和 72 h AQI 级别范围预报效果评估显示，339 个城市“良”级别天次占比最高，两个时效下“良”级别的 AQI 级别范围预报准确率也均为最高，分别达 93.9%和 93.3%，其次为“优”级别和“轻度污染”级别。从“中度污染”级别开始，预报准确率随级别升高显著下降，“严重污染”级别预报准确率最低。除“优”和“严重污染”首尾级别外，其他级别预报偏差均以偏低为主，其中“重度污染”和“中度污染”级别预报偏低最为明显。

表 2.1.Z-2　2021 年 339 个城市不同级别 24 h 和 72 h AQI 级别范围预报效果

空气质量级别	24 h 预报			72 h 预报		
	准确率/%	偏高率/%	偏低率/%	准确率/%	偏高率/%	偏低率/%
优	83.3	16.7	0.0	78.3	21.7	0.0
良	93.9	2.7	3.4	93.3	2.8	3.9
轻度污染	78.8	2.8	18.4	70.6	2.5	26.9
中度污染	54.8	2.2	43.0	38.3	1.1	60.5
重度污染	45.7	2.1	52.2	31.1	0.4	68.5
严重污染	21.8	0.0	78.2	6.0	0.0	94.0

第二章 淡 水

第一节 全 国

2021 年，全国地表水总体水质良好。监测的 3 632 个国控断面（点位）中，Ⅰ类水质断面 250 个，占 6.9%；Ⅱ类 1 787 个，占 49.2%；Ⅲ类 1 046 个，占 28.8%；Ⅳ类 427 个，占 11.8%；Ⅴ类 80 个，占 2.2%；劣Ⅴ类 42 个，占 1.2%（扣除自然因素影响，劣Ⅴ类 30 个，占 0.8%）。主要污染指标为化学需氧量、高锰酸盐指数和总磷。

与上年相比，全国地表水水质无明显变化。

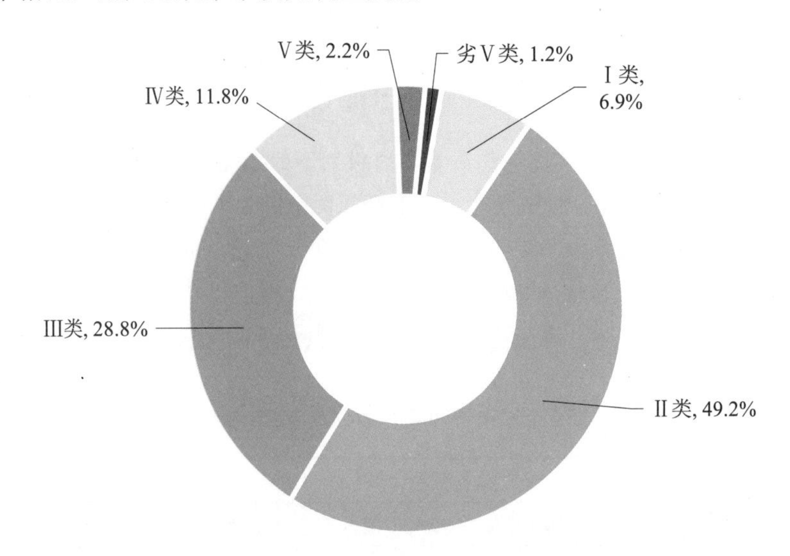

图 2.2.1-1 2021 年全国地表水水质类别比例

全年累计有 11 个断面出现 52 次重金属（类金属）超标现象。其中，砷超标断面 4 个，六价铬超标断面 4 个，汞超标断面 2 个，硒超标断面 1 个。砷超标倍数范围为 0.05～2.3 倍，最大超标断面为西藏自治区拉萨市东嘎断面；六价铬超标倍数范围为 0.08～3.6 倍，最大超标断面为甘肃省庆阳市马莲河洪德断面；汞超标倍数范围为 1.2～1.8 倍，最大超标断面为上海市川杨河三甲港断面；硒超标倍数为 0.8 倍，超标断面为宁夏回族自治区中卫市泉眼山断面。从流域来看，砷超标断面集中在西南诸河、长江流域和西北诸河；六价铬超标断面集中在黄河流域；汞超标断面在太湖流域和珠江流域。从省份来看，超标断面分布在甘肃省、西藏自治区、江西省、陕西省、内蒙古自治区、上海市、广东省和宁夏回族自治区。

表 2.2.1-1 2021 年全国地表水重金属（类金属）超标情况

序号	超标指标	断面名称	所属流域	所在河流	所属省份	所在地区	超标倍数	超标月份
1	砷	东嘎*	西南诸河	堆龙河	西藏自治区	拉萨市	0.09～2.3	4、5、11、12
2		革吉县狮泉河下游	西南诸河	狮泉河	西藏自治区	阿里地区	0.1～1.5	1—12
3		崇义茶滩	长江流域	崇义水	江西省	赣州市	0.05～1.0	3、4、6、7、9
4		达里诺尔湖湖中*	西北诸河	达里诺尔湖	内蒙古自治区	赤峰市	0.9～1.3	6—9
5	铬（六价）	黑城岔*	黄河流域	马莲河	甘肃省	庆阳市	0.1～3.4	2、4、5、7—11
6		洪德*	黄河流域	马莲河	甘肃省	庆阳市	0.2～3.6	4—6、8—12
7		井沟*	黄河流域	祖厉河	甘肃省	白银市	0.6～1.9	1、8、12
8		白石咀*	黄河流域	北洛河	陕西省	延安市	0.08～1.2	6、9—12
9	汞	三甲港	太湖流域	川杨河	上海市	上海市	1.8	4
10		蕉门	珠江流域	蕉门水道	广东省	广州市	1.2	4
11	硒	泉眼山	黄河流域	清水河	宁夏回族自治区	中卫市	0.8	10

注：*受自然因素影响较大。

第二节 主要江河

一、总体情况

2021 年，主要江河水质良好。长江、黄河、珠江、松花江、淮河、海河、辽河七大流域和浙闽片河流、西北诸河、西南诸河监测的 3 117 个国控断面中，Ⅰ类水质断面 225 个，占 7.2%；Ⅱ类 1 632 个，占 52.4%；Ⅲ类 856 个，占 27.5%；Ⅳ类 325 个，占 10.4%；Ⅴ类 50 个，占 1.6%；劣Ⅴ类 29 个，占 0.9%。长江流域、珠江流域、浙闽片河流、西北诸河和西南诸河水质均为优，黄河流域、淮河流域和辽河流域水质均为良好，松花江流域和海河流域均为轻度污染。

与上年相比，主要江河水质无明显变化。其中，Ⅰ类水质断面比例上升 0.5 个百分点，Ⅱ类上升 0.3 个百分点，Ⅲ类上升 1.4 个百分点，Ⅳ类下降 0.9 个百分点，Ⅴ类下降 0.6 个百分点，劣Ⅴ类下降 0.8 个百分点。

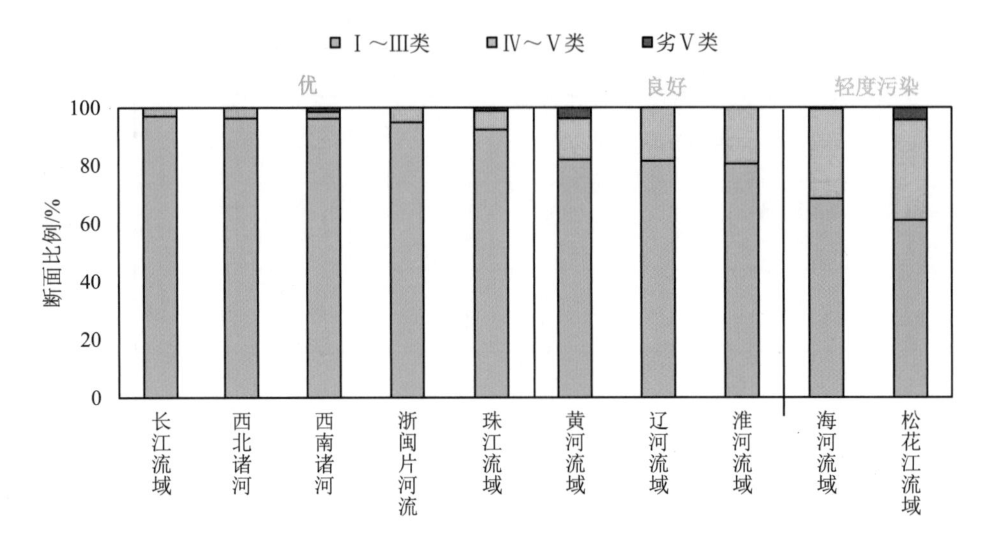

图 2.2.2-1 2021 年主要江河水质状况

二、长江流域

（一）水质现状

2021 年，长江流域主要江河水质为优。监测的 1 017 个国控断面中，Ⅰ类水质断面占 7.5%，Ⅱ类占 70.7%，Ⅲ类占 18.9%，Ⅳ类占 2.4%，Ⅴ类占 0.5%，劣Ⅴ类占 0.1%。

与上年相比，水质无明显变化。Ⅰ类水质断面比例上升 0.2 个百分点，Ⅱ类下降 0.4 个百分点，Ⅲ类上升 1.4 个百分点，Ⅳ类下降 0.7 个百分点，Ⅴ类持平，劣Ⅴ类下降 0.4 个百分点。

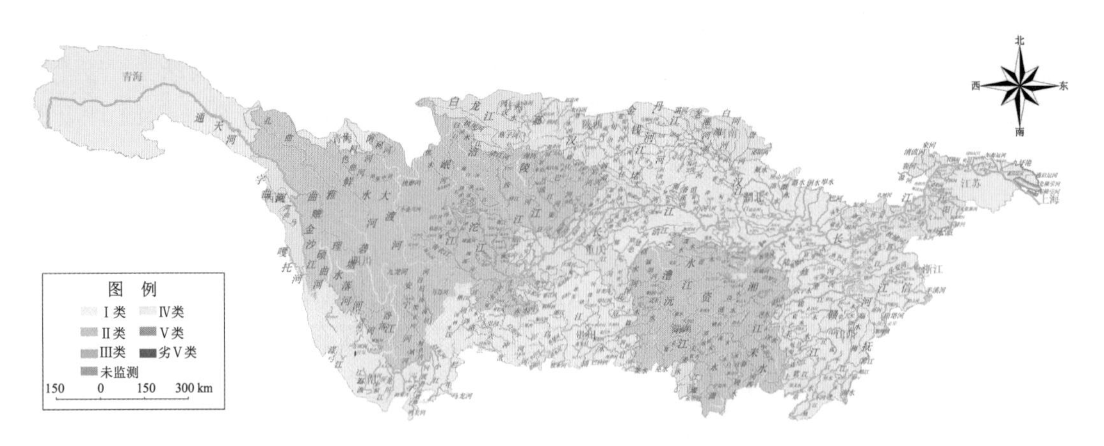

图 2.2.2-2 2021 年长江流域水质分布示意图

长江干流水质为优。监测的 82 个国控断面中，Ⅰ类水质断面占 13.4%，Ⅱ类占 86.6%，无其他类。

与上年相比，水质无明显变化。Ⅰ类水质断面比例上升 6.1 个百分点，Ⅱ类下降 6.1 个百分点，其他类均持平。

长江主要支流水质为优。监测的 935 个国控断面中，Ⅰ类水质断面占 7.0%，Ⅱ类占 69.3%，Ⅲ类占 20.5%，Ⅳ类占 2.6%，Ⅴ类占 0.5%，劣Ⅴ类占 0.1%。其中，菜园河（武定河）为重度污染，掌鸠河、螳螂川、排子河和鸣矣河为中度污染，四湖总干渠、大陆溪、利河、富顺河、来河、沛河、神定河、竹皮河、阳化河、黄丝河、九曲河、小濛溪河、崇义水、姚市河和平滩河为轻度污染，其他支流水质优良。

与上年相比，水质无明显变化。Ⅰ类水质断面比例下降 0.3 个百分点，Ⅱ类上升 0.1 个百分点，Ⅲ类上升 1.4 个百分点，Ⅳ类下降 0.8 个百分点，Ⅴ类持平，劣Ⅴ类下降 0.4 个百分点。

长江流域省界断面水质为优。监测的 156 个国控断面中，Ⅰ类水质断面占 6.4%，Ⅱ类占 77.6%，Ⅲ类占 11.5%，Ⅳ类占 3.8%，Ⅴ类占 0.6%，无劣Ⅴ类。

与上年相比，水质无明显变化。Ⅰ类水质断面比例下降 1.3 个百分点，Ⅱ类上升 3.2 个百分点，Ⅲ类下降 2.6 个百分点，Ⅳ类持平，Ⅴ类上升 0.6 个百分点。

（二）超标指标

2021 年，长江流域主要江河水质超标指标中化学需氧量、总磷和氨氮排名前三位，断面超标率分别为 1.4%、1.2%和 0.7%。

表 2.2.2-1　2021 年长江流域主要江河水质超标指标情况

指标	断面数/个	年均值断面超标率/%	年均值范围/（mg/L）	年均值超标最高断面及超标倍数	
				断面名称	超标倍数
化学需氧量	1 017	1.4	未检出～24.3	神定河十堰市神定河口	0.2
总磷	1 017	1.2	未检出～0.452	菜园河（武定河）楚雄彝族自治州木果甸村	1.3
氨氮	1 017	0.7	未检出～3.63	菜园河（武定河）楚雄彝族自治州木果甸村	2.6
高锰酸盐指数	1 017	0.6	0.5～8.1	来河滁州市水口	0.4
溶解氧	1 017	0.5	4.3～13.3	四湖总干渠荆州市新滩	—
五日生化需氧量	1 012	0.2	未检出～5.1	菜园河（武定河）楚雄彝族自治州木果甸村	0.3
砷	1 017	0.1	未检出～0.051 7	崇义水赣州市崇义茶滩	0.03

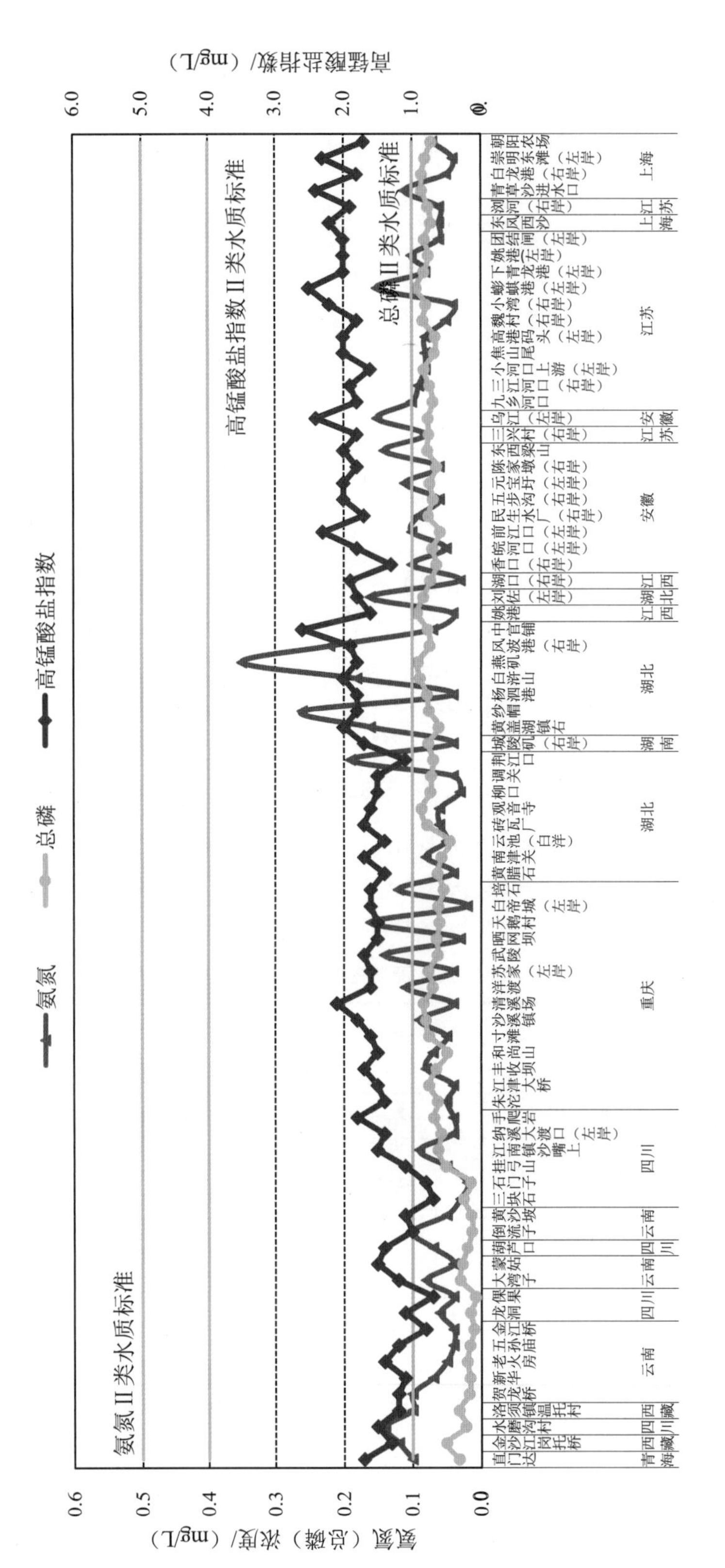

图 2.2.2-3　2021 年长江干流高锰酸盐指数、氨氮和总磷浓度沿程变化

三、黄河流域

（一）水质现状

2021 年，黄河流域主要江河水质良好。监测的 265 个国控断面中，Ⅰ类水质断面占 6.4%，Ⅱ类占 51.7%，Ⅲ类占 23.8%，Ⅳ类占 12.5%，Ⅴ类占 1.9%，劣Ⅴ类占 3.8%。

与上年相比，Ⅰ类水质断面比例上升 0.8 个百分点，Ⅱ类下降 2.0 个百分点，Ⅲ类上升 3.3 个百分点，Ⅳ类上升 0.9 个百分点，Ⅴ类下降 1.8 个百分点，劣Ⅴ类下降 1.1 个百分点。

图 2.2.2-4　2021 年黄河流域水质分布示意图

黄河干流水质为优。监测的 43 个国控断面中，Ⅰ类水质断面占 14.0%，Ⅱ类占 81.4%，Ⅲ类占 4.7%，无其他类。

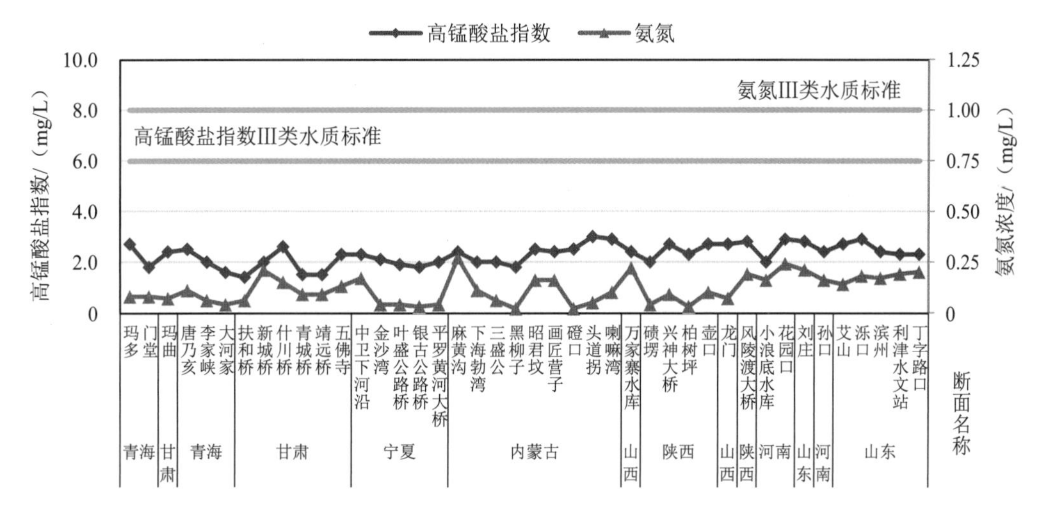

图 2.2.2-5　2021 年黄河干流高锰酸盐指数和氨氮浓度沿程变化

与上年相比，水质无明显变化。Ⅰ类水质断面比例上升9.3个百分点，Ⅱ类比例下降11.6个百分点，Ⅲ类比例上升4.7个百分点，Ⅳ类比例下降2.3个百分点，其他类均持平。

黄河主要支流水质良好。监测的222个国控断面中，Ⅰ类水质断面占5.0%，Ⅱ类占45.9%，Ⅲ类占27.5%，Ⅳ类占14.9%，Ⅴ类占2.3%，劣Ⅴ类占4.5%。其中，四道沙河、小黑河、沮河、涑水河、苦水河、都思兔河、黄甫川和龙王沟为重度污染，散渡河和马莲河为中度污染；北洛河、南川河、州川河（清水河）、总排干、新漭河、无定河、曹河、杨兴河、柴汶河、汾河、浍河、涝河、清水河、清河、清涧河、湫水河、石川河、磁窑河、祖厉河、蔚汾河、金堤河和黄庄河为轻度污染，其他支流水质优良。

与上年相比，水质无明显变化。Ⅰ类水质断面比例下降0.8个百分点，Ⅱ类下降0.3个百分点，Ⅲ类上升3.1个百分点，Ⅳ类上升1.6个百分点，Ⅴ类下降2.1个百分点，劣Ⅴ类下降1.3个百分点。

黄河重要支流汾河为轻度污染，主要污染指标为化学需氧量、五日生化需氧量和高锰酸盐指数。监测的12个断面中，Ⅰ类水质断面占16.7%，Ⅱ类占16.7%，Ⅲ类占16.7%，Ⅳ类占50.0%，无Ⅴ类和劣Ⅴ类。与上年相比，水质无明显变化。

黄河重要支流渭河水质为优。监测的13个国控断面中，Ⅱ类水质断面占61.5%，Ⅲ类占38.5%，无其他类。与上年相比，水质无明显变化。

黄河流域省界断面水质良好。监测的74个国控断面中，Ⅰ类水质断面占8.1%，Ⅱ类占62.2%，Ⅲ类占17.6%，Ⅳ类占8.1%，劣Ⅴ类占4.1%，无其他类。

与上年相比，水质无明显变化。Ⅰ类水质断面比例上升2.8个百分点，Ⅱ类下降3.1个百分点，Ⅲ类上升4.3个百分点，Ⅳ类上升0.1个百分点，Ⅴ类下降4.0个百分点，劣Ⅴ类上升0.1个百分点。

（二）超标指标

2021年，黄河流域主要江河水质超标指标中化学需氧量、氨氮和高锰酸盐指数排名前3位，断面超标率分别为10.9%、6.8%和6.0%。

表2.2.2-2 2021年黄河流域主要江河水质超标指标情况

指标	断面数/个	年均值断面超标率/%	年均值范围/（mg/L）	年均值超标最高断面及超标倍数	
				断面名称	超标倍数
化学需氧量	265	10.9	未检出～56.4	马莲河榆林市黑城岔	1.8
氨氮	265	6.8	未检出～3.48	四道沙河包头市四道沙河入黄口	2.5
高锰酸盐指数	265	6.0	0.8～9.7	涑水河运城市张留庄	0.6
氟化物	265	5.3	0.071～2.04	苦水河吴忠市苦水河入黄口	1.0

指标	断面数/个	年均值断面超标率/%	年均值范围/（mg/L）	年均值超标最高断面及超标倍数	
				断面名称	超标倍数
五日生化需氧量	265	4.9	未检出～7.6	涑水河运城市张留庄	0.9
总磷	265	3.8	未检出～0.855	龙王沟鄂尔多斯市龙王沟入黄口	3.3
铬（六价）	265	1.1	未检出～0.148	马莲河榆林市黑城岔*	2.0
石油类	265	1.1	未检出～0.39	湫水河吕梁市碛口	6.8

注：*受自然因素影响较大。

四、珠江流域

（一）水质现状

2021 年，珠江流域主要江河水质为优。监测的 364 个国控断面中，Ⅰ类水质断面占 9.1%，Ⅱ类占 62.1%，Ⅲ类占 21.2%，Ⅳ类占 5.2%，Ⅴ类占 1.4%，劣Ⅴ类占 1.1%。

与上年相比，水质无明显变化。Ⅰ类水质断面比例上升 2.5 个百分点，Ⅱ类下降 1.1 个百分点，Ⅲ类上升 0.3 个百分点，Ⅳ类下降 1.1 个百分点，Ⅴ类下降 0.2 个百分点，劣Ⅴ类下降 0.3 个百分点。

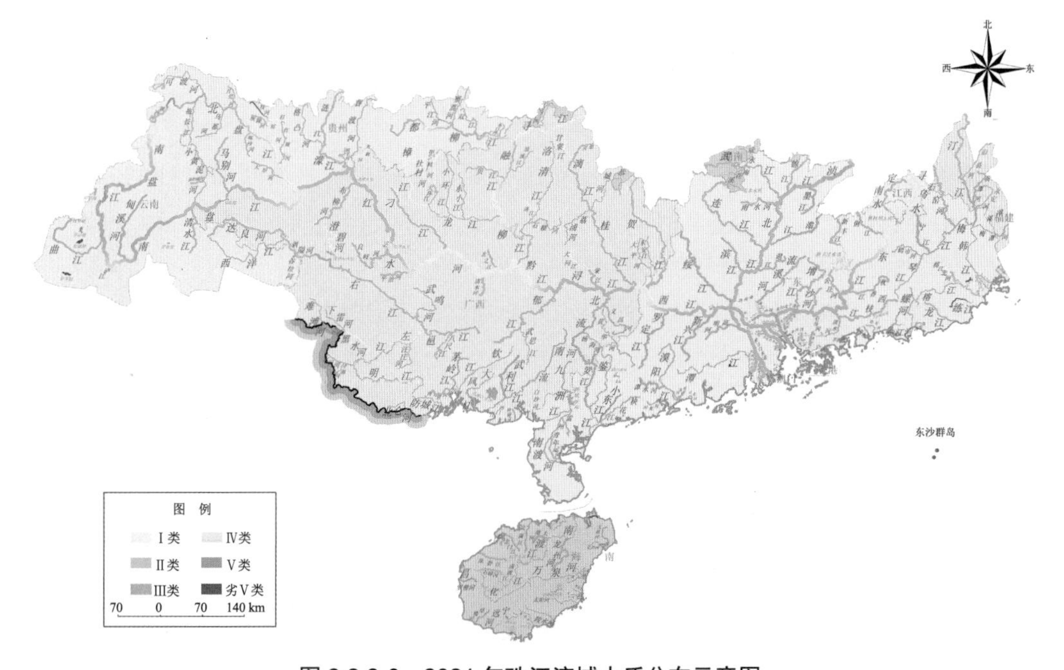

图 2.2.2-6　2021 年珠江流域水质分布示意图

珠江干流水质为优。监测的62个国控断面中，Ⅰ类水质断面占17.7%，Ⅱ类占62.9%，Ⅲ类占12.9%，Ⅳ类占4.8%，Ⅴ类占1.6%，无劣Ⅴ类。

与上年相比，水质无明显变化。Ⅰ类水质断面比例上升8.0个百分点，Ⅱ类下降8.1个百分点，Ⅲ类上升3.2个百分点，Ⅳ类下降3.3个百分点，Ⅴ类上升1.6个百分点，劣Ⅴ类下降1.6个百分点。

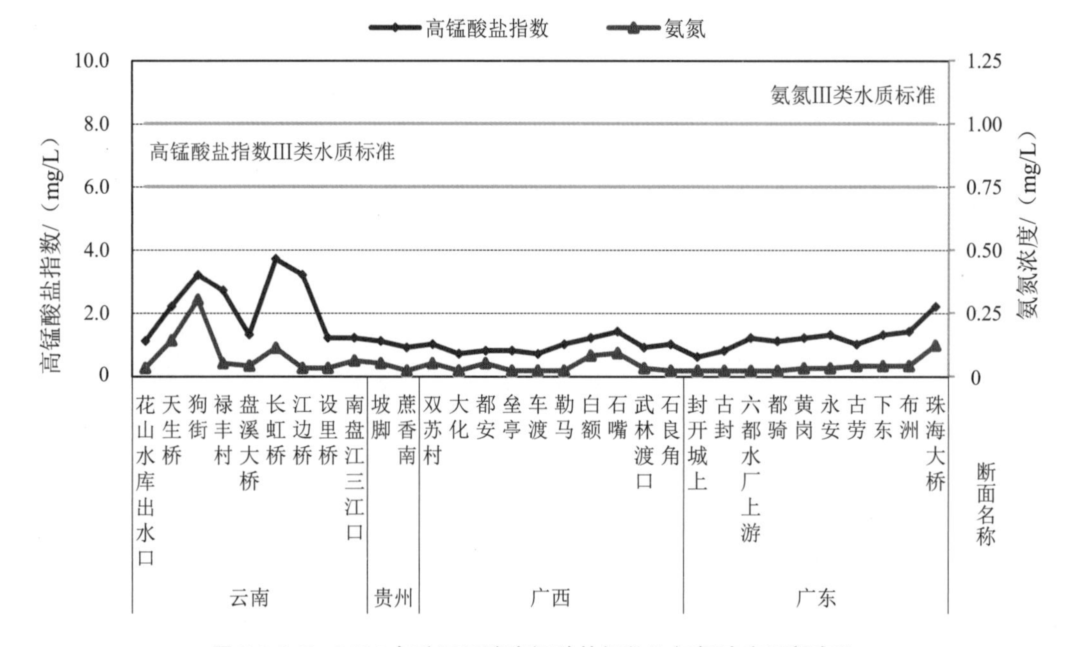

图2.2.2-7　2021年珠江干流高锰酸盐指数和氨氮浓度沿程变化

珠江主要支流水质为优。监测的180个国控断面中，Ⅰ类水质断面占11.1%，Ⅱ类占73.9%，Ⅲ类占11.1%，Ⅳ类占2.8%，Ⅴ类占0.6%，劣Ⅴ类占0.6%。其中，六枝河、泸江、石马河、茅洲河和西南涌为轻度污染，其他支流水质优良。

与上年相比，水质无明显变化。Ⅰ类水质断面比例上升1.1个百分点，Ⅱ类下降0.5个百分点，Ⅲ类上升0.5个百分点，Ⅳ类下降0.5个百分点，Ⅴ类下降0.5个百分点，劣Ⅴ类持平。

粤桂沿海诸河水质良好。监测的79个国控断面中，Ⅰ类水质断面占1.3%，Ⅱ类占35.4%，Ⅲ类占48.1%，Ⅳ类占11.4%，Ⅴ类占1.3%，劣Ⅴ类占2.5%。其中，枫江为重度污染，小东江和练江为中度污染，大榄河、寨头河、榕江北河、淡澳河、漳溪（金丰溪）、白沙河、西门江和黄江河为轻度污染，其他河流水质优良。

与上年相比，水质无明显变化。Ⅰ类水质断面比例上升1.3个百分点，Ⅱ类下降2.6个百分点，Ⅲ类上升1.3个百分点，Ⅳ类上升1.3个百分点，Ⅴ类下降1.2个百分点，劣Ⅴ类持平。

海南诸河水质良好。监测的 43 个国控断面中，Ⅰ类水质断面占 2.3%，Ⅱ类占 60.5%，Ⅲ类占 25.6%，Ⅳ类占 4.7%，Ⅴ类占 4.7%，劣Ⅴ类占 2.3%。其中，珠溪河为重度污染，文教河和罗带河为中度污染，东山河和演州河为轻度污染，其他河流水质优良。

与上年相比，水质无明显变化。Ⅰ类水质断面比例上升 2.3 个百分点，Ⅱ类上升 9.3 个百分点，Ⅲ类下降 7.0 个百分点，Ⅳ类下降 4.6 个百分点，其他类持平。

珠江流域省界断面水质为优。监测的 45 个国控断面中，Ⅰ类水质断面占 20.0%，Ⅱ类占 66.7%，Ⅲ类占 11.1%，Ⅳ类占 2.2%，无其他类。

与上年相比，水质无明显变化。Ⅰ类水质断面比例上升 2.2 个百分点，Ⅱ类下降 6.6 个百分点，Ⅲ类上升 4.4 个百分点，其他类均持平。

（二）超标指标

2021 年，珠江流域主要江河水质超标指标中总磷、溶解氧和化学需氧量排名前 3 位，断面超标率分别为 3.6%、2.7%和 2.5%。

表 2.2.2-3　2021 年珠江流域主要江河水质超标指标情况

指标	断面数/个	年均值断面超标率/%	年均值范围/（mg/L）	年均值超标最高断面及超标倍数	
				断面名称	超标倍数
总磷	364	3.6	未检出～0.392	北盘江曲靖市旧营桥	1.0
溶解氧	364	2.7	3.0～11.1	榕江北河揭阳市龙石	—
化学需氧量	362	2.5	未检出～43.2	珠溪河文昌市珠溪河河口	1.2
氨氮	364	1.9	未检出～2.88	练江揭阳市青洋山桥	1.9
高锰酸盐指数	364	1.6	0.6～13.0	珠溪河文昌市珠溪河河口	1.2
五日生化需氧量	364	0.8	未检出～4.9	榕江北河揭阳市龙石	0.2

五、松花江流域

（一）水质现状

2021 年，松花江流域主要江河为轻度污染。监测的 254 个国控断面中，无Ⅰ类水质断面，Ⅱ类占 15.0%，Ⅲ类占 46.1%，Ⅳ类占 27.2%，Ⅴ类占 7.5%，劣Ⅴ类占 4.3%。

与上年相比，水质无明显变化。Ⅰ类水质断面比例持平，Ⅱ类下降 0.4 个百分点，Ⅲ类下降 9.0 个百分点，Ⅳ类上升 6.7 个百分点，Ⅴ类上升 4.0 个百分点，劣Ⅴ类下降 1.2 个百分点。

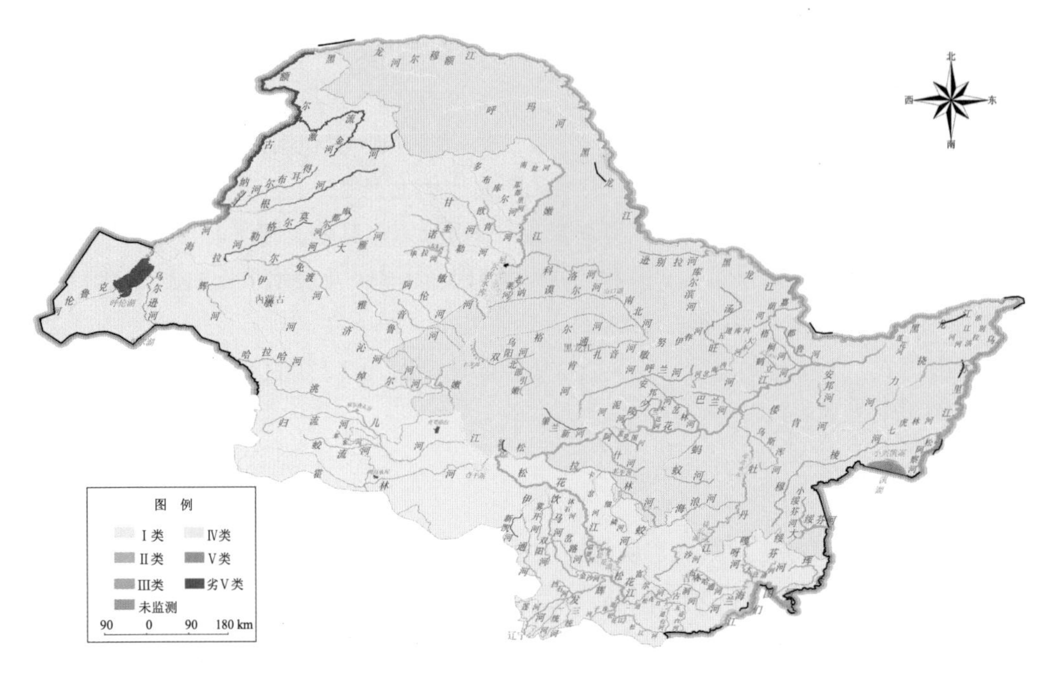

图 2.2.2-8　2021 年松花江流域水质分布示意图

松花江干流水质良好。监测的 19 个国控断面中，Ⅱ类水质断面占 15.8%，Ⅲ类占 68.4%，Ⅳ类占 15.8%，无其他类。

与上年相比，水质有所下降，Ⅱ类水质断面比例下降 5.3 个百分点，Ⅲ类下降 10.5 个百分点，Ⅳ类上升 15.8 个百分点，其他类均持平。

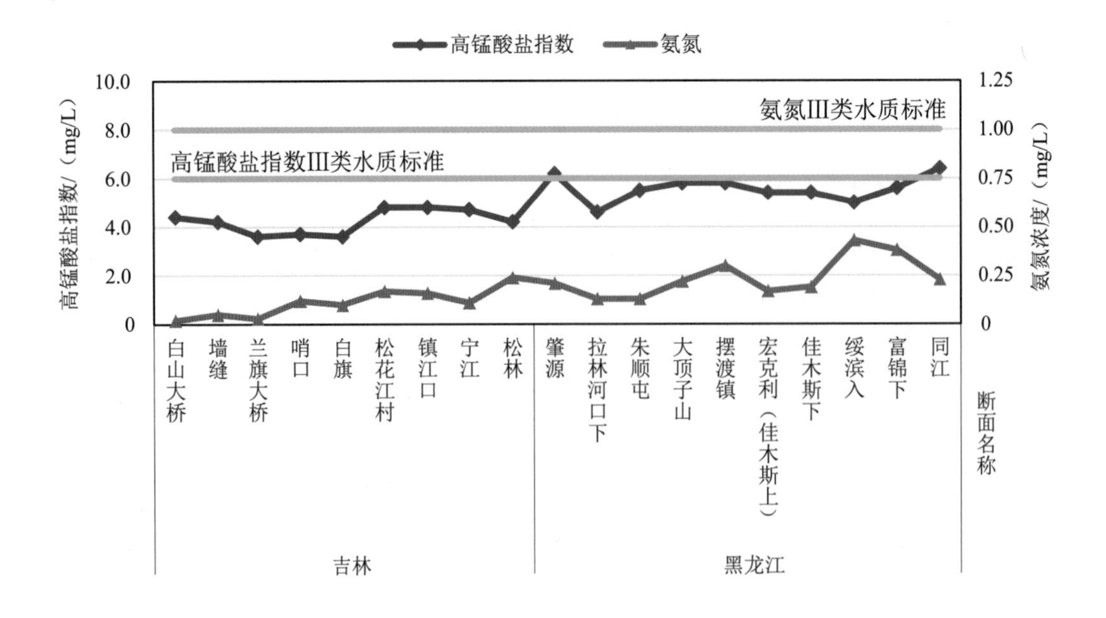

图 2.2.2-9　2021 年松花江干流高锰酸盐指数和氨氮浓度沿程变化

松花江主要支流为轻度污染。监测的 155 个国控断面中，无Ⅰ类水质断面，Ⅱ类占 21.3%，Ⅲ类占 46.5%，Ⅳ类占 24.5%，Ⅴ类占 5.8%，劣Ⅴ类占 1.9%。其中，新凯河、安肇新河和肇兰新河为重度污染，雾开河、挡石河、蜚克图河、少陵河和鹤立河为中度污染，甘河、奎勒河、饮马河、卡岔河、沐石河、呼兰河、倭肯河、嫩江、安邦河、汤旺河、伊春河、安邦河、五道库河、南北河、泥河、通肯河、努敏河、那都里河、多布库尔河和南瓮河为轻度污染，其他支流水质优良。

与上年相比，水质无明显变化。Ⅰ类水质断面比例持平，Ⅱ类上升 1.9 个百分点，Ⅲ类下降 6.4 个百分点，Ⅳ类上升 5.8 个百分点，Ⅴ类上升 3.9 个百分点，劣Ⅴ类下降 5.2 个百分点。

黑龙江水系为轻度污染，主要污染指标为高锰酸盐指数和化学需氧量。监测的 45 个国控断面中，Ⅲ类水质断面占 17.8%，Ⅳ类占 42.2%，Ⅴ类占 22.2%，劣Ⅴ类占 17.8%，无其他类。

与上年相比，水质明显下降。Ⅰ类水质断面比例持平，Ⅱ类下降 8.9 个百分点，Ⅲ类下降 24.4 个百分点，Ⅳ类上升 13.3 个百分点，Ⅴ类上升 8.9 个百分点，劣Ⅴ类上升 11.1 个百分点。

乌苏里江水系为轻度污染。监测的 15 个国控断面中，Ⅲ类水质断面占 66.7%，Ⅳ类占 33.3%，无其他类。

与上年相比，水质有所好转。Ⅲ类水质断面比例上升 13.4 个百分点，Ⅳ类下降 13.4 个百分点，其他类均持平。

图们江水系水质良好。监测的 15 个国控断面中，Ⅱ类水质断面占 13.3%，Ⅲ类占 73.3%，Ⅳ类占 13.3%，无其他类。

与上年相比，水质无明显变化。Ⅱ类水质断面比例上升 6.6 个百分点，Ⅲ类下降 6.7 个百分点，其他类均持平。

绥芬河水质良好。监测的 1 个国控断面为Ⅲ类水质。与上年相比，水质无明显变化。

松花江流域省界断面水质良好。监测的 33 个国控断面中，Ⅱ类水质断面占 27.3%，Ⅲ类占 48.5%，Ⅳ类占 24.2%，无其他类。

与上年相比，水质有所下降。Ⅱ类水质断面比例下降 12.1 个百分点，Ⅲ类下降 6.0 个百分点，Ⅳ类上升 18.1 个百分点，其他类均持平。

（二）超标指标

2021 年，松花江流域主要江河水质超标指标中高锰酸盐指数、化学需氧量、氨氮和总磷排名前 4 位，断面超标率分别为 32.7%、31.9%、4.7%和 4.7%。

表 2.2.2-4　2021 年松花江流域主要江河水质超标指标情况

指标	断面数/个	年均值断面超标率/%	年均值范围/（mg/L）	年均值超标最高断面及超标倍数	
				断面名称	超标倍数
高锰酸盐指数	254	32.7	2.1～22.4	辉河呼伦贝尔市入伊敏河河口	2.7
化学需氧量	254	31.9	7.0～92.9	辉河呼伦贝尔市入伊敏河河口	3.6
氨氮	254	4.7	未检出～4.14	新凯河长春市新凯河公主岭市	3.1
总磷	254	4.7	未检出～0.384	新凯河长春市新凯河公主岭市	0.9
五日生化需氧量	254	3.1	未检出～8.0	安肇新河大庆市古恰泄洪闸口	1.0
氟化物	254	1.2	0.022～1.63	肇兰新河绥化市肇东金山村	0.6
石油类	254	0.4	未检出～0.07	肇兰新河绥化市肇东金山村	0.4

六、淮河流域

（一）水质现状

2021 年，淮河流域主要江河水质良好。监测的 341 个国控断面中，Ⅰ类水质断面占 0.9%，Ⅱ类占 19.4%，Ⅲ类占 60.1%，Ⅳ类占 19.1%，Ⅴ类占 0.6%，无劣Ⅴ类。

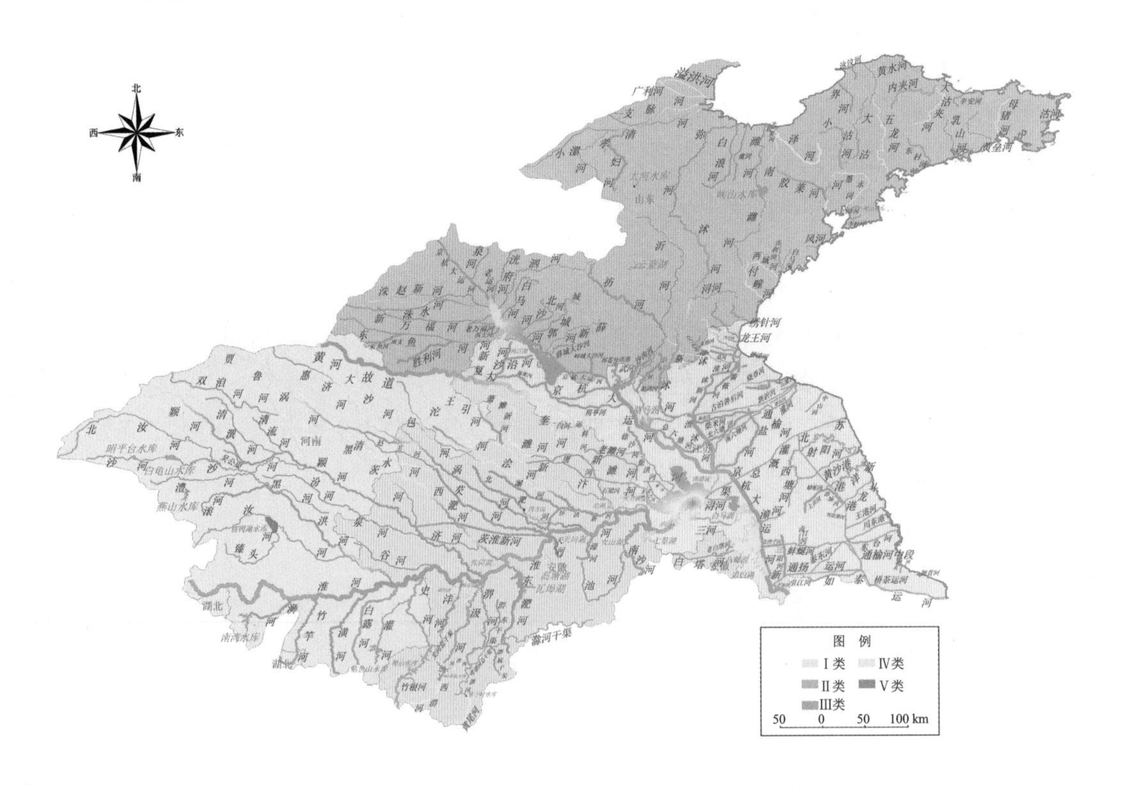

图 2.2.2-10　2021 年淮河流域水质分布示意图

与上年相比，水质有所好转。Ⅰ类水质断面比例上升 0.6 个百分点，Ⅱ类上升 0.6 个百分点，Ⅲ类上升 7.9 个百分点，Ⅳ类下降 5.5 个百分点，Ⅴ类下降 2.0 个百分点，劣Ⅴ类下降 1.5 个百分点。

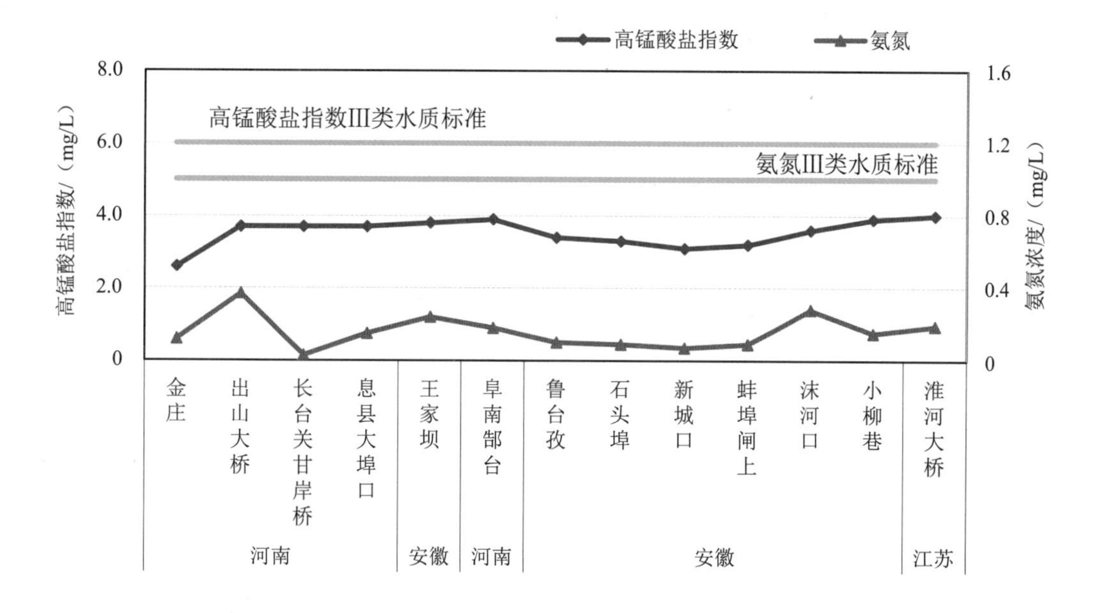

图 2.2.2-11　2021 年淮河干流高锰酸盐指数和氨氮浓度沿程变化

淮河干流水质为优。监测的 13 个国控断面中，Ⅱ类水质断面占 61.5%，Ⅲ类占 38.5%，无其他类。

与上年相比，水质无明显变化。Ⅱ类水质断面比例上升 7.7 个百分点，Ⅲ类下降 7.7 个百分点，其他类均持平。

淮河主要支流水质良好。监测的 104 条河流的 182 个国控断面中，Ⅰ类水质断面占 1.6%，Ⅱ类占 16.5%，Ⅲ类占 59.9%，Ⅳ类占 20.9%，Ⅴ类占 1.1%，无劣Ⅴ类。其中，刘府河为中度污染，兴盐界河、北淝河、奎河、掘苴河、新滩河、栟茶运河、沱河、浍河、涡河、清水河（油河）、王引河、石梁河、萧濉新河、运料河、闫河、黄河故道杨庄以上段和黑茨河为轻度污染，其他支流水质优良。

与上年相比，水质有所好转。Ⅰ类水质断面比例上升 1.1 个百分点，Ⅱ类下降 2.7 个百分点，Ⅲ类上升 11.0 个百分点，Ⅳ类下降 6.0 个百分点，Ⅴ类下降 1.1 个百分点，劣Ⅴ类下降 2.2 个百分点。

沂沭泗水系水质良好。监测的 68 条河流的 98 个国控断面中，Ⅱ类水质断面占 15.3%，Ⅲ类占 73.5%，Ⅳ类占 11.2%，无其他类。

与上年相比，水质无明显变化。Ⅲ类水质断面比例上升 3.1 个百分点，Ⅳ类下降 2.1 个百分点，Ⅴ类下降 1.0 个百分点，其他类均持平。

山东半岛独流入海河流为轻度污染，主要污染指标为化学需氧量、高锰酸盐指数和五日生化需氧量。监测的 35 条河流的 48 个国控断面中，Ⅱ类水质断面占 27.1%，Ⅲ类占 39.6%，Ⅳ类占 33.3%，无其他类。

与上年相比，水质明显好转，Ⅱ类水质断面比例上升 12.5 个百分点，Ⅲ类上升 10.4 个百分点，Ⅳ类下降 12.5 个百分点，Ⅴ类下降 8.3 个百分点，劣Ⅴ类下降 2.1 个百分点。

淮河流域省界断面为轻度污染，主要污染指标为化学需氧量、高锰酸盐指数和总磷。监测的 49 个国控断面中，Ⅱ类水质断面占 16.3%，Ⅲ类占 49.0%，Ⅳ类占 34.7%，无其他类。

与上年相比，水质无明显变化。Ⅱ类水质断面比例上升 2.0 个百分点，Ⅲ类上升 6.1 个百分点，Ⅳ类下降 6.1 个百分点，Ⅴ类下降 2.0 个百分点，其他类均持平。

（二）超标指标

2021 年，淮河流域主要江河水质超标指标中化学需氧量、高锰酸盐指数和总磷排名前 3 位，断面超标率分别为 12.3%、10.9%和 5.0%。

表 2.2.2-5　2021 年淮河流域主要江河水质超标指标情况

指标	断面数/个	年均值断面超标率/%	年均值范围/（mg/L）	年均值超标最高断面及超标倍数	
				断面名称	超标倍数
化学需氧量	341	12.3	4.1～31.4	北淝河蚌埠市北淝河入淮河口	0.6
高锰酸盐指数	341	10.9	1.4～9.8	沱河商丘市永城张板桥	0.6
总磷	341	5.0	未检出～0.315	刘府河滁州市刘府河入天河湖口	0.6
氟化物	341	4.7	0.127～1.18	泽河青岛市泽河桥	0.2
五日生化需氧量	341	4.4	0.8～5.3	排淡河连云港市大板跳闸	0.3
氨氮	341	0.6	未检出～1.36	刘府河滁州市刘府河入天河湖口	0.4

七、海河流域

（一）水质现状

2021 年，海河流域主要江河为轻度污染。监测的 244 个国控断面中，Ⅰ类水质断面占 6.1%，Ⅱ类占 29.1%，Ⅲ类占 33.2%，Ⅳ类占 28.3%，Ⅴ类占 2.9%，劣Ⅴ类占 0.4%。

与上年相比，水质有所好转。Ⅰ类水质断面比例下降 3.4 个百分点，Ⅱ类上升 4.6 个百分点，Ⅲ类上升 8.3 个百分点，Ⅳ类下降 1.2 个百分点，Ⅴ类下降 5.8 个百分点，劣Ⅴ类下降 2.5 个百分点。

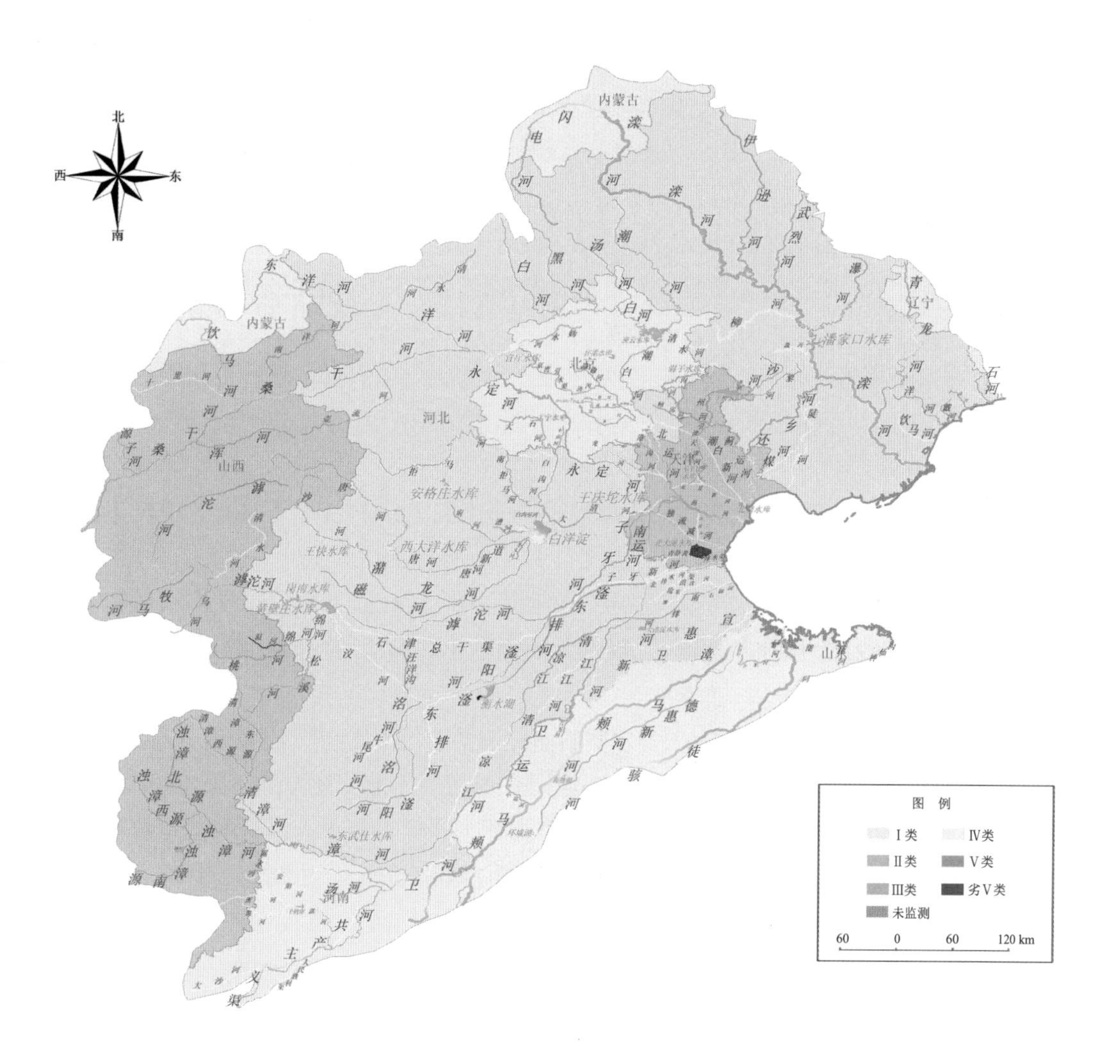

图 2.2.2-12　2021 年海河流域水质分布示意图

海河干流三岔口、海津大桥和海河大闸断面水质分别为Ⅱ类、Ⅲ类和Ⅳ类，海河大闸断面主要污染指标为高锰酸盐指数、化学需氧量和五日生化需氧量。与上年相比，三岔口和海津大桥断面水质无明显变化，海河大闸断面水质有所好转。

海河主要支流为轻度污染，主要污染指标为化学需氧量、高锰酸盐指数和五日生化需氧量。监测的 191 个国控断面中，Ⅰ类水质断面占 5.8%，Ⅱ类占 29.8%，Ⅲ类占 32.5%，Ⅳ类占 27.7%，Ⅴ类占 3.7%，劣Ⅴ类占 0.5%。其中，温河为重度污染，汪洋沟和鲍邱（武）河为中度污染，人民胜利渠、八团排干渠、凤港减河、北京排污河、北排水河、北运河、十里河、卫河、坝河、大沙河、子牙新河、子牙河、宣惠河、廖家洼河、永定新河、江江河、沧浪渠、洨河、洪泥河、清凉江、港沟河、滏东排河、漳卫新河、潮白新河、煤河、牛尾河、独流减河、石碑河、蓟运河、运潮减河、青静黄排水渠和龙河为轻度污染，其他支流水质优良。

与上年相比，水质有所好转。Ⅰ类水质断面比例下降 3.2 个百分点，Ⅱ类上升 4.3 个百分点，Ⅲ类上升 9.6 个百分点，Ⅳ类下降 2.1 个百分点，Ⅴ类下降 5.9 个百分点，劣Ⅴ类下降 2.7 个百分点。

滦河水系水质为优。监测的 21 个国控断面中，Ⅰ类水质断面占 19.0%，Ⅱ类占 42.9%，Ⅲ类占 33.3%，Ⅳ类占 4.8%，无Ⅴ类和劣Ⅴ类断面。

与上年相比，水质无明显变化。Ⅰ类水质断面比例下降 9.6 个百分点，Ⅱ类上升 4.8 个百分点，Ⅳ类上升 4.8 个百分点，其他类均持平。

冀东沿海诸河水系为轻度污染，主要污染指标为化学需氧量、五日生化需氧量和高锰酸盐指数。监测的 7 个国控断面中，Ⅱ类水质断面占 14.3%，Ⅲ类占 57.1%，Ⅳ类占 28.6%，无其他类。

与上年相比，水质无明显变化。Ⅱ类水质断面比例上升 14.3 个百分点，Ⅲ类下降 14.3 个百分点，其他类均持平。

徒骇—马颊河水系为轻度污染，主要污染指标为高锰酸盐指数、化学需氧量和五日生化需氧量。监测的 22 个国控断面中，Ⅱ类水质断面占 13.6%，Ⅲ类占 31.8%，Ⅳ类占 54.5%，无其他类。

与上年相比，水质有所好转。Ⅰ类水质断面比例持平，Ⅱ类上升 4.5 个百分点，Ⅲ类上升 13.6 个百分点，Ⅳ类下降 4.6 个百分点，Ⅴ类下降 9.1 个百分点，劣Ⅴ类下降 4.5 个百分点。

海河流域省界断面为轻度污染，主要污染指标为化学需氧量、高锰酸盐指数和五日生化需氧量。监测的 66 个国控断面中，Ⅰ类水质断面占 6.1%，Ⅱ类占 28.8%，Ⅲ类占 31.8%，Ⅳ类占 31.8%，Ⅴ类占 1.5%，无劣Ⅴ类。

与上年相比，水质明显好转。Ⅰ类水质断面比例下降 6.2 个百分点，Ⅱ类上升 7.3 个百分点，Ⅲ类上升 14.9 个百分点，Ⅳ类下降 0.5 个百分点，Ⅴ类下降 9.3 个百分点，劣Ⅴ类下降 6.2 个百分点。

（二）超标指标

2021 年，海河流域主要江河水质超标指标中化学需氧量、高锰酸盐指数和五日生化需氧量排名前 3 位，断面超标率分别为 25.1%、17.2%和 9.4%。

表 2.2.2-6　2021 年海河流域主要江河水质超标指标情况

指标	断面数/个	年均值断面超标率/%	年均值范围/（mg/L）	年均值超标最高断面及超标倍数	
				断面名称	超标倍数
化学需氧量	243	25.1	4.2～36.0	汪洋沟石家庄市高庄	0.8
高锰酸盐指数	244	17.2	1.1～11.7	汪洋沟石家庄市高庄	1.0
五日生化需氧量	244	9.4	未检出～6.8	北运河天津市新老米店闸	0.7

指标	断面数/个	年均值断面超标率/%	年均值范围/（mg/L）	年均值超标最高断面及超标倍数	
				断面名称	超标倍数
总磷	244	5.7	未检出～0.349	卫河鹤壁市五陵	0.7
氨氮	244	3.7	未检出～3.26	温河阳泉市辛庄	2.3
氟化物	244	1.2	0.177～1.30	桑干河大同市册田水库出口	0.3

八、辽河流域

（一）水质现状

2021 年，辽河流域主要江河水质良好。监测的 194 个国控断面中，Ⅰ类水质断面占 4.6%，Ⅱ类占 47.9%，Ⅲ类占 28.9%，Ⅳ类占 16.5%，Ⅴ类占 2.1%，无劣Ⅴ类。

与上年相比，水质有所好转。Ⅰ类水质断面比例上升 0.4 个百分点，Ⅱ类上升 7.9 个百分点，Ⅳ类下降 7.7 个百分点，劣Ⅴ类下降 0.5 个百分点，其他类均持平。

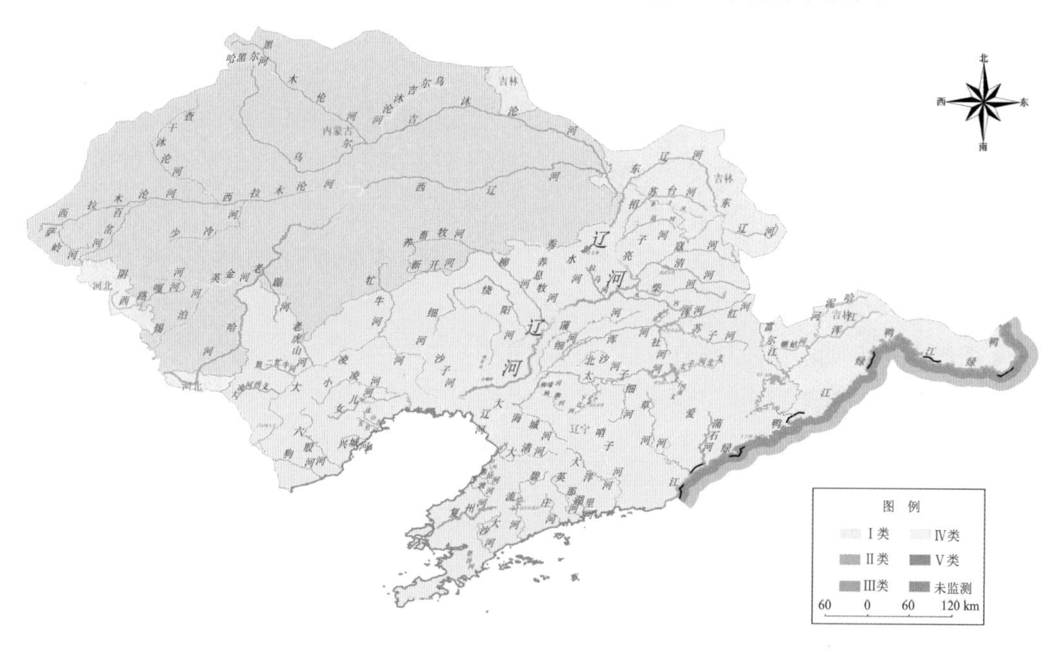

图 2.2.2-13　2021 年辽河流域水质分布示意图

辽河干流为轻度污染，主要污染指标为高锰酸盐指数、化学需氧量和氟化物。监测的 15 个国控断面中，Ⅱ类水质断面占 20.0%，Ⅲ类占 40.0%，Ⅳ类占 33.3%，Ⅴ类占 6.7%，无其他类。

与上年相比，水质明显好转。Ⅱ类水质断面比例上升 13.3 个百分点，Ⅲ类上升 26.7 个百分点，Ⅳ类下降 46.7 个百分点，Ⅴ类上升 6.7 个百分点，其他类均持平。

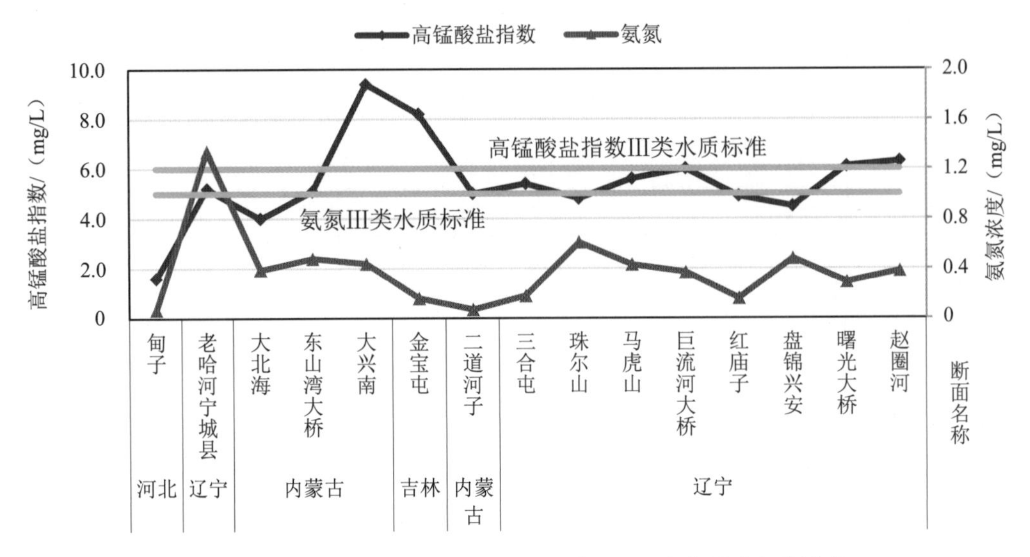

图 2.2.2-14 2021年辽河干流高锰酸盐指数和氨氮浓度沿程变化

辽河主要支流为轻度污染，主要污染指标为高锰酸盐指数、化学需氧量和总磷。监测的63个国控断面中，Ⅱ类水质断面占25.4%，Ⅲ类占44.4%，Ⅳ类占28.6%，Ⅴ类占1.6%，无其他类。其中，亮子河、养息牧河、哈黑尔河、小柳河、庞家河、新开河、柳河、秀水河和英金河为轻度污染，其他支流水质优良。

与上年相比，水质有所好转，Ⅰ类水质断面比例持平，Ⅱ类上升3.7个百分点，Ⅲ类上升6.1个百分点，Ⅳ类下降8.1个百分点，Ⅴ类下降0.1个百分点，劣Ⅴ类下降1.7个百分点。

大辽河水系水质良好。监测的38个国控断面中，Ⅰ类水质断面占5.3%，Ⅱ类占52.6%，Ⅲ类占21.1%，Ⅳ类占15.8%，Ⅴ类占5.3%，无劣Ⅴ类。

与上年相比，水质无明显变化。Ⅰ类水质断面比例上升2.7个百分点，Ⅱ类上升7.9个百分点，Ⅲ类下降2.6个百分点，Ⅳ类下降5.3个百分点，Ⅴ类下降2.6个百分点，劣Ⅴ类持平。

大凌河水系水质良好。监测的16个国控断面中，Ⅱ类水质断面占75.0%，Ⅲ类占12.5%，Ⅳ类占12.5%，无其他类。

与上年相比，水质无明显变化。Ⅱ类水质断面比例上升18.8个百分点，Ⅲ类下降18.7个百分点，其他类均持平。

鸭绿江水系水质为优。监测的27个国控断面中，Ⅰ类水质断面占22.2%，Ⅱ类占66.7%，Ⅲ类占11.1%，无其他类。

与上年相比，水质无明显变化。Ⅰ类水质断面比例上升11.1个百分点，Ⅱ类下降7.4个百分点，Ⅲ类上升3.7个百分点，Ⅳ类下降7.4个百分点，其他类均持平。

辽东沿海诸河水质为优。监测的22个国控断面中，Ⅰ类水质断面占4.5%，Ⅱ类占68.2%，Ⅲ类占22.7%，Ⅳ类占4.5%，无其他类。

与上年相比，水质无明显变化。Ⅰ类水质断面比例下降 4.6 个百分点，Ⅱ类上升 22.7 个百分点，Ⅲ类下降 22.8 个百分点，Ⅳ类上升 4.5 个百分点，其他类均持平。

辽西沿海诸河水质为优。监测的 13 个国控断面中，Ⅱ类水质断面占 69.2%，Ⅲ类占 30.8%，无其他类。

与上年相比，水质无明显变化。Ⅰ类水质断面比例下降 16.7 个百分点，Ⅱ类上升 19.2 个百分点，Ⅲ类下降 2.5 个百分点，其他类均持平。

辽河流域省界断面为轻度污染，主要污染指标为化学需氧量、高锰酸盐指数和氟化物。监测的 21 个国控断面中，Ⅱ类水质断面占 42.9%，Ⅲ类占 28.6%，Ⅳ类占 23.8%，Ⅴ类占 4.8%，无其他类。

与上年相比，水质无明显变化。Ⅱ类水质断面比例上升 14.3 个百分点，Ⅲ类下降 4.8 个百分点，Ⅳ类下降 9.5 个百分点，其他类均持平。

（二）超标指标

2021 年，辽河流域主要江河水质超标指标中高锰酸盐指数、化学需氧量和总磷排名前 3 位，断面超标率分别为 11.3%、9.8%和 5.7%。

表 2.2.2-7 2021 年辽河流域主要江河水质超标指标情况

指标	断面数/个	年均值断面超标率/%	年均值范围/（mg/L）	年均值超标最高断面及超标倍数	
				断面名称	超标倍数
高锰酸盐指数	194	11.3	0.6～10.4	蒲河沈阳市蒲河沿	0.7
化学需氧量	193	9.8	未检出～32.8	柳河沈阳市柳河桥	0.6
总磷	194	5.7	未检出～0.283	秀水河通辽市常胜	0.4
氟化物	194	3.6	未检出～1.34	西辽河四平市金宝屯	0.3
五日生化需氧量	194	3.1	未检出～5.5	蒲河沈阳市团结水库	0.4
氨氮	194	2.1	未检出～1.24	北沙河本溪市姚千户桥	0.2

九、浙闽片河流

（一）水质现状

2021 年，浙闽片河流水质为优。监测的 198 个国控断面中，Ⅰ类水质断面占 8.6%，Ⅱ类占 62.1%，Ⅲ类占 24.2%，Ⅳ类占 4.5%，Ⅴ类占 0.5%，无劣Ⅴ类。

与上年相比，水质无明显变化。Ⅰ类水质断面比例上升 3.0 个百分点，Ⅱ类下降 1.0 个百分点，Ⅲ类下降 2.6 个百分点，Ⅳ类上升 0.5 个百分点，其他类均持平。

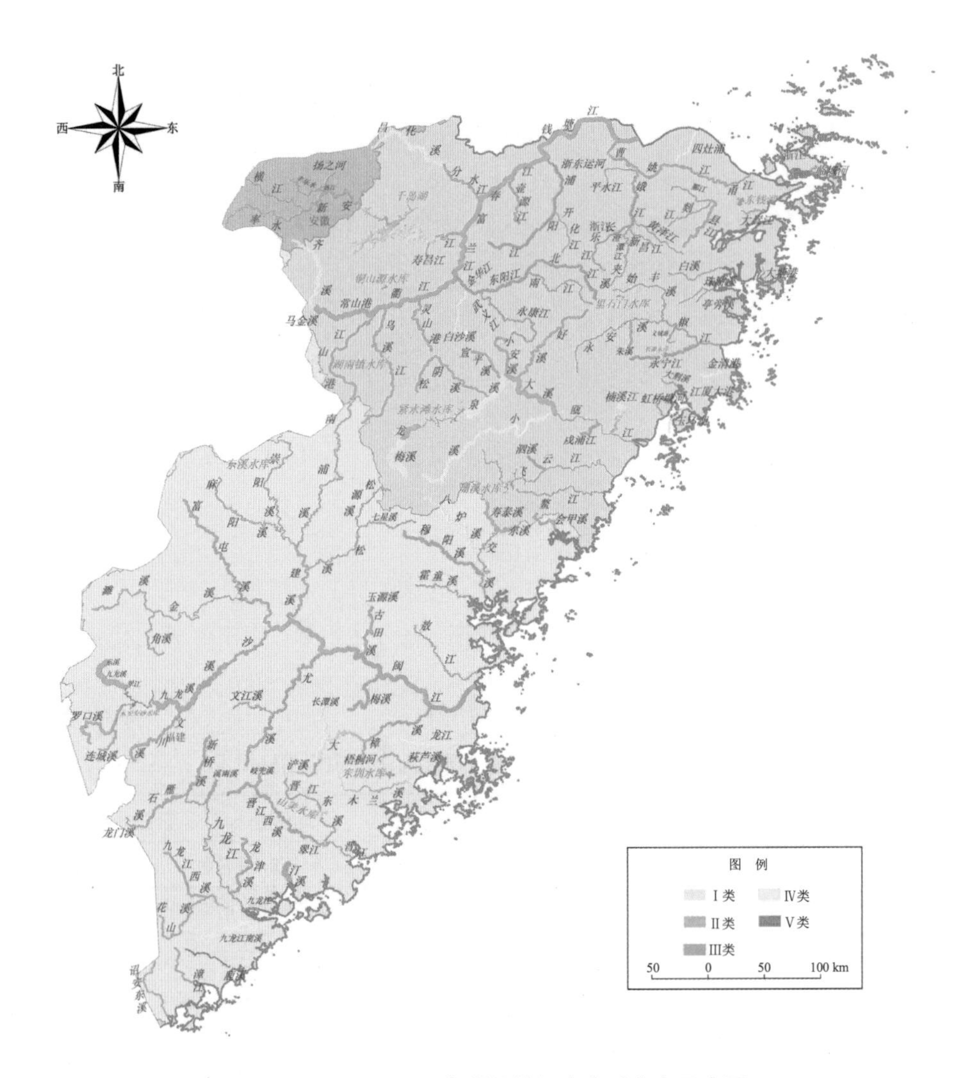

图 2.2.2-15 2021 年浙闽片河流水质分布示意图

浙江省内 101 个国控断面中，Ⅰ类水质断面占 11.9%，Ⅱ类占 64.4%，Ⅲ类占 18.8%，Ⅳ类占 5.0%，无其他类。

与上年相比，水质无明显变化。Ⅰ类水质断面比例上升 2.0 个百分点，Ⅱ类上升 3.0 个百分点，Ⅲ类下降 6.0 个百分点，Ⅳ类上升 1.0 个百分点，其他类均持平。

福建省内 90 个国控断面中，Ⅰ类水质断面占 5.6%，Ⅱ类占 57.8%，Ⅲ类占 31.1%，Ⅳ类占 4.4%，Ⅴ类占 1.1%，无劣Ⅴ类。

与上年相比，水质无明显变化。Ⅰ类水质断面比例上升 4.5 个百分点，Ⅱ类下降 4.4 个百分点，其他类均持平。

安徽省内 7 个国控断面中，Ⅱ类占 85.7%，Ⅲ类占 14.3%，无其他类。

与上年相比，水质无明显变化。Ⅱ类比例下降 14.3 个百分点，Ⅲ类上升 14.3 个百分点，其他类均持平。

浙闽片省界断面水质为优。监测的6个断面中，Ⅰ类水质断面占16.7%，Ⅱ类占83.3%，无其他类。

与上年相比，水质均无明显变化，Ⅰ类水质断面比例上升 16.7 个百分点，Ⅱ类下降16.7个百分点，其他类均持平。

（二）超标指标

2021年，浙闽片河流水质超标指标中化学需氧量、溶解氧和五日生化需氧量排名前3位，断面超标率分别为3.6%、2.0%和1.5%。

表 2.2.2-8　2021 年浙闽片河流水质超标指标情况

指标	断面数/个	年均值断面超标率/%	年均值范围/（mg/L）	年均值超标最高断面及超标倍数	
				断面名称	超标倍数
化学需氧量	194	3.6	未检出～24.3	玉环湖台州市分水山闸	0.2
溶解氧	198	2.0	4.1～10.3	木兰溪莆田市木兰溪三江口	—
五日生化需氧量	198	1.5	未检出～5.4	大塘港宁波市浮礁渡	0.4
高锰酸盐指数	198	1.0	0.9～6.9	鹿溪漳州市后港大桥	0.2
氨氮	198	1.0	未检出～1.96	鹿溪漳州市后港大桥	1.0
总磷	198	1.0	未检出～0.277	鹿溪漳州市后港大桥	0.4
氟化物	198	0.5	0.072～1.08	九龙江南溪漳州市南溪浮宫桥	0.08

十、西北诸河

（一）水质现状

2021年，西北诸河水质为优。监测的107个国控断面中，Ⅰ类水质断面占40.2%，Ⅱ类占54.2%，Ⅲ类占1.9%，Ⅳ类占1.9%，Ⅴ类占1.9%，无劣Ⅴ类。

与上年相比，水质无明显变化。Ⅰ类水质断面比例下降2.3个百分点，Ⅱ类上升4.2个百分点，Ⅲ类下降1.9个百分点，其他类均持平。

新疆省内 80个国控断面中，Ⅰ类水质断面占37.5%，Ⅱ类占57.5%，Ⅲ类占2.5%，Ⅳ类占1.2%，Ⅴ类占1.2%，无劣Ⅴ类。

与上年相比，水质无明显变化。Ⅰ类水质断面比例下降4.3个百分点，Ⅱ类上升6.9个百分点，Ⅲ类下降2.6个百分点，Ⅳ类下降0.1个百分点，Ⅴ类下降0.1个百分点，劣Ⅴ类持平。

甘肃省内 15个国控断面中，Ⅰ类水质断面占80.0%，Ⅱ类占20.0%，无其他类。

与上年相比，水质无明显变化。Ⅰ类水质断面比例上升20.0个百分点，Ⅱ类下降20.0

个百分点，其他类均持平。

青海省内 9 个国控断面中，Ⅰ类水质断面占 11.1%，Ⅱ类占 88.9%，无其他类。

与上年相比，水质无明显变化。Ⅰ类水质断面比例下降 22.2 个百分点，Ⅱ类上升 22.2 个百分点，其他类均持平。

内蒙古省内 3 个国控断面分别为Ⅴ类、Ⅳ类和Ⅱ类水质；与上年相比，水质均无明显变化。

西北诸河省界断面水质良好。监测的 8 个国控断面中，Ⅰ类水质断面占 25.0%，Ⅱ类占 50.0%，Ⅲ类占 12.5%，Ⅴ类占 12.5%，无其他类。

与上年相比，水质无明显变化。Ⅰ类水质断面比例上升 12.5 个百分点，Ⅱ类下降 12.5 个百分点，其他类均持平。

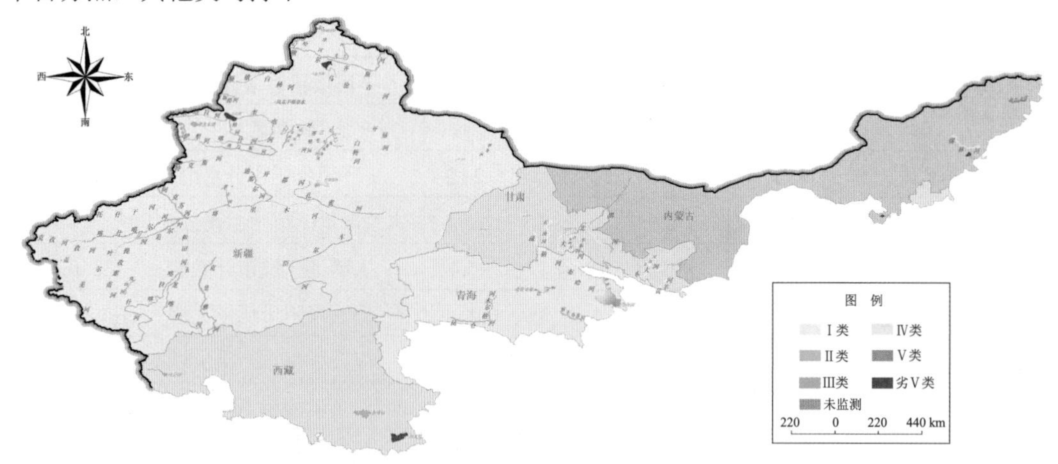

图 2.2.2-16　2021 年西北诸河水质分布示意图

（二）超标指标

2021 年，西北诸河水质超标指标为化学需氧量、高锰酸盐指数和氟化物，断面超标率分别为 3.7%、2.8%和 0.9%。

表 2.2.2-9　2021 年西北诸河水质超标指标情况

指标	断面数/个	年均值断面超标率/%	年均值范围/（mg/L）	年均值超标最高断面及超标倍数	
				断面名称	超标倍数
化学需氧量	107	3.7	未检出～32.5	乌拉盖河锡林郭勒盟奴乃庙水文站	0.6
高锰酸盐指数	107	2.8	未检出～10.4	乌拉盖河锡林郭勒盟奴乃庙水文站	0.7
氟化物	107	0.9	0.076～1.26	喀什噶尔河喀什地区/图木舒克市喀什噶尔河入河口	0.3

十一、西南诸河

（一）水质现状

2021年，西南诸河水质为优。监测的133个国控断面中，Ⅰ类水质断面占9.0%，Ⅱ类占75.9%，Ⅲ类占11.3%，Ⅳ类占2.3%，劣Ⅴ占1.5%，无其他类。

与上年相比，水质无明显变化。Ⅰ类水质断面比例上升 3.7 个百分点，Ⅱ类下降 6.1 个百分点，Ⅲ类上升 1.5 个百分点，Ⅳ类上升 0.8 个百分点，其他类均持平。

西藏省内 37 个国控断面中，Ⅰ类水质断面占 2.7%，Ⅱ类占 91.9%，Ⅳ类占 5.4%，无其他类。

与上年相比，水质无明显变化。Ⅰ类水质断面比例下降 2.7 个百分点，Ⅱ类下降 2.7 个百分点，Ⅲ类下降 2.7 个百分点，Ⅳ类上升 2.7 个百分点，其他类均持平。

云南省内 93 个国控断面中，Ⅰ类水质断面占 10.8%，Ⅱ类占 69.%，Ⅲ类占 16.1%，Ⅳ类占 1.1%，劣Ⅴ占 2.2%，无其他类。

与上年相比，水质无明显变化。Ⅰ类水质断面比例上升 4.3 个百分点，Ⅱ类下降 7.5 个百分点，Ⅲ类上升 3.2 个百分点，其他类均持平。

西南诸河省界断面水质为优。监测的 5 个断面中，Ⅰ类水质断面占 20.0%，Ⅱ类占 80.0%，无其他类。

与上年相比，水质无明显变化。各类水质断面比例均持平。

图 2.2.2-17　2021 年西南诸河水质分布示意图

（二）超标指标

2021 年，西南诸河水质超标指标中氨氮、砷、总磷、五日生化需氧量和化学需氧量排名前 5 位，断面超标率分别为 2.3%、1.5%、1.5%、1.5%和 1.5%。

表 2.2.2-10　2021 年西南诸河水质超标指标情况

指标	断面数/个	年均值断面超标率/%	年均值范围/（mg/L）	年均值超标最高断面及超标倍数	
				断面名称	超标倍数
氨氮	133	2.3	未检出～3.32	西洱河大理白族自治州四级坝	2.3
砷	133	1.5	未检出～0.078 9	狮泉河阿里地区革吉县狮泉河下游	0.6
总磷	133	1.5	未检出～0.460	西洱河大理白族自治州四级坝	1.3
五日生化需氧量	107	1.5	未检出～5.3	西洱河大理白族自治州四级坝	0.3
化学需氧量	133	1.5	未检出～22.2	西洱河大理白族自治州四级坝	0.1
溶解氧	133	0.8	4.7～9.4	思茅河普洱市莲花乡	—

第三节　重要湖泊（水库）

一、总体情况

2021 年，开展水质监测的 210 个（座）重要湖泊（水库）中，水质优良湖泊（水库）153 个，占 72.9%；轻度污染 36 个，占 17.1%；中度污染 10 个，占 4.8%；重度污染 11 个，占 5.2%。主要污染指标为总磷、化学需氧量和高锰酸盐指数。

与上年相比，水质优良湖泊（水库）比例下降 0.9 个百分点，轻度污染上升 0.9 个百分点，中度污染和重度污染持平。

表 2.2.3-1　2021 年重点湖泊（水库）水质状况

分类	个数	优	良好	轻度污染	中度污染	重度污染
老三湖（太湖、巢湖、滇池）	3	0	0	3	0	0
新三湖（洱海、丹江口水库、白洋淀）	3	2	1	0	0	0
重要湖泊/个	81	12	25	28	8	8
重要水库/座	123	91	22	5	2	3
总计/个（座）	210	105	48	36	10	11
比例/%		50.0	22.9	17.1	4.8	5.2

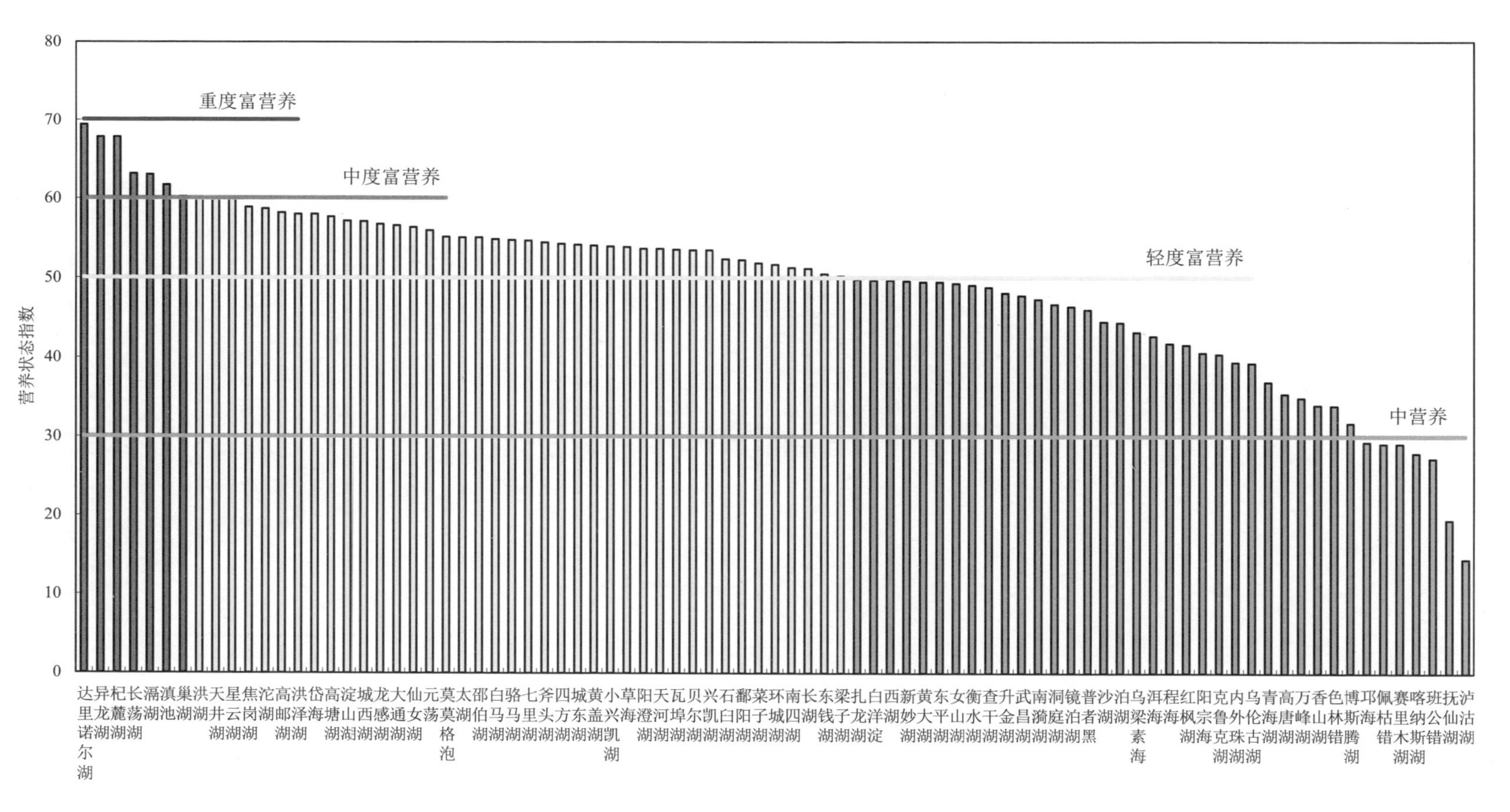

图 2.2.3-1　2021 年重要湖泊综合营养状态指数

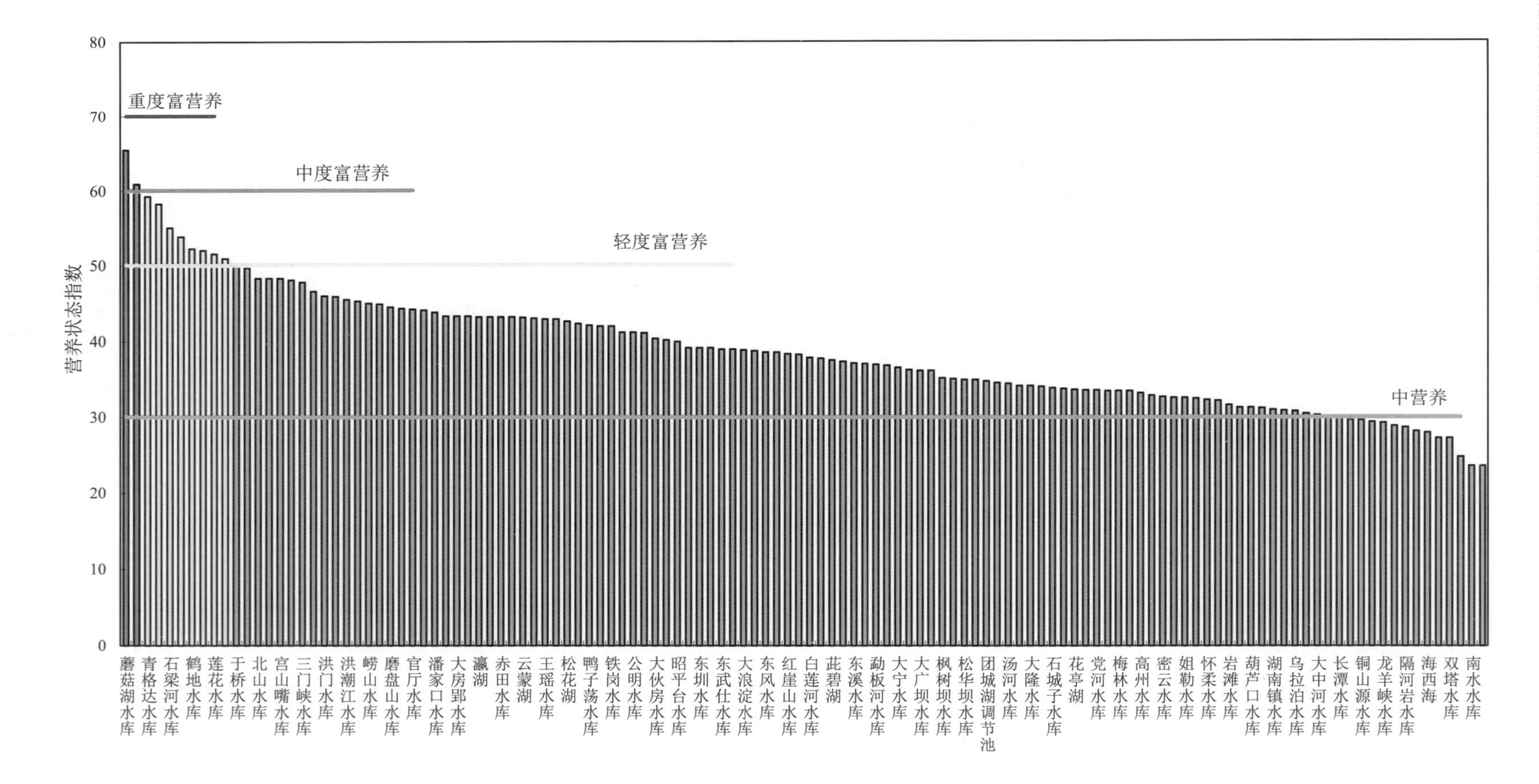

图 2.2.3-2 2021 年重要水库综合营养状态指数

开展营养状态监测的210个（座）重要湖泊（水库）中，中度富营养状态9个，占4.3%；轻度富营养状态48个，占23.0%；中营养状态130个，占62.2%；贫营养状态22个，占10.5%；无重度富营养状态。与上年相比，中度富营养状态湖泊（水库）比例持平，轻度富营养状态下降0.1个百分点，中营养状态下降5.1个百分点，贫营养状态上升5.2个百分点。

二、太湖

（一）水质与营养状态

2021年，太湖湖体为轻度污染，主要污染指标为总磷。其中，湖心区、北部沿岸区和西部沿岸区为轻度污染，东部沿岸区水质良好。

全湖总氮为Ⅳ类水质。其中，西部沿岸区为Ⅴ类，北部沿岸区为Ⅳ类，湖心区和东部沿岸区为Ⅲ类。

全湖为轻度富营养状态。其中，东部沿岸区为中营养状态，湖心区、北部沿岸区和西部沿岸区为轻度富营养状态。

与上年相比，太湖湖体水质无明显变化，营养状态无明显变化；西部沿岸区水质有所下降，东部沿岸区营养状态有所好转，其他湖区水质和营养状态均无明显变化。

表2.2.3-2　2021年太湖水质状况与营养状态

湖区	综合营养状态指数	营养状态	水质类别		主要污染指标（超标倍数）
			2021年	2020年	
全湖	55.1	轻度富营养	Ⅳ	Ⅳ	总磷（0.2）
湖心区	54.2	轻度富营养	Ⅳ	Ⅳ	总磷（0.2）
东部沿岸区	49.5	中营养	Ⅲ	Ⅲ	—
北部沿岸区	55.3	轻度富营养	Ⅳ	Ⅳ	总磷（0.2）
西部沿岸区	59.8	轻度富营养	Ⅳ	Ⅴ	总磷（0.7）

2021年，太湖105条主要环湖河流总体水质为优。其中，太滆南运河为中度污染，张泾河为轻度污染，其他103条河流水质优良。监测的133个断面中，Ⅰ类水质断面占0.8%，Ⅱ类占29.3%，Ⅲ类占67.7%，Ⅳ类占0.8%，Ⅴ类占1.5%，无劣Ⅴ类。

与上年相比，主要环湖河流水质无明显变化，Ⅱ类水质断面比例上升8.2个百分点，Ⅲ类下降5.2个百分点，Ⅳ类下降4.5个百分点，Ⅴ类上升1.5个百分点，其他类均持平。

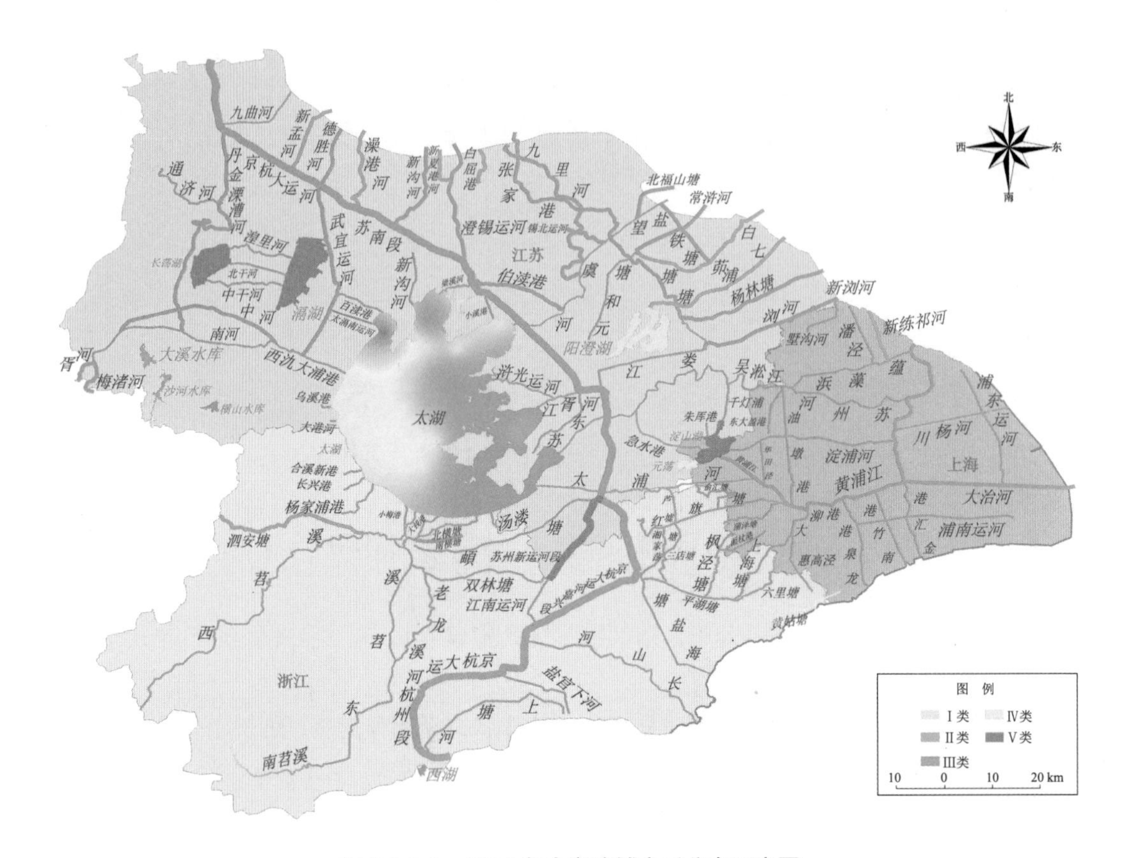

图 2.2.3-3　2021 年太湖流域水质分布示意图

（二）水华状况

2021 年，基于全湖藻密度评价，[①]太湖水华程度为“无明显水华”～“轻度水华”，以“无明显水华”为主，占 99.5%。其中，饮用水水源地金墅港藻密度为 68 万～2021 万个/L，水华程度为“无水华”～“轻度水华”，以“无明显水华”为主，占 73.4%；沙渚藻密度为 100 万～3 023 万个/L，水华程度为“无水华”～“轻度水华”，以“无明显水华”为主，占 80.8%；渔洋山藻密度为 80 万～1 970 万个/L，水华程度为“无水华”～“轻度水华”，以“无明显水华”为主，占 84.1%。与上年相比，太湖“无明显水华”的比例上升 51.6 个百分点，轻度水华的比例下降 51.6 个百分点。

① 使用 2021 年 4—10 月监测数据，下文同。

表 2.2.3-3　2021 年太湖水华程度（基于藻密度评价）

监测位置		藻密度/（万个/L）	无水华比例/%	无明显水华比例/%	轻度水华比例/%	中度水华比例/%	重度水华比例/%
全湖		1 128	0	99.5	0.5	0	0
饮用水水源地点位	金墅港	502	16.4	73.4	10.2	0	0
	沙渚	496	11.2	80.8	8.0	0	0
	渔洋山	388	12.2	84.1	3.7	0	0

2021 年，水华遥感监测①显示，太湖水华发生总次数为 122 次，与上年相比下降 17.0%。基于水华面积比例评价，太湖水华程度为“无水华”～“中度水华”，其中“轻度水华”和“中度水华”17 次。与上年相比，“无水华”“无明显水华”“轻度水华”“中度水华”的比例分别上升 11.1 个百分点、下降 8.5 个百分点、下降 2.1 个百分点、下降 0.5 个百分点。太湖累计水华面积为 13 802.5 km^2，平均水华面积为 113.1 km^2，与上年相比分别下降 24.2% 与 8.7%。最大水华面积为 894 km^2，发生在 5 月 24 日，占水体总面积的 37%。与上年相比，最大水华面积下降 4 个百分点，发生时间提前 37 d。

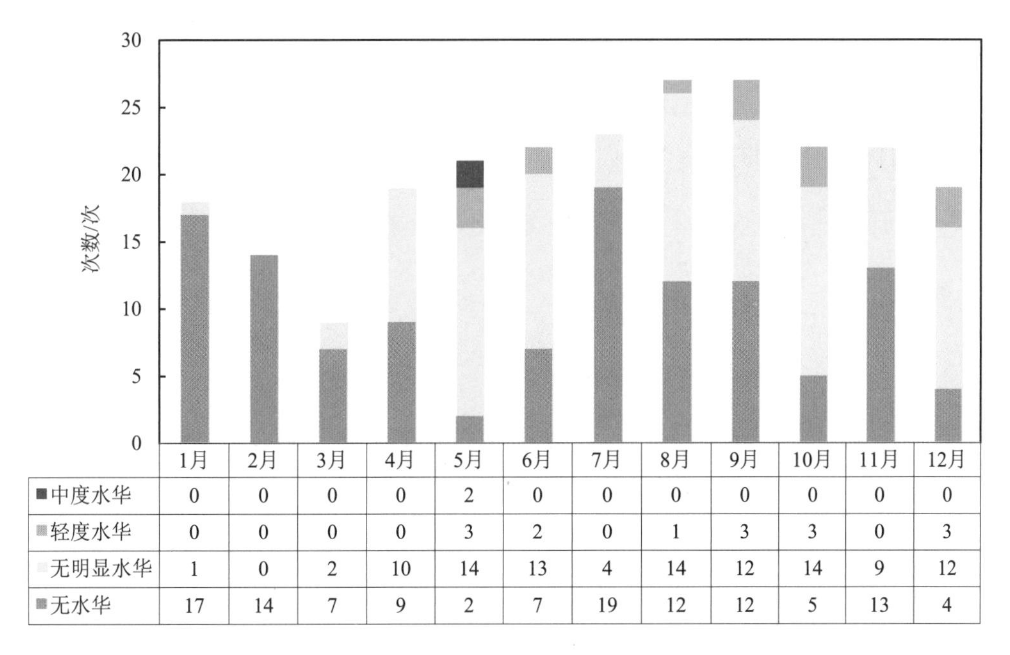

	1月	2月	3月	4月	5月	6月	7月	8月	9月	10月	11月	12月
中度水华	0	0	0	0	2	0	0	0	0	0	0	0
轻度水华	0	0	0	0	3	2	0	1	3	3	0	3
无明显水华	1	0	2	10	14	13	4	14	12	14	9	12
无水华	17	14	7	9	2	7	19	12	12	5	13	4

图 2.2.3-4　2021 年太湖水华遥感监测结果月际变化

综合判断，2021 太湖水华程度与上年相比减轻。

① 太湖遥感监测共利用 346 景 MODIS 数据，除去全云无效影像有效监测 243 次。

三、巢湖

（一）水质与营养状态

2021年，巢湖湖体为轻度污染，主要污染指标为总磷。其中，东半湖和西半湖均为轻度污染。

全湖总氮为Ⅴ类水质。其中，西半湖为Ⅴ类，东半湖为Ⅳ类。

全湖为中度富营养状态。其中，东半湖为轻度富营养状态，西半湖为中度富营养状态。

与上年相比，巢湖全湖湖体、东半湖和西半湖水质无明显变化；全湖、西半湖营养状态由轻度富营养变为中度富营养；东半湖营养状态无明显变化。

表2.2.3-4 2021年巢湖水质状况与营养状态

湖区	综合营养状态指数	营养状态	水质类别		主要污染指标（超标倍数）
			2021年	2020年	
全湖	60.2	中度富营养	Ⅳ	Ⅳ	总磷（0.7）
东半湖	59.1	轻度富营养	Ⅳ	Ⅳ	总磷（0.5）
西半湖	62.0	中度富营养	Ⅳ	Ⅳ	总磷（0.9）

2021年，巢湖13条主要环湖河流总体水质为优。其中，南淝河为轻度污染，其他12条河流水质优良。监测的21个断面中，Ⅱ类水质断面占47.6%，Ⅲ类占47.6%，Ⅳ类占4.8%，无其他类。

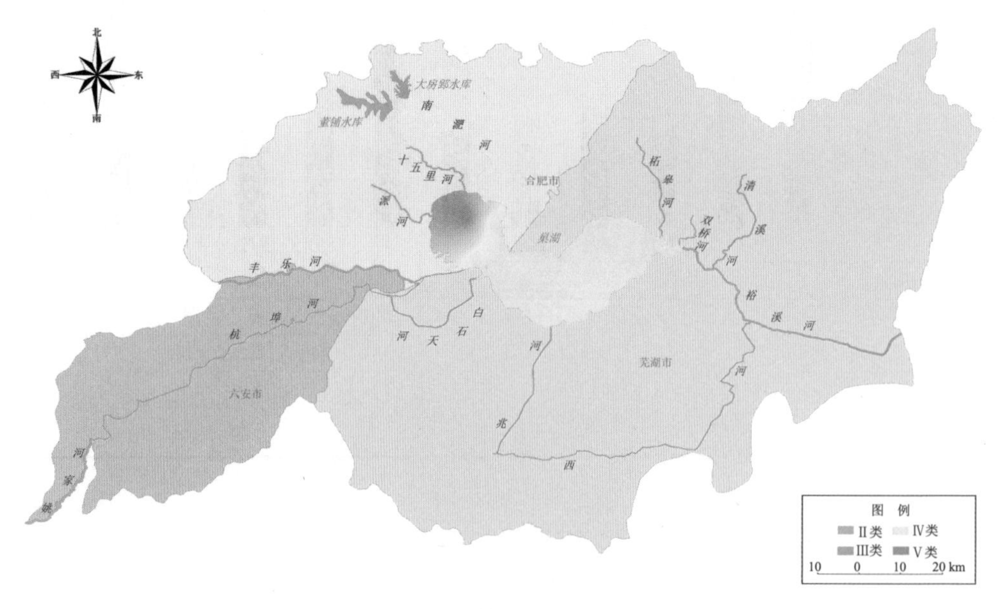

图2.2.3-5 2021年巢湖流域水质分布示意图

与上年相比，主要环湖河流水质无明显变化。Ⅱ类水质断面比例上升19.0个百分点，Ⅲ类下降14.3个百分点，Ⅴ类下降4.8个百分点，其他类均持平。

（二）水华状况

2021 年，基于全湖藻密度评价，巢湖水华程度为“无水华”～“轻度水华”，以“无水华”为主，占 74.2%。与上年相比，巢湖“无水华”的比例上升 24.2 个百分点，“无明显水华”的比例下降 24.1 个百分点，“轻度水华”的比例下降 0.1 个百分点。

2021 年，水华遥感监测[①]显示，巢湖水华发生总次数为 38 次，与上年相比下降 42.4%。基于水华面积比例评价，巢湖水华程度为“无水华”～“中度水华”，其中，“轻度水华”和“中度水华”14 次。与上年相比，“无水华”“无明显水华”“轻度水华”“中度水华”的比例分别上升 5.3 个百分点、下降 9.8 个百分点、下降 1.2 个百分点、下降 0.8 个百分点。巢湖累计水华面积为 2 649.5 km^2，平均水华面积为 69.7 km^2，与上年相比分别下降 39.2%、上升 5.5%。最大水华面积为 282.9 km^2，发生在 8 月 28 日，占水体总面积的 37%。与上年相比，最大水华面积下降 3 个百分点，发生时间推迟 200 d。

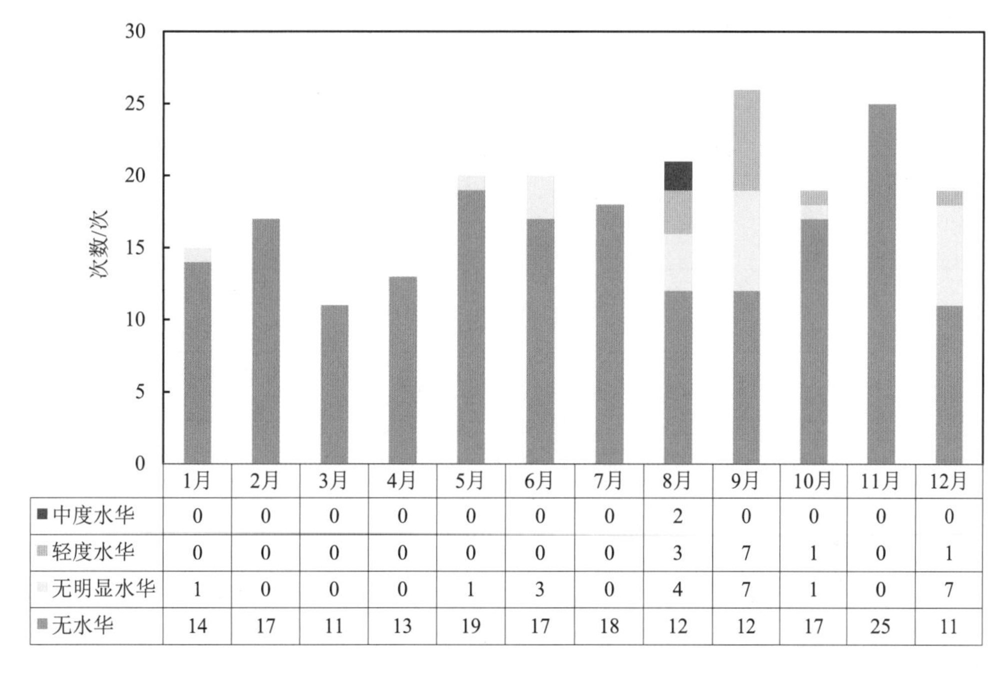

	1月	2月	3月	4月	5月	6月	7月	8月	9月	10月	11月	12月
中度水华	0	0	0	0	0	0	0	2	0	0	0	0
轻度水华	0	0	0	0	0	0	0	3	7	1	0	1
无明显水华	1	0	0	0	1	3	0	4	7	1	0	7
无水华	14	17	11	13	19	17	18	12	12	17	25	11

图 2.2.3-6　2021 年巢湖水华遥感监测结果月际变化

① 巢湖遥感监测共利用 345 景 MODIS 数据，除去全云无效影像有效监测 224 次。

表 2.2.3-5　2021 年巢湖水华程度（基于藻密度评价）

监测位置	藻密度/（万个/L）	无水华比例/%	无明显水华比例/%	轻度水华比例/%	中度水华比例/%	重度水华比例/%
全湖	232	74.2	22.6	3.2	0	0

综合判断，2021 年巢湖水华程度与上年相比无明显变化。

四、滇池

（一）水质与营养状态

2021 年，滇池湖体为轻度污染，主要污染指标为化学需氧量、总磷和高锰酸盐指数。其中，草海水质良好，外海为中度污染。

全湖总氮为Ⅴ类水质。其中，草海为Ⅴ类，外海为Ⅳ类。

全湖为中度富营养状态。其中，草海和外海均为中度富营养状态。

与上年相比，滇池全湖、外海水质无明显变化，草海水质有所好转；全湖、草海和外海营养状态均无明显变化。

表 2.2.3-6　2021 年滇池水质状况与营养状态

湖区	综合营养状态指数	营养状态	水质类别		主要污染指标（超标倍数）
			2021 年	2020 年	
全湖	61.7	中度富营养	Ⅳ	Ⅳ	化学需氧量（0.4）、总磷（0.2）、高锰酸盐指数（0.08）
外海	61.5	中度富营养	Ⅴ	Ⅴ	化学需氧量（0.6）、总磷（0.3）、高锰酸盐指数（0.2）
草海	60.5	中度富营养	Ⅲ	Ⅳ	—

2021 年，滇池 12 条主要环湖河流总体水质良好。其中，东大河、金汁河和马科河为轻度污染，其他 9 条河流水质优良。监测的 12 个断面中，Ⅱ类水质断面占 33.3%，Ⅲ类占 41.7%，Ⅳ类占 25.0%，无其他类。

与上年相比，主要环湖河流水质有所下降。Ⅱ类水质断面比例上升 8.3 个百分点，Ⅲ类下降 25.0 个百分点，Ⅳ类上升 16.7 个百分点，其他类均持平。

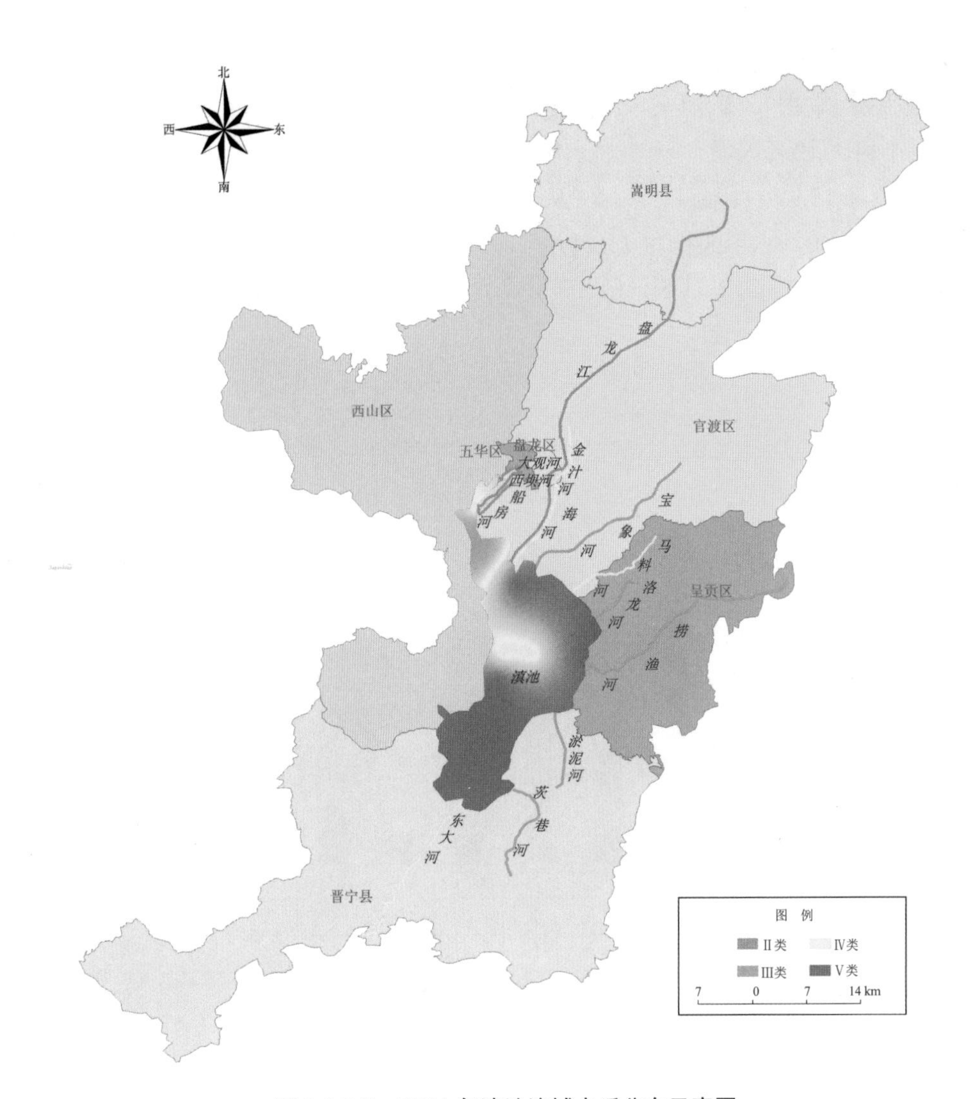

图 2.2.3-7　2021 年滇池流域水质分布示意图

（二）水华状况

2021 年，基于全湖藻密度评价，滇池水华程度为“轻度水华”～“重度水华”，以“中度水华”为主，占 51.6%。与上年相比，滇池“轻度水华”“中度水华”“重度水华”的比例分别上升 12.9 个百分点、下降 29.0 个百分点、上升 16.1 个百分点。

表 2.2.3-7　2021 年滇池水华程度（基于藻密度评价）

监测位置	藻密度/（万个/L）	无水华比例/%	无明显水华比例/%	轻度水华比例/%	中度水华比例/%	重度水华比例/%
全湖	8 257	0	0	22.6	51.6	25.8

2021年，水华遥感监测[①]显示，滇池水华发生总次数为8次，与上年相比下降61.9%。基于水华面积比例评价，滇池水华程度为“无水华”～“轻度水华”，其中，“轻度水华”1次。与上年相比，“无水华”“无明显水华”“轻度水华”“中度水华”的比例分别上升27.5个百分点、下降15.9个百分点、下降7.9个百分点、下降3.7个百分点。滇池累计水华面积为107.2 km²，平均水华面积为13.4 km²，与上年相比分别下降82.5%、53.9%。最大水华面积为63 km²，发生在1月5日，占水体总面积的22%。与上年相比，最大水华面积下降17个百分点，发生时间提前240 d。

综合判断，2021年滇池水华程度与上年相比明显减轻。

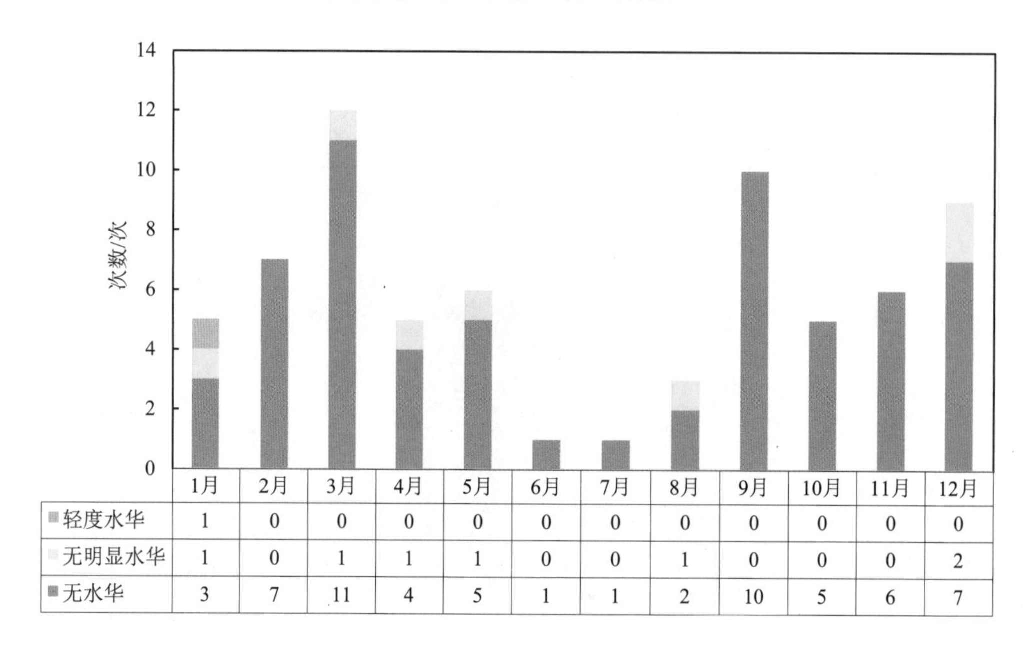

	1月	2月	3月	4月	5月	6月	7月	8月	9月	10月	11月	12月
轻度水华	1	0	0	0	0	0	0	0	0	0	0	0
无明显水华	1	0	1	1	1	0	0	1	0	0	0	2
无水华	3	7	11	4	5	1	1	2	10	5	6	7

图 2.2.3-8　2021年滇池水华遥感监测结果月际变化

五、其他重要湖泊

2021年，开展监测的其他83个重要湖泊中，达里诺尔湖、异龙湖、杞麓湖等8个湖泊为劣Ⅴ类水质，长荡湖、滆湖、洪湖等8个湖泊为Ⅴ类水质，天井湖、焦岗湖、沱湖等28个湖泊为Ⅳ类水质，白马湖、斧头湖、天河湖等26个湖泊为Ⅲ类水质，洱海、红枫湖、克鲁克湖等10个湖泊为Ⅱ类水质，喀纳斯湖、抚仙湖、泸沽湖为Ⅰ类水质。与上年相比，天河湖、贝尔湖、石臼湖、白洋淀、克鲁克湖、青海湖、色林错、博斯腾湖和赛里木湖水质有所好转，佩枯错水质明显下降，异龙湖、洪湖、骆马湖、城东湖、草海、长湖、乌梁素海、阳宗海和万峰湖水质有所下降，其他湖泊水质无明显变化。

① 滇池遥感监测共利用85景GF1-WFV和GF6-WFV数据，除去全云无效影像有效监测70次。

总氮评价结果显示，东平湖、万峰湖、异龙湖等 8 个湖泊为劣Ⅴ类水质，白洋淀、高唐湖、洞庭湖等 7 个湖泊为Ⅴ类水质，仙女湖、南漪湖、斧头湖等 22 个湖泊为Ⅳ类水质，其他 46 个湖泊水质均满足Ⅲ类水质标准。

82 个监测营养状态的湖泊中，达里诺尔湖、异龙湖、杞麓湖等 5 个湖泊为中度富营养状态，洪湖、天井湖、星云湖等 39 个湖泊为轻度富营养状态，邛海、赛里木湖、佩枯错等 7 个湖泊为贫营养状态；其他 31 个湖泊为中营养状态。

2021 年，洱海水质为优，营养状态为中营养状态。白洋淀水质良好，营养状态为中营养状态。

表 2.2.3-8　2021 年其他重要湖泊水质状况与营养状态

序号	湖泊名称	所属省份	综合营养状态指数	营养状态	水质类别（总氮单独评价）	水质类别		主要污染指标（超标倍数）
						2021 年	2020 年	
1	达里诺尔湖	内蒙古	69.4	中度富营养	劣Ⅴ	劣Ⅴ	劣Ⅴ	总磷*（42.6）、化学需氧量*（9.4）、高锰酸盐指数*（3.7）
2	异龙湖	云南	67.8	中度富营养	劣Ⅴ	劣Ⅴ	Ⅴ	化学需氧量（2.3）、高锰酸盐指数（1.5）、五日生化需氧量（0.6）
3	杞麓湖	云南	67.8	中度富营养	劣Ⅴ	劣Ⅴ	劣Ⅴ	化学需氧量（1.3）、总磷（1.1）、高锰酸盐指数（0.9）
4	长荡湖	江苏	63.1	中度富营养	Ⅳ	Ⅴ	Ⅴ	总磷（1.5）、化学需氧量（0.005）
5	滆湖	江苏	63.0	中度富营养	Ⅳ	Ⅴ	Ⅴ	总磷（1.9）
6	洪湖	湖北	60.0	轻度富营养	Ⅳ	Ⅴ	Ⅳ	总磷（1.8）
7	天井湖	安徽	60.0	轻度富营养	Ⅳ	Ⅳ	Ⅳ	总磷（0.9）、化学需氧量（0.3）、高锰酸盐指数（0.2）
8	星云湖	云南	59.9	轻度富营养	Ⅳ	Ⅴ	Ⅴ	总磷（1.0）、化学需氧量（0.7）、高锰酸盐指数（0.3）
9	焦岗湖	安徽	58.9	轻度富营养	Ⅲ	Ⅳ	Ⅳ	总磷（0.5）
10	沱湖	安徽	58.7	轻度富营养	Ⅲ	Ⅳ	Ⅳ	总磷（1.0）、化学需氧量（0.2）、高锰酸盐指数（0.1）

序号	湖泊名称	所属省份	综合营养状态指数	营养状态	水质类别（总氮单独评价）	水质类别		主要污染指标（超标倍数）
						2021年	2020年	
11	高邮湖	江苏	58.2	轻度富营养	Ⅳ	Ⅳ	Ⅳ	总磷（0.2）
12	洪泽湖	江苏	58.0	轻度富营养	劣Ⅴ	Ⅳ	Ⅳ	总磷（0.6）
13	岱海	内蒙古	58.0	轻度富营养	劣Ⅴ	劣Ⅴ	劣Ⅴ	化学需氧量（5.2）、氟化物（4.1）、高锰酸盐指数（2.2）
14	高塘湖	安徽	57.7	轻度富营养	Ⅲ	Ⅳ	Ⅳ	总磷（0.5）
15	淀山湖	上海	57.2	轻度富营养	Ⅴ	Ⅴ	Ⅴ	总磷（1.2）
16	城西湖	安徽	57.1	轻度富营养	Ⅴ	Ⅳ	Ⅳ	总磷（0.8）
17	龙感湖	安徽、湖北	56.8	轻度富营养	Ⅲ	Ⅳ	Ⅳ	总磷（0.7）
18	大通湖	湖南	56.6	轻度富营养	Ⅲ	Ⅳ	Ⅳ	总磷（0.9）
19	仙女湖	江西	56.4	轻度富营养	Ⅳ	Ⅳ	Ⅳ	总磷（0.3）
20	元荡	上海	56.0	轻度富营养	Ⅴ	Ⅳ	Ⅳ	总磷（0.6）
21	莫莫格泡	吉林	55.2	轻度富营养	Ⅳ	劣Ⅴ	劣Ⅴ	化学需氧量（1.6）、氟化物（0.7）、高锰酸盐指数（0.9）
22	邵伯湖	江苏	55.1	轻度富营养	Ⅲ	Ⅳ	Ⅳ	总磷（0.4）
23	白马湖	江苏	54.9	轻度富营养	Ⅲ	Ⅲ	Ⅲ	—
24	骆马湖	江苏	54.8	轻度富营养	劣Ⅴ	Ⅳ	Ⅲ	总磷（0.08）
25	七里湖	安徽	54.7	轻度富营养	Ⅲ	Ⅳ	Ⅳ	总磷（0.2）
26	斧头湖	湖北	54.5	轻度富营养	Ⅳ	Ⅲ	Ⅲ	—
27	四方湖	安徽	54.3	轻度富营养	Ⅳ	Ⅳ	Ⅳ	总磷（0.3）、化学需氧量（0.08）、高锰酸盐指数（0.07）
28	城东湖	安徽	54.2	轻度富营养	Ⅳ	Ⅳ	Ⅲ	总磷（0.5）
29	黄盖湖	湖北、湖南	54.1	轻度富营养	Ⅳ	Ⅳ	Ⅳ	总磷（0.1）
30	小兴凯湖	黑龙江	54.0	轻度富营养	Ⅳ	Ⅳ	Ⅳ	总磷（0.5）
31	草海	贵州	53.9	轻度富营养	Ⅳ	Ⅳ	Ⅲ	化学需氧量（0.2）、总磷（0.06）、高锰酸盐指数（0.03）
32	天河湖	安徽	53.7	轻度富营养	Ⅳ	Ⅲ	Ⅳ	—
33	阳澄湖	江苏	53.7	轻度富营养	Ⅲ	Ⅳ	Ⅳ	总磷（0.2）
34	瓦埠湖	安徽	53.6	轻度富营养	Ⅳ	Ⅲ	Ⅲ	—

序号	湖泊名称	所属省份	综合营养状态指数	营养状态	水质类别（总氮单独评价）	水质类别		主要污染指标（超标倍数）
						2021年	2020年	
35	贝尔湖	内蒙古	53.5	轻度富营养	Ⅲ	Ⅴ	劣Ⅴ	化学需氧量*（1.0）、高锰酸盐指数*（0.3）、总磷（0.2）
36	兴凯湖	黑龙江	53.5	轻度富营养	Ⅲ	Ⅴ	Ⅴ	总磷（1.3）
37	石臼湖	安徽	52.4	轻度富营养	Ⅲ	Ⅲ	Ⅳ	—
38	鄱阳湖	江西	52.3	轻度富营养	Ⅳ	Ⅳ	Ⅳ	总磷（0.3）
39	菜子湖	安徽	51.9	轻度富营养	Ⅲ	Ⅲ	Ⅲ	—
40	环城湖	山东	51.7	轻度富营养	Ⅲ	Ⅳ	Ⅳ	总磷（0.08）
41	南四湖	山东	51.3	轻度富营养	Ⅴ	Ⅲ	Ⅲ	—
42	长湖	湖北	51.2	轻度富营养	Ⅲ	Ⅳ	Ⅲ	总磷（0.3）
43	东钱湖	浙江	50.5	轻度富营养	Ⅳ	Ⅲ	Ⅲ	—
44	梁子湖	湖北	50.2	轻度富营养	Ⅲ	Ⅲ	Ⅲ	—
45	扎龙湖	黑龙江	49.8	中营养	Ⅲ	Ⅴ	Ⅴ	化学需氧量*（0.5）、高锰酸盐指数*（0.5）
46	白洋淀	河北	49.7	中营养	Ⅴ	Ⅲ	Ⅳ	—
47	西湖	浙江	49.7	中营养	Ⅲ	Ⅲ	Ⅲ	—
48	新妙湖	江西	49.6	中营养	Ⅲ	Ⅳ	Ⅳ	总磷（0.1）
49	黄大湖	安徽	49.5	中营养	Ⅲ	Ⅲ	Ⅲ	—
50	东平湖	山东	49.5	中营养	劣Ⅴ	Ⅲ	Ⅲ	—
51	女山湖	安徽	49.3	中营养	Ⅲ	Ⅲ	Ⅲ	—
52	衡水湖	河北	49.1	中营养	Ⅱ	Ⅲ	Ⅲ	—
53	查干湖	吉林	48.8	中营养	Ⅳ	Ⅳ	Ⅳ	总磷（0.5）、化学需氧量（0.3）、高锰酸盐指数（0.3）
54	升金湖	安徽	48.1	中营养	Ⅲ	Ⅲ	Ⅲ	—
55	武昌湖	安徽	47.8	中营养	Ⅲ	Ⅲ	Ⅲ	—
56	南漪湖	安徽	47.3	中营养	Ⅳ	Ⅲ	Ⅲ	—
57	洞庭湖	湖南	46.7	中营养	Ⅴ	Ⅳ	Ⅳ	总磷（0.3）
58	镜泊湖	黑龙江	46.4	中营养	Ⅳ	Ⅲ	Ⅲ	—
59	普者黑	云南	46.0	中营养	Ⅲ	Ⅲ	Ⅲ	—
60	沙湖	宁夏	44.5	中营养	Ⅲ	Ⅲ	Ⅲ	—

序号	湖泊名称	所属省份	综合营养状态指数	营养状态	水质类别（总氮单独评价）	水质类别		主要污染指标（超标倍数）
						2021年	2020年	
61	泊湖	安徽	44.4	中营养	Ⅲ	Ⅲ	Ⅲ	—
62	乌梁素海	内蒙古	43.2	中营养	Ⅲ	Ⅳ	Ⅲ	五日生化需氧量（0.08）、高锰酸盐指数（0.05）、化学需氧量（0.04）
63	洱海	云南	42.7	中营养	Ⅱ	Ⅱ	Ⅱ	—
64	程海	云南	41.8	中营养	Ⅱ	劣Ⅴ	劣Ⅴ	氟化物*（1.5）、化学需氧量（0.4）
65	红枫湖	贵州	41.6	中营养	Ⅳ	Ⅱ	Ⅱ	—
66	阳宗海	云南	40.6	中营养	Ⅱ	Ⅲ	Ⅱ	—
67	克鲁克湖	青海	40.4	中营养	Ⅲ	Ⅱ	Ⅲ	—
68	内外珠湖	江西	39.4	中营养	Ⅱ	Ⅲ	Ⅲ	—
69	乌伦古湖	新疆	39.3	中营养	Ⅲ	劣Ⅴ	劣Ⅴ	氟化物（1.6）、化学需氧量*（0.5）
70	青海湖	青海	36.9	中营养	Ⅲ	Ⅳ	Ⅴ	化学需氧量（0.4）
71	高唐湖	山东	35.4	中营养	Ⅴ	Ⅱ	Ⅱ	—
72	万峰湖	贵州	34.9	中营养	劣Ⅴ	Ⅲ	Ⅱ	—
73	香山湖	宁夏	34.0	中营养	Ⅲ	Ⅱ	Ⅱ	—
74	色林错	西藏	33.9	中营养	Ⅲ	Ⅱ	Ⅲ	—
75	博斯腾湖	新疆	31.7	中营养	Ⅲ	Ⅲ	Ⅳ	—
76	邛海	四川	29.3	贫营养	Ⅱ	Ⅱ	Ⅱ	—
77	赛里木湖	新疆	29.1	贫营养	Ⅱ	Ⅱ	Ⅲ	—
78	佩枯错	西藏	29.1	贫营养	Ⅲ	劣Ⅴ	Ⅳ	氟化物（1.4）
79	喀纳斯湖	新疆	27.9	贫营养	Ⅱ	Ⅰ	Ⅰ	—
80	班公错	西藏	27.2	贫营养	Ⅱ	Ⅱ	Ⅱ	—
81	抚仙湖	云南	19.4	贫营养	Ⅰ	Ⅰ	Ⅰ	—
82	泸沽湖	云南	14.4	贫营养	Ⅰ	Ⅰ	Ⅰ	—
83	普莫雍错	西藏	—	—	Ⅱ	Ⅱ	Ⅱ	—

注：带*标记的指标受自然因素影响较大。

六、其他重要水库

2021 年，开展监测的其他 124 座重要水库中，蘑菇湖水库、北大港水库和向海水库为劣Ⅴ类水质，宿鸭湖水库和石梁河水库为Ⅴ类水质；青格达水库、尼尔基水库、莲花水库等 5 座水库为Ⅳ类水质，鹤地水库、峡山水库、于桥水库等 22 座水库为Ⅲ类水质，三门峡水库、洪潮江水库、崂山水库等 76 座水库为Ⅱ类水质，大隆水库、山美水库、石城子水库等 16 座水库为Ⅰ类水质。与上年相比，青格达水库、宿鸭湖水库、三门峡水库、洪潮江水库、崂山水库、大溪水库、赤田水库、碧流河水库、城西水库、东武仕水库、大浪淀水库、茈碧湖和东溪水库水质有所好转，宫山嘴水库、潘家口水库、瀛湖和鲁班水库水质有所下降，其他水库水质无明显变化。

总氮评价结果显示，东武仕水库、于桥水库、北大港水库等 31 座水库为劣Ⅴ类水质，团城湖调节池、怀柔水库、瀛湖等 14 座水库为Ⅴ类水质，北塘水库、官厅水库、密云水库等 23 座水库为Ⅳ类水质，其他 56 座水库水质均满足Ⅲ类水质标准。

124 座监测营养状态的水库中，蘑菇湖水库和北大港水库为中度富营养状态，青格达水库、宿鸭湖水库、石梁河水库等 8 座水库为轻度富营养状态，太平湖、长潭水库、鲇鱼山水库等 15 座水库为贫营养状态，其他 99 座水库为中营养状态。

2021 年，丹江口水库水质为优，营养状态为中营养状态。

表 2.2.3-9　2021 年其他重要水库水质状况与营养状态

序号	水库名称	所属省份（兵团）	综合营养状态指数	营养状态	水质类别（总氮单独评价）	水质类别		主要污染指标（超标倍数）
						2021 年	2020 年	
1	蘑菇湖水库	兵团	65.4	中度富营养	Ⅳ	劣Ⅴ	劣Ⅴ	总磷（5.5）、化学需氧量（0.3）、五日生化需氧量（0.2）
2	北大港水库	天津	60.9	中度富营养	劣Ⅴ	劣Ⅴ	劣Ⅴ	化学需氧量（1.1）、高锰酸盐指数（1.3）、五日生化需氧量（0.8）
3	青格达水库	兵团	59.3	轻度富营养	Ⅴ	Ⅳ	Ⅴ	总磷（0.4）、五日生化需氧量（0.05）、化学需氧量（0.04）
4	宿鸭湖水库	河南	58.3	轻度富营养	Ⅴ	Ⅴ	劣Ⅴ	总磷（2.8）
5	石梁河水库	江苏	55.0	轻度富营养	劣Ⅴ	Ⅴ	Ⅴ	总磷（1.7）
6	尼尔基水库	内蒙古	53.8	轻度富营养	Ⅲ	Ⅳ	Ⅳ	总磷（1.0）、高锰酸盐指数（0.05）

序号	水库名称	所属省份（兵团）	综合营养状态指数	营养状态	水质类别（总氮单独评价）	水质类别		主要污染指标（超标倍数）
						2021年	2020年	
7	鹤地水库	广东	52.2	轻度富营养	Ⅳ	Ⅲ	Ⅲ	—
8	向海水库	吉林	52.0	轻度富营养	Ⅲ	劣Ⅴ	劣Ⅴ	氟化物（1.0）、化学需氧量（0.2）
9	莲花水库	黑龙江	51.5	轻度富营养	劣Ⅴ	Ⅳ	Ⅳ	总磷（0.3）
10	峡山水库	山东	50.9	轻度富营养	劣Ⅴ	Ⅲ	Ⅲ	—
11	于桥水库	天津	50.0	中营养	劣Ⅴ	Ⅲ	Ⅲ	—
12	察尔森水库	内蒙古	49.7	中营养	Ⅳ	Ⅲ	Ⅲ	—
13	北山水库	江苏	48.3	中营养	Ⅲ	Ⅲ	Ⅲ	—
14	玉滩水库	重庆	48.3	中营养	Ⅳ	Ⅲ	Ⅲ	—
15	宫山嘴水库	辽宁	48.3	中营养	劣Ⅴ	Ⅳ	Ⅲ	总磷（0.06）
16	燕山水库	河南	48.1	中营养	Ⅴ	Ⅲ	Ⅲ	—
17	三门峡水库	河南	47.8	中营养	劣Ⅴ	Ⅱ	Ⅲ	—
18	五号水库	黑龙江	46.6	中营养	Ⅲ	Ⅲ	Ⅲ	—
19	洪门水库	江西	46.0	中营养	Ⅲ	Ⅲ	Ⅲ	—
20	横山水库	江苏	45.9	中营养	Ⅲ	Ⅲ	Ⅲ	—
21	洪潮江水库	广西	45.5	中营养	Ⅳ	Ⅱ	Ⅲ	—
22	陆浑水库	河南	45.3	中营养	劣Ⅴ	Ⅲ	Ⅲ	—
23	崂山水库	山东	45.0	中营养	劣Ⅴ	Ⅱ	Ⅲ	—
24	沙河水库	江苏	44.9	中营养	Ⅲ	Ⅱ	Ⅱ	—
25	磨盘山水库	黑龙江	44.5	中营养	Ⅳ	Ⅲ	Ⅲ	—
26	乌金塘水库	辽宁	44.3	中营养	Ⅴ	Ⅲ	Ⅲ	—
27	官厅水库	北京、河北	44.2	中营养	Ⅳ	Ⅳ	Ⅳ	氟化物（0.1）
28	大溪水库	江苏	44.1	中营养	Ⅲ	Ⅱ	Ⅲ	—
29	潘家口水库	河北	43.8	中营养	劣Ⅴ	Ⅲ	Ⅱ	—
30	西丽水库	广东	43.3	中营养	Ⅳ	Ⅲ	Ⅲ	—
31	大房郢水库	安徽	43.3	中营养	Ⅲ	Ⅲ	Ⅲ	—
32	董铺水库	安徽	43.3	中营养	Ⅲ	Ⅱ	Ⅱ	—
33	瀛湖	陕西	43.2	中营养	Ⅴ	Ⅲ	Ⅱ	—
34	小浪底水库	河南	43.2	中营养	劣Ⅴ	Ⅲ	Ⅲ	—
35	赤田水库	海南	43.2	中营养	Ⅲ	Ⅱ	Ⅲ	—
36	清河水库	辽宁	43.2	中营养	劣Ⅴ	Ⅱ	Ⅱ	—

序号	水库名称	所属省份（兵团）	综合营养状态指数	营养状态	水质类别（总氮单独评价）	水质类别		主要污染指标（超标倍数）
						2021年	2020年	
37	云蒙湖	山东	43.1	中营养	劣Ⅴ	Ⅱ	Ⅱ	—
38	安格庄水库	河北	43.0	中营养	劣Ⅴ	Ⅱ	Ⅱ	—
39	王瑶水库	陕西	42.9	中营养	Ⅲ	Ⅲ	Ⅲ	—
40	碧流河水库	辽宁	42.9	中营养	劣Ⅴ	Ⅱ	Ⅲ	—
41	松花湖	吉林	42.6	中营养	劣Ⅴ	Ⅲ	Ⅲ	—
42	百花湖	贵州	42.3	中营养	Ⅴ	Ⅱ	Ⅱ	—
43	鸭子荡水库	宁夏	42.1	中营养	Ⅴ	Ⅱ	Ⅱ	—
44	黄壁庄水库	河北	42.0	中营养	劣Ⅴ	Ⅱ	Ⅰ	—
45	铁岗水库	广东	42.0	中营养	Ⅳ	Ⅱ	Ⅱ	—
46	北塘水库	天津	41.2	中营养	Ⅳ	Ⅱ	Ⅱ	—
47	公明水库	广东	41.2	中营养	Ⅲ	Ⅱ	Ⅱ	—
48	城西水库	安徽	41.1	中营养	Ⅲ	Ⅱ	Ⅲ	—
49	大伙房水库	辽宁	40.4	中营养	劣Ⅴ	Ⅱ	Ⅱ	—
50	石门水库（褒河）	陕西	40.2	中营养	Ⅳ	Ⅱ	Ⅱ	—
51	昭平台水库	河南	40.0	中营养	Ⅳ	Ⅱ	Ⅱ	—
52	海子水库	北京	39.2	中营养	劣Ⅴ	Ⅱ	Ⅱ	—
53	东圳水库	福建	39.2	中营养	Ⅲ	Ⅱ	Ⅱ	—
54	小湾水库	云南	39.2	中营养	Ⅲ	Ⅱ	Ⅱ	—
55	东武仕水库	河北	39.0	中营养	劣Ⅴ	Ⅱ	Ⅲ	—
56	佛子岭水库	安徽	39.0	中营养	Ⅳ	Ⅱ	Ⅱ	—
57	大浪淀水库	河北	38.9	中营养	Ⅲ	Ⅱ	Ⅲ	—
58	白龟山水库	河南	38.8	中营养	Ⅳ	Ⅱ	Ⅱ	—
59	东风水库	贵州	38.6	中营养	劣Ⅴ	Ⅱ	Ⅱ	—
60	梅山水库	安徽	38.6	中营养	Ⅳ	Ⅱ	Ⅱ	—
61	红崖山水库	甘肃	38.4	中营养	劣Ⅴ	Ⅱ	Ⅱ	—
62	富水水库	湖北	38.3	中营养	Ⅲ	Ⅱ	Ⅱ	—
63	白莲河水库	湖北	37.9	中营养	Ⅲ	Ⅲ	Ⅲ	—
64	鲁班水库	四川	37.8	中营养	Ⅲ	Ⅲ	Ⅱ	—
65	茈碧湖	云南	37.6	中营养	Ⅱ	Ⅱ	Ⅲ	—
66	岗南水库	河北	37.4	中营养	劣Ⅴ	Ⅱ	Ⅰ	—

序号	水库名称	所属省份（兵团）	综合营养状态指数	营养状态	水质类别（总氮单独评价）	水质类别		主要污染指标（超标倍数）
						2021年	2020年	
67	东溪水库	福建	37.2	中营养	III	II	III	—
68	太河水库	山东	37.1	中营养	劣V	II	II	—
69	勐板河水库	云南	37.0	中营养	II	II	II	—
70	南湾水库	河南	36.9	中营养	III	II	II	—
71	大宁水库	北京	36.6	中营养	III	II	II	—
72	柘林湖	江西	36.3	中营养	III	II	II	—
73	大广坝水库	海南	36.2	中营养	III	II	II	—
74	桓仁水库	辽宁	36.2	中营养	劣V	II	II	—
75	枫树坝水库	广东	35.2	中营养	V	II	I	—
76	牛路岭水库	海南	35.1	中营养	II	II	II	—
77	松华坝水库	云南	35.0	中营养	IV	II	II	—
78	解放村水库	甘肃	35.0	中营养	V	II	II	—
79	团城湖调节池	北京	34.8	中营养	V	II	II	—
80	王庆坨水库	天津	34.6	中营养	IV	II	II	—
81	汤河水库	辽宁	34.5	中营养	劣V	II	II	—
82	山美水库	福建	34.2	中营养	V	I	II	—
83	大隆水库	海南	34.2	中营养	II	I	II	—
84	龙滩水库	广西	34.1	中营养	V	II	II	—
85	石城子水库	新疆	33.9	中营养	III	I	I	—
86	黄龙滩水库	湖北	33.8	中营养	IV	II	II	—
87	花亭湖	安徽	33.7	中营养	III	II	II	—
88	丹江口水库	河南、湖北	33.6	中营养	IV	II	II	—
89	党河水库	甘肃	33.6	中营养	IV	II	II	—
90	西大洋水库	河北	33.5	中营养	劣V	I	I	—
91	梅林水库	广东	33.5	中营养	II	II	II	—
92	清林径水库	广东	33.5	中营养	III	II	II	—
93	高州水库	广东	33.2	中营养	II	II	II	—
94	里石门水库	浙江	32.9	中营养	III	II	I	—
95	密云水库	北京	32.7	中营养	IV	II	II	—
96	紧水滩水库	浙江	32.6	中营养	III	II	II	—

序号	水库名称	所属省份（兵团）	综合营养状态指数	营养状态	水质类别（总氮单独评价）	水质类别		主要污染指标（超标倍数）
						2021年	2020年	
97	姐勒水库	云南	32.6	中营养	II	II	II	—
98	水丰湖	辽宁	32.5	中营养	劣V	II	II	—
99	怀柔水库	北京	32.3	中营养	V	II	II	—
100	观音阁水库	辽宁	32.2	中营养	劣V	II	II	—
101	岩滩水库	广西	31.6	中营养	V	II	II	—
102	七一水库	江西	31.3	中营养	III	II	II	—
103	葫芦口水库	四川	31.3	中营养	IV	II	II	—
104	户宋河水库	云南	31.2	中营养	II	II	I	—
105	湖南镇水库	浙江	31.0	中营养	III	I	I	—
106	王快水库	河北	30.9	中营养	劣V	I	I	—
107	乌拉泊水库	新疆	30.8	中营养	IV	I	II	—
108	珊溪水库	浙江	30.5	中营养	III	II	II	—
109	大中河水库	云南	30.3	中营养	II	II	II	—
110	太平湖	安徽	29.9	贫营养	III	I	I	—
111	长潭水库	浙江	29.9	贫营养	II	I	I	—
112	鲇鱼山水库	河南	29.7	贫营养	III	II	II	—
113	铜山源水库	浙江	29.6	贫营养	II	II	II	—
114	白盆珠水库	广东	29.4	贫营养	II	II	II	—
115	龙羊峡水库	青海	29.3	贫营养	III	I	I	—
116	松涛水库	海南	28.9	贫营养	II	II	II	—
117	隔河岩水库	湖北	28.7	贫营养	劣V	I	I	—
118	千岛湖	浙江	28.2	贫营养	III	I	I	—
119	海西海	云南	28.0	贫营养	II	II	I	—
120	东江水库	湖南	27.3	贫营养	III	I	I	—
121	双塔水库	甘肃	27.3	贫营养	III	II	I	—
122	漳河水库	湖北	24.8	贫营养	III	I	I	—
123	南水水库	广东	23.6	贫营养	II	I	I	—
124	新丰江水库	广东	23.6	贫营养	II	I	I	—

第四节　重点水利工程水体

一、南水北调

（一）南水北调（东线）

（1）水质状况

2021 年，南水北调（东线）长江取水口夹江三江营断面为Ⅱ类水质。输水干线宿迁运河段水质为优，里运段、宝应运河段、不牢河段、韩庄运河段和梁济运河段水质良好。与上年相比，除宝应运河段水质有所下降外，其他河段水质均无明显变化。

洪泽湖湖体为中度污染，主要污染指标为总磷，营养状态为轻度富营养状态。与上年相比，水质无明显变化。

骆马湖湖体为轻度污染，主要污染指标为总磷，营养状态为轻度富营养状态。汇入骆马湖的沂河水质为优。与上年相比，骆马湖水质有所下降，沂河水质无明显变化。

南四湖湖体为轻度污染，主要污染指标为总磷，营养状态为轻度富营养状态。汇入南四湖的 11 条河流中，东渔河为轻度污染，其他河流水质良好。与上年相比，南四湖水质有所下降，老运河、东渔河水质有所下降，其他河流水质均无明显变化。

东平湖湖体水质良好，营养状态为中营养状态。汇入东平湖的大汶河水质良好。与上年相比，东平湖和大汶河水质均无明显变化。

表 2.2.4-1　2021 年南水北调（东线）沿线主要河流水质状况

河流名称	断面名称	汇入湖库	所在地市	水质类别		主要超标指标（超标倍数）
				2021 年	2020 年	
夹江	三江营		扬州	Ⅱ	Ⅱ	—
里运河段	槐泗河口			Ⅲ	Ⅱ	—
宝应运河段	大运河船闸（宝应船闸）			Ⅲ	Ⅱ	—
宿迁运河段	马陵翻水站		宿迁	Ⅱ	Ⅱ	—
不牢河段	蔺家坝		徐州	Ⅲ	Ⅲ	—
韩庄运河段	台儿庄大桥		枣庄	Ⅲ	Ⅲ	—
梁济运河段	李集		济宁	Ⅲ	Ⅲ	—
沂河	港上桥	骆马湖	徐州	Ⅲ	Ⅲ	—
沿河	李集桥	南四湖		Ⅲ	Ⅲ	—

河流名称	断面名称	汇入湖库	所在地市	水质类别		主要超标指标（超标倍数）
				2021 年	2020 年	
城郭河	群乐桥	南四湖	枣庄	III	III	—
洙赵新河	于楼		菏泽	III	III	—
老运河	西石佛		济宁	III	III	—
洸府河	东石佛			III	III	—
泗河	尹沟			III	III	—
白马河	鲁桥			III	III	—
老运河	老运河微山段			III	II	—
西支河	入湖口			III	III	—
东渔河	西姚			IV	III	高锰酸盐指数（0.08）
洙水河	105 公路桥			III	III	—
大汶河	王台大桥	东平湖	泰安	II	III	—

表 2.2.4-2　2021 年南水北调（东线）沿线主要湖泊水质状况

湖泊名称	所属省份	监测点位数/个	综合营养状态指数	营养状态	水质类别		主要超标指标（超标倍数）
					2021 年	2020 年	
洪泽湖	江苏	1	57.7	轻度富营养	V	V	总磷（1.3）
骆马湖		2	54.8	轻度富营养	IV	III	总磷（0.08）
南四湖	山东	2	52.6	轻度富营养	IV	III	总磷（4.2）
东平湖		2	49.5	中营养	III	III	—

（2）调水期间水质状况

2021 年，南水北调（东线）一期工程在 1—5 月进行调水。调水期间调水线路上涉及的 17 个断面均为 II 类和 III 类水质。

表 2.2.4-3　2021 年南水北调（东线）一期工程调水期间干线水质状况

河流（湖泊）名称	断面（点位）名称	所属省份	所在地区	水质类别
夹江	三江营	江苏	扬州	II
芒稻河	江都西闸	江苏	江都市	II
洪泽湖	老山乡	江苏	淮安市	II
京杭大运河中运河段	五叉河口	江苏	淮安市	II
	马陵翻水站	江苏	宿迁市	II
徐洪河	顾勒大桥	江苏	宿迁市	III

河流（湖泊）名称	断面（点位）名称	所属省份	所在地区	水质类别
骆马湖	骆马湖乡	江苏	宿迁市	II
	三场	江苏	宿迁市	III
京杭大运河中运河段	张楼	江苏	邳州市	III
京杭大运河不牢河段	蔺家坝	江苏	徐州市	III
京杭大运河韩庄运河段	台儿庄大桥	山东	枣庄市	II
南四湖	岛东	山东	济宁市	III
京杭大运河梁济运河段	南阳	山东	济宁市	III
	李集	山东	济宁市	III
柳长河	八里湾入湖口	山东	泰安市	III
东平湖	东平湖湖心	山东	泰安市	II
	东平湖湖北	山东	泰安市	II

（二）南水北调（中线）

（1）源头及上游地区水质状况

2021 年，丹江口水库水质为优，营养状态为中营养状态；取水口丹江口水库陶岔断面为II类水质。与上年相比，丹江口水库和陶岔断面水质均无明显变化。

汇入丹江口水库的 9 条河流中，官山河水质良好，其他河流水质均为优。与上年相比，官山河水质有所下降，其他河流水质均无明显变化。

表 2.2.4-4　2021 年南水北调（中线）源头丹江口水库水质状况

点位名称	所在地市	水质类别	
		2021 年	2020 年
坝上中	十堰	II	II
五龙泉	南阳	II	II
宋岗		II	I
何家湾	十堰	III	II
江北大桥		III	II

表 2.2.4-5　2021 年南水北调（中线）取水口水质状况

断面名称	所在地市	水质类别	
		2021 年	2020 年
陶岔	南阳	II	II

表 2.2.4-6　2021 年南水北调（中线）入库主要河流水质状况

河流名称	断面名称	所在地市	断面属性	水质类别	
				2021 年	2020 年
汉江	烈金坝	汉中		Ⅰ	Ⅱ
	黄金峡		城市河段	Ⅱ	Ⅱ
	小钢桥	安康		Ⅱ	Ⅱ
	老君关		城市河段	Ⅱ	Ⅱ
	羊尾	十堰	省界	Ⅱ	Ⅱ
	陈家坡			Ⅱ	Ⅱ
淇河	淅川高湾	南阳	入河口	Ⅱ	Ⅰ
金钱河	夹河口	十堰	入库口	Ⅱ	Ⅰ
天河	天河口			Ⅱ	Ⅱ
堵河	焦家院			Ⅱ	Ⅰ
官山河	孙家湾			Ⅲ	Ⅱ
浪河	浪河口			Ⅱ	Ⅱ
丹江	构峪口	商洛		Ⅰ	Ⅰ
	丹凤下			Ⅱ	Ⅱ
	淅川荆紫关	南阳	省界	Ⅱ	Ⅱ
	淅川史家湾		入库口	Ⅱ	Ⅰ
老灌河	淅川张营			Ⅱ	Ⅱ

（2）调水干线水质状况

2021 年，南水北调（中线）一期工程全年调水。调水期间丹江口水库库体和调水沿线上涉及的 7 个断面（点位）水质均为优良。

表 2.2.4-7　2021 年南水北调（中线）一期工程调水干线水质状况

所在水体	断面（点位）名称	所属省份	所在地区	断面（点位）属性	水质类别
丹江口水库	坝上中	湖北	丹江口	库体	Ⅱ
	江北大桥			库体	Ⅲ
	五龙泉	河南	南阳	库体	Ⅱ
干渠	陶岔			取水口	Ⅱ
	南营村	河北	邯郸	省界（豫—冀）	Ⅱ
	曹庄子泵站	天津	天津	省界（冀—津）	Ⅰ
	惠南庄	北京	北京	省界（冀—京）	Ⅱ

二、三峡库区

（一）水质状况

2021 年，按年均值评价，三峡库区主要支流总体水质为优。77 个断面中，Ⅰ类水质断面占 1.3%，Ⅱ类占 79.2%，Ⅲ类占 18.2%，Ⅳ类占 1.3%，无其他类。与上年相比，水质无明显变化。Ⅰ类水质断面比例上升 1.3 个百分点，Ⅱ类下降 5.2 个百分点，Ⅲ类上升 3.9 个百分点，其他类均持平。总磷出现超标，断面超标率为 1.3%。

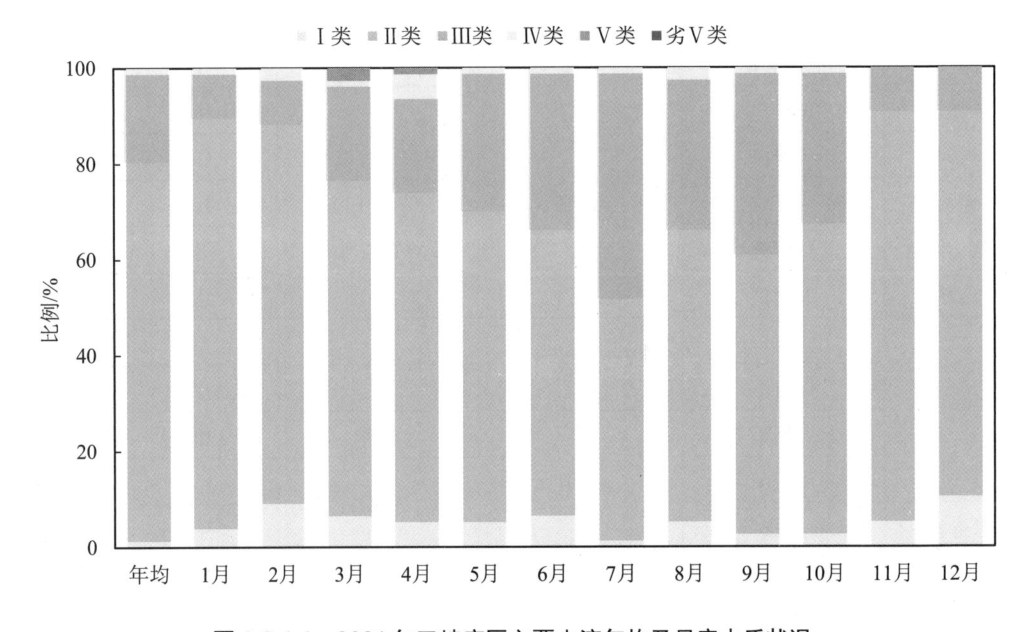

图 2.2.4-1　2021 年三峡库区主要支流年均及月度水质状况

按月均值评价，Ⅰ类水质断面比例范围为 1.3%～10.4%，Ⅱ类为 50.6%～85.7%，Ⅲ类为 9.1%～46.8%，Ⅳ类为 0%～5.2%，Ⅴ类为 0%～2.6%，12 个月中未出现劣Ⅴ类。5—7 月、12 月Ⅰ～Ⅲ类水质断面比例与上年相比分别上升 3.9 个、3.9 个、1.3 个、1.3 个百分点，9 月、11 月持平，1—4 月、8 月、10 月分别下降 1.3 个、2.7 个、0.8 个、5.2 个、1.3 个、1.3 个百分点。

（二）营养状态

2021 年，按年均值评价，三峡库区主要支流 77 个断面综合营养状态指数范围为 33.1～59.2，中营养状态断面占监测断面总数的 74.0%，轻度富营养状态断面占 26.0%，无其他营养状态断面。其中，回水区处于富营养状态的断面比例为 25.0%，非回水区处于富营养状态的断面比例为 27.0%。

与上年相比，贫营养状态断面比例下降 1.3 个百分点，中营养状态断面比例下降 1.3 个百分点，轻度富营养状态断面比例上升 3.9 个百分点，中度富营养状态断面比例下降 1.3 个百分点，其他营养状态均持平。其中，回水区处于富营养状态的断面比例上升 7.5 个百分点，非回水区下降 2.7 个百分点。

按月均值评价，77 个断面综合营养状态指数范围为 20.0～67.4，处于贫营养状态的断面占监测断面总数的 0～5.2%，中营养状态断面占 51.9%～92.2%，轻度富营养状态断面占 3.9%～42.9%，中度富营养状态断面占 0～6.5%，无重度富营养状态断面。其中，回水区处于富营养状态的断面占 2.5%～45.0%，非回水区占 5.4%～54.1%。

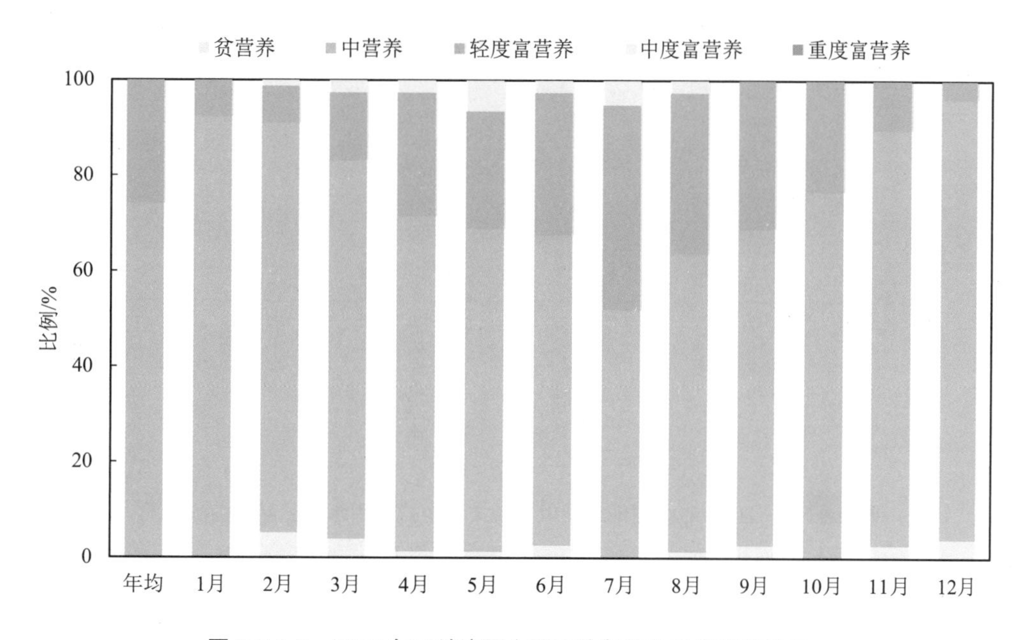

图 2.2.4-2 2021 年三峡库区主要支流年均及月度营养状态

（三）水华状况

2021 年，三峡库区各支流无水华现象发生。

第五节 集中式饮用水水源地

2021 年，全国 337 个地级及以上城市的 876 个在用集中式生活饮用水水源监测断面（点位）中，地表水水源监测断面（点位）587 个（河流型 323 个、湖库型 264 个），地下水水源监测点位 289 个。取水总量为 410.78 亿 t，其中达标水量为 406.12 亿 t，占取水总量的 98.9%，与上年持平。

从断面来看，876 个水源监测断面（点位）中，825 个全年均达标，达标率为 94.2%。

地表水水源监测断面（点位）中，564个全年均达标，达标率为96.1%；23个存在不同程度超标，主要超标指标为总磷、高锰酸盐指数和铁。地下水水源监测点位中，261个全年均达标，达标率为90.3%；28个存在不同程度超标，主要超标指标为锰、铁和氟化物，超标主要是由于环境本底较高。

与上年相比，2021年全国水源达标率下降0.3个百分点。其中，地表水水源达标率下降1.6个百分点，地下水水源达标率上升2.1个百分点。

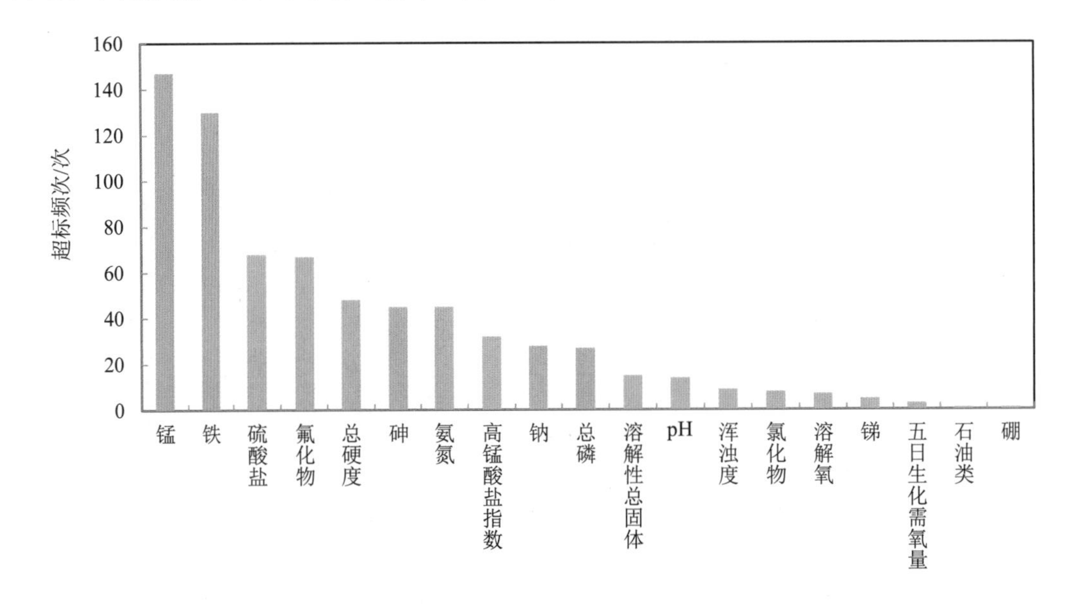

图2.2.5-1　2021年全国地级及以上城市集中式饮用水水源超标指标情况

从城市来看，337个地级及以上城市中，302个城市水源达标率为100%，占89.6%；5个城市水源达标率大于等于80.0%且小于100%，占1.5%；13个城市水源达标率大于等于50.0%且小于80.0%，占3.9%；3个城市水源达标率大于0且小于50.0%，占0.9%；14个城市水源达标率为0，占4.2%。

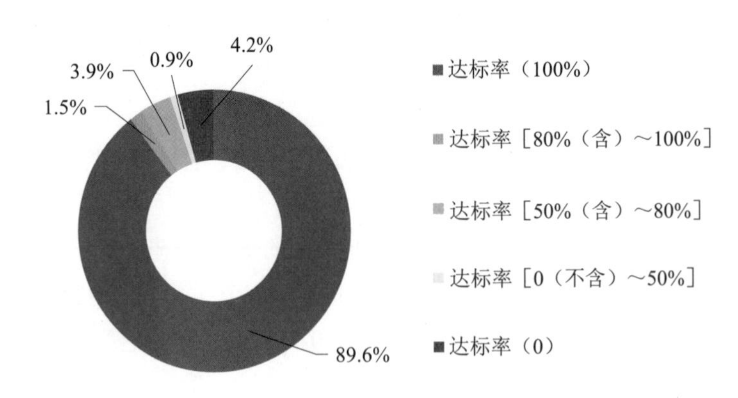

图2.2.5-2　2021年全国地级及以上城市集中式饮用水水源达标城市比例

第六节 地下水

2021年，实际监测的1 900个国家地下水环境质量考核点位中，Ⅰ～Ⅳ类水质点位占79.4%，Ⅴ类占20.6%，排名前三位的超标指标为硫酸盐、氯化物和钠。

从类别来看，在区域点位中，Ⅴ类水质点位占 21.6%；在污染风险监控点位中，Ⅴ类占 30.2%；在饮用水水源点位中，Ⅴ类占 6.3%。

从区域来看，东北平原、长三角和黄淮海平原等平原地区地下水Ⅴ类水质点位分别占37.4%、35.8%和 23.9%，高于全国平均水平。主要原因是这些地区地下水埋深较浅且人口密集、工业化水平较高，地下水易受人为活动影响。

从水层来看，浅层地下水水质劣于深层地下水。1 087 个潜水点位（表征浅层地下水）中，Ⅴ类占 23.6%；813 个承压水点位（表征深层地下水）中，Ⅴ类占 16.7%。

从指标来看，国控地下水点位主要超标指标为硫酸盐、氯化物、氟化物、硫化物、碘化物、氨氮、硝酸盐等无机化合物，以及钠、铁、锰等常规金属。其中，硫酸盐、氯化物、铁、锰、钠等指标超标可能受到区域原生地质背景、海水入侵等自然因素影响，氨氮、硝酸盐等指标超标可能主要受到工业企业生产废水排放、农业面源污染等人为影响。个别点位存在砷、铅、铬（六价）等重金属（类金属）超标，主要分布在吉林、江苏、内蒙古等地；未出现有机物超标。

第七节 内陆渔业水域

2021 年，江河重要渔业水域主要超标指标为总氮。总氮、总磷、高锰酸盐指数、非离子氨、石油类、铜和挥发性酚监测浓度优于评价标准的面积占所监测面积的比例分别为 0.3%、56.4%、88.7%、97.0%、98.0%、98.1%和 99.6%。与上年相比，总氮、高锰酸盐指数、石油类、挥发性酚和非离子氨超标面积比例有所上升，总磷和铜超标面积比例有所下降。

湖泊（水库）重要渔业水域主要超标指标为总氮和总磷。总氮、总磷、高锰酸盐指数、铜、挥发性酚和石油类监测浓度优于评价标准的面积占所监测面积的比例分别为 5.2%、25.2%、63.3%、94.0%、95.7%和 96.4%。与上年相比，石油类和挥发性酚超标面积比例有所上升，总氮、总磷、高锰酸盐指数和铜超标面积比例有所下降。

40 个国家级水产种质资源保护区（内陆）水体中主要超标指标为总氮。总氮、非离子氨、挥发性酚、高锰酸盐指数、铜、总磷和石油类监测浓度优于评价标准的面积占所监测面积的比例分别为 0.4%、79.9%、87.3%、87.7%、97.8%、98.1%和 99.3%。与上年相比，总氮、高锰酸盐指数、挥发性酚、非离子氨和铜超标面积比例有所上升，总磷和石油类超标面积比例有所下降。

第八节　重点流域水生态

一、总体情况

2021 年，全国重点流域水生态状况以“中等”～“良好”为主。701 个可评价点位中，处于“优良”状态的占 40.1%，“中等”状态的占 40.8%，“较差”和“很差”状态的占 19.1%。

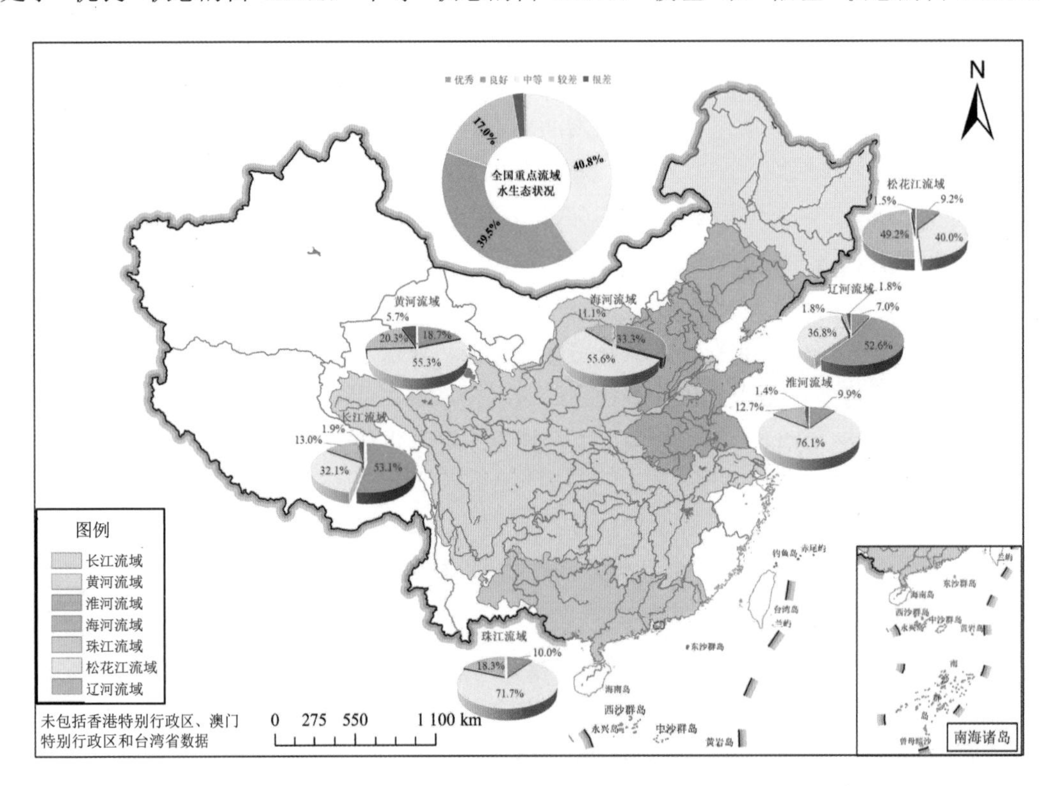

图 2.2.8-1　2021 年全国重点流域水生态状况示意图

二、水生生物状况

（一）长江流域

（1）底栖动物

2021 年，长江流域 241 个底栖动物点位共监测到底栖动物 184 种，属 4 门 10 纲 84 科。其中，河流 192 个点位监测到 172 种，湖库 49 个点位监测到 62 种。节肢动物门为绝对优势类群，占 67.4%，其次为软体动物门和环节动物门，分别占 17.4%和 14.7%。

长江流域各采样点底栖动物密度差异较大，变化范围为 0.7～21 600.0 个/m^2，平均密度为 316.9 个/m^2。节肢动物门和环节动物门为流域内绝对优势类群。

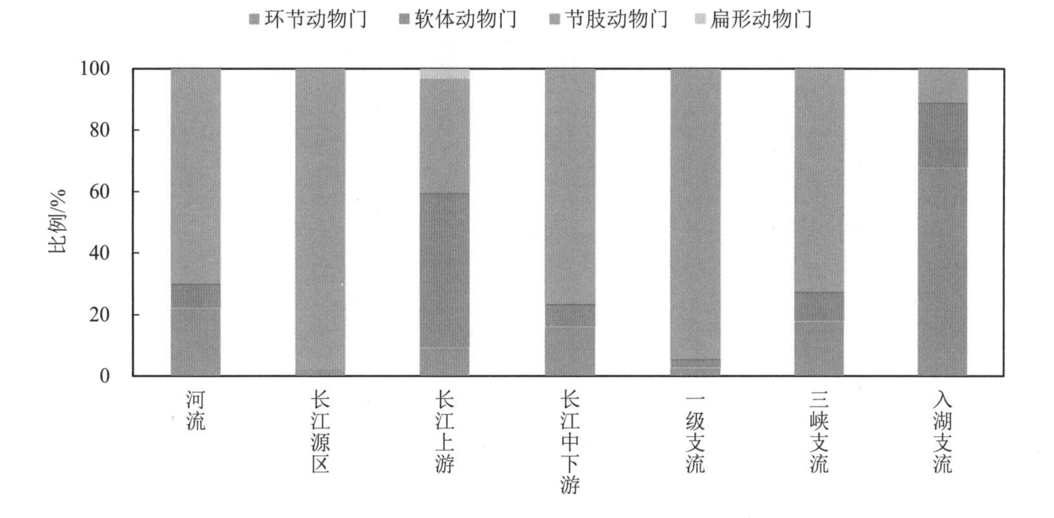

图 2.2.8-2 长江流域河流底栖动物密度组成

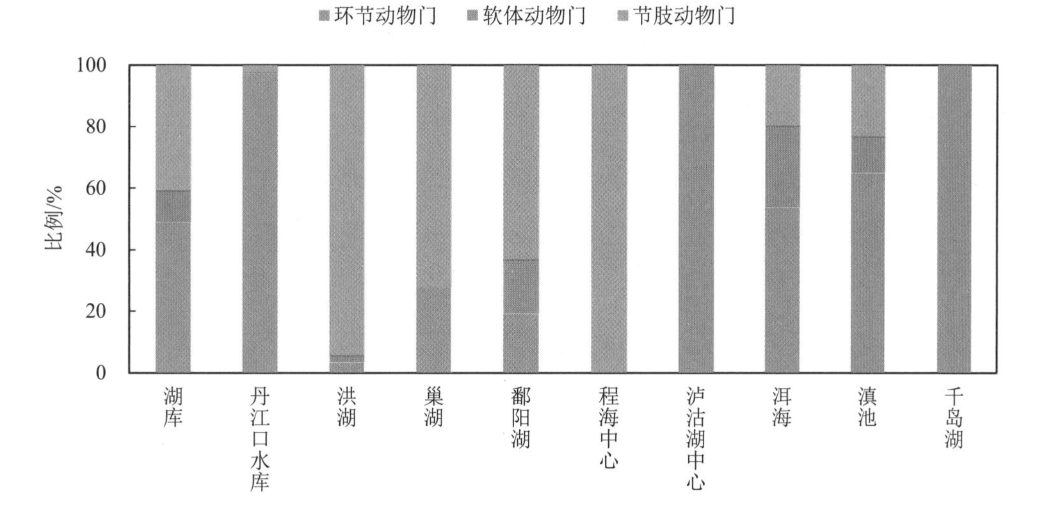

图 2.2.8-3 长江流域湖库底栖动物密度组成

（2）浮游动物

2021 年，长江流域 51 个湖库浮游动物点位共监测到浮游动物 167 种。其中轮虫为绝对优势类群，占 42.5%，原生动物占 24.0%，枝角类占 21.0%，桡足类占 12.6%。

长江流域各采样点浮游动物密度差异较大，变化范围为 17.3～21 634.8 个/L，平均密度为 4 836.1 个/L。原生动物和轮虫为流域内绝对优势类群，其中轮虫为泸沽湖优势类群，桡足类为程海优势类群，其他湖泊均以原生动物和轮虫为优势类群。

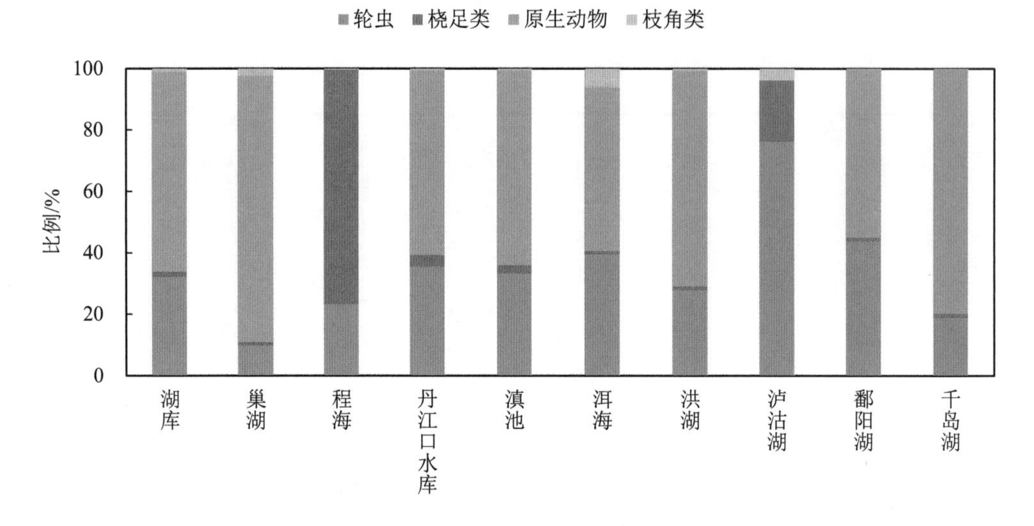

图 2.2.8-4 长江流域湖库浮游动物密度组成

（3）浮游植物

2021 年，长江流域 265 个浮游植物点位共监测到浮游植物 243 种，属 8 门 13 纲 53 科。其中，河流 214 个点位监测到 234 种，湖库 51 个点位监测到 182 种。绿藻门为绝对优势类群，占 56.8%，其次为硅藻门和蓝藻门，分别占 22.6%和 10.7%。

长江流域各采样点浮游植物密度差异较大，变化范围为 12.9 万～110 800.6 万个/L，平均密度为 3 414.4 万个/L。硅藻门、绿藻门和蓝藻门为流域内绝对优势类群。

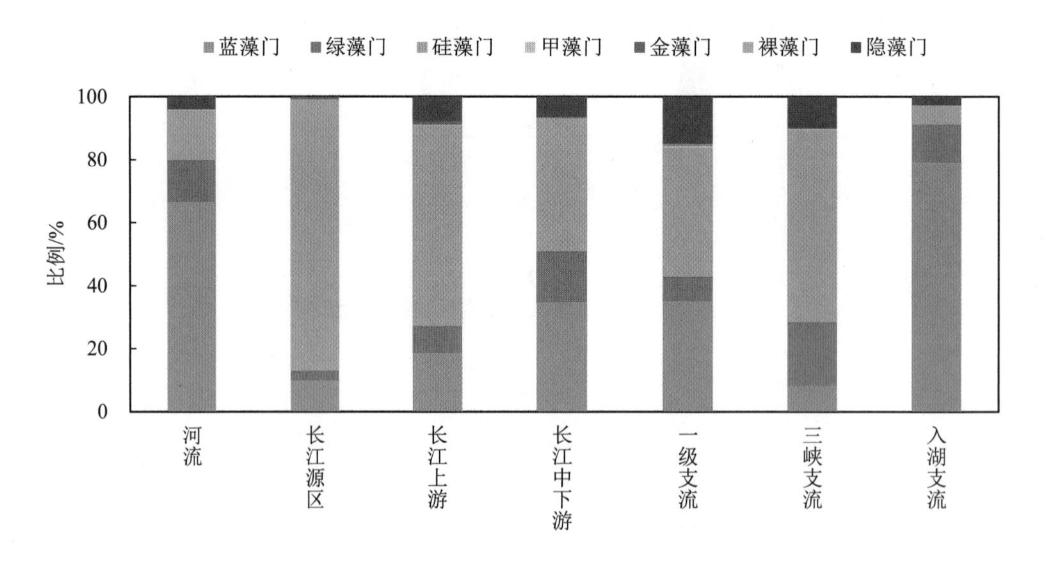

图 2.2.8-5 长江流域河流浮游植物密度组成

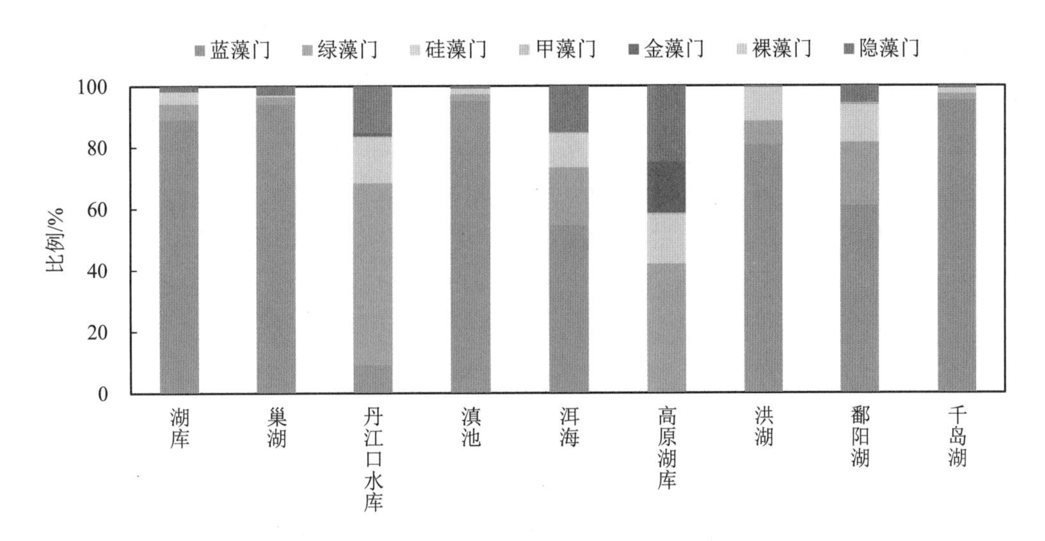

图 2.2.8-6 长江流域湖库浮游植物密度组成

（4）着生藻类

2021 年，长江流域 212 个河流着生藻类点位共监测到着生藻类 314 种，属 9 门 14 纲 64 科。绿藻门为绝对优势类群，占 45.5%，其次为硅藻门和蓝藻门，分别占 24.5%和 19.7%。

长江流域各采样点着生藻类密度差异较大，变化范围为 450.0～10 772.6 万个/cm^2，平均密度为 551.6 万个/cm^2。蓝藻门和硅藻门为流域内绝对优势类群。

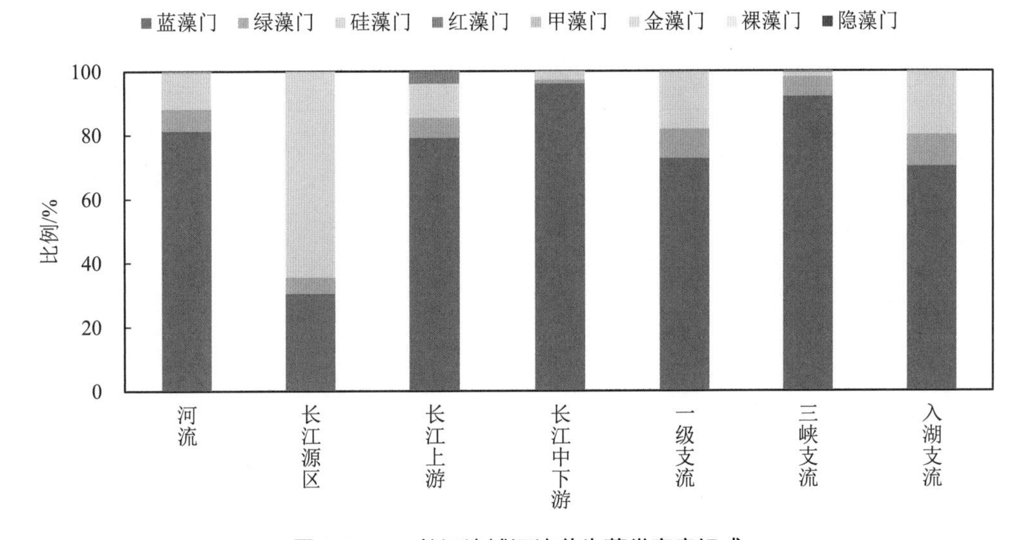

图 2.2.8-7 长江流域河流着生藻类密度组成

（二）黄河流域

（1）底栖动物

2021 年，黄河流域 123 个点位共监测到底栖动物 120 种，属 3 门 7 纲 62 科。其中，河流 77 个点位监测到 108 种，湖库 46 个点位监测到 49 种。节肢动物门为绝对优势类群，占 64.2%，其次为软体动物门和环节动物门，分别占 25.8%和 10.0%。

黄河流域各采样点底栖动物密度差异较大，变化范围为 0.3～8 736.0 个/m^2，平均密度为 253.1 个/m^2。节肢动物门和软体动物门为流域内绝对优势类群。

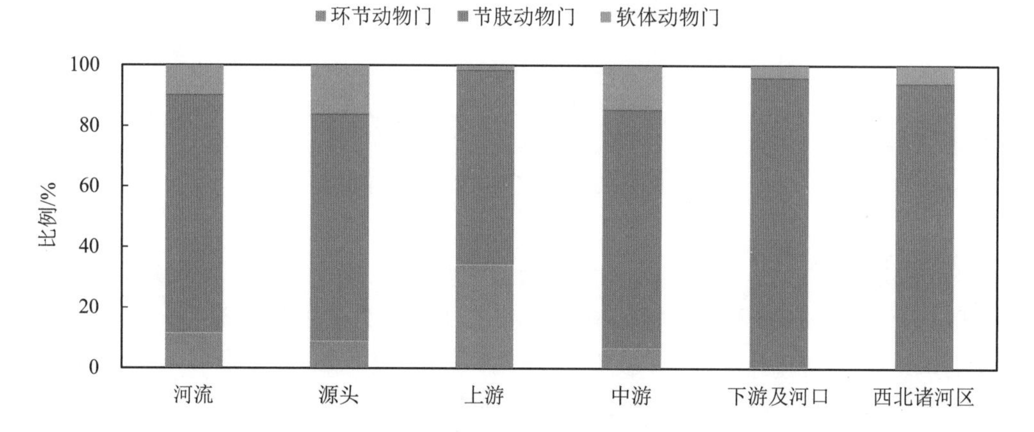

图 2.2.8-8　黄河流域河流底栖动物密度组成

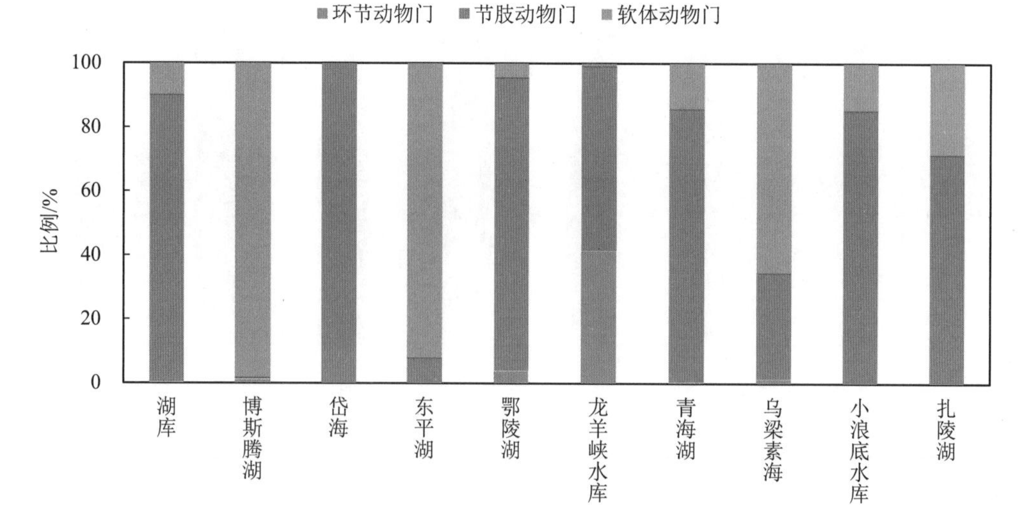

图 2.2.8-9　黄河流域湖库底栖动物密度组成

（2）浮游动物

2021 年，黄河流域 123 个点位共监测到浮游动物 100 种，属 3 门 5 纲 22 科。其中，河流 77 个点位监测到 79 种，湖库 46 个点位监测到 73 种。轮虫类为绝对优势类群，占 48.0%，其次为原生动物、枝角类和桡足类，分别占 21.0%、19.0%和 12.0%。

黄河流域各采样点浮游动物密度差异较大，变化范围为 0.0～612.8 个/L，平均密度为 29.8 个/L。桡足类、枝角类和轮虫类为黄河流域内主要优势类群。

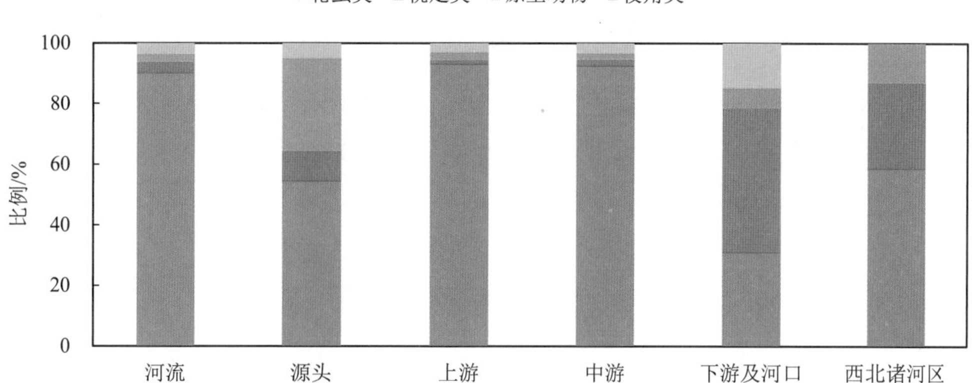

图 2.2.8-10　黄河流域河流浮游动物密度组成

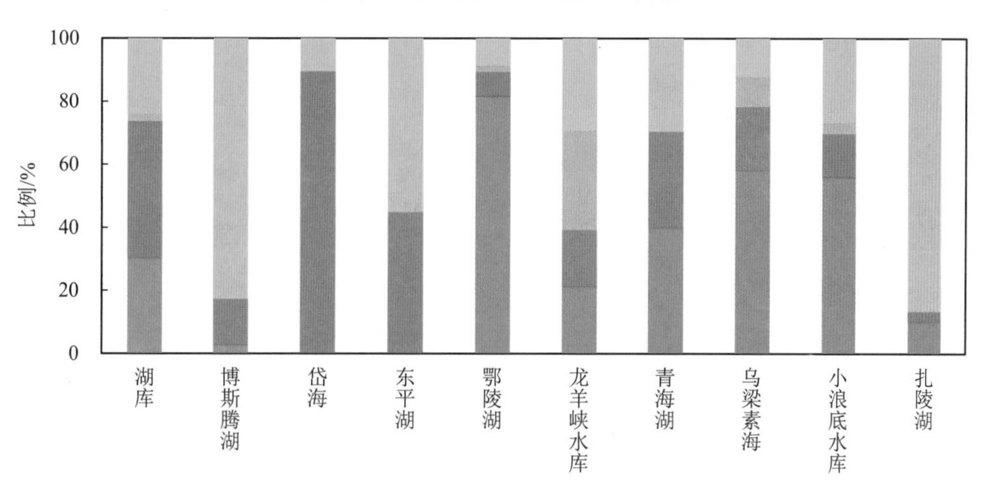

图 2.2.8-11　黄河流域湖库浮游动物密度组成

（3）浮游植物

2021 年，黄河流域 123 个点位共监测到浮游植物 313 种，属 8 门 10 纲 42 科。其中，河流 77 个点位监测到 245 种，湖库 46 个点位监测到 215 种。硅藻门为绝对优势类群，占

42.5%，其次为绿藻门，占 37.7%。

黄河流域各采样点浮游植物密度差异较大，变化范围为 6 000.0～9 382.1 万个/L，平均密度为 520.5 万个/L。蓝藻门、硅藻门和绿藻门为流域内绝对优势类群。

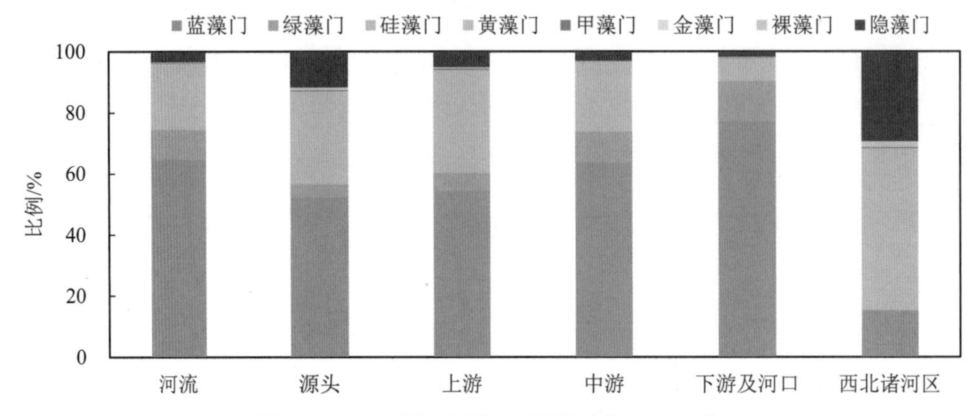

图 2.2.8-12　黄河流域河流浮游植物密度组成

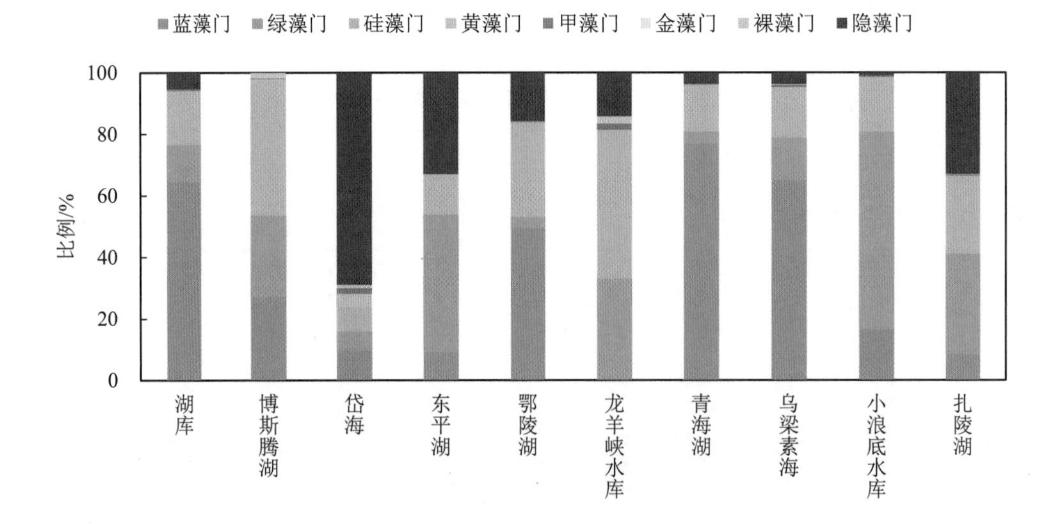

图 2.2.8-13　黄河流域湖库浮游植物密度组成

（三）珠江流域

（1）底栖动物

2021 年，珠江流域 57 个河流底栖动物点位（河口点位未监测）共监测到底栖动物 86 种，属 3 门 7 纲 53 科。其中，干流 23 个点位监测到 71 种，支流 34 个点位监测到 73 种。节肢动物门为绝对优势类群，占 77.9%，其次为软体动物门和环节动物门，分别占 15.1% 和 7.0%。

珠江流域各采样点底栖动物密度差异较大，变化范围为 16.7～1 656.7 个/m²，平均密度为 334.2 个/m²。节肢动物门为流域内绝对优势类群。

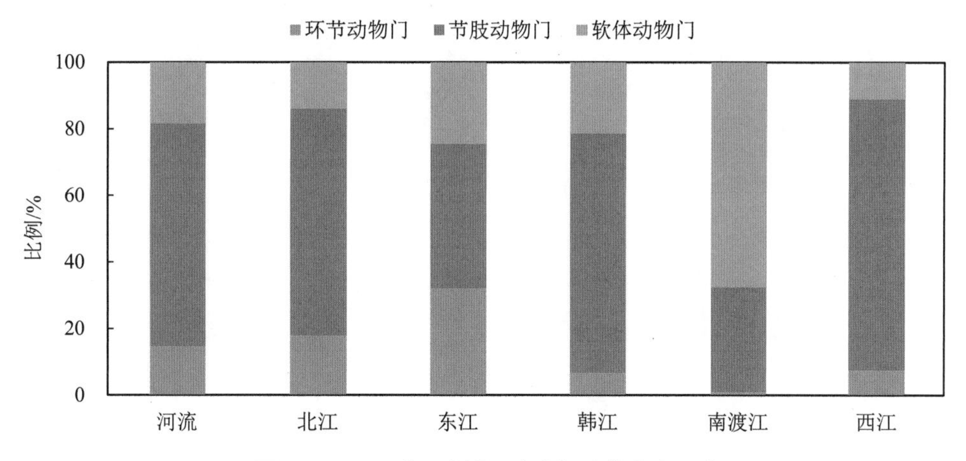

图 2.2.8-14　珠江流域河流底栖动物密度组成

（2）浮游植物

2021 年，珠江流域 3 个河口点位共监测到浮游植物 24 种，属 3 门 6 纲 10 科。硅藻门为绝对优势类群，占 66.7%，其次为绿藻门和褐藻门，分别占 25.0%和 8.3%。

珠江流域 3 个采样点浮游植物密度较为相近，变化范围为 8 400.0～28 800.0 个/L，平均密度为 16 933.3 个/L。硅藻门为流域内绝对优势类群。

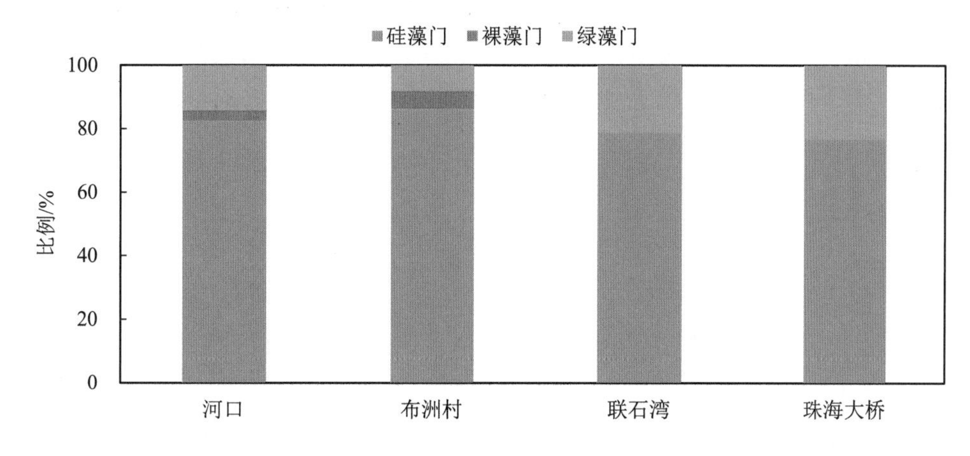

图 2.2.8-15　珠江流域河口浮游植物密度组成

（3）着生藻类

2021 年，珠江流域 60 个点位共监测到着生藻类 167 种，属 1 门 2 纲 12 科。其中，干流 26 个点位监测到 133 种，支流 34 个点位监测到 148 种。硅藻门羽纹纲为优势类群，占 91.0%，其次为硅藻门中心纲，占 9.0%。

硅藻门羽纹纲为流域内绝对优势类群。

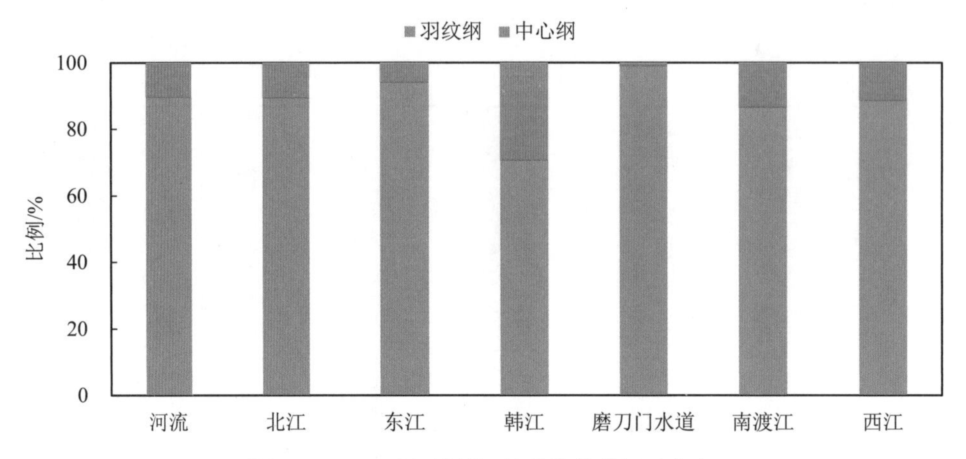

图 2.2.8-16 珠江流域河流着生藻类相对丰度

（四）松花江流域

（1）底栖动物

2021 年，松花江流域 65 个点位共监测到底栖动物 124 种，属 3 门 6 纲 63 科。其中，河流 47 个点位监测到 90 种，湖库 18 个点位监测到 46 种。节肢动物门为绝对优势类群，占 77.4%，其次为软体动物门和环节动物门，分别占 12.9%和 9.7%。

松花江流域各采样点底栖动物密度差异较大，变化范围为 4.0～2 080.0 个/笼（河流点位采用人工基质篮法）和 0.0～672.0 个/m^2（湖库点位采用底泥法），平均密度分别为 139.0 个/笼和 139.7 个/m^2。节肢动物门和软体动物门为流域内绝对优势类群。

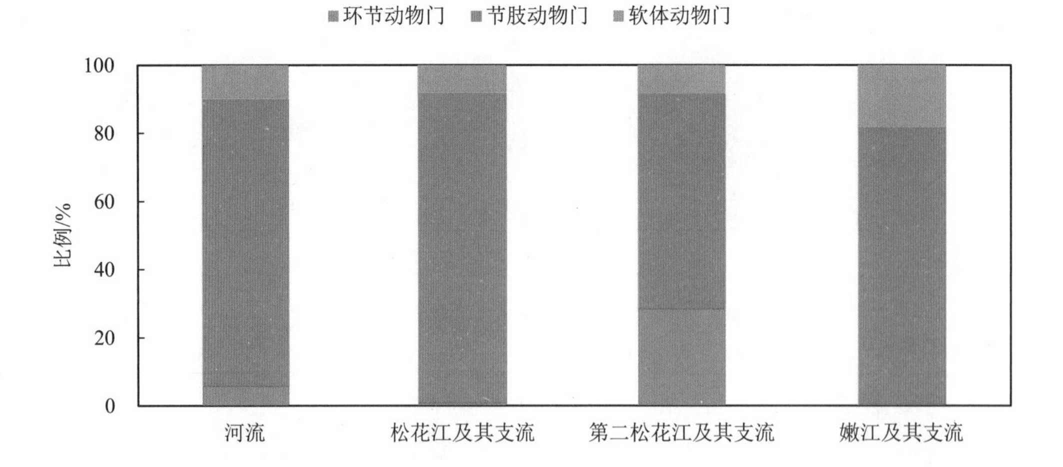

图 2.2.8-17 松花江流域河流底栖动物密度组成

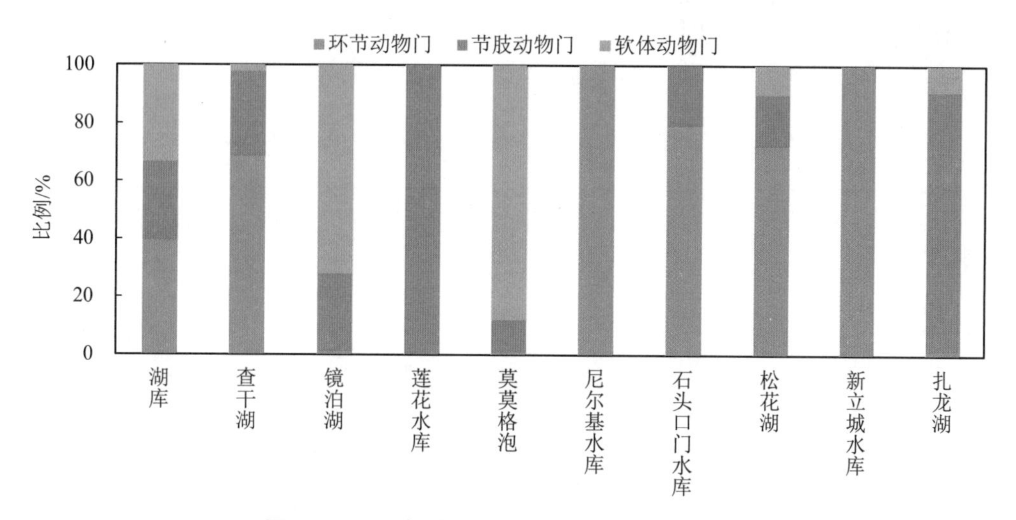

图 2.2.8-18 松花江流域湖库底栖动物密度组成

（2）浮游动物

2021 年，松花江流域 18 个湖库点位共监测到浮游动物 77 种，属 3 门 7 纲 34 科。轮虫类为绝对优势类群，占 51.9%，其次为原生动物和枝角类，分别占 27.3%和 13.0%。

松花江流域各采样点浮游动物密度差异较大，变化范围为 301.8～14.6 万个/L，平均密度为 16 401.7 个/L。轮虫类和原生动物为流域内绝对优势类群。

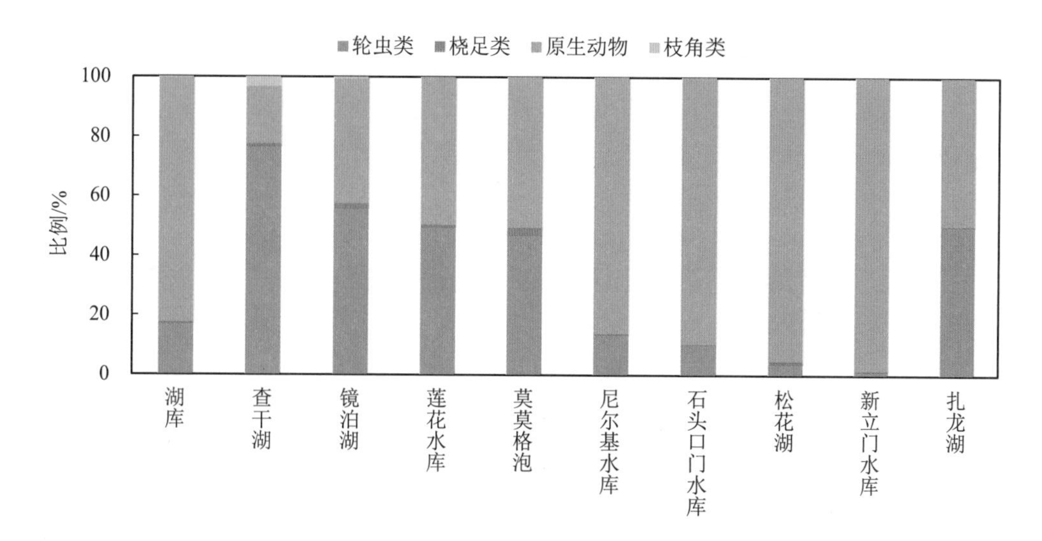

图 2.2.8-19 松花江流域湖库浮游动物密度组成

（3）浮游植物

2021 年，松花江流域 18 个湖库点位共监测到浮游植物 106 种，属 7 门 9 纲 32 科。绿藻门为绝对优势类群，占 37.8%，其次为硅藻门和蓝藻门，分别占 29.2%和 22.6%。

松花江流域各采样点浮游植物密度差异较大，变化范围为10 000.0～4 506.7万个/L，平均密度为894.2万个/L。蓝藻门和硅藻门为流域内绝对优势类群。

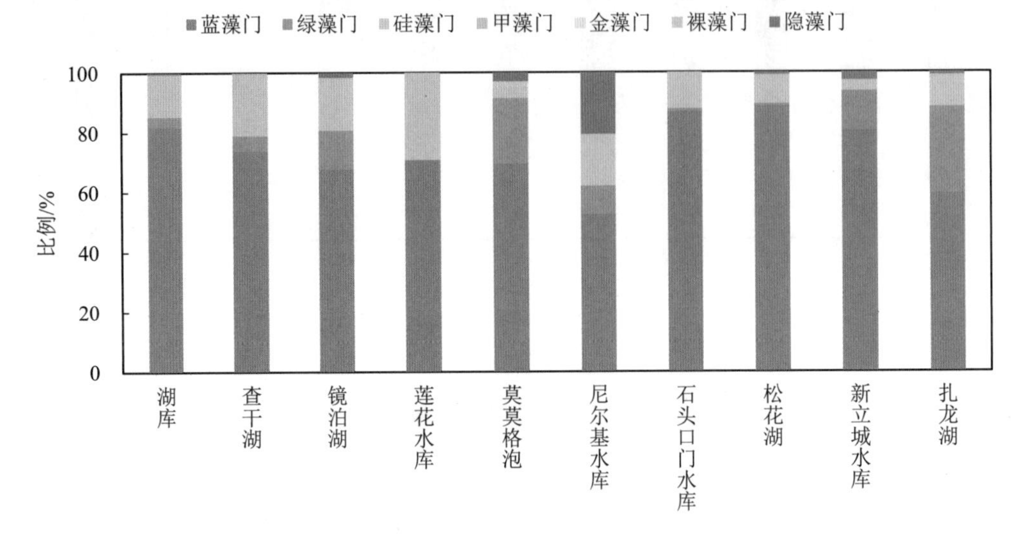

图 2.2.8-20　松花江流域湖库浮游植物密度组成

（4）着生藻类

2021 年，松花江流域 45 个河流点位（2 个点位未监测）共监测到着生藻类 171 种，属 7 门 9 纲 31 科。硅藻门为优势类群，占 51.5%，其次为绿藻门和蓝藻门，分别占 25.7% 和 13.5%。

松花江流域各采样点着生藻类密度差异较大，变化范围为 151.8～12.5 万个/cm^2，平均密度为 18 326.9 个/cm^2。硅藻门和蓝藻门为流域内绝对优势类群。

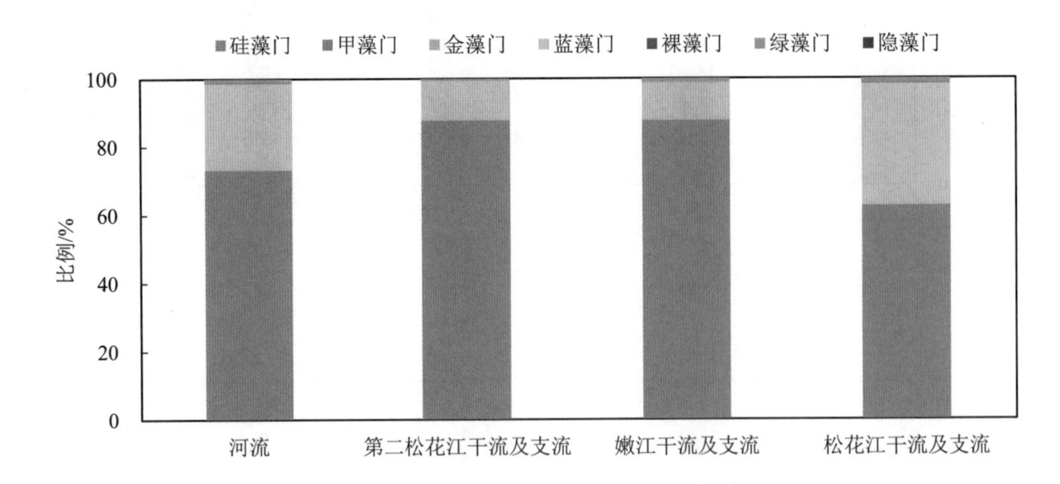

图 2.2.8-21 松花江流域河流着生藻类密度组成

（五）淮河流域

（1）底栖动物

2021 年，淮河流域 71 个点位共监测到底栖动物 82 种，属 3 门 8 纲 48 科。其中，河流 51 个点位监测到 77 种，湖库 20 个点位监测到 32 种。节肢动物门为绝对优势类群，占 57.3%，其次为软体动物门，占 26.8%。

淮河流域各采样点底栖动物密度差异较大，变化范围为 10.0～4 444.4 个/m²，平均密度为 462.9 个/m²。软体动物门和节肢动物门为流域内河流主要优势类群，环节动物门和节肢动物门为流域内湖库主要优势类群。

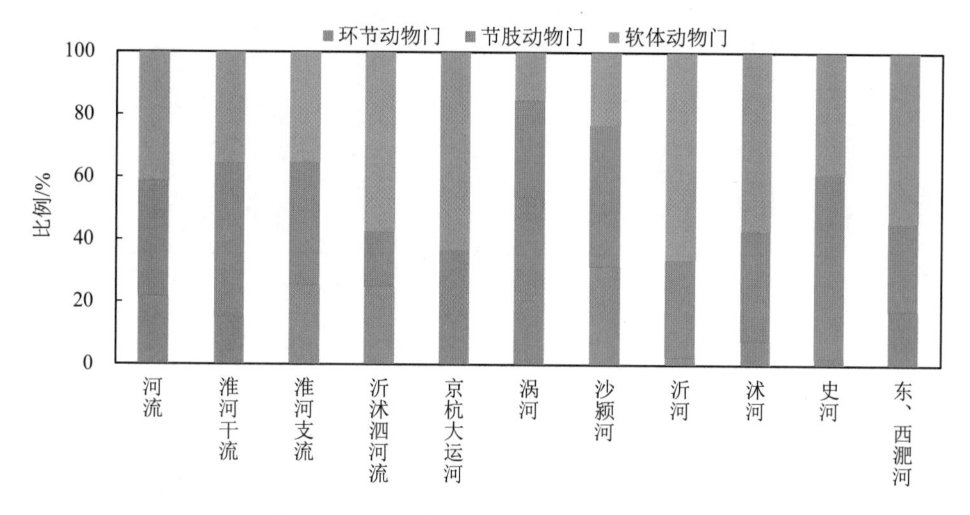

图 2.2.8-22　淮河流域河流底栖动物密度组成

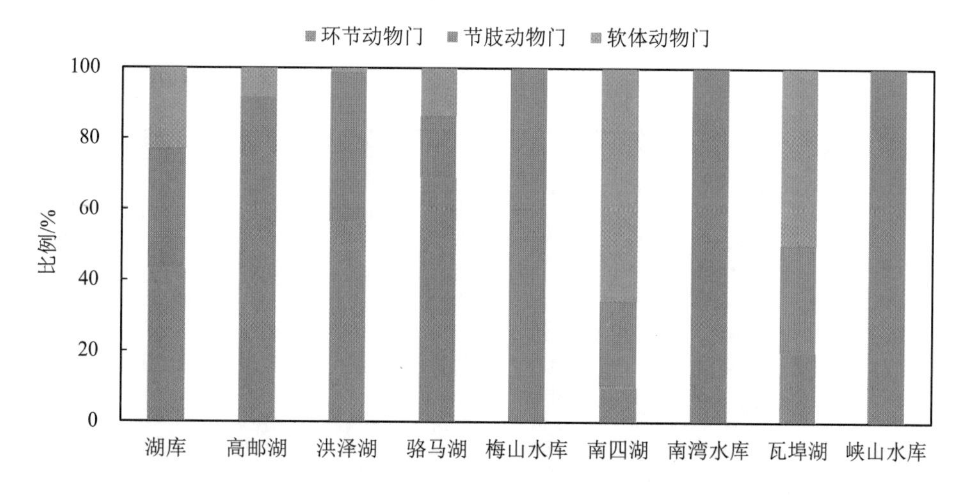

图 2.2.8-23　淮河流域湖库底栖动物密度组成

（2）浮游动物

2021年，淮河流域20个湖库点位共监测到浮游动物72种，属3门4纲28科。其中原生动物占26.4%，轮虫类占51.4%，枝角类占12.5%，桡足类占9.7%。

淮河流域各采样点浮游动物密度差异较大，变化范围为260.0～27 420.0个/L，平均密度为3 614.0个/L。轮虫类为流域内主要优势类群。

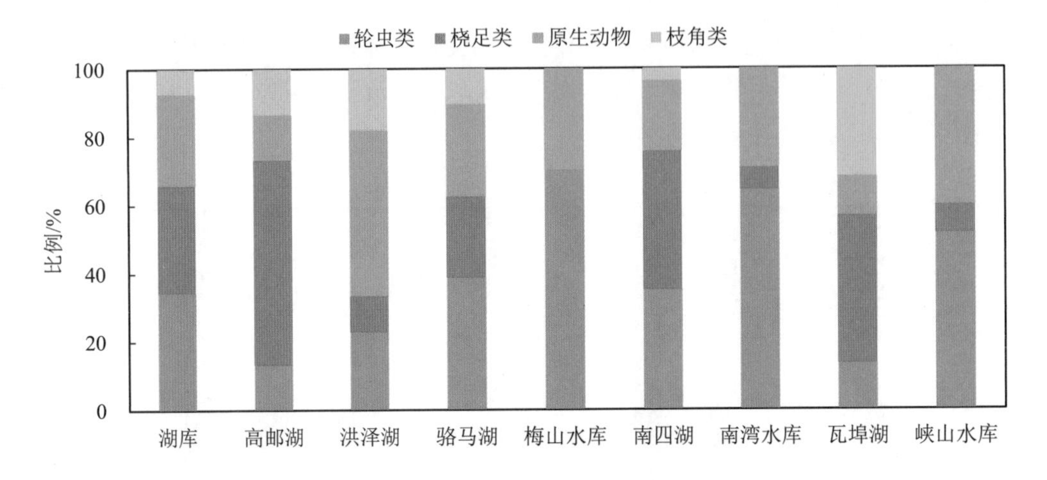

图2.8.8-24　淮河流域湖库浮游动物密度组成

（3）浮游植物

2021年，淮河流域20个湖库点位共监测到浮游植物103种，属3门10纲24科。其中蓝藻门为主要优势类群，占35.0%，其次为绿藻门，占32.0%。

淮河流域各采样点浮游植物密度差异较大，变化范围为94 276～1 140.0万个/L，平均密度为239.0万个/L。蓝藻门为流域内主要优势类群。

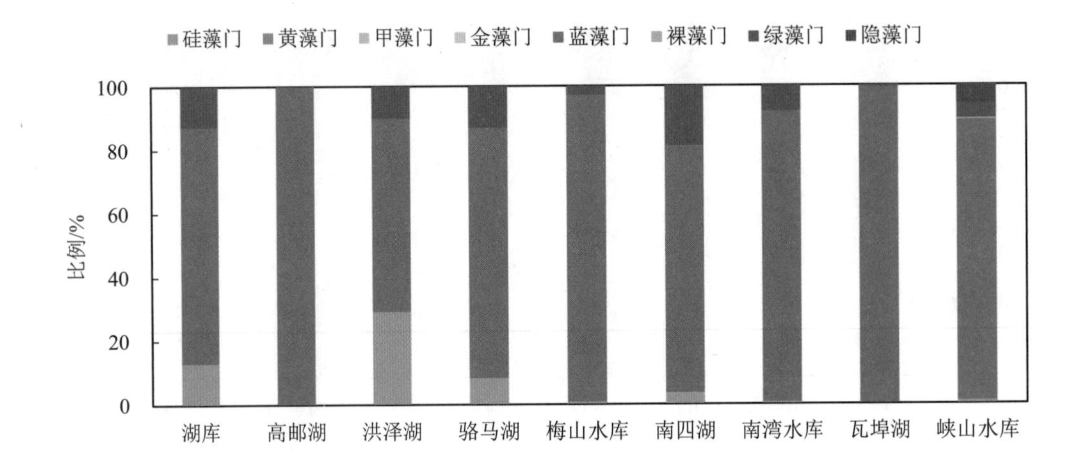

图2.8.8-25　淮河流域湖库浮游植物密度组成

（六）海河流域

（1）底栖动物

2021 年，海河流域 63 个点位共监测到底栖动物 145 种，属 4 门 8 纲 63 科。其中，河流 50 个点位监测到 130 种，湖库 13 个点位监测到 85 种。节肢动物门为绝对优势类群，占 75.2%，其次为软体动物门，占 16.6%。

海河流域各采样点底栖动物密度差异较大，变化范围为 3.3～1 426.7 个/m²，平均密度为 236.5 个/m²。节肢动物门为流域内绝对优势类群。

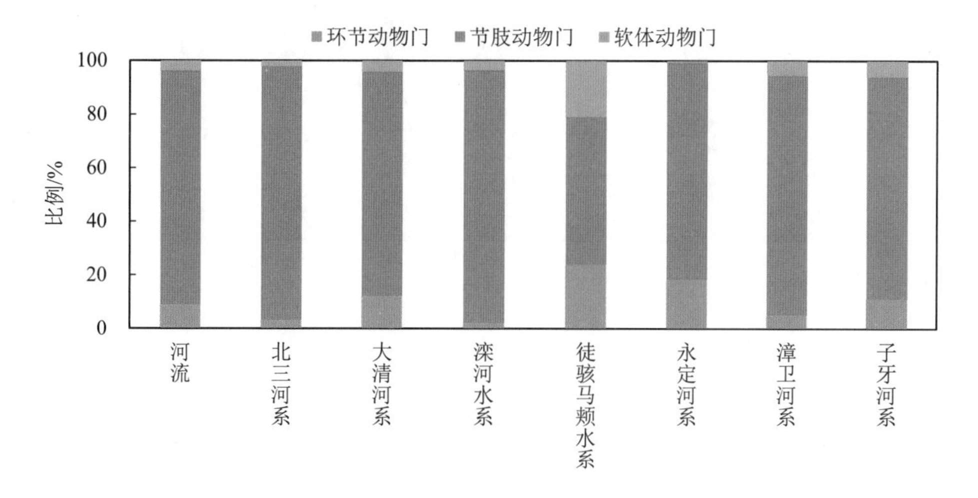

图 2.8.8-26 海河流域河流底栖动物密度组成

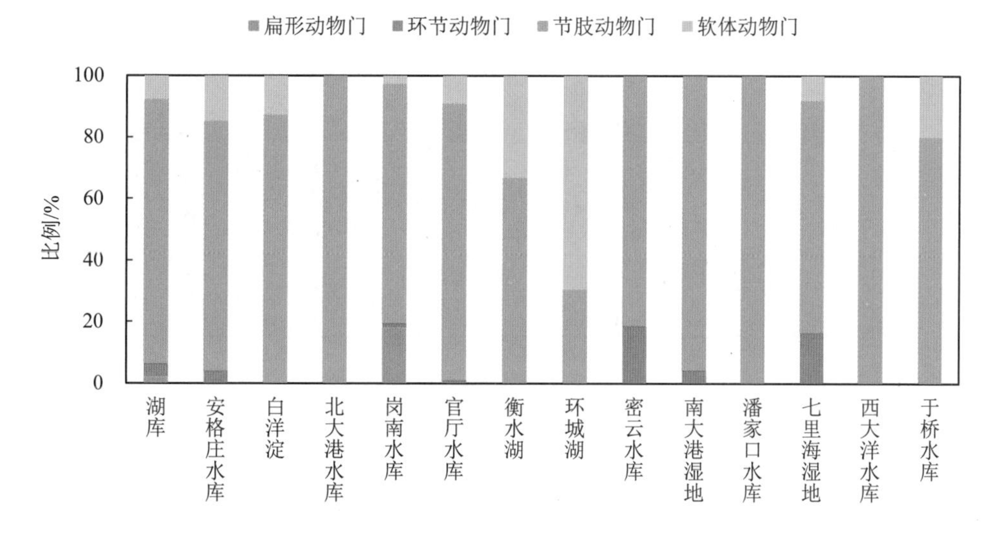

图 2.8.8-27 海河流域湖库底栖动物密度组成

（2）浮游动物

2021 年，海河流域 63 个点位共监测到浮游动物 186 种，属 3 门 4 纲 44 科。其中，河流 50 个点位监测到 149 种，湖库 13 个点位监测到 140 种。轮虫类为绝对优势类群，占 43.6%，其次为节肢动物和原生动物，分别占 30.1%和 26.3%。

海河流域各采样点浮游动物密度差异较大，变化范围为 0.6～13 630.8 个/L，平均密度为 2 059.7 个/L。原生动物和轮虫类为流域内绝对优势类群。

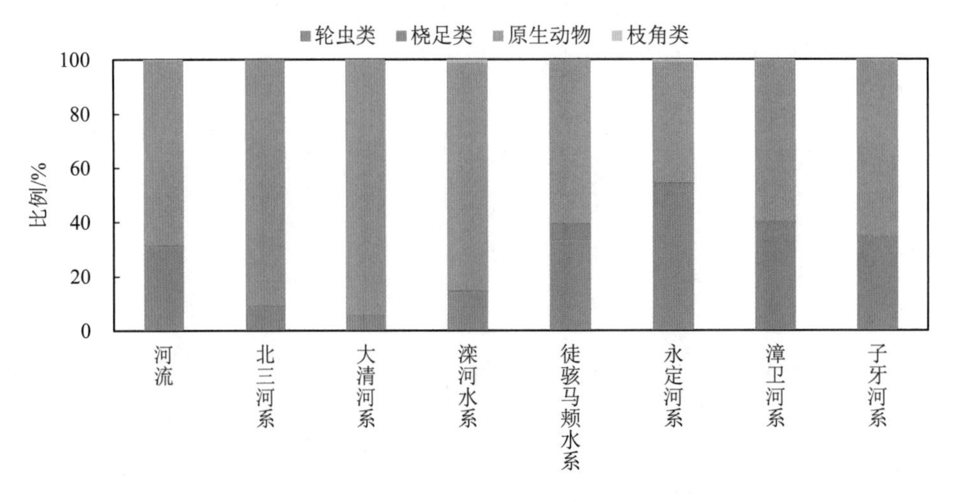

图 2.8.8-28　海河流域河流浮游动物密度组成

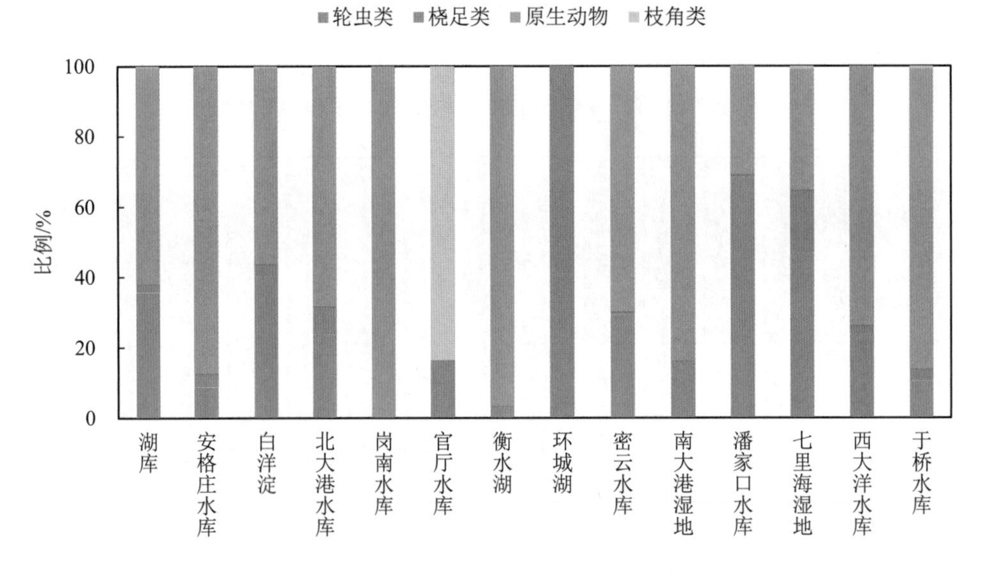

图 2.8.8-29　海河流域湖库浮游动物密度组成

（3）浮游植物

2021 年，长江流域 63 个点位共监测到浮游植物 352 种，属 8 门 10 纲 48 科。其中，河流 50 个点位监测到 263 种，湖库 13 个点位监测到 278 种。硅藻门为绝对优势类群，占 39.2%，其次为绿藻门和蓝藻门，分别占 32.1%和 13.1%。

海河流域各采样点浮游植物密度差异较大，变化范围为 21 000.0～4 566.0 万个/L，平均密度为 567.6 万个/L。蓝藻门、硅藻门和绿藻门为流域内绝对优势类群。

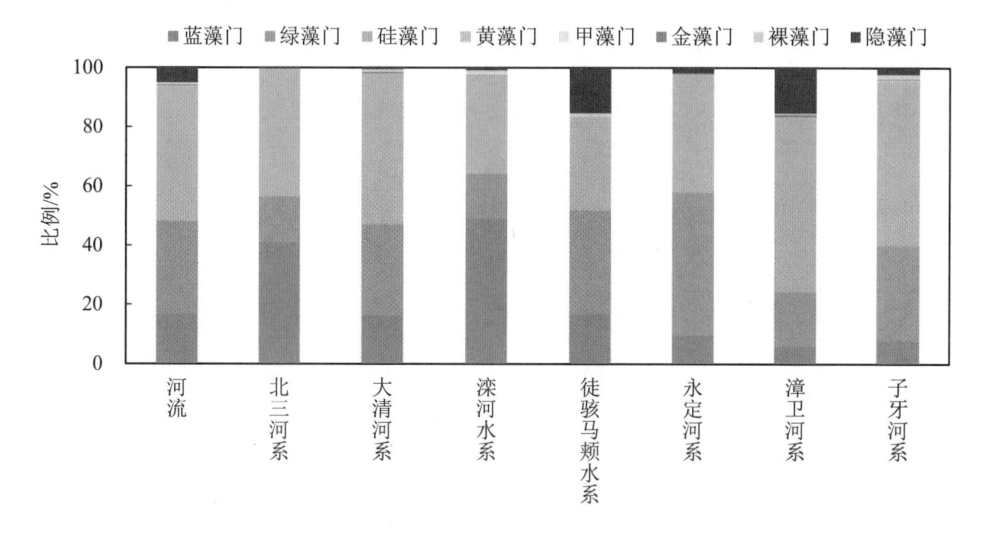

图 2.2.8-30　海河流域河流浮游植物密度组成

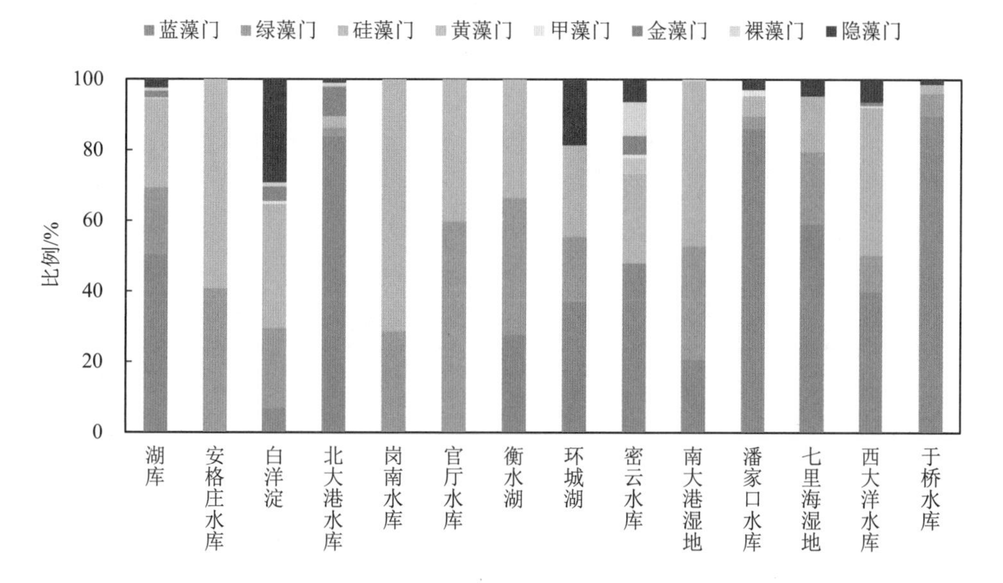

图 2.2.8-31　海河流域湖库浮游植物密度组成

（七）辽河流域

（1）底栖动物

2021 年，辽河流域 57 个点位共监测到底栖动物 130 种，属 4 门 9 纲 65 科。其中，河流 41 个点位监测到 117 种，湖库 16 个点位监测到 31 种。节肢动物门为绝对优势类群，占 77.7%，其次为软体动物门和环节动物门，分别占 14.6%和 6.9%。

辽河流域各采样点底栖动物密度差异较大，变化范围为 1.0～2 793.0 个/m²，平均密度为 213.0 个/m²。节肢动物门和环节动物门为流域内绝对优势类群。

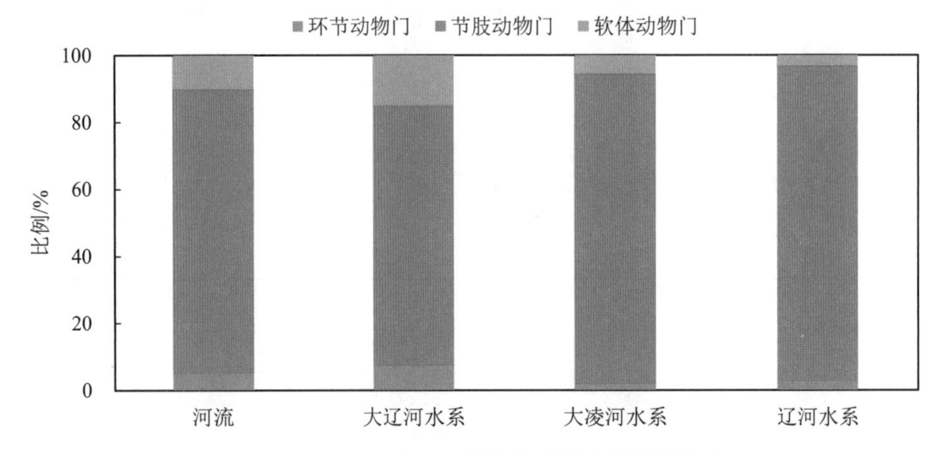

图 2.2.8-32 辽河流域河流底栖动物密度组成

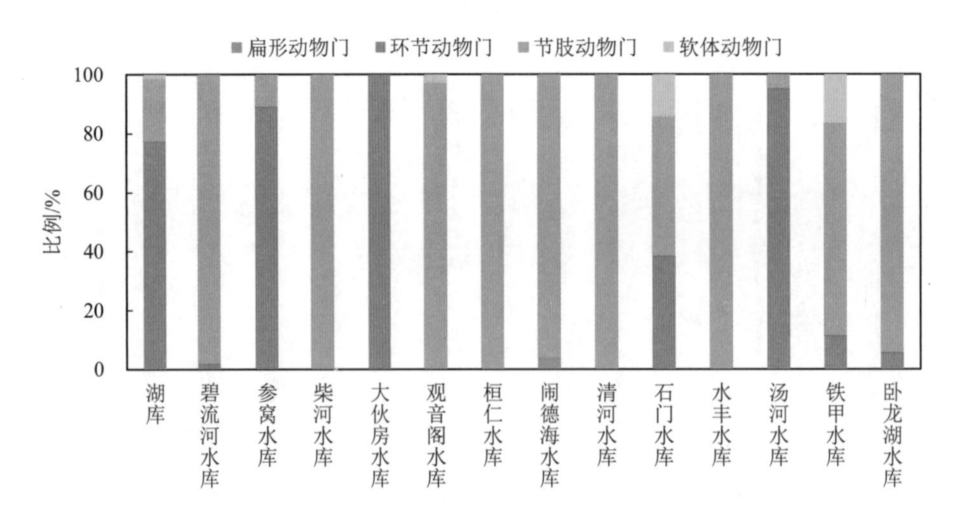

图 2.2.8-33 辽河流域湖库底栖动物密度组成

（2）浮游动物

2021 年，辽河流域 16 个湖库点位共监测到浮游动物 57 种，属 3 门 6 纲 27 科。轮虫类为绝对优势类群，占 50.8%，其次为原生动物和枝角类，分别占 24.6%和 15.8%。

辽河流域各采样点浮游动物密度差异较大，变化范围为 1 010.0～54 395.0 个/L，平均密度为 8 290.8 个/L。轮虫类和原生动物为流域内绝对优势类群。

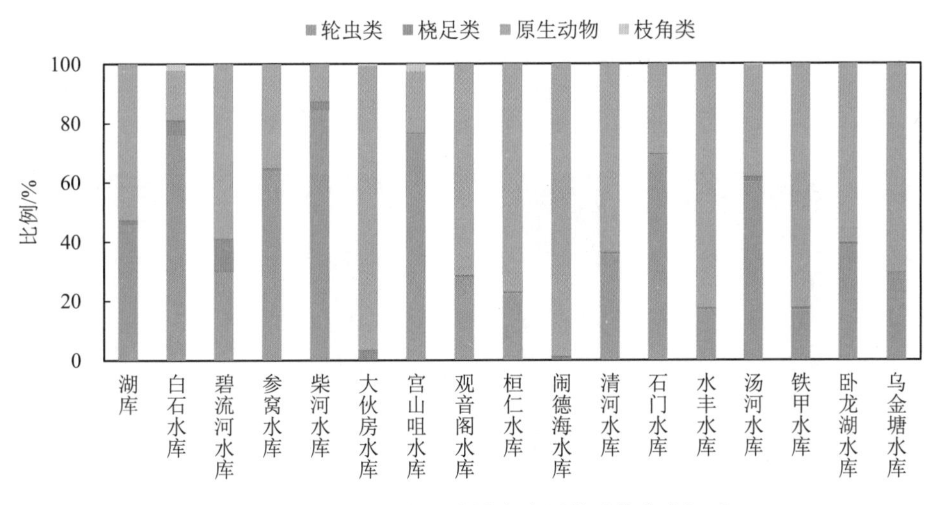

图 2.2.8-34　辽河流域湖库浮游动物密度组成

（3）浮游植物

2021 年，辽河流域 16 个湖库点位共监测到浮游植物 108 种，属 7 门 9 纲 30 科。硅藻门和绿藻门为绝对优势类群，分别各占 34.3%，其次为蓝藻门，占 16.7%。

辽河流域各采样点浮游植物密度差异较大，变化范围为 40 200.0～300.8 万个/L，平均密度为 94.4 万个/L。硅藻门和隐藻门为流域内绝对优势类群。

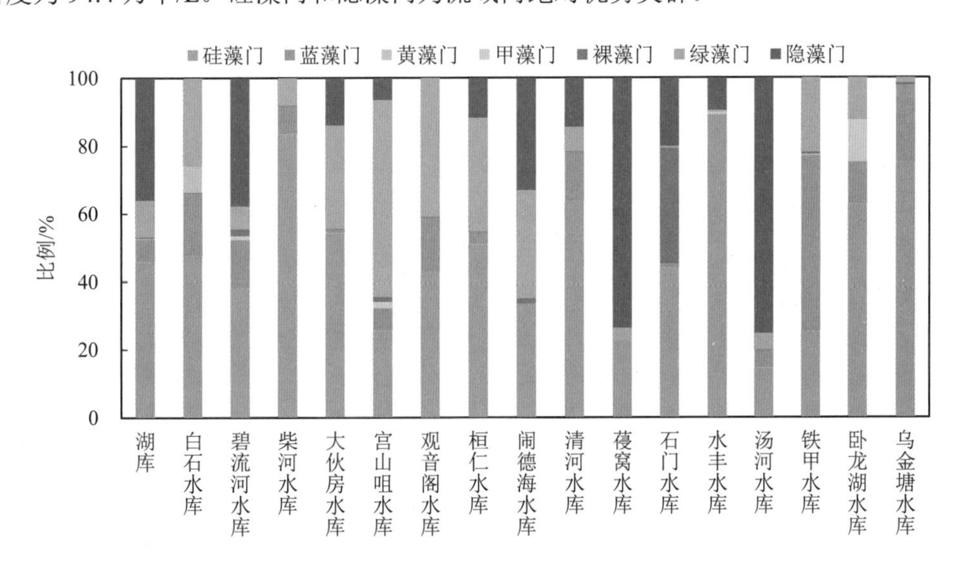

图 2.2.8-35　辽河流域湖库浮游植物密度组成

（4）着生藻类

2021年，辽河流域42个点位共监测到着生藻类167种，属6门8纲32科。硅藻门为优势类群，占53.3%，其次为绿藻门和蓝藻门，分别占28.7%和8.4%。

辽河流域各采样点着生藻类密度差异较大，变化范围为220.0～180.0万个/cm²，平均密度为17.7万个/cm²。硅藻门为流域内绝对优势类群。

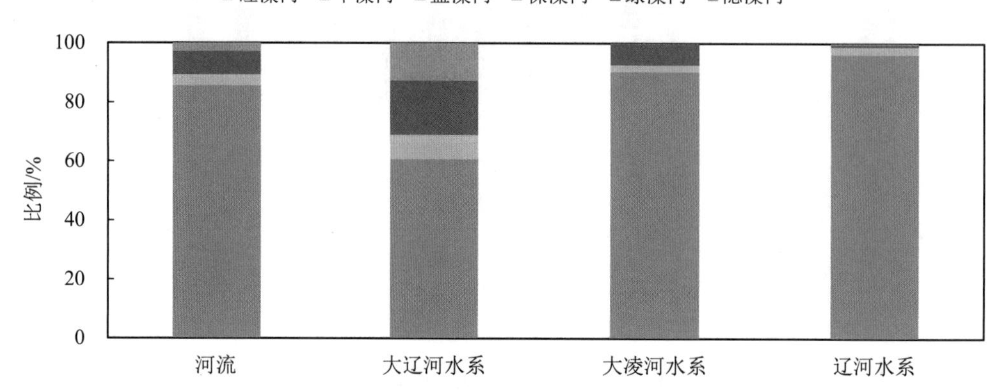

图2.2.8-36 辽河流域河流着生藻类密度组成

专栏 中俄界河联合监测

2006年，我国和俄罗斯联邦政府联合签署了《中俄跨界水体水质联合监测谅解备忘录》，共同制订《中俄跨界水体水质联合监测计划》。自2007年起，中俄双方根据共同制定的年度《中俄跨界水体水质联合监测实施方案》开展联合监测。

2021年，受新冠疫情管控和边境封闭管理影响，中俄双方未开展联合监测。中方根据《2021年中俄跨界水体水质联合监测实施方案》，继续在额尔古纳河、黑龙江、乌苏里江、绥芬河和兴凯湖5个跨界水体的9个断面单独开展监测（具体监测断面见表2.2.Z-1）。水质监测项目40项，监测时段分别为2—3月、5—6月、6—7月和8—9月，共4次。

2021年，中俄跨界水体总体为Ⅳ类水质，主要污染指标为高锰酸盐指数和化学需氧量。除石油类外，所有有机污染物均未检出。

额尔古纳河整体为Ⅴ类水质，主要污染指标为高锰酸盐指数和化学需氧量。其中，嘎洛托断面、黑山头断面[①]为Ⅴ类水质，室韦断面为劣Ⅴ类水质。铁在3个断面均超标。

黑龙江整体为Ⅳ类水质，主要污染指标为高锰酸盐指数和化学需氧量。其中，黑河下、名山上断面为Ⅴ类水质，同江东港断面为Ⅳ类水质。黑河下、名山上断面铁超标。

① 额尔古纳河黑山头断面和室韦断面、黑龙江名山上断面化学需氧量、高锰酸盐指数受自然因素影响。

表 2.2.Z-1 中俄跨界水体水质联合监测断面

断面序号	水体名称	位置	承担监测任务单位	断面名称
1	额尔古纳河	内蒙古自治区（中） 外贝加尔边疆区（俄）	中方：内蒙古自治区环境监测总站呼伦贝尔分站 俄方：外贝加尔水文气象和环境监测局	嘎洛托（莫罗勘村）
2				黑山头（库齐村）
3				室韦（奥洛齐）
4	黑龙江	黑龙江省（中） 阿穆尔州（俄）	中方：黑龙江省黑河生态环境监测中心 俄方：阿穆尔水文气象和环境监测中心	黑河下（布市下）
5		黑龙江省（中） 犹太自治州（俄）	中方：黑龙江省佳木斯生态环境监测中心 俄方：哈巴罗夫斯克跨地区水文气象和环境监测中心	名山上 1 公里 （阿穆尔泽特村）
6		黑龙江省（中） 犹太自治州（俄）		同江东港 （下列宁斯克村）
7	乌苏里江	黑龙江省（中） 哈巴罗夫斯克边疆区（俄）		乌苏镇哨所上 2 公里（卡扎克维切瓦村上 7 公里）
8	兴凯湖	黑龙江省（中） 滨海边疆区（俄）	中方：黑龙江省鸡西生态环境监测中心 俄方：滨海边疆区水文气象和环境监测局	龙王庙 （松阿察河河口）
9	绥芬河	黑龙江省（中） 滨海边疆区（俄）	中方：黑龙江省牡丹江生态环境监测中心 俄方：滨海边疆区水文气象和环境监测局	三岔口 （中俄边界处）

乌苏里江乌苏镇哨所上 2 公里断面、兴凯湖龙王庙断面、绥芬河三岔口断面均为Ⅲ类水质。

与上年相比，中俄跨界水体水质整体保持稳定。其中，黑龙江、乌苏里江、兴凯湖和绥芬河水质保持稳定，额尔古纳河水质有所下降。

专栏 中哈界河联合监测

2011 年，我国和哈萨克斯坦共和国政府联合签署了《中哈跨界河流水质保护协定》和《中哈环境保护合作协定》。2012 年，两国环境保护主管部门共同制定《中哈跨界河流水质监测数据交换方案》，并于当年 7 月起，每月按照约定的时间在各自境内跨界河流断面开展水质监测。

2021 年，中哈双方继续在 5 条中哈跨界河流的出入境断面上开展水质监测（具体监测断面见表 2.2.Z-2），监测项目共 28 项。其中，特克斯河、伊犁河、额尔齐斯河和额敏河监测频次为 1 次/月，霍尔果斯河监测频次为 2 次/a。

2021 年，中哈跨界河流整体水质为优。其中，额尔齐斯河、额敏河、霍尔果斯河为Ⅰ类水质，特克斯河、伊犁河为Ⅱ类水质。

与上年相比，中哈跨界河流整体水质保持稳定，并有逐步向好的趋势。

表 2.2.Z-2　中哈跨界河流水质监测断面

序号	河流名称	断面名称	断面属性	所在国家	承担监测任务单位	所在地区
1	特克斯河	特克斯	上游	哈萨克斯坦	阿拉木图市水文气象局	哈萨克斯坦阿拉木图州纳雷科地区
2		解放大桥* 昭苏戍边桥*	下游	中国	伊犁哈萨克自治州环境监测站	中国新疆维吾尔自治区伊犁州
3	伊犁河	三道河子	上游	中国	伊犁哈萨克自治州环境监测站	中国新疆维吾尔自治区伊犁州
4		杜本	下游	哈萨克斯坦	阿拉木图市水文气象局	哈萨克斯坦阿拉木图州维吾尔地区
5	额尔齐斯河	南湾	上游	中国	新疆阿勒泰地区环境监测中心站	中国新疆维吾尔自治区阿勒泰地区
6		布兰	下游	哈萨克斯坦	乌斯季卡缅诺戈尔斯克市水文气象局	哈萨克斯坦东哈萨克斯坦州库尔什姆地区
7	额敏河	巴士拜大桥	上游	中国	伊犁哈萨克自治州塔城地区环境监测站	中国新疆维吾尔自治区塔城地区
8		克济尔图	下游	哈萨克斯坦	乌斯季卡缅诺戈尔斯克市水文气象局	哈萨克斯坦东哈萨克斯坦州克济尔图地区
9	霍尔果斯河	中哈会晤桥	界河	中国、哈萨克斯坦	伊犁哈萨克自治州环境监测站、阿拉木图市水文气象局	中国新疆维吾尔自治区伊犁州、哈萨克斯坦阿拉木图州帕菲洛夫地区

*：2021 年 1—4 月监测断面为解放大桥，5—12 月为昭苏戍边桥。

专栏　重点区域河流断流干涸遥感监测

2021年，京津冀地区国控断面所在河流（除渠道）断流干涸遥感监测采用亚米级分辨率遥感数据（GF-2、BJ-2）和2 m分辨率遥感数据（GF-1B\C\D和GF-6），以及1∶25万基础地理信息数据。考虑云覆盖量等情况，累计筛选出234景有效影像，其中GF-2影像135景、BJ-2影像28景、GF-1B\C\D系列影像50景、GF-6影像21景，影像覆盖率达99%。监测频次为1次，监测时期为汛期（6—9月）。

监测采用人机交互等方法，对 1∶25 万基础地理信息数据库中京津冀地区 87 条国控断面所在河流（除渠道）开展监测。监测指标包括河流断流干涸位置、长度、数量、指数、所在行政区等，并根据断流干涸程度分级标准进行分级评价。评价指标为河流干涸程度，采用河流断流干涸指数作为单因子判定标准，即某条河流有效影像覆盖范围内断流干涸河道长度与河流总长度的比值（%）。

$$I_{河流}=\frac{\sum_{i=1}^{n} l_i}{n\times L}\times 100\%$$

式中，$I_{河流}$为河流断流干涸指数，%；n为监测频次，次；l_i为第 i 次监测河流断流干涸长度，km；L为河流总长度，km。

表 2.2.Z-3　河流断流干涸程度分级标准（暂行）

遥感监测河流断流干涸指数/%	河流断流干涸程度
$I_{河流}<1$	无明显干涸
$1\leqslant I_{河流}<10$	轻度干涸
$10\leqslant I_{河流}<20$	中度干涸
$20\leqslant I_{河流}<40$	重度干涸
$40\leqslant I_{河流}$	极重度干涸

监测结果表明，2021 年，京津冀地区汛期开展监测的 87 条国控断面所在河流（除渠道）中，有 39 条监测到断流干涸现象，占 44.8%。无明显干涸的 52 条，占 59.8%；轻度干涸的 19 条，占 21.8%；中度干涸的 10 条，占 11.5%；重度干涸的 3 条，占 3.4%；极重度干涸的 3 条，占 3.4%。4 条河流断流干涸河道长度超过 50 km，分别为潴龙河、慈河、唐河和江江河。

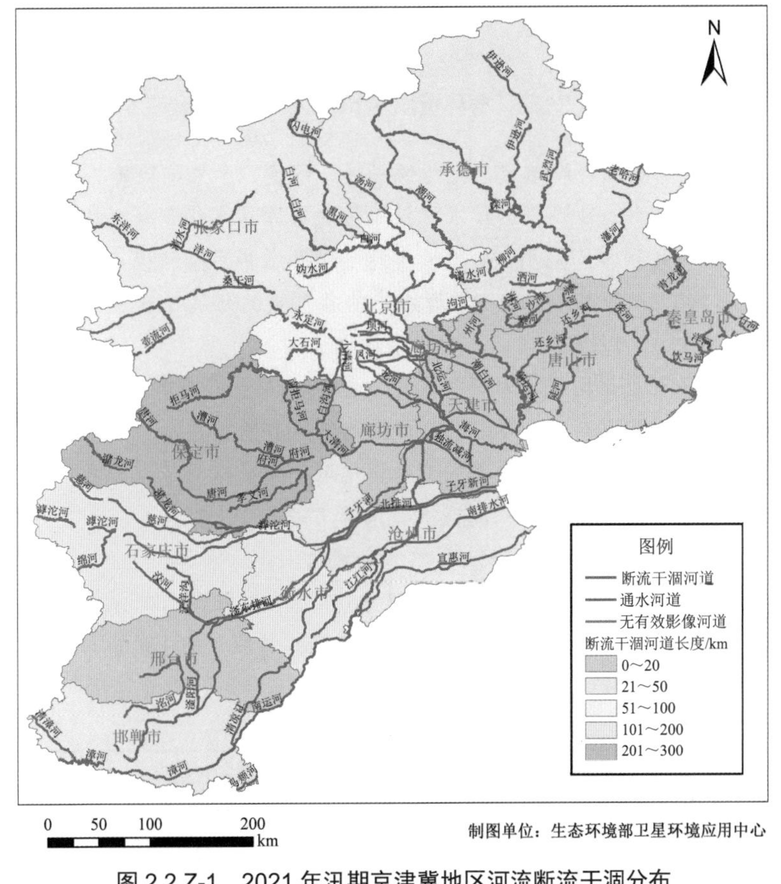

图 2.2.Z-1　2021 年汛期京津冀地区河流断流干涸分布

专栏　黑臭水体遥感监测

根据《关于深入打好污染防治攻坚战的意见》和《农村人居环境整治提升五年行动方案（2021—2025年）》文件要求，综合运用卫星遥感和地面监测等多种技术手段，在重点区域开展农村疑似黑臭水体遥感筛查工作，从而进一步支撑生态环境部开展农村黑臭水体整治监管工作，基本消除较大面积的农村黑臭水体，改善农村人居环境。

农村疑似黑臭水体遥感监测综合采用基于水色异常和污染物汇集聚集特征识别。在基于遥感监测的疑似黑臭水体点位开展现场核查调研，检测水体溶解氧、氨氮及透明度参数，根据《农村黑臭水体治理工作指南》中的各指标阈值判断水体是否黑臭。

2021年，在河北省保定、沧州，安徽省宿州及广东省江门等区域的典型区县开展了农村疑似黑臭水体遥感筛查工作。基于遥感监测初步结果，结合地面调查，共计监测到41个疑似黑臭水体点位。结果表明，小型河流及农村房前屋后封闭坑塘易产生水体黑臭现象，且普遍存在氨氮浓度超标。通过卫星遥感监测技术不仅能够开展农村疑似黑臭水体遥感筛查，同时能够通过多期卫星监测成果对黑臭水体动态变化情况开展监测，为加强农村水生态环境监管提供新的技术手段。

专栏　水环境质量预测开展情况

2021年8—9月，中国环境监测总站组织湖北、河南、十堰、渠首等地区开展丹江口库区水华预报业务会商工作，协调推进技术支持单位完善库区水华预报模块构建，完成业务化系统模块开发并在4地区推广应用。有力地支持了湖库水华污染防控，开创了夏季丹江口库区水华预报业务，也为全国其他流域、湖库水华业务预报的开展积累了一定的技术储备和工作经验。

同期，总站组织开展暴雨过程对典型湖库水质影响的分析工作。以鄱阳湖流域为例，选取包括修河、饶河、抚河西支以及鄱阳湖出口在内的4个断面，基于汛期水质、降水观测数据开展降水量级与污染物浓度相关关系研究，量化浓度突变时间节点和富营养化风险，为应对突发气象事件下湖库水环境污染问题提供决策参考。

11月，总站组织开展全国重点关注断面水质预测工作。基于FNL和CFS气象格点数据以及水质观测数据，构建全国范围内11个流域95个重点关注断面的预报模型。结合相似性统计方法，对重点关注断面未来45 d水质变化趋势进行预测，并计算断面全年达标预期，形成《2021年11—12月全国重点关注断面水质预测分析报告》，为管理部门科学开展水质达标管理提供技术支撑。

专栏　嘉陵江"1·20"甘陕川交界断面铊浓度异常事件

2021年1月21日0时开始，四川省广元市西湾水厂取水口铊浓度超标，水厂供水安全受到威胁。经排查，污染来自上游甘肃、陕西境内，是一起跨省级行政区域影响的重大突发环境事件。

事件发生后，中国环境监测总站迅速协调四川、陕西、甘肃3省环境监测部门，按照"统一采样标准、统一前处理方法、统一分析方法、统一数据和报告格式、统一研判模型"的"五统一"原则开展应急监测。截至2月2日，累计投入监测人员520余人，仪器设备近40台套，出动车辆150余辆，出具监测数据5万余个，编制应急监测报告682期，为应急处置和决策提供了重要技术支撑。

总结此次应急监测工作，相关省市将进一步加强应急监测能力建设，合理配置车载重金属监测设备，提升应急监测机动能力，组织开展联合应急监测演练与培训，提高应急监测人员实战水平。甘陕川三省建立应急监测联动机制，制定《甘陕川三省联合应对跨省突发环境事件应急监测预案》，加强组织协调，完善信息共享机制。甘肃、陕西两省结合自身污染源分布情况，强化上游地区重金属水质自动预警监测能力。

第三章 海 洋

第一节 海洋环境

一、管辖海域水质

（一）总体情况

2021 年，夏季一类水质海域面积占管辖海域面积的 97.7%，与上年相比增加 0.9 个百分点；劣四类水质海域面积为 21 350 km^2，与上年相比减少 8 720 km^2。主要超标指标为无机氮和活性磷酸盐。

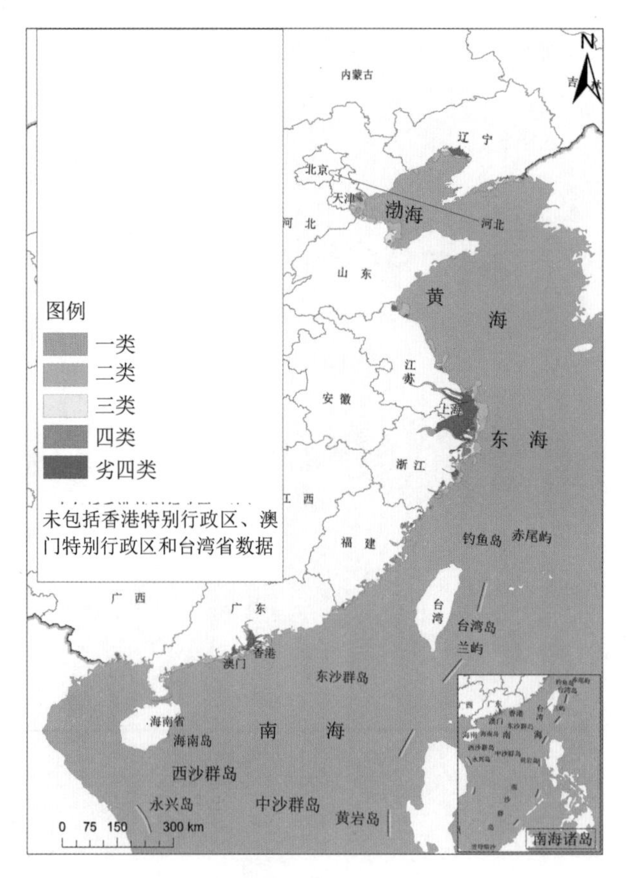

图 2.3.1-1 2021 年夏季管辖海域海水水质类别分布示意图

无机氮含量未达到第一类海水水质标准的海域面积为 61 290 km^2，与上年相比减少 24 270 km^2，其中劣四类水质海域面积为 20 930 km^2，与上年相比减少 8 740 km^2，劣四类水质海域主要分布在辽东湾、渤海湾、长江口、杭州湾、浙江沿岸、珠江口等近岸海域；活性磷酸盐含量未达到第一类海水水质标准的海域面积为 40 400 km^2，与上年相比减少 9 920 km^2，其中劣四类水质海域面积为 7 510 km^2，与上年相比增加 720 km^2，劣四类水质海域主要分布在辽东湾、长江口、杭州湾、浙江沿岸、珠江口等近岸海域。

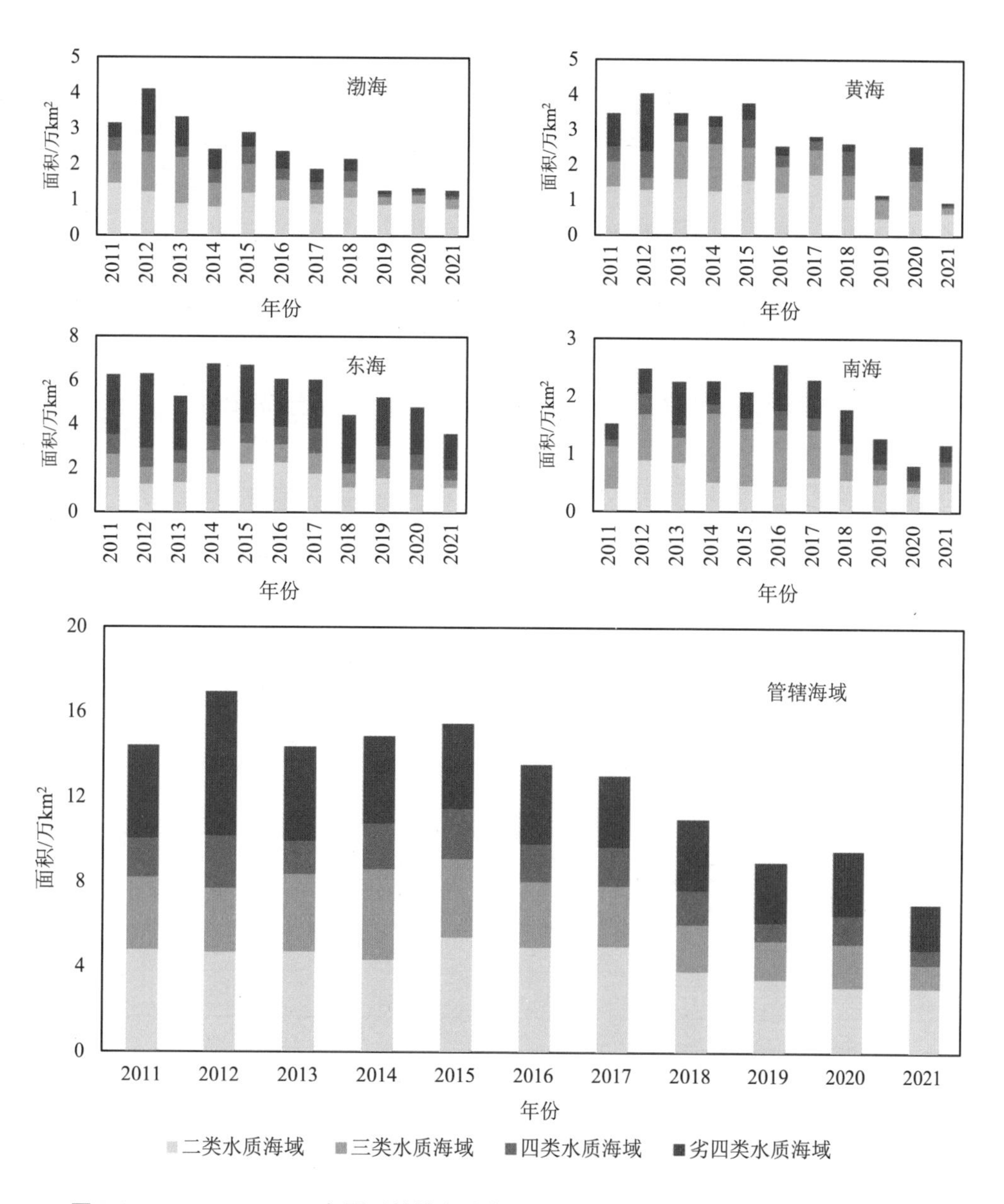

图 2.3.1-2 2011—2021 年夏季管辖海域未达到第一类海水水质标准的各类海域面积

2011—2021 年，夏季管辖海域未达到第一类海水水质标准的海域面积总体呈下降趋势，与 2011 年相比，2021 年面积大幅下降。

（二）各海区状况

1. 渤海

2021 年，渤海未达到第一类海水水质标准的海域面积为 12 850 km²，与上年同期相比减少 640 km²；劣四类水质海域面积为 1 600 km²，主要分布在辽东湾和渤海湾近岸海域，与上年同期相比增加 600 km²，主要超标指标为无机氮和活性磷酸盐。

2. 黄海

2021 年，黄海未达到第一类海水水质标准的海域面积为 9 520 km²，与上年同期相比减少 15 840 km²；劣四类水质海域面积为 660 km²，主要分布在海州湾海域，与上年同期相比减少 4 420 km²，主要超标指标为无机氮和活性磷酸盐。

3. 东海

2021 年，东海未达到第一类海水水质标准的海域面积为 35 970 km²，与上年同期相比减少 12 030 km²；劣四类水质海域面积为 16 310 km²，主要分布在长江口、杭州湾、浙江沿岸等近岸海域，与上年同期相比减少 5 170 km²，主要超标指标为无机氮和活性磷酸盐。

4. 南海

2021 年，南海未达到第一类海水水质标准的海域面积为 11 660 km²，与上年同期相比增加 3 580 km²；劣四类水质海域面积为 2 780 km²，主要分布在珠江口等近岸海域，与上年同期相比增加 270 km²，主要超标指标为无机氮和活性磷酸盐。

表 2.3.1-1 2021 年夏季管辖海域未达到第一类海水水质标准的各类海域面积

海区	海域面积/km²				
	二类	三类	四类	劣四类	合计
渤海	7 710	2 720	820	1 600	12 850
黄海	6 310	1 830	720	660	9 520
东海	11 450	3 490	4 720	16 310	35 970
南海	5 070	2 920	890	2 780	11 660
管辖海域	30 540	10 960	7 150	21 350	70 000

（三）海水富营养化

2021 年，呈富营养化状态的海域面积共 30 170 km²，其中轻度、中度和重度富营养化海域面积分别为 10 630 km²、6 660 km² 和 12 880 km²。重度富营养化海域主要集中在辽东湾、长江口、杭州湾和珠江口等近岸海域。

表 2.3.1-2　2021 年夏季管辖海域呈富营养化状态的海域面积

海区	海域面积/km²			
	轻度富营养化	中度富营养化	重度富营养化	合计
渤海	2 040	1 010	520	3 570
黄海	1 260	730	290	2 280
东海	6 120	4 040	10 620	20 780
南海	1 210	880	1 450	3 540
管辖海域	10 630	6 660	12 880	30 170

二、近岸海域水质

（一）总体情况

2021 年，全国近岸海域水质总体稳中向好，水质级别为良好，主要超标指标为无机氮和活性磷酸盐。优良水质（一、二类）面积比例为 81.3%，与上年相比上升 3.9 个百分点；劣四类水质面积比例为 9.6%，与上年相比上升 0.2 个百分点。劣四类海域主要分布在辽东湾、渤海湾、长江口、杭州湾、浙江沿岸、珠江口等近岸海域。

表 2.3.1-3　2021 年全国近岸海域各类海水水质海域面积比例　单位：%

年份	季节	一类	二类	三类	四类	劣四类	优良
2021	春季	73.3	8.6	5.4	3.7	9.0	81.9
2020		68.7	11.1	6.9	4.5	8.8	79.8
同比变化/个百分点		4.6	−2.5	−1.5	−0.8	0.2	2.1
2021	夏季	70.8	15.5	4.0	2.4	7.3	86.3
2020		56.0	22.6	6.9	4.4	10.1	78.6
同比变化/个百分点		14.8	−7.1	−2.9	−2.0	−2.8	7.7
2021	秋季	56.4	19.2	6.3	5.7	12.4	75.6
2020		57.5	16.4	9.2	7.6	9.3	73.9
同比变化/个百分点		−1.1	2.8	−2.9	−1.9	3.1	1.7
2021	平均	66.8	14.5	5.2	3.9	9.6	81.3
2020		60.7	16.7	7.7	5.5	9.4	77.4
同比变化/个百分点		6.1	−2.2	−2.5	−1.6	0.2	3.9

（二）沿海省份

2021 年，沿海 11 个省份中，辽宁、河北、广东、广西和海南共 5 个省份水质为优，山东、江苏和福建共 3 个省份水质良好，天津和浙江共 2 个省份水质差，上海水质极差。

辽宁、河北、山东、江苏、福建、广东、广西和海南优良水质面积比例年平均值高于全国平均水平，天津、上海、浙江劣四类水质面积比例年平均值高于全国平均水平。

表 2.3.1-4 2021 年沿海省份各类海水水质占比状况 单位：%

省份	水质状况	优良水质/%	一类	二类	三类	四类	劣四类
辽宁	优	91.0	78.0	13.0	3.3	1.6	4.1
河北	优	94.1	62.8	31.3	1.5	1.9	2.5
天津	差	58.3	22.6	35.7	20.3	9.5	11.9
山东	良好	86.8	75.5	11.3	5.5	2.5	5.2
江苏	良好	87.4	66.5	20.9	8.1	2.8	1.7
上海	极差	22.2	8.8	13.4	5.6	7.1	65.1
浙江	差	46.5	27.4	19.1	11.8	11.3	30.4
福建	良好	85.2	66.8	18.4	4.5	7.2	3.1
广东	优	90.2	78.1	12.1	3.0	1.4	5.4
广西	优	92.6	86.5	6.1	0.6	3.2	3.6
海南	优	99.7	97.3	2.4	0.1	0.1	0.1

与上年相比，江苏、上海和浙江水质有所提升，辽宁、河北、天津、山东和广西水质有所下降。

辽宁省近岸海域优良水质面积比例为 91.0%，与上年相比下降 1.3 个百分点。其中，一类水质面积比例为 78.0%，下降 2.0 个百分点；劣四类为 4.1%，上升 1.1 个百分点。

河北省近岸海域优良水质面积比例为 94.1%，与上年相比下降 4.9 个百分点。其中，一类水质面积比例为 62.8%，下降 3.9 个百分点；劣四类为 2.5%，上升 2.5 个百分点。

天津市近岸海域优良水质面积比例为 58.3%，与上年相比下降 12.1 个百分点。其中，一类水质面积比例为 22.6%，上升 8.6 个百分点；劣四类为 11.9%，上升 7.2 个百分点。

山东省近岸海域优良水质面积比例为 86.8%，与上年相比下降 4.7 个百分点。其中，一类水质面积比例为 75.5%，上升 2.5 个百分点；劣四类为 5.2%，上升 4.2 个百分点。

江苏省近岸海域优良水质面积比例为 87.4%，与上年相比上升 41.1 个百分点。其中，一类水质面积比例为 66.5%，上升 44.3 个百分点；劣四类为 1.7%，下降 7.9 个百分点。

上海市近岸海域优良水质面积比例为 22.2%，与上年相比上升 12.2 个百分点。其中，一类水质面积比例为 8.8%，上升 5.1 个百分点；劣四类为 65.1%，下降 7.9 个百分点。

浙江省近岸海域优良水质面积比例为 46.5%，与上年相比上升 3.1 个百分点。其中，一类水质面积比例为 27.4%，上升 5.2 个百分点；劣四类为 30.4%，上升 1.6 个百分点。

福建省近岸海域优良水质面积比例为 85.2%，与上年持平。其中，一类水质面积比例为 66.8%，与上年相比下降 7.0 个百分点；劣四类为 3.1%，与上年持平。

广东省近岸海域优良水质面积比例为 90.2%，与上年相比上升 0.7 个百分点。其中，一类水质面积比例为 78.1%，上升 5.6 个百分点；劣四类为 5.4%，下降 0.3 个百分点。

广西壮族自治区海域优良水质面积比例为 92.6%，与上年相比下降 2.6 个百分点。其中，一类水质面积比例为 86.5%，上升 5.6 个百分点；劣四类为 3.6%，上升 3.2 百分点。

海南省海域优良水质面积比例为 99.7%，与上年相比上升 0.1 个百分点。其中，一类水质面积比例为 97.3%，上升 5.1 个百分点；劣四类为 0.1%，与上年持平。

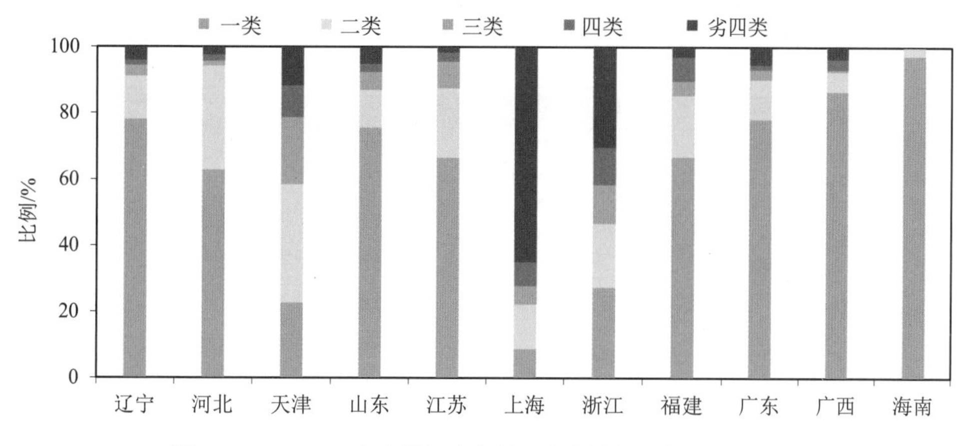

图 2.3.1-3 2021 年全国沿海省份近岸海域各类海水水质状况

三、重点海湾水质

2021 年，面积大于 100 km^2 的 44 个海湾中，31 个海湾出现 1 次以上劣四类水质，与上年相比增加 4 个。其中，辽东湾、杭州湾等 11 个海湾春、夏、秋三期监测均出现劣四类水质，与上年相比增加 3 个，主要超标指标为无机氮和活性磷酸盐。

四、海洋垃圾与微塑料

（一）海洋垃圾

2021 年 8—9 月，在 51 个区域开展海洋垃圾监测，其中 44 个区域开展海滩垃圾监测，23 个区域开展海面漂浮垃圾监测，5 个区域开展海底垃圾监测。

海滩垃圾 2021 年，海滩垃圾平均个数为 154 816 个/km^2，平均密度为 1 849 kg/km^2。塑料类垃圾数量最多，占 75.9%；其次为纸制品类和木制品类，分别占 11.3%和 5.7%。塑料类垃圾主要为香烟过滤嘴、泡沫、塑料碎片、塑料绳和包装类塑料制品等。与上年相比，海滩垃圾平均个数下降 28.6%。

海面漂浮垃圾 2021 年，海面漂浮垃圾平均个数为 24 个/km^2；表层水体拖网漂浮垃圾平均个数为 4 580 个/km^2，平均密度为 3.6 kg/km^2。塑料类垃圾数量最多，占 92.9%；其次为木制品类，占 3.7%。塑料类垃圾主要为塑料绳、塑料碎片、泡沫和塑料袋等。与上年相比，海上目测和表层水体拖网漂浮垃圾数量分别下降 11.1%和 14.6%。

海底垃圾 2021 年，海底垃圾平均个数为 4 770 个/km^2，平均密度为 11.1 kg/km^2。塑料类垃圾数量最多，占 83.3%；其次为金属类和木制品类，分别占 7.6%和 6.1%。塑料类垃圾主要为塑料碎片、塑料袋和塑料绳等。与上年相比，海底垃圾数量下降 35.1%。

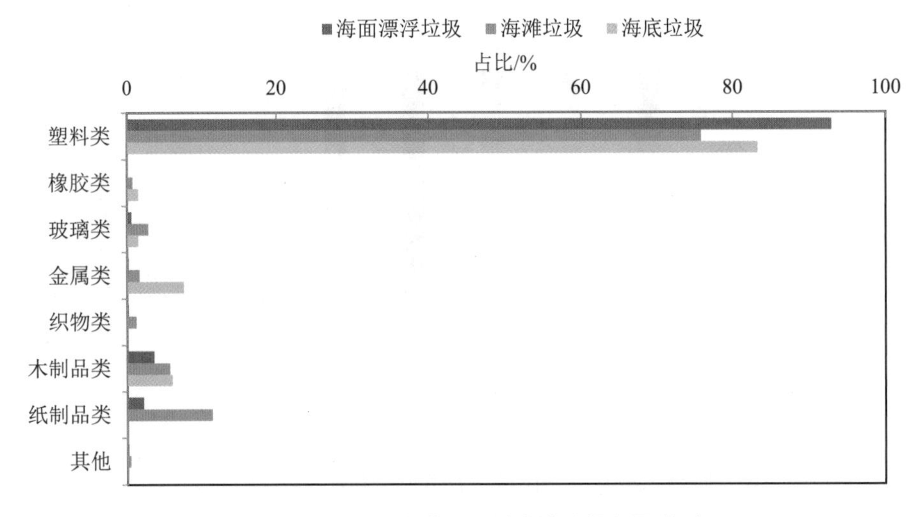

图 2.3.1-4　2021 年监测区域海洋垃圾主要类型

（二）海洋微塑料

2021 年，监测断面海面漂浮微塑料平均密度为 0.44 个/m^3，与上年相比上升 63.0%。渤海、黄海、东海和南海海面漂浮微塑料平均密度分别为 0.74 个/m^3、0.54 个/m^3、0.22 个/m^{3}和 0.29 个/m^3。漂浮微塑料主要为纤维、泡沫、颗粒和碎片，成分主要为聚对苯二甲酸乙二醇酯、聚丙烯、聚苯乙烯和聚乙烯。

第二节　海洋生态状况

2021 年，全国开展监测评价的河口、海湾、滩涂湿地、珊瑚礁、红树林和海草床等 24 个海洋生态系统中，6 个呈健康状态，占 25.0%；18 个呈亚健康状态，占 75.0%；无不健康状态海洋生态系统。

一、典型海洋生态系统

（一）河口生态系统

2021 年，鸭绿江口、双台子河口、滦河口—北戴河、黄河口、长江口、闽江口和珠江口等 7 个河口生态系统均呈亚健康状态。部分河口海水富营养化严重；沉积物质量总体良好；海洋生物质量总体良好，个别河口贝类生物体内重金属残留水平偏高；多数河口浮游植物密度高于正常范围、浮游动物密度和生物量低于正常范围、鱼卵和仔稚鱼密度过低、大型底栖生物生物量低于正常范围。

鸭绿江口 呈亚健康状态，与上年相比，健康状态保持稳定。主要问题为浮游植物密度较高，浮游动物密度、生物量过低，底栖动物密度过高、生物量过低。

双台子河口 呈亚健康状态，与上年相比，健康状态保持稳定。主要问题为浮游植物密度较低，浮游动物密度过低，底栖动物密度过低、生物量偏低。

滦河口—北戴河 呈亚健康状态，与上年相比，健康状态保持稳定。主要问题为浮游植物密度过高，浮游动物密度、生物量过低，底栖动物密度、生物量过低。

黄河口 呈亚健康状态，与上年相比，健康状态保持稳定。主要问题为浮游植物密度过高，浮游动物生物量偏高，底栖动物密度过高、生物量偏低。

长江口 呈亚健康状态，与上年相比，健康状态保持稳定。主要问题为海水富营养化严重，浮游植物密度过高，浮游动物密度偏低，底栖动物密度过高。

闽江口 呈亚健康状态，与上年相比，健康状态保持稳定。主要问题为浮游植物密度过高，浮游动物密度过高、生物量过低，底栖动物密度偏低。

珠江口 呈亚健康状态，与上年相比，健康状态保持稳定。主要问题为海水富营养化严重，浮游植物密度过高，浮游动物密度、生物量过低；底栖动物生物量偏低。

（二）海湾生态系统

2021 年，渤海湾、莱州湾、胶州湾、杭州湾、乐清湾、闽东沿岸、大亚湾和北部湾等 8 个海湾生态系统均呈亚健康状态。个别海湾海水富营养化严重；沉积物质量总体良好；海洋生物质量总体良好；多数海湾浮游植物密度高于正常范围、浮游动物密度和生物量高于正常范围、鱼卵和仔稚鱼密度过低、大型底栖生物密度和生物量低于正常范围。

渤海湾 呈亚健康状态，与上年相比，健康状态保持稳定。主要问题为浮游植物密度过高，浮游动物密度过高、生物量偏高，底栖动物生物量过低。

莱州湾 呈亚健康状态，与上年相比，健康状态保持稳定。主要问题为浮游植物密度过高，浮游动物密度偏低、生物量偏高，底栖动物密度、生物量过高。

胶州湾 呈亚健康状态，与上年相比，健康状态保持稳定。主要问题为浮游植物密度过高，浮游动物密度过高，底栖动物密度过高。

杭州湾 呈亚健康状态，与上年相比，略有好转。主要问题为海水富营养化严重，浮游植物密度过高，浮游动物生物量偏低，底栖动物密度、生物量过低。

乐清湾 呈亚健康状态，与上年相比，健康状态保持稳定。主要问题为浮游动物密度偏高，底栖动物密度过高、生物量过低。

闽东沿岸 呈亚健康状态，与上年相比，健康状态保持稳定。主要问题为浮游植物密度过高，浮游动物密度过高、生物量过低，底栖动物密度偏低、生物量过低。

大亚湾 呈亚健康状态，与上年相比，健康状态保持稳定。主要问题为浮游植物密度过高，浮游动物密度、生物量过低，底栖动物密度、生物量过低。

北部湾 呈亚健康状态，与上年相比，健康状态保持稳定。主要问题为浮游植物密度过高，浮游动物密度、生物量过低，底栖动物密度过低。

（三）滩涂湿地生态系统

2021 年，苏北浅滩滩涂湿地生态系统呈亚健康状态，与上年相比，健康状态保持稳定。浮游植物和浮游动物密度均高于正常范围，大型底栖生物密度低于正常范围、生物量高于正常范围。现有滩涂植被覆盖面积 238.0 km^2，主要植被种类为外来入侵种互花米草，其次为碱蓬和芦苇。

（四）珊瑚礁生态系统

2021 年，广东雷州半岛、广西北海、海南东海岸和西沙等 4 个珊瑚礁生态系统中，3 个呈健康状态，1 个呈亚健康状态。

广东雷州半岛 呈健康状态，与上年相比，健康状态保持稳定。活珊瑚种类数与上年相比，明显增加。

广西北海 呈亚健康状态，与上年相比，健康状态有所恶化。广西北海珊瑚白化严重，活珊瑚种类数与上年相比，明显下降。

海南东海岸 呈健康状态，与上年相比，健康状态保持稳定。活珊瑚种类数和珊瑚礁鱼类与上年相比，明显增加。

西沙 呈健康状态，与上年相比，健康状态保持稳定。活珊瑚种类数和珊瑚礁鱼类与上年相比，明显增加。

（五）红树林生态系统

2021 年，广西北海和北仑河口 2 个红树林生态系统均呈健康状态。

广西北海 呈健康状态，与上年相比，健康状态保持稳定。红树林密度、大型底栖动物密度和生物量与上年相比，明显增加。

广西北仑河口 呈健康状态，与上年相比，健康状态保持稳定。红树林密度、大型底栖动物密度与上年相比，明显增加。

（六）海草床生态系统

2021 年，广西北海、海南东海岸海草床生态系统分别呈健康状态、亚健康状态。

广西北海 呈健康状态，与上年相比，健康状态保持稳定。海草盖度和密度与上年相比，明显增加。

海南东海岸 呈亚健康状态，与上年相比，健康状态保持稳定。海草密度与上年相比，明显下降。

二、海岸线保护与利用

2021 年，滨海生态空间卫星遥感监测结果显示，全国大陆自然岸线长度稳中有增。与上年相比，2021 年沿海 11 个省份大陆自然岸线长度增加 5.49 km；近岸海域围填海活动基本稳定，共发现新增围填海活动 23 处，新增占用海域面积为 5.02 km^2。

（一）海岸线长度动态变化

2021 年，大陆海岸线总长度净增加 5.89 km。其中，自然岸线增加 5.49 km，人工岸线增加 0.40 km，自然岸线比例上升 0.02 个百分点。

表 2.3.2-1　2020—2021 年全国大陆海岸线利用动态变化

省份	自然岸线开发利用			人工岸线生态修复			人工岸线规模扩张		
	变化岸段/处	占用上年岸线/km	新生成岸线/km	变化岸段/处	占用上年岸线/km	新生成岸线/km	变化岸段/处	占用上年岸线/km	新生成岸线/km
辽宁	—	—	—	5	9.49	9.49	1	1.46	0.28
河北	—	—	—	—	—	—	—	—	—
天津	—	—	—	—	—	—	—	—	—
山东	—	—	—	—	—	—	3	1.34	1.86
江苏	—	—	—	—	—	—	—	—	—
上海	—	—	—	—	—	—	—	—	—
浙江	1	1.43	1.37	—	—	—	1	1.57	2.07
福建	1	2.12	1.77	—	—	—	11	7.02	9.39
广东	1	0.45	1.24	—	—	—	8	5.71	8.89
广西	—	—	—	—	—	—	3	1.08	0.77
海南	—	—	—	—	—	—	3	2.52	2.95
合计	3	4.00	4.38	5	9.49	9.49	30	20.7	26.21

注：“—”表示无该种岸线变化类型。

全国大陆海岸线变化岸段共计38处。从海岸线变化类型来看，自然岸线开发利用3处，4.00 km自然岸线生态功能受损；人工岸线生态修复5处，9.49 km海岸线的生态功能或自然形态逐渐恢复；人工岸线规模扩张30处，净增加岸线长度5.51 km。

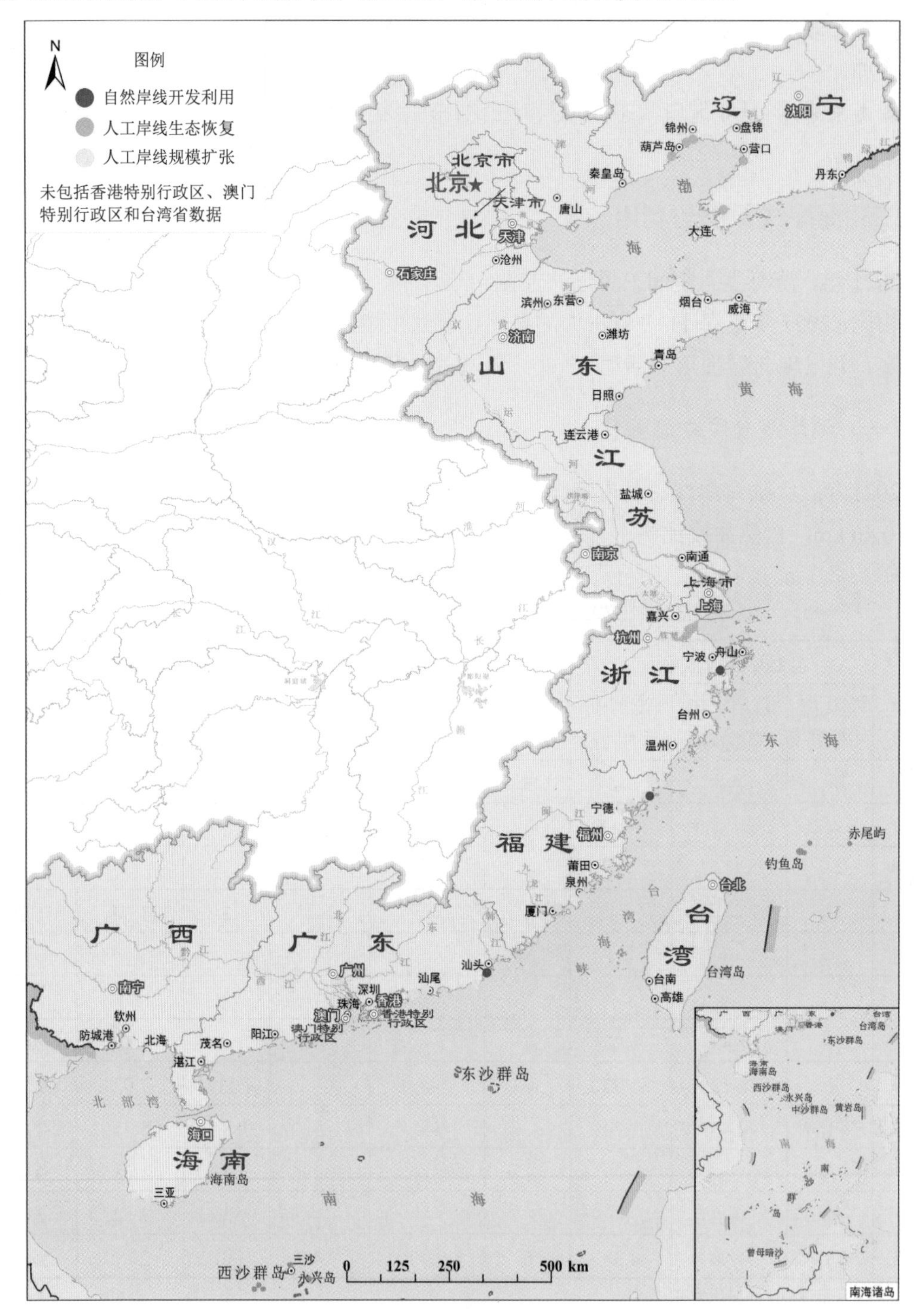

图 2.3.2-1 2021 年全国大陆海岸线变化岸段分布示意图

（二）海岸线开发利用状况

2021 年，海岸线已开发利用岸线达到 13 942.07 km，主要利用类型为渔业岸线和港口岸线，分别达到 7 895.13 km 和 2 584.92 km，分别占开发利用岸线的 56.63%和 18.54%。从区域分布来看，渔业岸线、港口岸线、城镇建设岸线优势区域主要在广东，工业岸线、旅游娱乐岸线优势区域主要在山东，海岸防护岸线优势区域主要在浙江。

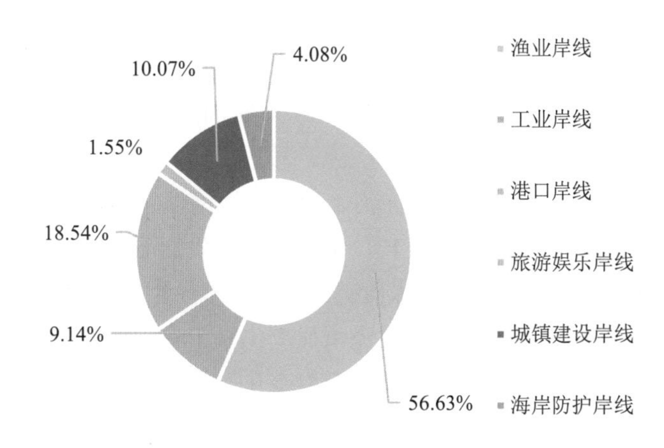

图 2.3.2-2 2021 年全国大陆海岸线开发利用类型比例

（三）海洋生态保护红线

2021 年新增的海岸线利用变化中，占用海洋生态保护红线 3 处。其中，2 处海岸线生态恢复修复活动，共计 2.17 km 岸线实施围海养殖清退生态恢复修复工程；1 处自然岸线开发利用活动，存在 1.37 km 基岩岸线生态功能受损。

表 2.3.2-2 2020—2021 年新增海岸线利用变化占用海洋生态保护红线情况

省份	岸段长度	岸线利用变化	占用红线名称
辽宁	1.40 km	围海养殖清退生态修复	辽宁省小笔架山旅游生态红线区
辽宁	0.77 km	围海养殖清退生态修复	辽宁省团山海蚀地貌保护生态红线区
浙江	1.37 km	基岩岸段生态受损	浙江省象山港蓝点马鲛国家级水产种质资源保护区

注：目前仅有辽宁、上海、浙江、福建、广东和广西等 6 省份的海洋生态保护红线中单独提供了海岸线红线位置，本报告仅对比分析了上述 6 省份的海洋生态保护红线。

第三节 入海河流与污染源

一、入海河流

（一）水质状况

2021 年，全国入海河流总体为轻度污染。与上年相比，水质无明显变化。全国及四大海区监测的 230 个入海河流断面中，Ⅰ～Ⅲ类水质断面占 71.7%，Ⅳ、Ⅴ类占 27.8%，劣Ⅴ类占 0.4%。与上年相比，Ⅰ～Ⅲ类水质断面比例上升 4.5 个百分点，Ⅳ、Ⅴ类下降 3.6 个百分点，劣Ⅴ类下降 0.9 个百分点。

从四大海区来看，黄海、东海、南海入海河流水质良好，渤海为轻度污染。与上年相比，渤海入海河流水质有所好转，Ⅰ～Ⅲ类水质断面比例上升 9.6 个百分点，劣Ⅴ类下降 3.5 个百分点；黄海入海河流水质有所好转，Ⅰ～Ⅲ类水质断面比例上升 12.1 个百分点，劣Ⅴ类持平；东海入海河流水质无明显变化，Ⅰ～Ⅲ类水质断面比例下降 4.6 个百分点，劣Ⅴ类持平；南海入海河流水质无明显变化，Ⅰ～Ⅲ类和劣Ⅴ类水质断面比例均持平。

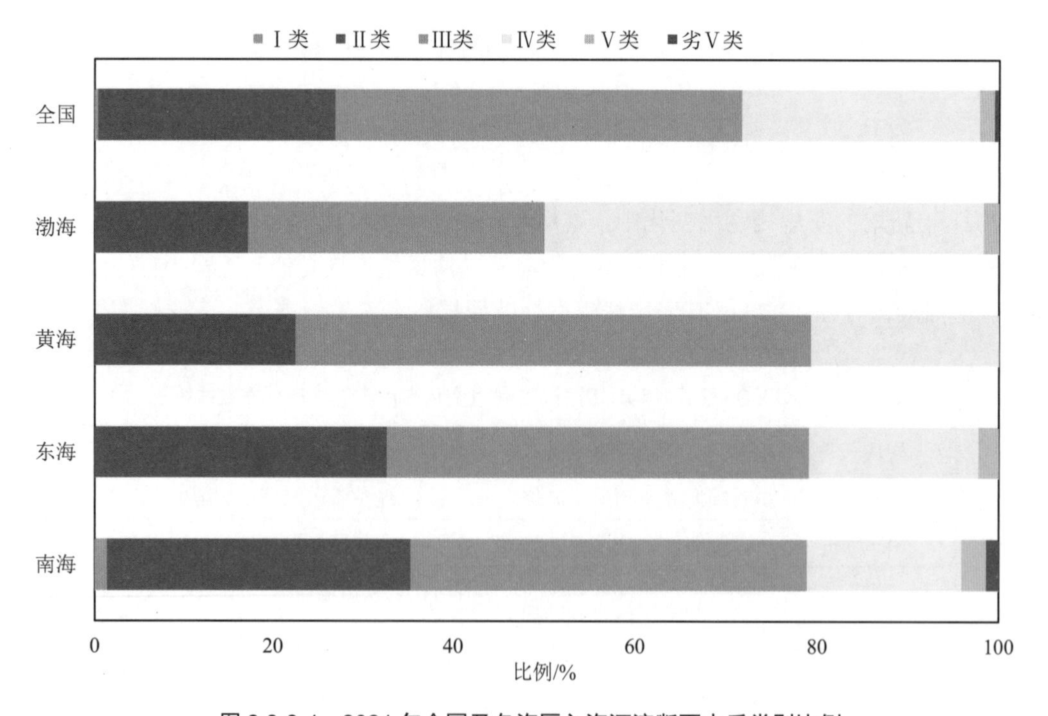

图 2.3.3-1 2021 年全国及各海区入海河流断面水质类别比例

从沿海省份来看，上海入海河流断面水质为优，辽宁、江苏、浙江、广东、海南水质良好，河北、天津、山东、福建、广西为轻度污染。与上年相比，辽宁、福建入海河流水质有所变差，广西入海河流水质明显变差，江苏、海南入海河流水质有所好转，山东入海河流水质明显好转，河北、天津、上海、浙江、广东水质无明显变化。

表 2.3.3-1　2021 年四大海区及沿海省份入海河流断面水质状况

海区/省份	断面总数/个	Ⅰ类		Ⅱ类		Ⅲ类		Ⅳ类		Ⅴ类		劣Ⅴ类	
		断面数/个	比例/%	断面数/个	比例/%	断面数/个	比例/%	断面数/个	比例/%	断面数/个	比例/%	断面数/个	比例/%
全国	230	1	0.4	61	26.5	103	44.8	60	26.1	4	1.7	1	0.4
渤海	58	0	0.0	10	17.2	19	32.8	28	48.3	1	1.7	0	0.0
黄海	58	0	0.0	13	22.4	33	56.9	12	20.7	0	0.0	0	0.0
东海	43	0	0.0	14	32.6	20	46.5	8	18.6	1	2.3	0	0.0
南海	71	1	1.4	24	33.8	31	43.7	12	16.9	2	2.8	1	1.4
辽宁	23	0	0.0	12	52.2	7	30.4	4	17.4	0	0.0	0	0.0
河北	12	0	0.0	2	16.7	5	41.7	5	41.7	0	0.0	0	0.0
天津	8	0	0.0	0	0.0	0	0.0	7	87.5	1	12.5	0	0.0
山东	40	0	0.0	6	15	14	35	20	50.0	0	0.0	0	0.0
江苏	33	0	0.0	3	9.1	26	78.8	4	12.1	0	0.0	0	0.0
上海	5	0	0.0	2	40.0	3	60.0	0	0.0	0	0.0	0	0.0
浙江	23	0	0.0	10	43.5	8	34.8	5	21.7	0	0.0	0	0.0
福建	15	0	0.0	2	13.3	9	60.0	3	20.0	1	6.7	0	0.0
广东	39	1	2.6	12	30.8	19	48.7	7	17.9	0	0.0	0	0.0
广西	11	0	0.0	4	36.4	4	36.4	3	27.3	0	0.0	0	0.0
海南	21	0	0.0	8	38.1	8	38.1	2	9.5	2	9.5	1	4.8

2021 年，全国入海河流总氮平均浓度为 3.60 mg/L，与上年相比上升 11.1%。230 个入海河流断面中，80 个断面总氮年均浓度高于全国平均浓度，其中，5 个断面总氮年均浓度超过 10 mg/L，分布在山东和辽宁。与上年相比，河北、山东、海南、福建、江苏、辽宁和上海入海河流总氮年均浓度上升，分别上升 37.9%、21.1%、20.3%、16.4%、10.7%、6.5% 和 5.3%，其他省份总氮年均浓度均下降。

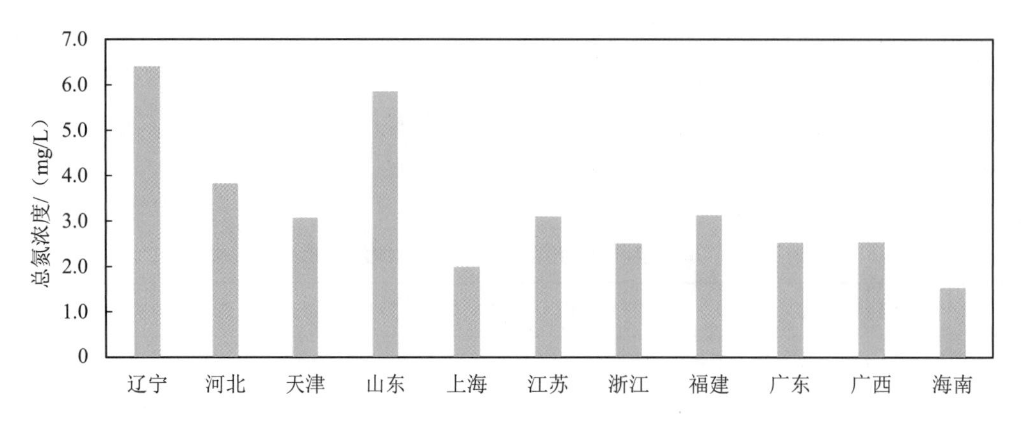

图 2.3.3-2　2021 年沿海省份入海河流总氮平均浓度

（二）超标指标

2021 年，入海河流主要超标指标是化学需氧量、高锰酸盐指数、五日生化需氧量和总磷，部分断面氨氮、氟化物超标。

化学需氧量断面超标率最高，为 18.7%，浓度范围为 2.0～76.0 mg/L，平均为 17.1 mg/L。高锰酸盐指数断面超标率为 18.3%，浓度范围为 0.6～22.2 mg/L，平均为 4.5 mg/L。五日生化需氧量断面超标率为 8.3%，浓度范围为 0.2～28.4 mg/L，平均为 2.8 mg/L。总磷断面超标率为 6.5%，浓度范围为 0.005～0.89 mg/L，平均为 0.112 mg/L。氨氮断面超标率为 2.2%，浓度范围为 0.02～3.88 mg/L，平均为 0.30 mg/L。

与上年相比，化学需氧量、高锰酸盐指数、氨氮、总磷和五日生化需氧量断面超标率分别下降 7.5 个、0.5 个、2.6 个、1.8 个和 2.2 个百分点。

表 2.3.3-2　2021 年入海河流水质指标超标情况

海区	超标率＞30%	30%≥超标率≥10%	超标率＜10%
全国		化学需氧量（18.7%）、高锰酸盐指数（18.3%）	五日生化需氧量（8.3%）、总磷（6.5%）、溶解氧（3.5%）、氨氮（2.2%）、氟化物（1.3%）
渤海	高锰酸盐指数（48.3%）、化学需氧量（32.8%）	五日生化需氧量（13.8%）	总磷（5.2%）、氟化物（3.4%）、氨氮（1.7%）
黄海		化学需氧量（15.5%）、五日生化需氧量（12.1%）、高锰酸盐指数（10.3%）	总磷（8.6%）
东海		化学需氧量（16.3%）	五日生化需氧量（7.0%）、溶解氧（7.0%）、总磷（4.7%）、氨氮（4.7%）、高锰酸盐指数（4.7%）、氟化物（2.3%）

海区	超标率＞30%	30%≥超标率≥10%	超标率＜10%
南海		化学需氧量（11.3%）	高锰酸盐指数（8.5%）、总磷（7.0%）、溶解氧（7.0%）、氨氮（2.8%）、五日生化需氧量（1.4%）

注：括号内数据为超标率。

二、直排海污染源

（一）各类直排海污染源

2021 年，458 个直排海污染源污水排放总量约为 72.8 亿 t。不同类型污染源中，综合排污口污水排放量最大，其次为工业污染源，生活污染源排放量最小。其他主要监测指标中，除六价铬外，综合排污口排放量均最大。

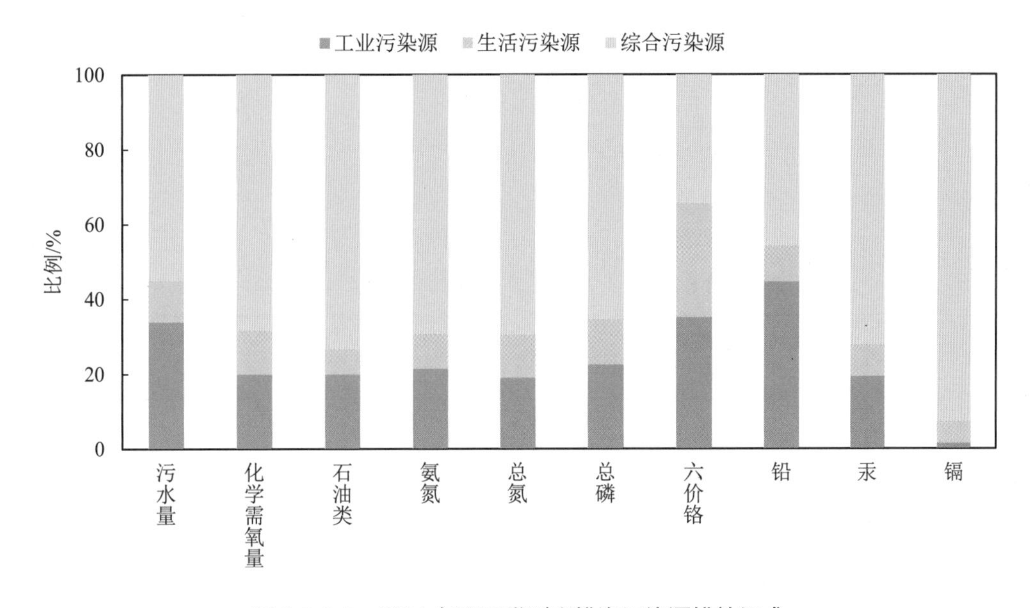

图 2.3.3-3　2021 年不同类型直排海污染源排放组成

表 2.3.3-3　2021 年不同类型直排海污染源排放情况

污染源类型	排口数/个	污水量/万 t	化学需氧量/t	石油类/t	氨氮/t	总氮/t	总磷/t	六价铬/kg	铅/kg	汞/kg	镉/kg
工业	217	246 135	28 253	116	866	8 839	221	700.4	2 537.5	64.3	13.8
生活	55	80 602	16 315	39	372	5 310	118	601.7	542.4	27.7	61.5
综合	186	401 051	97 273	428	2 818	32 512	644	689.8	2 610.3	240.9	966.1
合计	458	727 788	141 841	583	4 056	46 661	983	1 991.9	5 690.2	332.9	1 041.4

（二）四大海区纳污情况

2021年，四大海区中，受纳污水排放量最大的是东海，其次是南海和黄海，渤海最小。其他主要监测指标中，除铅外，东海的受纳量均最大。

表 2.3.3-4 2021年四大海区纳污情况

海区	排口数/个	污水量/万t	化学需氧量/t	石油类/t	氨氮/t	总氮/t	总磷/t	六价铬/kg	铅/kg	汞/kg	镉/kg
渤海	62	70 412	6 820	32	195	2 590	82	227.2	2 802.0	58.3	11.3
黄海	80	89 719	21 855	119	543	6 416	162	400.4	972.2	87.2	99.0
东海	166	419 588	79 228	377	2 070	27 343	477	686.3	1 215.5	111.4	899.1
南海	150	148 070	33 938	55	1 249	10 312	262	678.0	700.6	76.0	32.0

（三）沿海省份排污情况

2021年，沿海省份中，直排海污染源污水排放量最大的是浙江省，其次是福建省；化学需氧量排放量最大的是浙江省，其次是山东省。

表 2.3.3-5 2021年沿海省份直排海污染源排放情况

省份	排口数/个	污水量/万t	化学需氧量/t	石油类/t	氨氮/t	总氮/t	总磷/t	六价铬/kg	铅/kg	汞/kg	镉/kg
辽宁	31	5 814	1 539	22	12	195	6	—	—	—	—
河北	6	47 420	634	—	18	1 138	44	10.0	1 435.9	10.8	2.3
天津	16	5 715	1 116	3	23	316	7	79.4	15.9	2.2	4.1
山东	69	92 627	22 821	106	658	6 873	169	480.2	2 320.2	121.0	87.0
江苏	20	8 556	2 565	20	28	483	18	58.1	2.2	11.4	16.9
上海	10	27 597	6 111	23	152	1 974	34	—	70.2	36.6	10.8
浙江	104	202 221	55 507	209	1 353	17 160	271	311.2	1 065.6	63.6	845.0
福建	52	189 769	17 611	145	565	8 208	172	375.1	79.6	11.2	43.3
广东	72	91 188	18 840	35	505	5 687	132	626.8	510.5	30.0	13.2
广西	41	20 177	4 771	14	174	1 506	46	27.3	147.7	17.1	18.0
海南	37	36 705	10 328	6	570	3 120	84	23.9	42.3	28.8	0.8

注：“—”为相应污染物浓度低于检出限或未开展监测。

第四节　主要用海区域

一、海洋倾倒区

2021 年，全国海洋倾倒量 27 004 万 m^3，与上年相比增加 3.2%。倾倒物质主要为清洁疏浚物，倾倒活动主要分布在长江口邻近海域、渤海海域和广东近岸海域。

2021 年，监测评价的倾倒区及其周边海域海水水质符合或优于第三类海水水质标准，沉积物质量符合或优于第二类海洋沉积物质量标准。与上年相比，倾倒区水深、海水水质和沉积物质量基本保持稳定，倾倒活动未对周边海域生态环境及其他海上活动产生明显影响。

二、海洋油气区

2021 年，全国海洋油气平台生产水、生活污水、钻井泥浆、钻屑排海量分别为 20 982 万 m^3、118.7 万 m^3、10.8 万 m^3、10.3 万 m^3。与上年相比，分别下降 3.4%、上升 28.4%、上升 11.2%、下降 26.9%。

2021 年，渤海海域和东海海域的部分海洋油气区及邻近海域海水水质状况监测结果表明，渤海海域油气区及邻近海域海水中石油类、镉含量均符合第一类海水水质标准，个别海洋油气区及邻近海域海水中化学需氧量或汞含量符合第二类海水水质标准；东海海域油气区及邻近海域海水均符合第一类海水水质标准。

三、海水浴场

2021 年游泳季节和旅游时段，对全国 32 个海水浴场开展监测。监测时段，9 个海水浴场水质等级均为优，16 个海水浴场水质等级为优或良，7 个海水浴场部分时段水质等级为差。其中，秦皇岛老虎石、秦皇岛平水桥、烟台开发区、威海国际、平潭龙王头、阳江闸坡、海口假日海滩、三亚大东海和三亚亚龙湾等海水浴场监测时段水质等级均为优；厦门鼓浪屿、厦门曾厝垵、厦门黄厝、深圳大梅沙、东澳南沙湾、北海银滩和北海防城港金滩等海水浴场部分监测时段水质等级为差。影响海水浴场水质的主要原因是粪大肠菌群数量超标，个别浴场出现少量漂浮物。

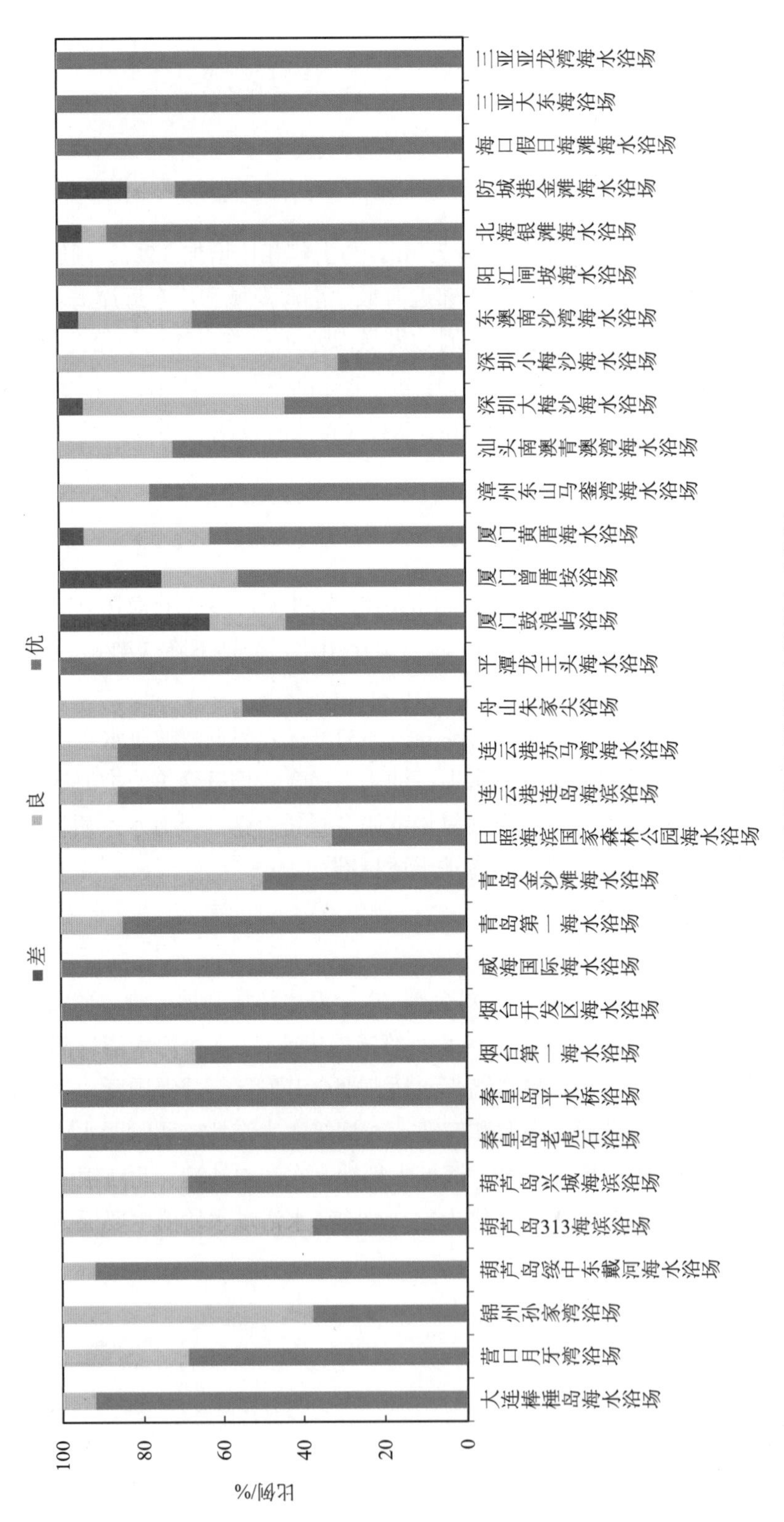

图 2.3.4-1　2021 年全国沿海城市海水浴场水质状况

四、海洋渔业水域

2021 年，海洋重要渔业资源的产卵场、索饵场、洄游通道以及水生生物自然保护区水体主要超标指标为无机氮。水体中无机氮、活性磷酸盐、化学需氧量、铜和石油类含量优于评价标准的面积占所监测面积的比例分别为 40.9%、53.4%、84.5%、99.95%和 100%。与上年相比，化学需氧量的超标面积比例有所增大，无机氮、活性磷酸盐和石油类的超标面积比例有所减小。

海水重点增养殖区水体主要超标指标为无机氮。水体中无机氮、活性磷酸盐、化学需氧量、铜和石油类含量优于评价标准的面积占所监测面积的比例分别为57.9%、65.7%、100%、100%和100%。与上年相比，活性磷酸盐超标面积比例有所增大，无机氮、石油类和化学需氧量的超标面积比例均有所减小。

7个国家级水产种质资源保护区（海洋）水体主要超标指标为无机氮。无机氮、化学需氧量、活性磷酸盐、铜和石油类含量优于评价标准的面积占所监测面积的比例分别为37.6%、66.4%、72.4%、99.8%和100%。与上年相比，化学需氧量的超标面积比例有所增大，无机氮、活性磷酸盐和石油类的超标面积比例有所减小。

21个海洋重要渔业水域沉积物状况良好。沉积物中石油类、铜、锌、铅、镉、汞、砷和铬含量优于评价标准的面积占所监测面积的比例分别为98.8%、94.2%、100%、100%、97.6%、100%、100%和88.5%。与上年相比，石油类、铜、镉和铬的超标面积比例有所增大，锌的超标面积比例有所减小。

第四章　声环境

第一节　功能区声环境

一、全国

2021 年，324 个地级及以上城市功能区昼间共有 13 313 个监测点次达标，夜间共有 11 566 个监测点次达标，总监测点次达标率分别为 95.4%和 82.9%。

全国城市功能区声环境质量昼间点次达标率高于夜间。0 类区昼间、夜间点次达标率分别为 87.5%、59.4%；1 类区昼间、夜间点次达标率分别为 89.9%、78.2%；2 类区昼间、夜间点次达标率分别为 95.4%、89.5%；3 类区昼间、夜间点次达标率分别为 98.5%、93.1%；4a 类区昼间、夜间点次达标率分别为 98.3%、66.3%；4b 类区昼间、夜间点次达标率分别为 98.1%、81.7%。3 类功能区昼间点次达标率在各类功能区中最高；0 类功能区夜间点次达标率在各类功能区中最低。

表 2.4.1-1　2021 年全国城市功能区各类监测点次达标情况

功能区类别	0 类		1 类		2 类		3 类		4a 类		4b 类	
	昼	夜	昼	夜	昼	夜	昼	夜	昼	夜	昼	夜
监测点次	64	64	3 122	3 122	5 080	5 080	2 750	2 750	2 735	2 735	208	208
达标点次	56	38	2 807	2 441	4 848	4 546	2 709	2 559	2 689	1 812	204	170
达标率/%	87.5	59.4	89.9	78.2	95.4	89.5	98.5	93.1	98.3	66.3	98.1	81.7

二、直辖市和省会城市

2021 年，31 个直辖市和省会城市各类功能区声环境昼间共有 2 243 个监测点次达标，夜间共有 1 814 个监测点次达标，总监测点次达标率分别为 94.9%和 76.8%。与上年相比，分别上升 2.3 个和 4.9 个百分点。总体来看，直辖市和省会城市功能区昼间点次达标率低于全国平均水平，昼间点次达标率高于夜间。

2021 年，0 类区昼间、夜间点次达标率分别为 87.5%、12.5%；1 类区昼间、夜间点次达标率分别为 89.6%、73.1%；2 类区昼间、夜间点次达标率分别为 95.8%、86.4%；3 类区昼间、夜间点次达标率分别为 98.0%、90.4%；4a 类区昼间、夜间点次达标率分别为 95.1%、45.6%；4b 类区昼间、夜间点次达标率分别为 100.0%、52.2%。

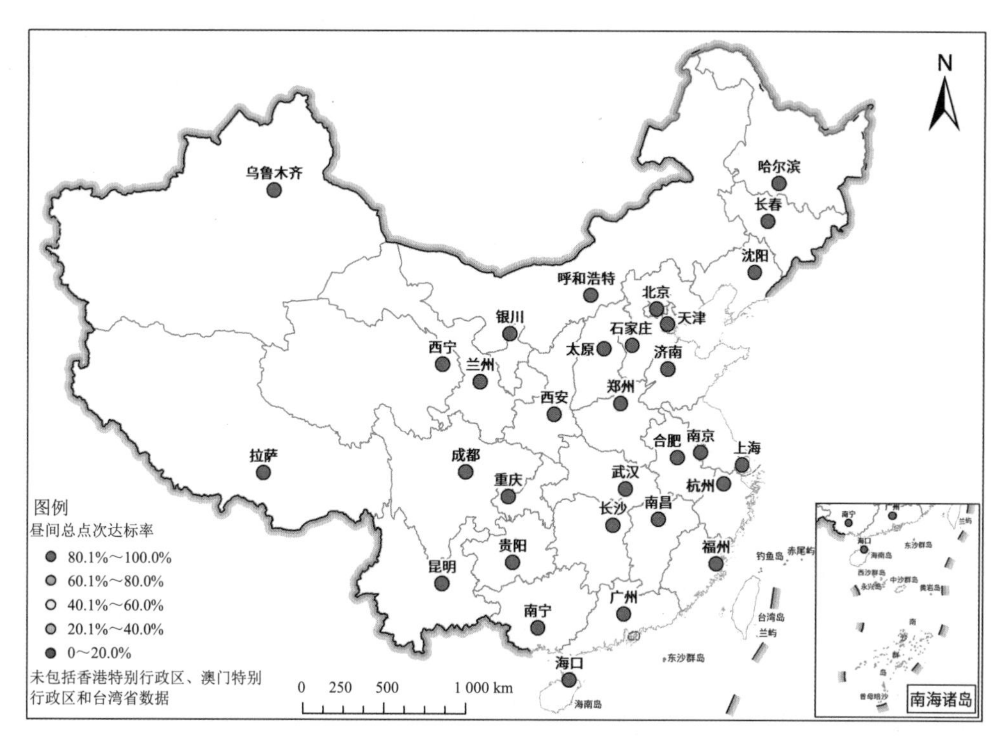

图 2.4.1-1　2021 年直辖市和省会城市功能区昼间总点次达标率分布示意图

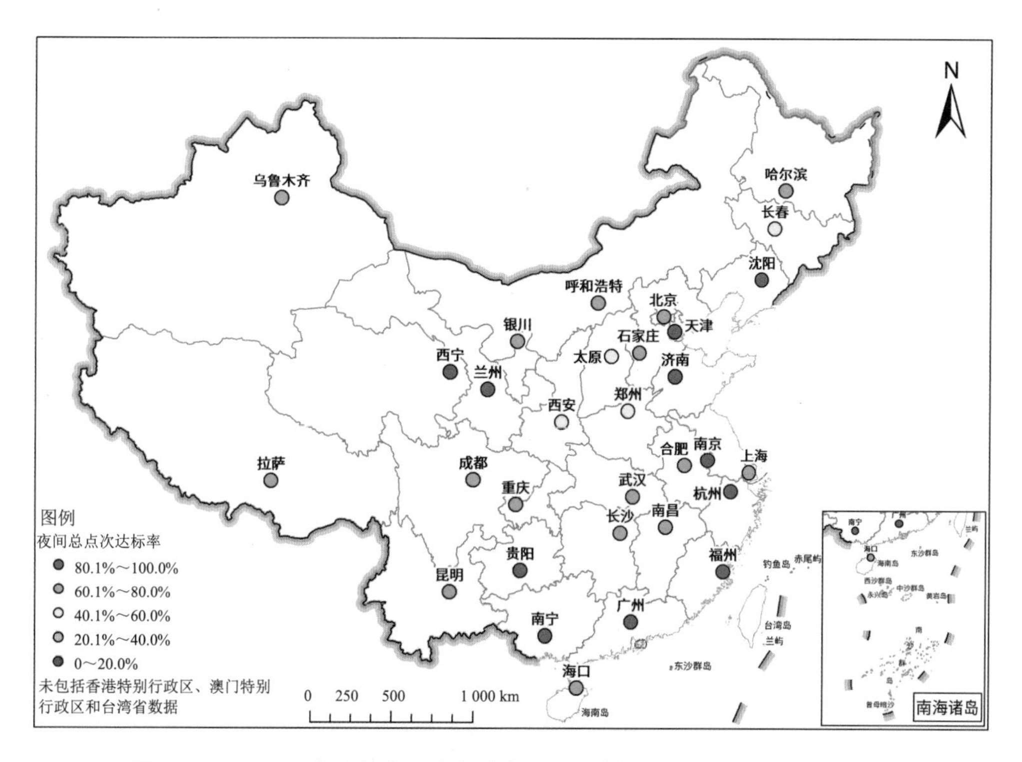

图 2.4.1-2　2021 年直辖市和省会城市功能区夜间总点次达标率分布示意图

表 2.4.1-2　2021 年直辖市和省会城市各类功能区监测点次达标情况

功能区类别	0 类		1 类		2 类		3 类		4a 类		4b 类	
	昼	夜	昼	夜	昼	夜	昼	夜	昼	夜	昼	夜
监测点次	8	8	431	431	1 070	1 070	406	406	425	425	23	23
达标点次	7	1	386	315	1 025	925	398	367	404	194	23	12
达标率/%	87.5	12.5	89.6	73.1	95.8	86.4	98.0	90.4	95.1	45.6	100.0	52.2

第二节　区域声环境

一、全国

2021 年，324 个地级及以上城市区域昼间等效声级平均值为 54.1 dB（A）。昼间区域环境噪声总体水平评价为一级（好）的城市 16 个，占 4.9%；二级（较好）的城市 200 个，占 61.7%；三级（一般）的城市 102 个，占 31.5%；四级（较差）的城市 6 个，占 1.9%；无评价为五级（差）的城市。

与上年相比，2021 年全国城市昼间区域环境噪声总体水平评价为一级（好）的城市比例上升 0.6 个百分点；二级（较好）下降 4.7 个百分点；三级（一般）上升 2.8 个百分点；四级（较差）上升 1.3 个百分点；两年均未出现评价为五级（差）的城市。

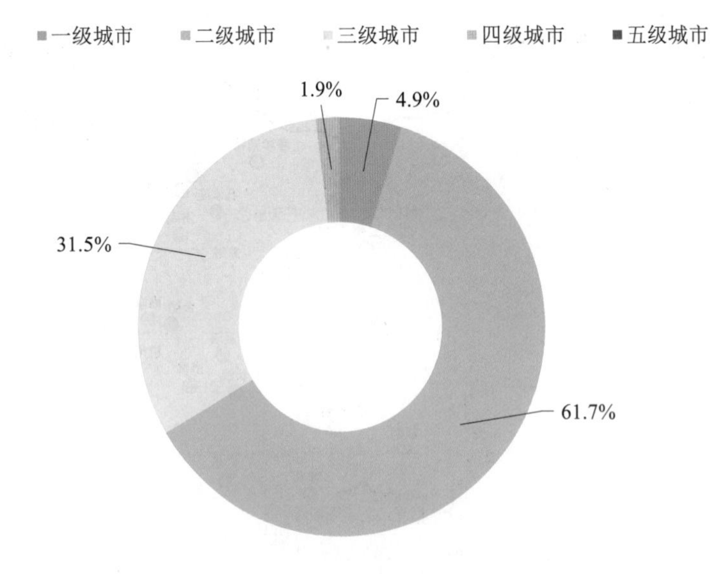

图 2.4.2-1　2021 年全国城市昼间区域环境噪声总体水平各级别比例

表 2.4.2-1　全国城市昼间区域环境噪声总体水平等级分布年际比较

	城市数/个	城市比例/%				
		一级（好）	二级（较好）	三级（一般）	四级（较差）	五级（差）
2020 年	324	4.3	66.4	28.7	0.6	0
2021 年	324	4.9	61.7	31.5	1.9	0
变幅/个百分点	0	0.6	–4.7	2.8	1.3	0

二、直辖市和省会城市

2021 年，31 个直辖市和省会城市区域昼间等效声级平均值为 54.9 dB（A）。其中，18 个城市昼间区域环境噪声总体水平评价为二级（较好），占 58.1%；12 个城市为三级（一般），占 38.7%；1 个城市为四级（较差），占 3.2%。

与上年相比，2021 年直辖市和省会城市昼间区域环境噪声总体水平评价为二级（较好）的城市比例上升 3.3 个百分点，三级（一般）下降 6.5 个百分点，四级（较差）上升 3.2 个百分点，两年均无评价为一级（好）和五级（差）的城市。

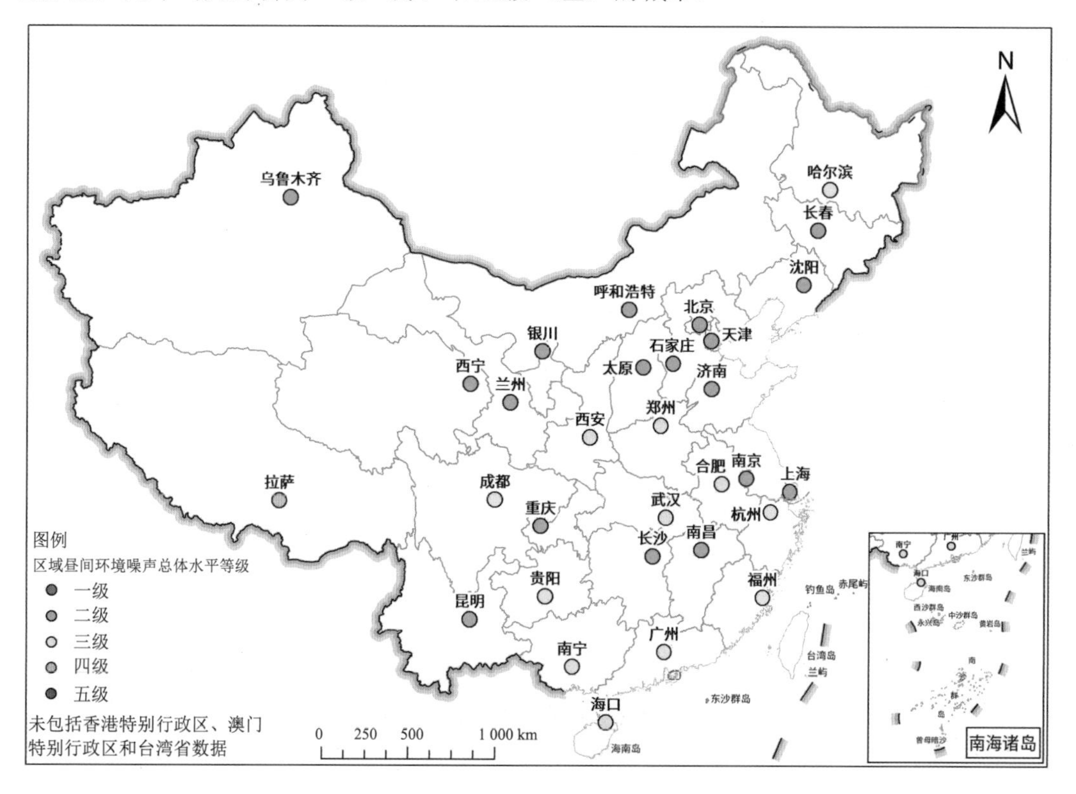

图 2.4.2-2　2021 年直辖市和省会城市区域昼间环境噪声总体水平等级分布示意图

表 2.4.2-2 直辖市和省会城市区域昼间环境噪声总体水平等级分布年际比较

	城市数/个	城市数/个				
		一级（好）	二级（较好）	三级（一般）	四级（较差）	五级（差）
2020年	31	0	17	14	0	0
2021年	31	0	18	12	1	0
变幅	—	0	−1	2	−1	0

第三节 道路交通声环境

一、全国

2021年，全国324个地级及以上城市昼间道路交通噪声等效声级平均值为66.5 dB(A)。道路交通噪声强度评价为一级（好）的城市232个，占71.6%；二级（较好）的城市80个，占24.7%；三级（一般）的城市9个，占2.8%；四级（较差）的城市3个，占0.9%；无评价为五级（差）的城市。

与上年相比，2021年昼间道路交通噪声强度评价为一级（好）的城市比例上升1.5个百分点；二级（较好）下降0.9个百分点；三级（一般）下降1.2个百分点；四级（较差）上升0.6个百分点；两年均无评价为五级（差）的城市。

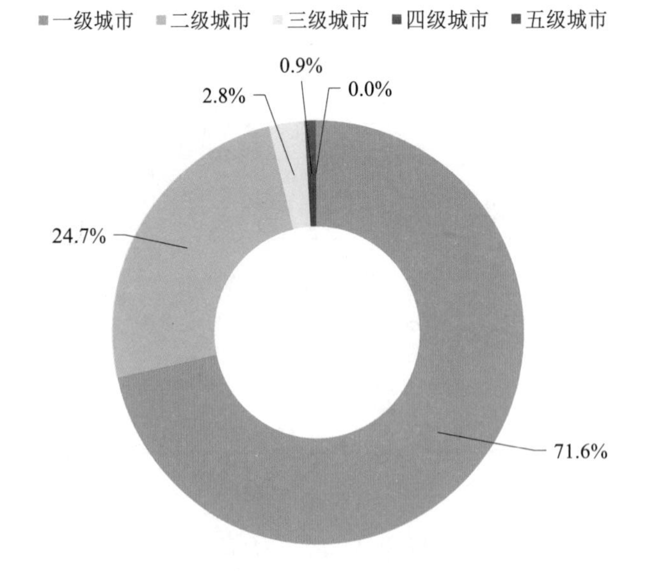

图 2.4.3-1 2021年全国城市昼间道路交通噪声强度各级别比例

表 2.4.3-1 全国城市昼间道路交通噪声强度等级分布年际比较

	城市数/个	城市比例/%				
		一级（好）	二级（较好）	三级（一般）	四级（较差）	五级（差）
2020 年	324	70.1	25.6	4.0	0.3	0
2021 年	324	71.6	24.7	2.8	0.9	0
变幅/个百分点	0	1.5	−0.9	−1.2	0.6	0

二、直辖市和省会城市

2021 年，直辖市和省会城市昼间道路交通噪声等效声级平均值为 67.8 dB（A）。道路交通噪声强度评价为一级（好）的城市 16 个，占 51.6%；二级（较好）的城市 14 个，占 45.2%；三级（一般）的城市 1 个，占 3.2%；无评价为四级（较差）和五级（差）的城市。

与上年相比，2021 年直辖市省会城市昼间道路交通噪声强度评价为一级（好）的城市比例上升 12.9 个百分点；二级（较好）下降 12.9 个百分点；三级（一般）持平；两年均无评价为四级（较差）和五级（差）的城市。

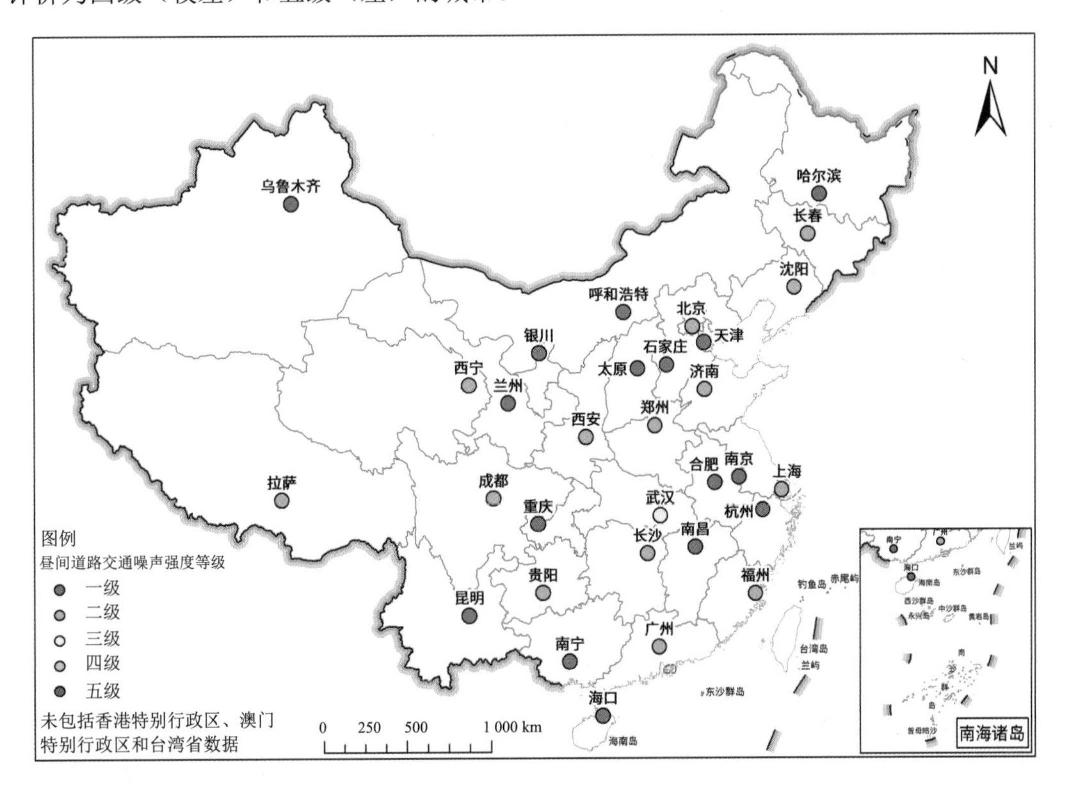

图 2.4.3-2 2021 年直辖市和省会城市昼间道路交通噪声强度等级分布示意图

表 2.4.3-2　直辖市和省会城市昼间道路交通噪声等级分布年际比较

	城市数/个	城市比例/%				
		一级（好）	二级（较好）	三级（一般）	四级（较差）	五级（差）
2020 年	31	38.7	58.1	3.2	0	0
2021 年	31	51.6	45.2	3.2	0	0
变幅/个百分点	0	12.9	−12.9	0	0	0

第五章　生　态

第一节　生态质量

一、全国

2021 年，全国生态质量指数（EQI）为 59.77，生态质量属于“二类”。与上年相比，EQI 值增加 0.20，生态质量基本稳定；主要生态类型林地、草地、湿地、农田和未利用地均呈减少趋势，建设用地有所增加，经济建设开发活动是生态类型发生变化的主导因素。

二、省域

2021 年，31 个省份中，生态质量“一类”的省份有黑龙江、浙江、福建、江西、湖北、湖南、广东、广西、海南、四川、贵州、云南，占国土面积的 29.1%；“二类”的有北京、河北、山西、内蒙古、辽宁、吉林、江苏、安徽、河南、重庆、西藏、陕西、青海，占国土面积的 46.7%；“三类”的有天津、上海、山东、甘肃、宁夏、新疆，占国土面积的 24.1%；无其他类省份。

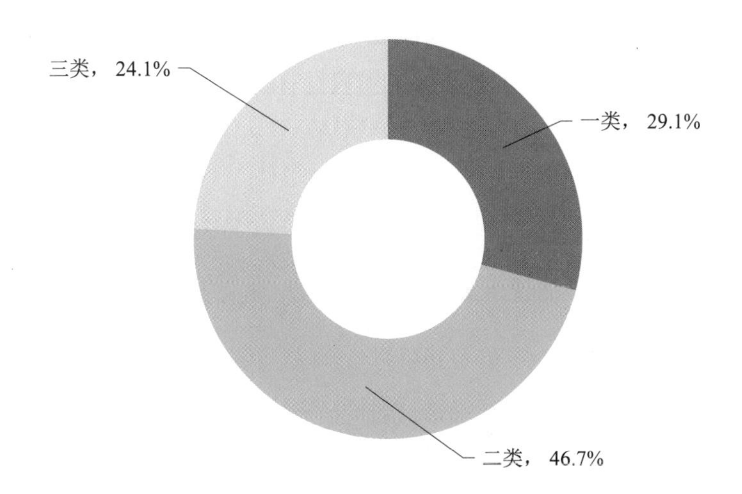

图 2.5.1-1　2021 年全国省域生态质量类型面积比例

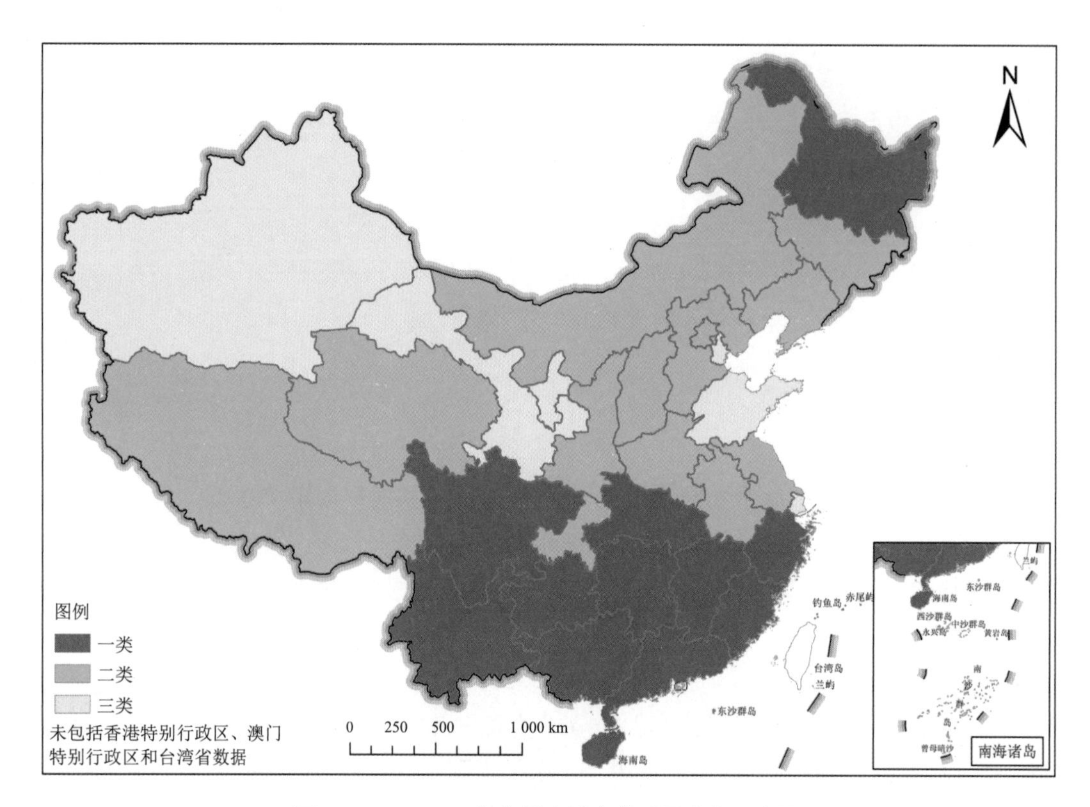

图 2.5.1-2 2021 年全国省域生态质量分布示意图

与上年相比，各省域生态质量指数变化幅度（ΔEQI）在−1.08～1.01 之间。31 个省份中，辽宁生态质量指数增加 1.01，轻微变好，占国土面积的 1.6%；宁夏生态质量指数减少 1.08，轻微变差，占国土面积的 0.5%；其他 29 个省份生态质量指数保持稳定。

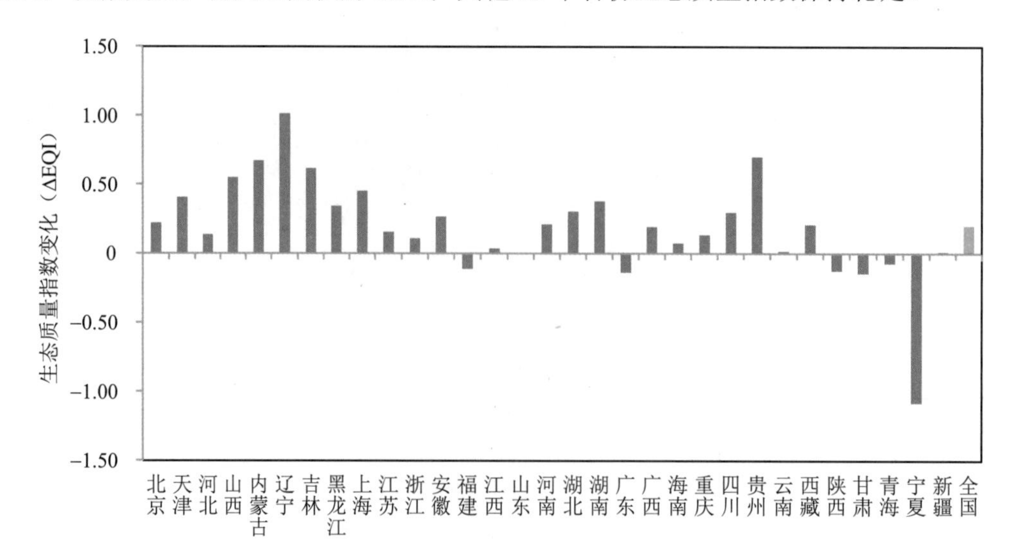

图 2.5.1-3 2020—2021 年各省份生态质量指数变化幅度

三、县域

2021 年，全国 2 855 个县域行政单元中，生态质量“一类”的县域有 796 个，占国土面积的 27.7%；“二类”的有 990 个，占国土面积的 32.1%；“三类”的有 926 个，占国土面积的 32.7%；“四类”的有 138 个，占国土面积的 6.6%；“五类”的有 5 个，占国土面积的 0.8%。生态质量“一类”和“二类”的县域面积占国土面积的 59.8%。

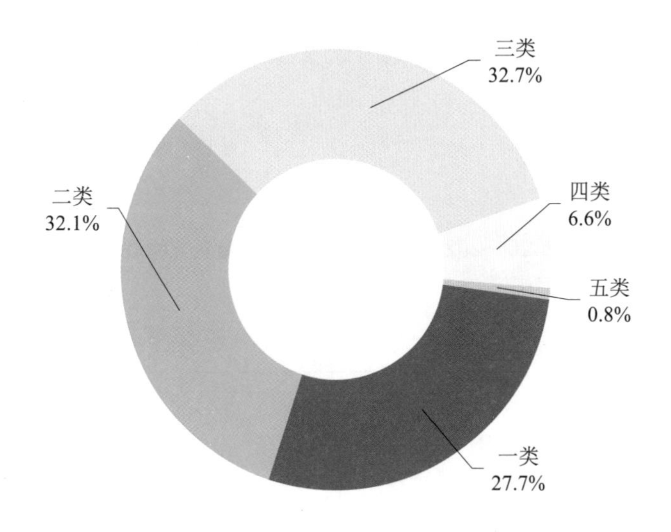

图 2.5.1-4　2021 年全国县域生态质量类型面积比例

在空间上，生态质量“一类”的县域主要分布在东北大小兴安岭和长白山、青藏高原东南部以及秦岭—淮河以南地区，“二类”的县域主要分布在三江平原、内蒙古高原、黄土高原、昆仑山以及四川盆地、珠江三角洲和长江中下游平原地区，“三类”的县域主要分布在华北平原、黄淮海平原、东北平原中西部、阿拉善西部、青藏高原中西部以及新疆大部分地区，生态质量“四类”和“五类”的县域主要分布在新疆中北部和甘肃西部地区。

与上年相比，2021 年，全国生态质量“一类”的县域个数增加 16 个，“二类”的增加 5 个，“三类”“四类”的分别减少 16 个和 5 个，“五类”的持平。

2 855 个县域行政单元中，生态质量“轻微变好”和“一般变好”的分别为 233 个和 63 个，分别占国土面积的 7.5%和 2.8%，主要分布在大兴安岭中南部、东北平原中南部、黄土高原东北部地区；生态质量“轻微变差”和“一般变差”的分别为 96 个和 17 个，分别占国土面积的 1.2%和 0.5%，主要分布在黄土高原西北部、黄淮海平原中部等。

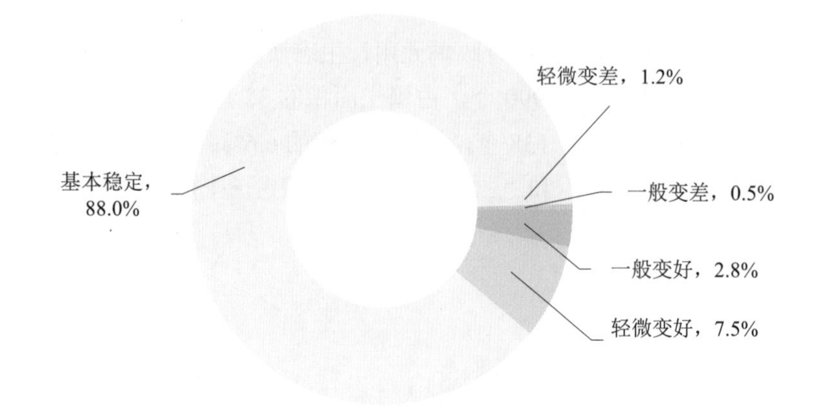

图 2.5.1-5　2020—2021 年全国县域生态质量变化幅度各级别面积比例

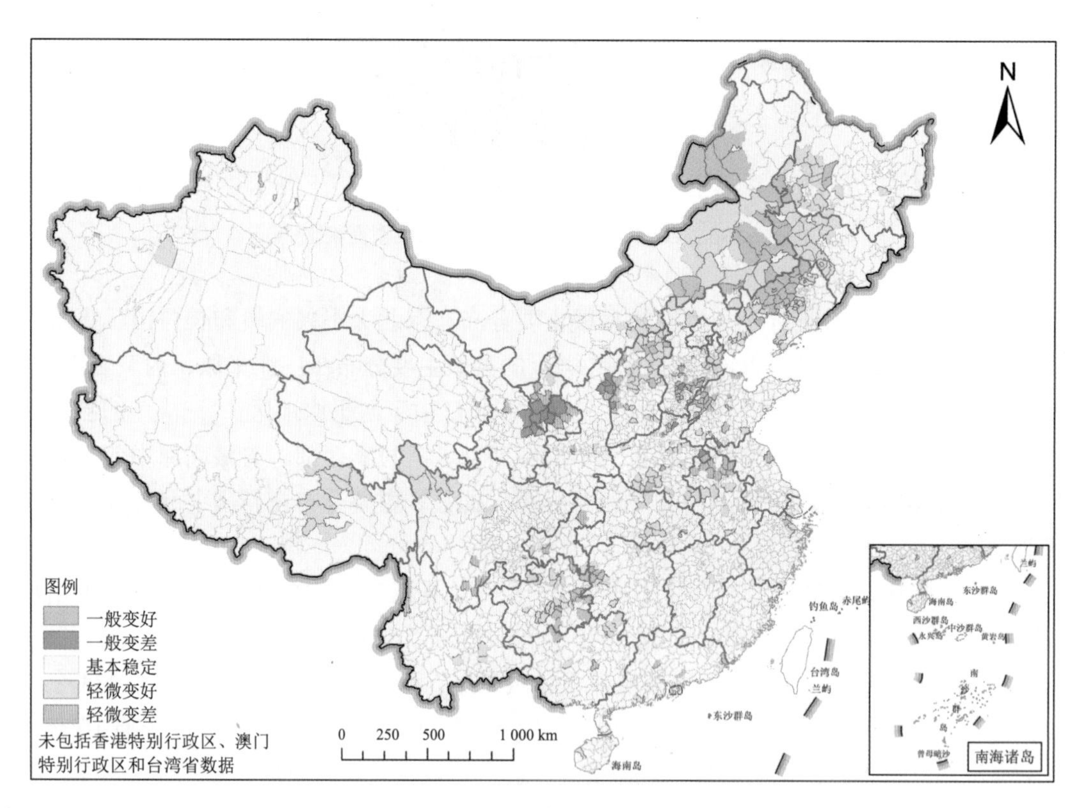

图 2.5.1-6　2020—2021 年全国县域生态质量变化幅度分布示意图

第二节 典型生态系统

一、湿地生态系统

2021 年，在江苏太湖、安徽巢湖、湖北丹江口水库和湖南洞庭湖开展湖库湿地生态系统监测，在浙江浦阳江开展河流湿地生态系统监测。

太湖监测到底栖动物 49 种，香农生物多样性指数为 2.37，属“较丰富”水平；浮游植物 142 种，香农生物多样性指数为 1.60，属“一般”水平；浮游动物 70 种，香农生物多样性指数为 2.94，属“较丰富”水平。综合评价结果显示，太湖湿地生态环境健康指数为 3.16，属“健康”水平。

图 2.5.2-1 太湖点位分布示意图

巢湖监测到底栖动物 21 种，香农生物多样性指数为 1.40，属“一般”水平；浮游植物 129 种，香农生物多样性指数为 1.73，属“一般”水平；浮游动物 78 种，香农生物多样性指数为 1.63，属“一般”水平。综合评价结果显示，巢湖湿地生态环境健康指数为 2.54，属“亚健康”水平。

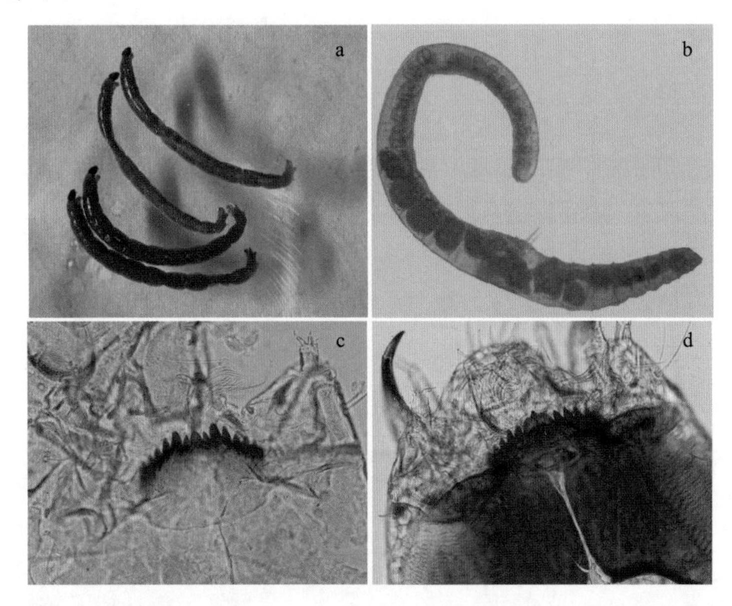

a：红裸须摇蚊（*Propsilocerus akamusi*）　　b：霍甫水丝蚓（*Limnodrilus hoffmeisteri*）

c：羽摇蚊（头壳）（*Chironomus plumosus*）　　d：小摇蚊（头壳）（*Microchironomus* sp.）

图 2.5.2-2　巢湖底栖生物

丹江口水库监测到底栖动物 7 种；浮游植物 87 种，香农生物多样性指数为 2.78，属“较丰富”水平；浮游动物 76 种，香农生物多样性指数为 2.94，属“较丰富”水平。综合评价结果显示，丹江口水库湿地生态环境健康指数为 3.80，属“健康”水平。

图 2.5.2-3　丹江口监测区域分布示意图

洞庭湖监测到底栖动物 53 种，香农生物多样性指数为 2.85，属“较丰富”水平；浮游植物 72 属，香农生物多样性指数为 3.10，属“丰富”水平；浮游动物 31 属，香农生物多样性指数为 2.11，属“较丰富”水平。综合评价结果显示，洞庭湖湿地生态环境健康指数为 3.46，属“健康”水平。

图 2.5.2-4　洞庭湖底栖生物采集工作实景

浦阳江（浦江县段）监测到底栖动物 124 种，其中蜉蝣目、襀翅目、毛翅目等环境敏感类指示物种个体数占底栖动物总物种个体数的 36.0%，与上年相比有所上升。底栖动物香农生物多样性指数范围为 0.3～2.7，均匀度指数范围为 0.10～0.95。深坑、双溪口、前坞口与和平桥等 4 个监测断面的水生态健康等级评价结果为“优”，占总监测断面数的 26.7%；横大路、平安桥、长春桥上、彭春桥、新宅和严店等断面为“良好”，占 40.0%。

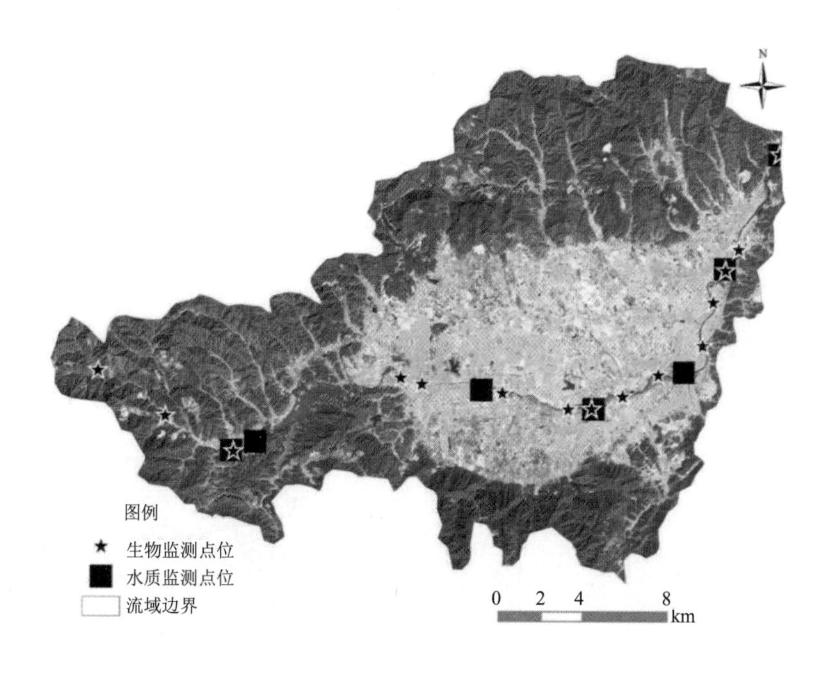

图 2.5.2-5　浦阳江水生态系统健康评估点位分布示意图

二、草地及荒漠生态系统

2021 年，在河北、内蒙古、甘肃、青海和新疆等 5 个省份开展草地和荒漠生态系统监测，涉及典型草地、山地草地、高寒草地（包括高寒高山草甸、高寒典型草甸、高寒草甸草原及高寒典型草原）及荒漠草地（包括典型荒漠草地、温性荒漠草地及高寒荒漠草地）等。

河北沽源草地草原以典型草原和山地草原为主，三种草地优势植物群落分别为“西北针茅+羊草群落”“羊草+糙隐子草群落”和“西北针茅群落”。样方监测到植物 104 种，植被盖度范围为 60%～100%，植被高度范围为 19～50 cm，生物量范围为 40～246 g/m^2，香农生物多样性指数范围为 1.32～2.17。

图 2.5.2-6　河北沽源草原实景

内蒙古草原监测区草原类型包括草甸草原、典型草原和荒漠草原。样方监测到植物种类范围为 12～65 种，植被盖度范围为 10.0%～78.7%，植被高度范围为 4.8～21.2 cm，生物量范围为 10.3～213.3 g/m^2。

甘肃甘南草原监测区草原类型包括高寒草甸草原和山地草甸草原。样方监测到植物种类数分别为 100 种和 74 种，植被盖度分别为 90.5%和 66.3%，植被高度分别为 12.7 cm 和 20.0 cm，生物量分别为 192.2 g/m^2 和 153.8 g/m^2。

图 2.5.2-7　甘肃甘南草原实景

青海三江源监测区草原类型包括高寒草甸、高寒草甸草原、高寒草原、温性草原、温性荒漠草原等。样方监测到植物种类范围为 5～25 种，植被盖度范围为 70%～100%，植被高度范围为 1.6～23.7 cm，生物量范围为 82.5～554.5 g/m^2。

图 2.5.2-8　青海三江源草原实景

新疆五大山地草原监测区包括阿勒泰、库鲁斯台、伊犁、巴音布鲁克和巴里坤草原区。样方监测到植物种类范围为 26～55 种，植被总体平均盖度为 46.3%，植被高度范围为 6.2～44.0 cm，生物量范围为 23.2～313.1 g/m^2。

图 2.5.2-9　新疆五大山地草原实景

三、森林生态系统

2021 年，在吉林、安徽、海南、四川、广西、湖南和深圳等 7 个地区开展森林生态系统监测，涉及吉林长白山区温带森林、安徽黄山亚热带森林、海南中部山区热带森林、四川龙门山区亚热带森林、广西大明山亚热带常绿阔叶林等。

吉林长白山区温带森林监测区在岳桦林、云冷杉林、长白落叶松林、红松针阔混交林、落叶阔叶混交林、白桦林、红皮云杉林开展样方监测。样方监测到植物 252 种，其中乔木 39 种、灌木 46 种、藤本 5 种、草本 162 种；乔木层平均高度为 13.4 m，优势种主要有岳桦、白桦、红松等；灌木层平均高度为 69.7 cm，优势种主要有蓝靛果忍冬、库叶悬钩子、野刺玫等；草本层以多年生草本植物为主，平均高度为 21.7 cm，优势种主要有小叶章、薹草、东北羊角芹等。

图 2.5.2-10　吉林长白山区温带森林采样工作实景

安徽黄山亚热带森林监测区植被分布具有明显的垂直地带性。样方监测到乔木层植物种类范围为 2～34 种，平均高度范围为 9.9～17.2 m；灌木层植物种类范围为 21～37 种，平均盖度范围为 8.6%～78.1%；草本层植物种类范围为 3～17 种，群落盖度范围为 5.5%～100.0%，凋落物平均厚度范围为 1.5～3.2 cm，最大持水率范围为 250.0%～378.8%。

图 2.5.2-11　安徽黄山亚热带森林采样工作实景

海南中部山区热带森林监测区样地群落结构复杂，物种丰富多样。样方监测到乔灌层生态系统植物种类范围为 65～110 种，林下草本层植物种类范围为 9～16 种，林下草本层地上生物量范围为 21.2～67.8 kg/m^2。乔灌层群落内优势种为海南檀、华润楠和过布柿等，草本层优势种为卷柏、鹿蹄草和假益智等。

图 2.5.2-12 海南中部山区热带森林实景

四川龙门山区亚热带森林监测区海拔范围为 1 304～3 218 m，植被类型主要为亚热带森林中常绿阔叶林、常绿落叶阔叶混交林、落叶阔叶林、常绿针叶林和高山草甸。样方监测到植物 912 种，其中灌木层植物种类范围为 8～16 种，草本层 31～52 种；群落平均盖度范围为 32.1%～91.7%；生物量范围为 21.6～125.3 g/m^2。

图 2.5.2-13 四川龙门山区亚热带森林实景

广西大明山亚热带常绿阔叶林样方监测到维管束植物 323 种，隶属 93 科 179 属，其中蕨类植物 27 种，被子植物 291 种，裸子植物 5 种。主要代表科有樟科、蔷薇科、桑科。

图 2.5.2-14 广西大明山亚热带常绿阔叶林采样工作实景

湖南八大公山森林监测区样方监测到乔木层植物438种，隶属67科359属，其中国家一级保护植物有珙桐、红豆杉，国家二级保护植物有钟萼木、水青树，国家极小种群植物有长果安息香、巴东木莲。典型代表型植被群落为亮叶水青冈群落、金山杜鹃群落。

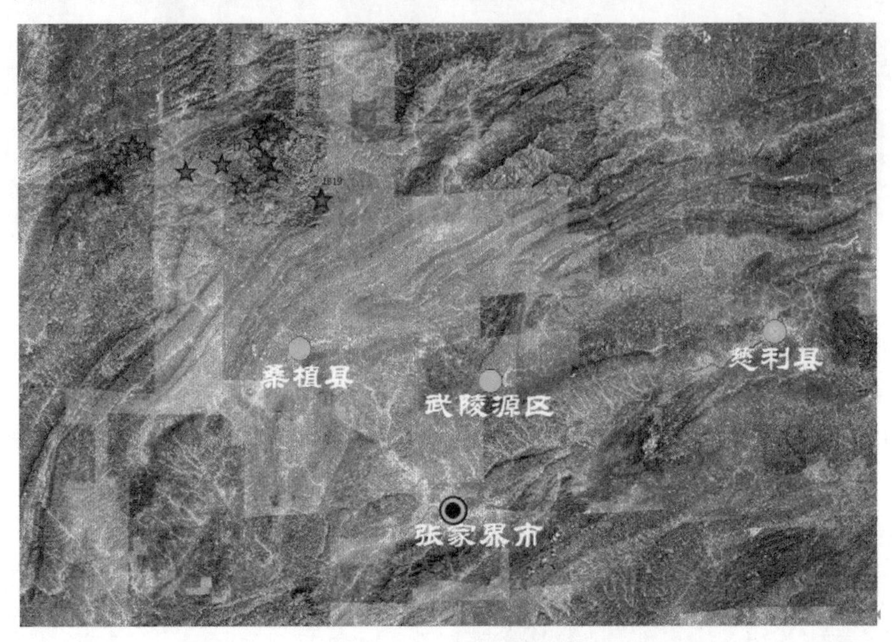

图2.5.2-15 湖南八大公山森林监测样地分布示意图

四、城市生态系统

2021年，**深圳市城市生态系统**监测区位于城市建成区森林。七娘山站点群落乔木、灌木、草本植物种类范围分别为15～25种、36～68种、7～16种，优势种为鼎湖血桐；赤坳水库群落乔木、灌木、草本植物种类范围分别为13种、36～40种、15～21种，优势种为星毛鸭脚木、柳叶桉；莲花山站点群落乔木、灌木、草本植物种类范围分别为14～22种、27～48种、9～13种，优势种为火焰树；应人石站点群落乔木、灌木、草本植物种类范围分别为2～4种、44种、13～31种，优势种为荔枝；小南山站点群落乔木、灌木、草本植物种类范围分别为14～15种、35～48种、13～21种，优势种为黄牛木、阴香、假苹婆。

图2.5.2-16 深圳城市粗角隐翅虫属昆虫实拍

五、岛屿生态系统

2021 年，**西沙群岛**监测区样方监测到植物种类 7 科 8 属 8 种。西沙洲植物胸径范围为 3.0～12.8 cm，主要为木麻黄、榄仁树和草海桐等人工植被；北岛植物胸径范围为 1.0～8.3 cm，优势群落为草海桐群落和海岸桐群落；甘泉岛植物胸径范围为 1.7～27.9 cm，主要为海岸桐、抗风桐和海滨木巴戟。晋卿岛径级在 1.0～4.0 cm 之间的小树最多，数量占比为 65.4%；胸径大于 20.0 cm 的大树有 10 株，其中最大胸径乔木为 36.4 cm。

图 2.5.2-17　西沙群岛实景

第三节　生物多样性

一、生态系统多样性

中国具有地球陆地生态系统的各种类型，其中，森林 212 类、竹林 36 类、灌丛 113 类、草甸 77 类、草原 55 类、荒漠 52 类、自然湿地 30 类；有红树林、珊瑚礁、海草床、海岛、海湾、河口和上升流等多种类型的海洋生态系统；有农田、人工林、人工湿地、人工草地和城市等人工生态系统。

全国森林覆盖率为 23.04%。森林蓄积量为 175.6 亿 m^3，其中天然林蓄积量为 141.08 亿 m^3、人工林蓄积量为 34.52 亿 m^3。森林植被总生物量为 188.02 亿 t，总碳储量为 91.86 亿 t。

第三次全国国土调查主要数据成果显示，全国草地面积为 26 453.01 万 hm^2。

二、物种多样性

中国已知物种及种下单元数 127 950 种。其中，动物界 56 000 种，植物界 38 394 种，细菌界 463 种，色素界 1 970 种，真菌界 15 095 种，原生动物界 2 487 种，病毒 655 种。

《国家重点保护野生动物名录》的野生动物 980 种和 8 类，其中国家一级野生动物 234 种和 1 类、国家二级野生动物 746 种和 7 类，大熊猫、海南长臂猿、藏羚羊、褐马鸡、长江江豚、扬子鳄等为中国所特有；列入《国家重点保护野生植物名录》的野生植物 455 种和 40 类，其中国家一级野生植物 54 种和 4 类、国家二级野生植物 401 种和 36 类，百山祖冷杉、水杉、霍山石斛、云南沉香等为中国所特有。

三、遗传多样性

中国有栽培作物 528 类 1 339 个栽培种，经济树种达 1 000 种以上，原产观赏植物种类达 7 000 种，家养动物 948 个品种。

专栏　受威胁物种

全国 34 450 种已知高等植物的评估结果显示，需要重点关注和保护的高等植物为 10 102 种，占评估物种总数的 29.3%，其中受威胁的有 3 767 种、近危等级（NT）的有 2 723 种、数据缺乏等级（DD）的有 3 612 种。

全国 4 357 种已知脊椎动物（除海洋鱼类）的评估结果显示，需要重点关注和保护的脊椎动物为 2 471 种，占评估物种总数的 56.7%，其中受威胁的有 932 种、近危等级的有 598 种、数据缺乏等级的有 941 种。

全国 9 302 种已知大型真菌的评估结果显示，需要重点关注和保护的大型真菌为 6 538 种，占评估物种总数的 70.3%，其中受威胁的有 97 种、近危等级的有 101 种、数据缺乏等级的有 6 340 种。

第四节　自然保护区人类活动

自然保护区人类活动遥感监测①结果显示，2021 年上半年，国家级自然保护区新增或规模扩大人类活动 240 处，总面积 3.18 km^2。

从功能区来看，有 70.36%的新增或规模扩大人类活动面积分布在实验区，有 11 个保护区的核心区和 15 个保护区的缓冲区存在规模扩大的矿产资源开发、工业开发和旅游开发活动。

2021 年下半年，国家级自然保护区新增或规模扩大人类活动 333 处，总面积 5.14 km^2。

从功能区来看，有 71.43%新增和规模扩大人类活动面积分布在实验区，有 10 个保护区的核心区和 21 个保护区的缓冲区存在规模扩大的矿产资源开发、工业开发、旅游开发和水电设施。

① 2021 年重点监测矿产资源开发、工业开发、旅游开发、水电开发 4 种类型的人类活动，监测结果未经实地核实。

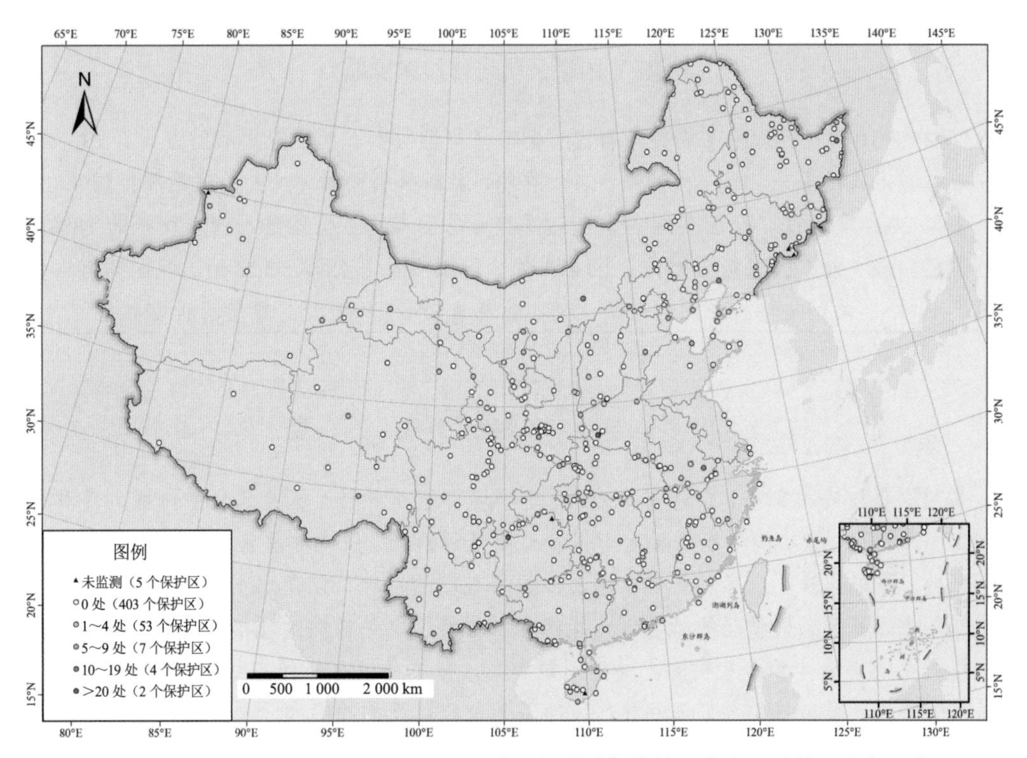

图 2.5.4-1 2021 年上半年国家级自然保护区新增或规模扩大人类活动数量分布示意图

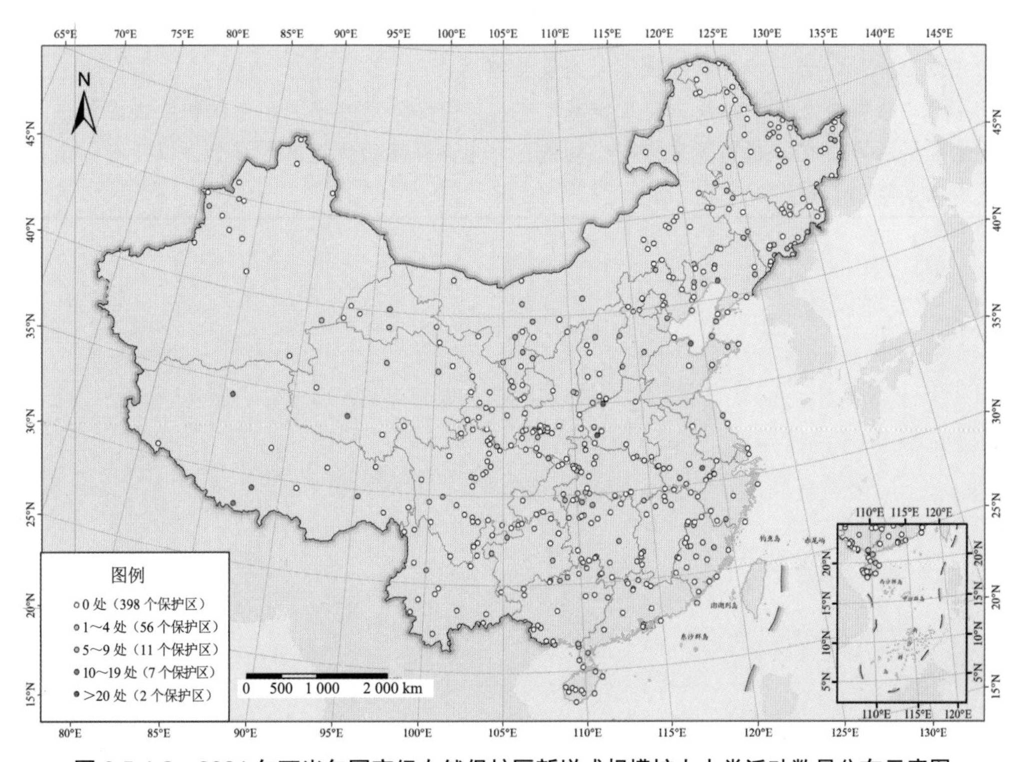

图 2.5.4-2 2021 年下半年国家级自然保护区新增或规模扩大人类活动数量分布示意图

专栏　国家公园与自然保护地

2021 年 10 月，习近平主席在联合国《生物多样性公约》第十五次缔约方大会（COP15）上宣布中国正式设立三江源、大熊猫、东北虎豹、海南热带雨林、武夷山等第一批国家公园。

截至 2021 年年底，全国各级各类自然保护地总面积约占全国陆域国土面积的 18%，其中，国家公园 5 处、国家级自然保护区 474 处、国家级自然公园 2 522 处。我国拥有世界自然遗产 14 处、世界文化和自然双遗产 4 处、世界地质公园 41 处，数量均居世界首位。

专栏　生态保护红线

按照国务院安排部署，自然资源部、生态环境部组织开展全国生态保护红线划定和评估调整工作。基于生态功能组织开展生态保护重要性评价，优先将水源涵养、生物多样性保护、水土保持、防风固沙、海岸防护等生态功能极其重要的区域，以及水土流失、沙漠化、石漠化、海岸侵蚀等生态极脆弱的地区划入生态保护红线。立足自然地理格局，科学坚持应划尽划。根据党中央精神和地方实际，坚持问题导向，分类处理生态保护红线与永久基本农田、镇村、探矿权、采矿权、人工商品林、线性基础设施建设的冲突和矛盾。初步划定的生态保护红线集中分布于青藏高原、天山山脉、内蒙古高原、大小兴安岭、秦岭、南岭，以及黄河流域、长江流域、海岸带等国家重要生态安全屏障和生物多样性保护优先区域，涵盖了大部分天然林、草地、湿地等典型的陆地自然生态系统以及红树林、珊瑚礁、海草床等典型的海洋自然生态系统，进一步夯实了国家生态安全格局。

目前，全国生态保护红线划定工作基本完成，初步划定的全国生态保护红线面积占陆域国土面积的 30%左右，覆盖了重点生态功能区、生态环境敏感区和脆弱区，以及全国生物多样性分布的关键区域。

第六章　农　村

第一节　农村环境空气

2021 年，农村环境空气质量监测村庄 2 973 个[①]，累计监测 486 897 d，其中达标天数为 427 677 d，占 87.8%，主要超标指标为 $PM_{2.5}$、PM_{10} 和 O_3。

从各监测指标来看，SO_2 日均值浓度达到二级标准的比例为 99.99%，最大超标倍数为 1.1 倍；CO 日均值浓度达到二级标准的比例为 99.97%，最大超标倍数为 1.2 倍；NO_2 日均值浓度达到二级标准的比例为 99.6%，最大超标倍数为 4.3 倍；O_3 日最大 8 h 平均浓度达到二级标准的比例为 95.2%，最大超标倍数为 4.1 倍；PM_{10} 日均值浓度达到二级标准的比例为 95.1%，最大超标倍数为 47.0 倍；$PM_{2.5}$ 日均值浓度达到二级标准的比例为 94.1%，最大超标倍数为 20.4 倍。

表 2.6.1-1　2021 年监测村庄环境空气质量监测结果

监测指标	监测天数/d	达标天数/d	达标比例/%	最大超标倍数
$PM_{2.5}$	475 527	447 539	94.1	20.4
PM_{10}	477 875	454 501	95.1	47.0
SO_2	482 800	482 775	99.99	1.1
NO_2	483 067	481 273	99.6	4.3
O_3	476 645	453 656	95.2	4.1
CO	477 392	477 252	99.97	1.2

从各季度来看，监测村庄的空气质量优良天数比例分别为第一季度 82.3%，第二季度 87.5%，第三季度 92.0%，第四季度 88.8%。

从各省份来看，西藏监测村庄空气质量优良天数比例为100%；黑龙江、福建和海南等省份的村庄空气质量优良天数比例相对较高，均在99.0%以上；天津、河北、山东、河南、新疆等省份和兵团的村庄空气质量优良天数比例相对较低，在70.8%～79.7%之间，主要超标指标为$PM_{2.5}$、PM_{10}和O_3。

① “十四五”期间，农村环境监测村庄名单进行了调整，较往年变动较大。同时，自 2021 年起，农村环境空气质量监测要求村庄周边有自动监测站点的报送自动监测数据，与往年以手工监测为主的监测方式差异较大。因此农村环境空气质量监测结果与往年不具备可比性。

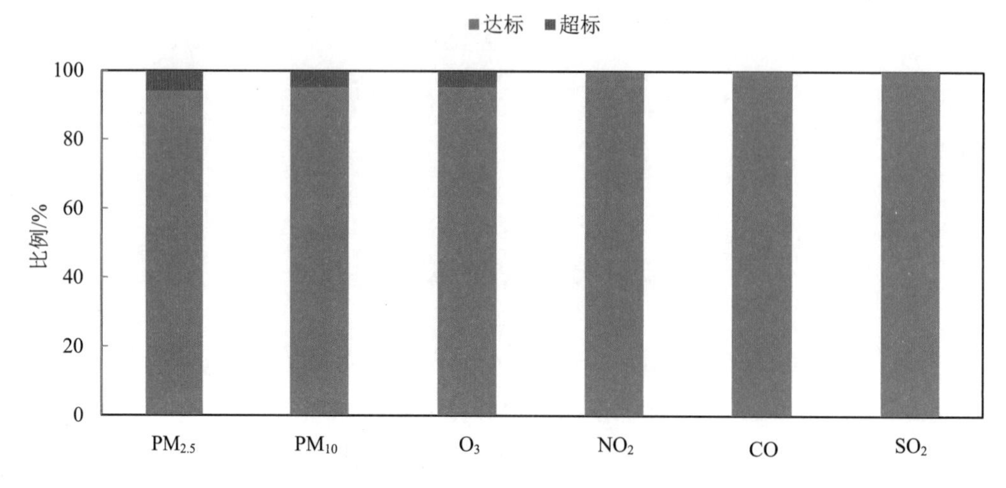

图 2.6.1-1　2021 年监测村庄环境空气质量状况

从空间分布来看，空气质量超标的村庄多分布在西北地区和华北地区。西北地区和华北地区 $PM_{2.5}$ 超标主要与秋冬季采暖及散煤燃烧相关，同时受周边工业污染源影响。西北地区 PM_{10} 超标比例较高主要与当地植被覆盖率低、耕作方式粗放及局部干旱少雨的自然气候条件密切相关。

第二节　农村地表水

2021 年，农村地表水水质监测断面 4 646 个。其中，Ⅰ～Ⅲ类水质断面 3 877 个，占断面总数的 83.4%，与上年相比上升 0.9 个百分点；Ⅳ类、Ⅴ类 700 个，占 15.1%，下降 0.4 个百分点；劣Ⅴ类 69 个，占 1.5%，下降 0.5 个百分点。主要超标指标为化学需氧量、总磷和五日生化需氧量。

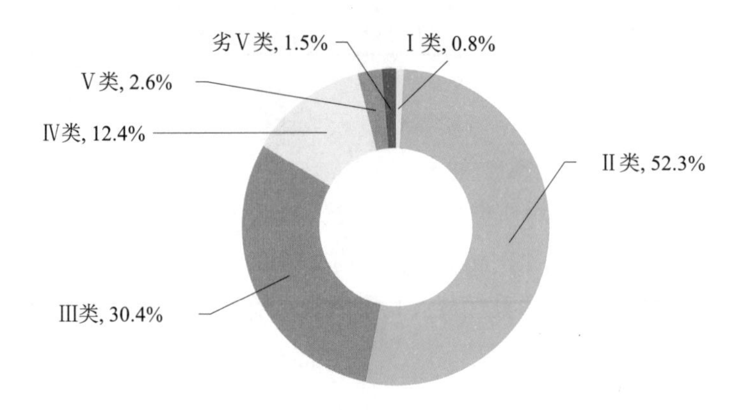

图 2.6.2-1　2021 年农村地表水水质类别比例

从各省份来看，全国农村地表水均存在超标现象。天津、山西、上海和内蒙古的地表水水质超标断面比例超过 40.0%，且天津和山西劣Ⅴ类水质断面比例超过 10.0%。

从各季度来看，第一季度至第四季度Ⅰ～Ⅲ类水质断面比例分别为 83.9%、83.1%、80.5%、84.3%，劣Ⅴ类分别为 1.6%、2.1%、2.1%、1.8%，其中第三季度水质最差，可能与农村生活垃圾和污水、养殖业废水、种植业流失等农业面源污染有关。

第一季度地表水水质监测断面 3 527 个，Ⅰ～Ⅲ类水质断面占 83.9%，与上年相比上升 1.4 个百分点；Ⅳ、Ⅴ类占 14.5%，上升 0.9 个百分点；劣Ⅴ类占 1.6%，下降 2.3 个百分点，主要超标指标为化学需氧量、高锰酸盐指数和五日生化需氧量。

第二季度监测断面 4 439 个，Ⅰ～Ⅲ类水质断面占 83.1%，与上年相比上升 0.8 个百分点；Ⅳ、Ⅴ类占 14.9%，下降 0.2 个百分点；劣Ⅴ类占 2.1%，下降 0.4 个百分点，主要超标指标为化学需氧量、五日生化需氧量和高锰酸盐指数。

第三季度监测断面 4 519 个，Ⅰ～Ⅲ类水质断面占 80.5%，与上年相比上升 1.2 个百分点；Ⅳ、Ⅴ类占 17.4%，下降 0.3 个百分点；劣Ⅴ类占 2.1%，下降 1.0 个百分点，主要超标指标为化学需氧量、总磷和高锰酸盐指数。

第四季度监测断面 4 592 个，Ⅰ～Ⅲ类水质断面占 84.3%，与上年相比下降 0.4 个百分点；Ⅳ、Ⅴ类占 13.9%，上升 0.4 个百分点；劣Ⅴ类占 1.8%，下降 0.1 个百分点，主要超标指标为化学需氧量、总磷和五日生化需氧量。

从长期变化来看，2009—2021 年，农村地表水Ⅰ～Ⅲ类水质断面比例在 2009—2015 年呈上升趋势，2016—2018 年略有下降，2018—2021 年呈上升趋势；劣Ⅴ类水质断面比例在 2009—2010 年呈上升趋势，2011—2013 年呈下降趋势，2014—2018 年基本持平，2019—2021 年略有下降。农村地表水水质整体呈改善趋势。

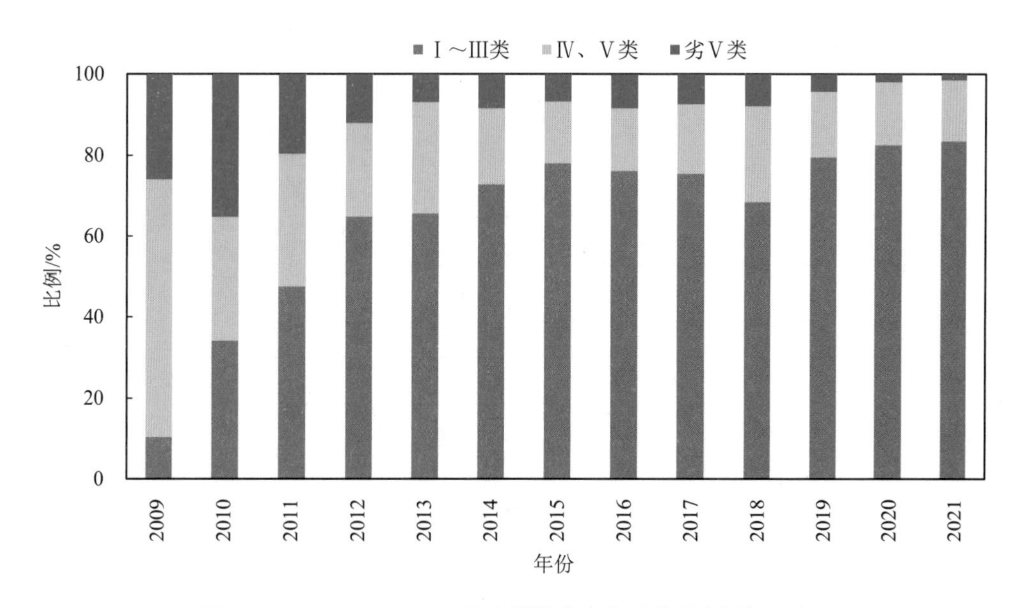

图 2.6.2-2　2009—2021 年农村地表水水质类别比例年际变化

第三节　农村千吨万人饮用水水源

2021 年，农村千吨万人饮用水水源水质监测范围覆盖 30 个省份 10 345 个水源地，水质达标比例为 78.0%，与上年相比上升 6.9 个百分点。其中，地表水饮用水水源监测断面 5 612 个，水质达标比例为 92.0%，与上年相比下降 4.9 个百分点；地下水饮用水水源监测点位 4 733 个，水质达标比例为 61.4%，与上年相比上升 8.1 个百分点。地表水饮用水水源主要超标指标为总磷、高锰酸盐指数和锰，地下水饮用水水源水质主要超标指标为氟化物、钠和锰等自然背景指标。

从各省份来看，除西藏监测的农村千吨万人饮用水水源水质达标比例为 100%外（仅监测 1 个地表水饮用水水源断面），其他省份均存在超标情况，其中天津、内蒙古、吉林、安徽、山东、广西和宁夏等 7 个省份达标比例均低于 60.0%，天津全部断面均未达标。

从各季度来看，地表水饮用水水源水质达标比例为 96.0%～97.3%，主要超标指标为总磷、高锰酸盐指数、锰、硫酸盐、五日生化需氧量和铁，其中总磷和高锰酸盐指数出现在所有季度；地下水饮用水水源水质达标比例为 70.0%～72.6%，主要超标指标为氟化物、钠、锰和总大肠菌群。总体来看，地表水和地下水饮用水水源各季度的水质状况较稳定。

从长期变化来看，2019—2021 年，农村千吨万人饮用水水源水质达标比例总体呈上升趋势，但地下水饮用水水源水质达标比例持续偏低，且均远低于地表水饮用水水源。

表 2.6.3-1　2021 年农村千吨万人地表水饮用水水源水质状况

季度	监测断面/个	达标比例/%	同比变幅/个百分点	主要超标指标
第一季度	5 431	96.0	1.8	总磷、高锰酸盐指数、硫酸盐、锰、五日生化需氧量
第二季度	5 530	96.5	2.1	总磷、高锰酸盐指数、锰
第三季度	5 551	97.3	3.2	总磷、高锰酸盐指数、五日生化需氧量
第四季度	5 548	97.0	2.0	总磷、铁、高锰酸盐指数、锰

表 2.6.3-2　2021 年农村千吨万人地下水饮用水水源水质状况

季度	监测点位/个	达标比例/%	同比变幅/个百分点	主要超标指标
第一季度	4 555	71.8	10.3	氟化物、钠、锰
第二季度	4 611	72.6	7.8	氟化物、钠、锰
第三季度	4 641	70.0	4.9	氟化物、钠、总大肠菌群
第四季度	4 617	70.4	3.5	氟化物、钠、锰

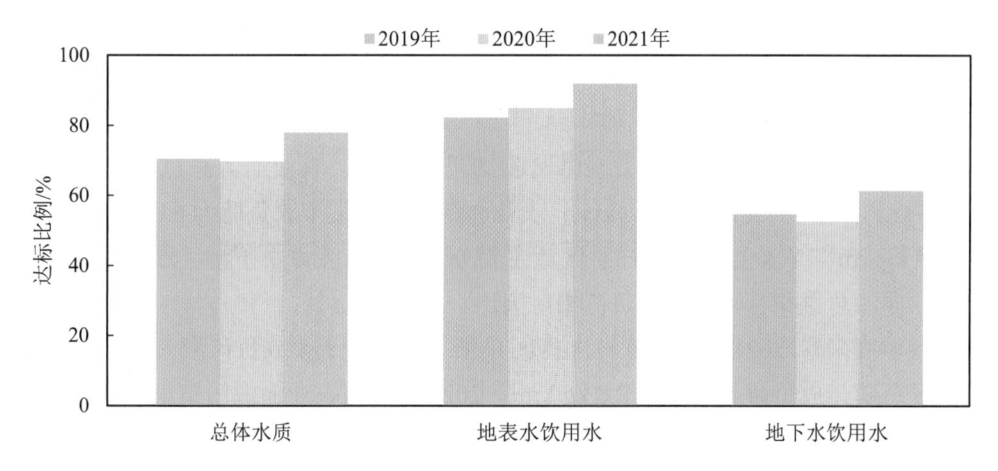

图 2.6.3-1　2019—2021 年农村千吨万人饮用水水源水质达标比例年际变化

第四节　农田灌溉水

2021 年，规模达到 10 万亩及以上农田灌区的灌溉用水断面（点位）监测 1 353 个，水质达标比例为 90.9%，与上年相比上升 4.7 个百分点。主要超标指标为粪大肠菌群、悬浮物和 pH 值。

从各省份情况来看，除河北、辽宁、黑龙江、安徽、福建、西藏和青海的农田灌溉用水水质达标比例为 100%外，其他省份均存在超标情况，其中天津、广西、陕西和宁夏等 4 个省份灌溉用水水质达标比例均低于 80.0%。

2019—2021 年，农田灌溉用水水质达标比例总体呈上升趋势，农田灌溉用水水质改善明显。

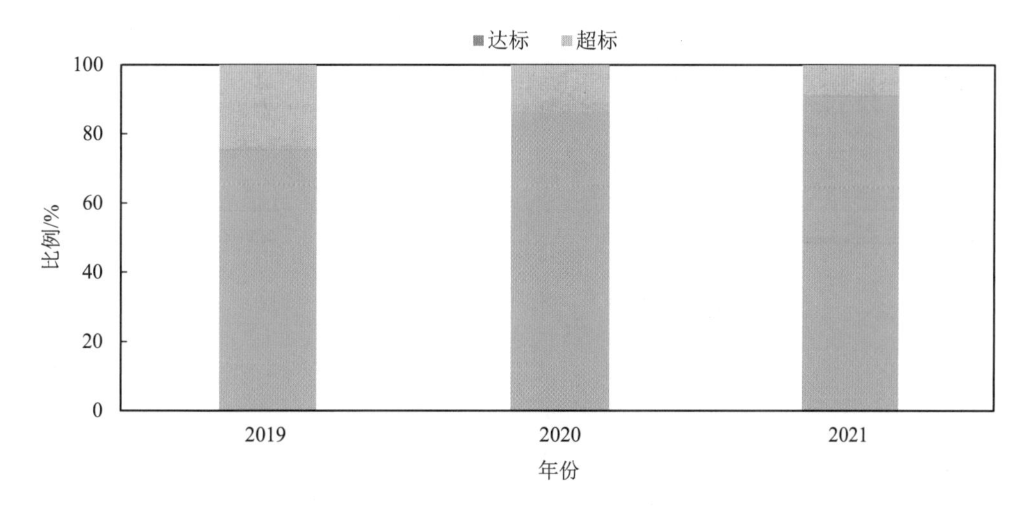

图 2.6.4-1　2019—2021 年农田灌溉用水水质达标比例年际变化

第五节　农业面源污染

2021 年，全国农业面源污染遥感监测结果显示 ①，农业面源总氮污染排放负荷为 149.1 kg/km²，入河负荷为 61.1 kg/km²；农业面源总磷污染排放负荷为 6.8 kg/km²，入河负荷为 2.5 kg/km²。农业面源污染严重区域主要分布在长江流域中下游、淮河流域和海河流域，农业面源总氮和总磷的排放负荷相对突出。

从各季度来看，2021 年全国农业面源污染第二季度总氮排放负荷最大，为 53.8 kg/km²；第三季度总磷排放负荷最大，为 2.8 kg/km²。2021 年全国农业面源污染第二季度入河负荷最大，总氮和总磷入河负荷分别为 23.2 kg/km² 和 0.93 kg/km²。

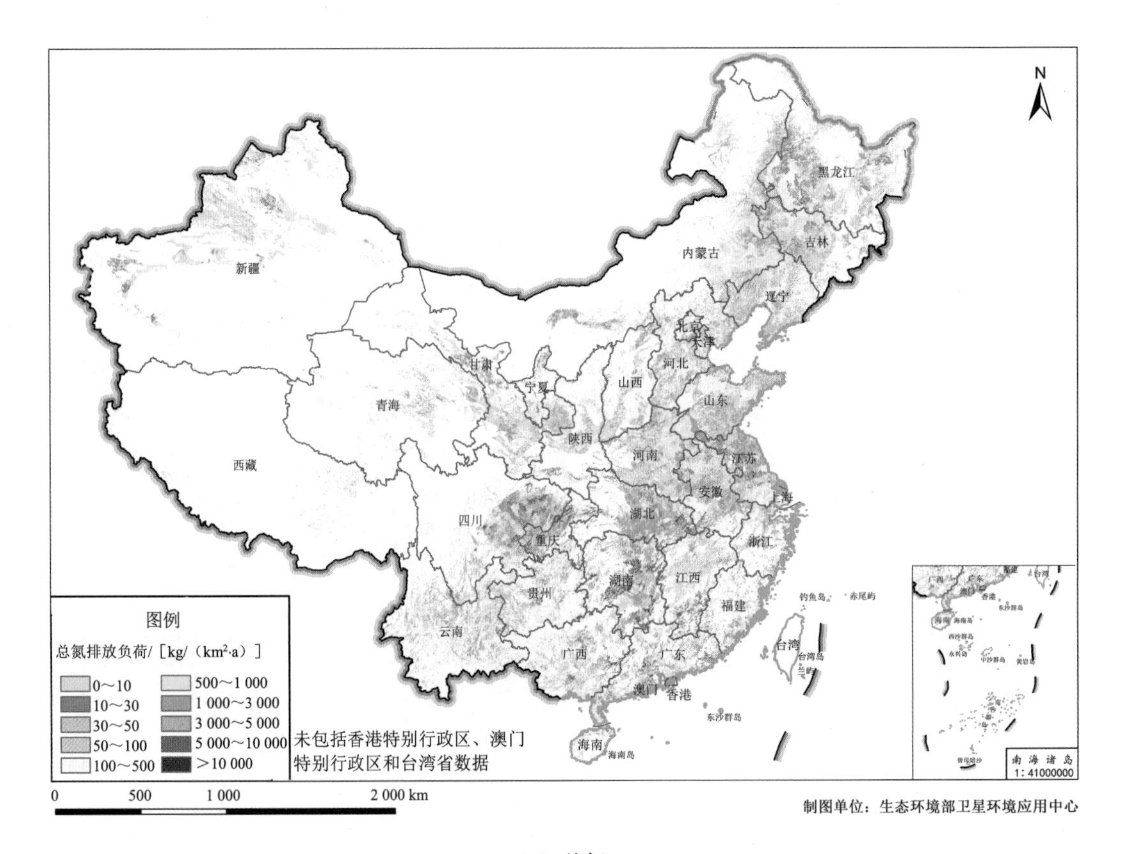

（a）总氮

① 本结果基于最新国家基础信息更新后数据源估算完成。

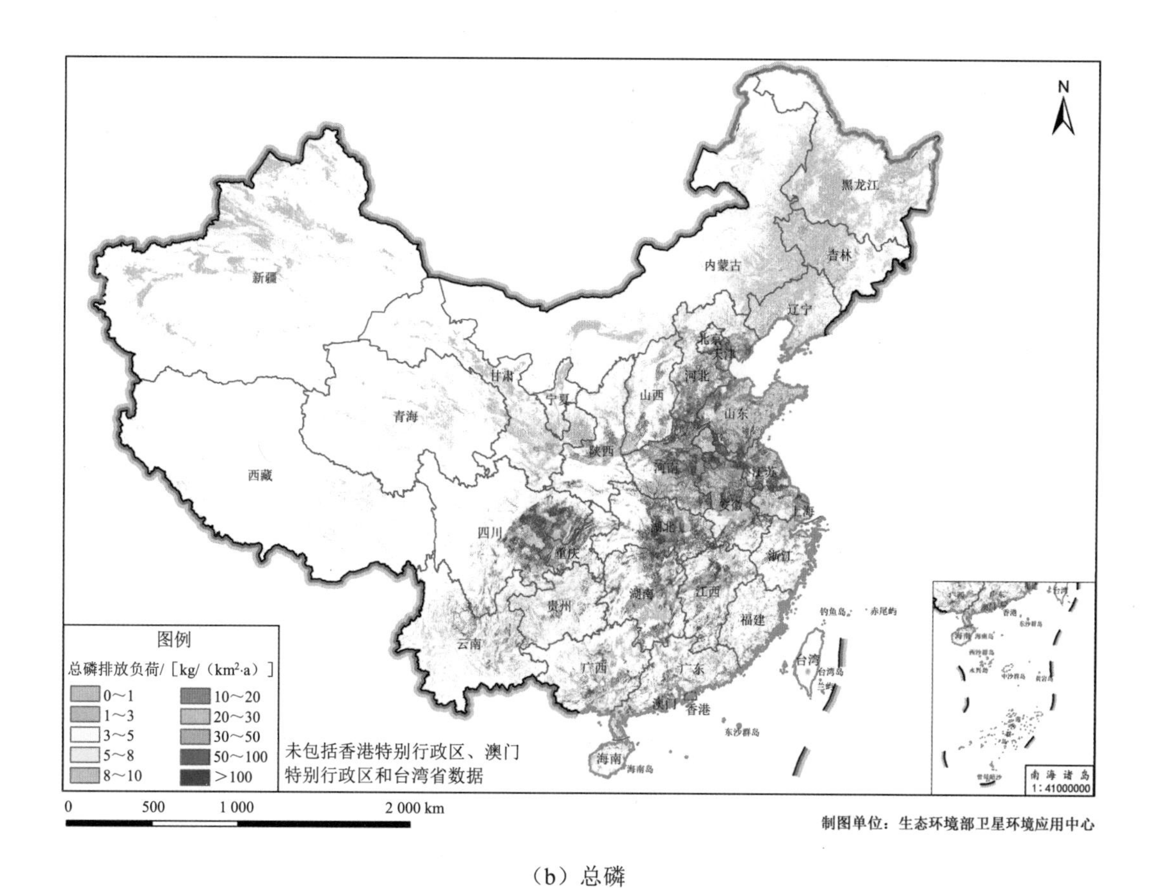

（b）总磷

图 2.6.5-1　2021 年全国农业面源污染排放负荷空间分布示意图

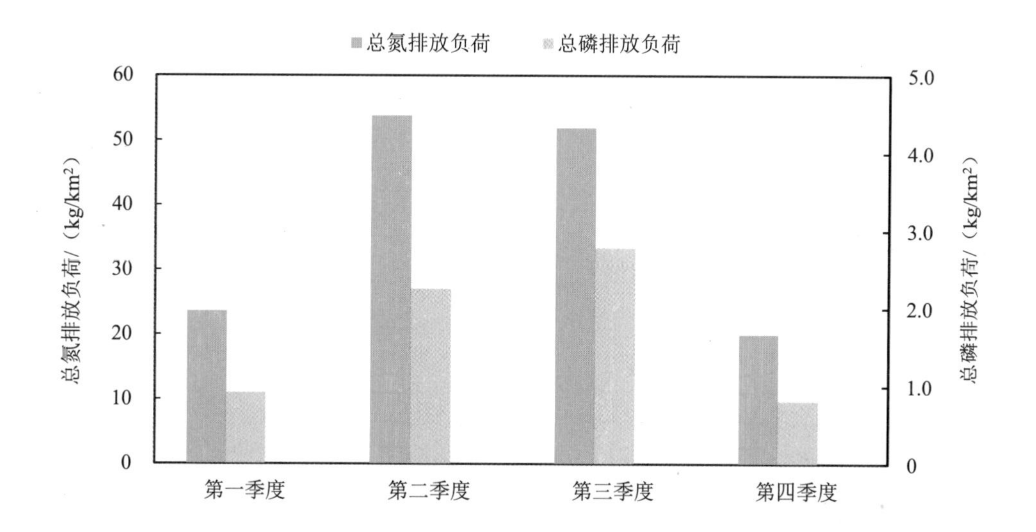

图 2.6.5-2　2021 年全国农业面源污染总氮和总磷排放负荷季度变化

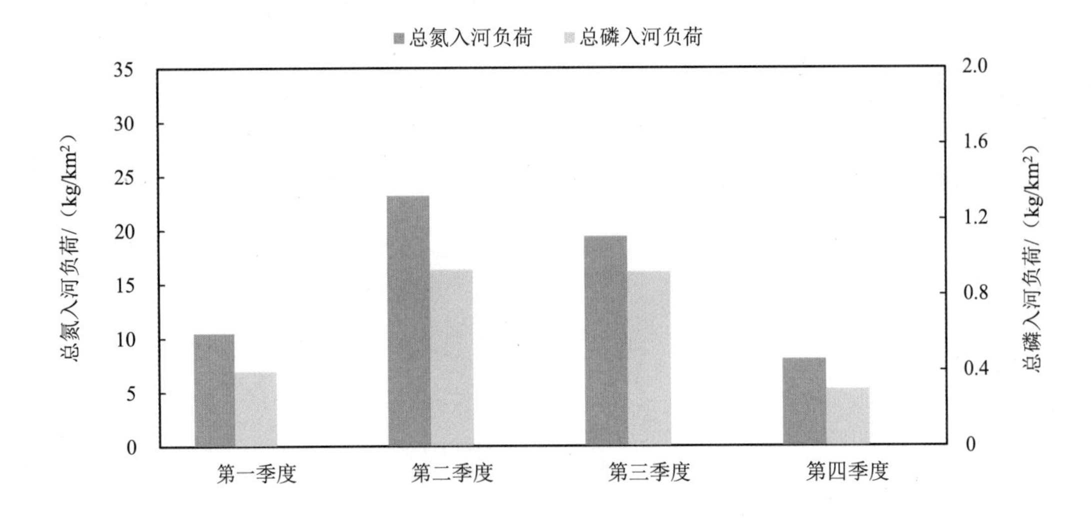

图 2.6.5-3 2021 年全国农业面源总氮和总磷入河负荷季度变化

第七章　土　壤

第一节　全国土壤环境

2021 年，全国土壤环境风险得到基本管控，土壤污染加重趋势得到初步遏制。全国受污染耕地安全利用率稳定在 90%以上，重点建设用地安全利用得到有效保障。全国农用地土壤环境状况总体稳定，影响农用地土壤环境质量的主要污染物是重金属，其中镉为首要污染物。全国重点行业企业用地土壤污染风险不容忽视。

一、国家土壤环境基础点

2021 年，珠江流域和太湖流域土壤环境质量总体保持稳定。

二、耕地质量

全国耕地质量平均等级[①]为 4.76 等。其中，一至三等、四至六等和七至十等耕地面积分别占耕地总面积的 31.24%、46.81%和 21.95%。

第二节　水土流失与荒漠化

2020 年，全国水土流失面积为 269.27 万 km^2。其中，水力侵蚀面积为 112.00 万 km^2，风力侵蚀面积为 157.27 万 km^2。按侵蚀强度分，轻度、中度、强烈、极强烈和剧烈侵蚀面积分别占全国水土流失总面积的 63.3%、17.2%、7.6%、5.7%和 6.2%。[②]

全国荒漠化土地面积为 261.16 万 km^2，沙化土地面积为 172.12 万 km^2，岩溶地区现有石漠化土地面积为 10.07 万 km^2。[③]

① 依据《耕地质量等级》（GB/T 33469—2016）评价，耕地质量划分为10个等级，一等地耕地质量最好，十等地耕地质量最差。一等至三等、四等至六等、七等至十等分别划分为高等地、中等地、低等地。截至本报告编制时，2019年耕地质量为最新数据。

② 截至报告编制时，2020 年水土流失监测结果为最新数据。

③ 截至报告编制时，第五次全国荒漠化和沙化监测、岩溶地区第三次石漠化监测结果均为最新数据。

专栏 尾矿库遥感监测

尾矿库是指用以贮存金属、非金属矿石选别后排出尾矿的场所。2021 年 2 月，生态环境部办公厅印发关于《加强长江经济带尾矿库污染防治实施方案》的通知，规定以长江干流岸线 3 km、重要支流岸线 1 km 范围内尾矿库为重点，全面开展尾矿库污染治理“回头看”，深入排查治理尾矿库生态环境问题。为夯实尾矿库污染防治工作基础，生态环境部卫星环境应用中心利用高分二号（GF-2）、北京二号（BJ-2）等高分辨率卫星影像对长江流域 500 座尾矿库开展遥感监测，监测内容为尾矿库空间位置及周边环境敏感情况。

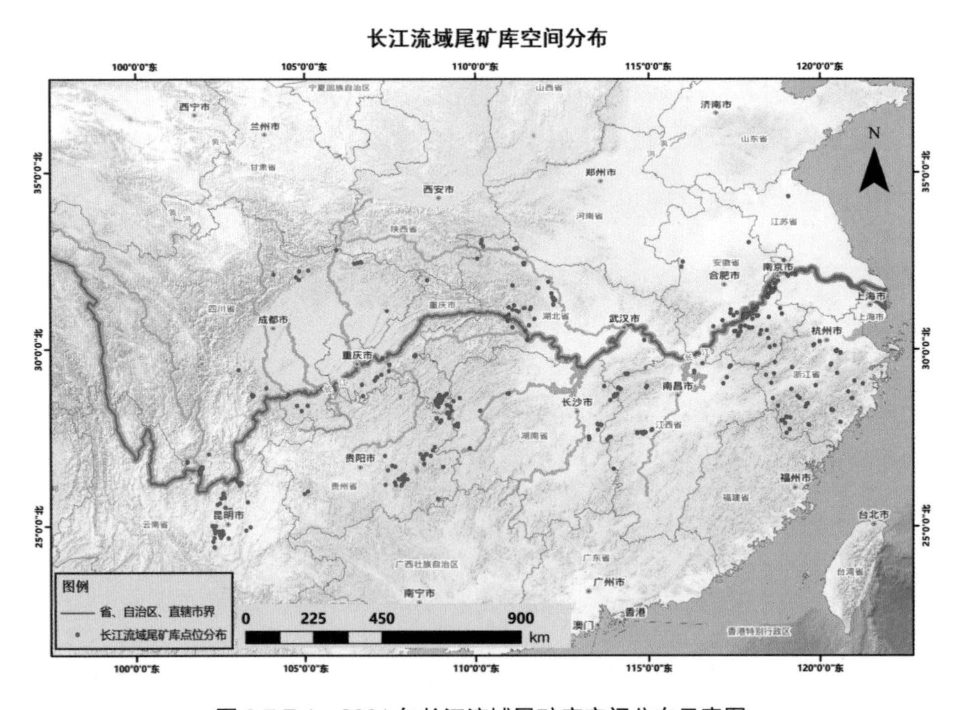

图 2.7.Z-1 2021 年长江流域尾矿库空间分布示意图

采用卫星遥感与 GIS 空间分析相结合的方式，在 500 座现存尾矿库中筛选长江干流岸线 3 km、重要支流岸线 1 km 范围内的尾矿库。结果显示，长江干流岸线 3 km 范围内存在 8 座尾矿库，其中，湖北、安徽、云南境内各有 2 座，四川与重庆境内各有 1 座；重要支流岸线 1 km 范围内无尾矿库分布。

利用高分辨率遥感影像提取上述 8 座尾矿库周边环境。云南 1 周边主要为林地，云南 2 周边主要为农田与居民区；四川境内尾矿库周边主要为林地；重庆境内尾矿库周边主要为林地，尾矿库与长江干流直线距离不足 1 km，环境隐患较大；湖北 1 周边主要为林地，湖北 2 周边已封场覆绿；安徽 1 周边主要为林地，安徽 2 周边已封场覆绿。

图 2.7.Z-2　2021 年长江干流 3 km 内尾矿库空间分布示意图

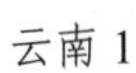
云南 1

云南 2

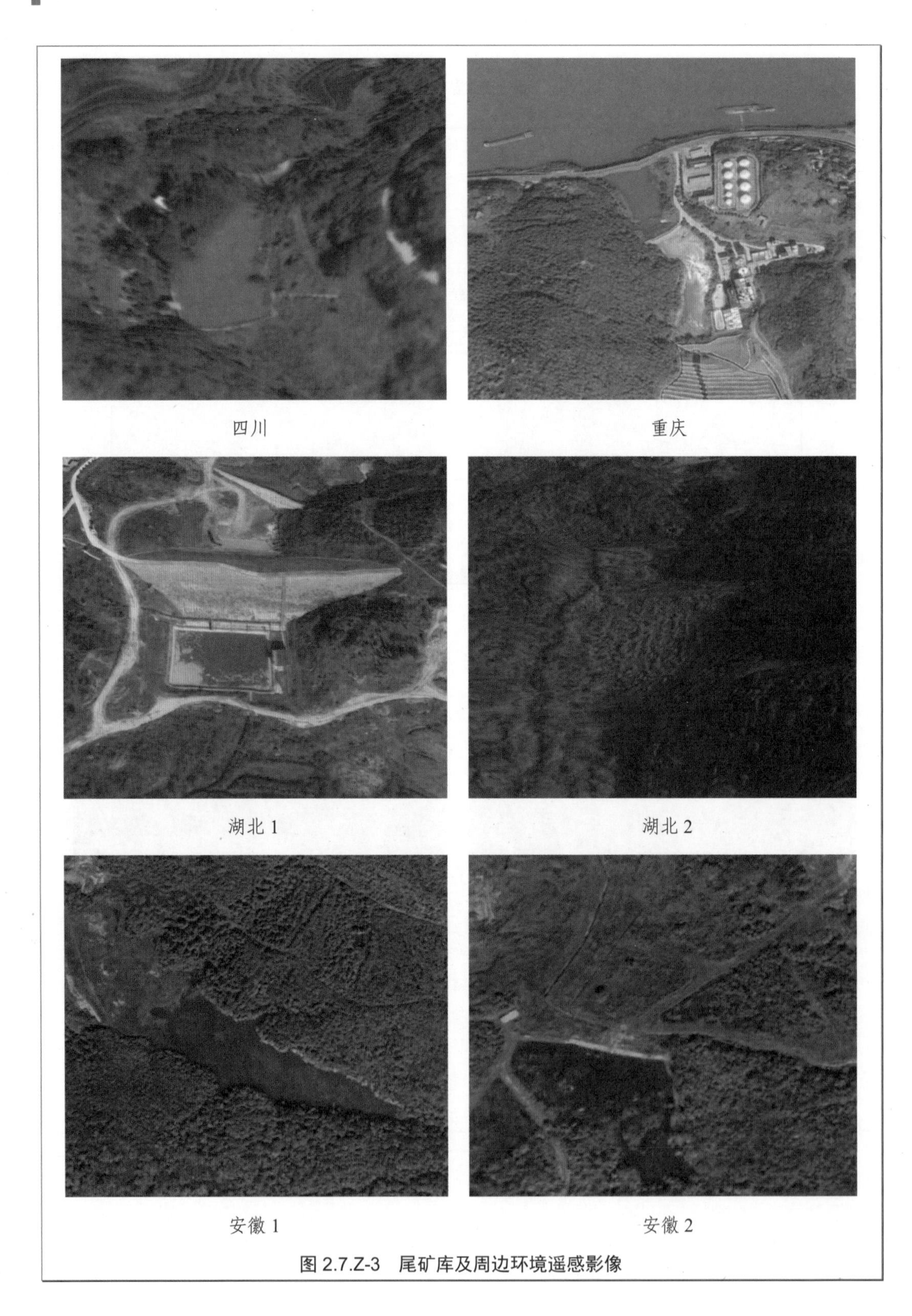

图 2.7.Z-3　尾矿库及周边环境遥感影像

表 2.7.Z-1 2021 年长江干流 3 km 范围内尾矿库

序号	省份	地市	县（区）	乡镇	中心经度	中心纬度	主要矿种	尾矿库等别
1	湖北省	宜昌市	宜都市	枝城镇	111.519 112	30.258 992	磷矿	三等
2	湖北省	宜昌市	夷陵区	太平溪镇	110.905 443	30.909 816	金矿	五等
3	四川省	宜宾市	珙县	底洞镇	104.522 123	28.714 314	硫铁矿	五等
4	重庆市	市辖区	涪陵区	重庆市涪陵区龙桥镇	107.312 319	29.737 958	磷矿	二等
5	安徽省	铜陵市	郊区	桥南办事处	117.766 596	30.895 888	耐火粘土	五等
6	安徽省	铜陵市	郊区	桥南办事处	117.763 756	30.897 173	涉氰金矿	五等
7	云南省	昆明市	东川区	舍块乡	102.843 707	26.307 955	铜矿	四等
8	云南省	昆明市	东川区	因民镇	102.928 71	26.328 76	铜矿	三等

专栏 典型区非正规垃圾堆放点遥感监测

非正规垃圾堆放点遥感监测采用高分二号（GF-2）、北京二号（BJ-2）等高空间分辨率遥感影像数据。卫星数据空间分辨率优于 1 m，监测指标为垃圾堆放点位置和类型，监测频次为 1 次/a。监测对象为城乡垃圾乱堆、乱放形成的各类非正规垃圾堆放点，垃圾类型包括建筑垃圾、工业固体废物堆场、被破坏场地、非法采砂、渣土场和料场等。监测原理为基于不同类型垃圾堆放点在遥感影像上呈现不同的光谱特征和纹理特征，采用基于专家知识辅助的目视解译和目标识别相结合的方法进行非正规垃圾堆放点识别。

基于 2021 年无云雾遮挡的遥感影像，对西宁市非正规垃圾堆放点进行遥感排查。排查结果显示，西宁市非正规垃圾堆放点共 476 处，占地面积为 11.7 km^2。

西宁市工业园区多数分布在城北区、大通回族土族自治县、城东区和湟中县，而非正规垃圾堆放点也主要分布在上述区县，尤其以大通回族土族自治县南部和湟中县东部最为集中，说明西宁市非正规垃圾堆放点空间分布与各区县工业发展存在较强的正相关性。

从非正规垃圾堆放点类型数量来看，渣土场和料场数量最多，有 301 处，占比 63.2%；其次为被破坏场地，有 133 处，占比 27.9%；建筑垃圾、工业固体废物堆场、非法采砂数量较少，分别为 25 处、16 处、1 处，总占比仅 8.8%。

从非正规垃圾堆放点类型面积来看，被破坏场地面积最大，为 6.1 km^2，占比 52.1%；其次为渣土场和料场，面积 3.7 km^2，占比 31.6%；工业固体废物堆场、建设垃圾、非法采砂面积较小，分别为 1.4 km^2、0.5 km^2、0.002 km^2，总占比仅 16.3%。

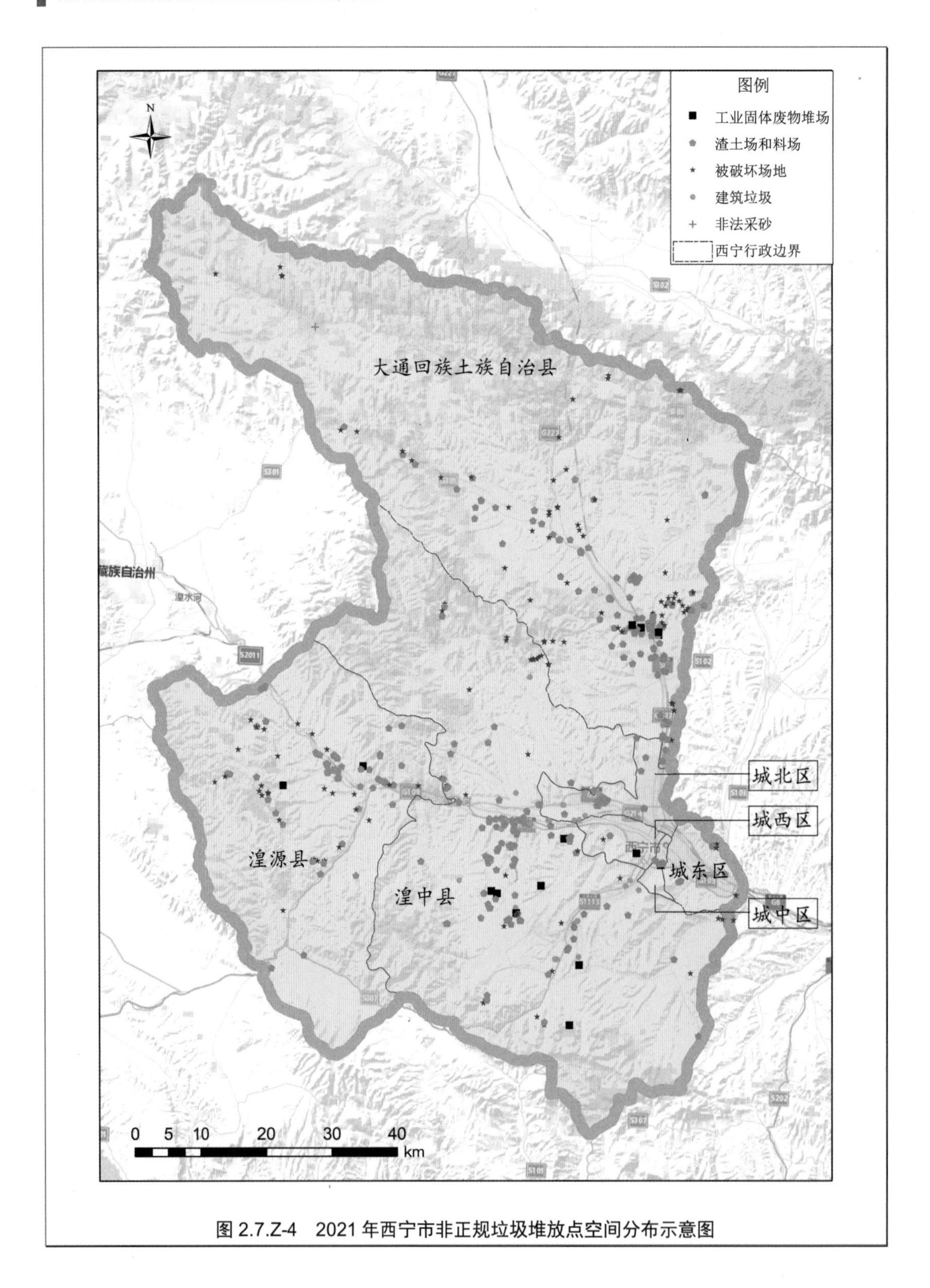

图 2.7.Z-4 2021 年西宁市非正规垃圾堆放点空间分布示意图

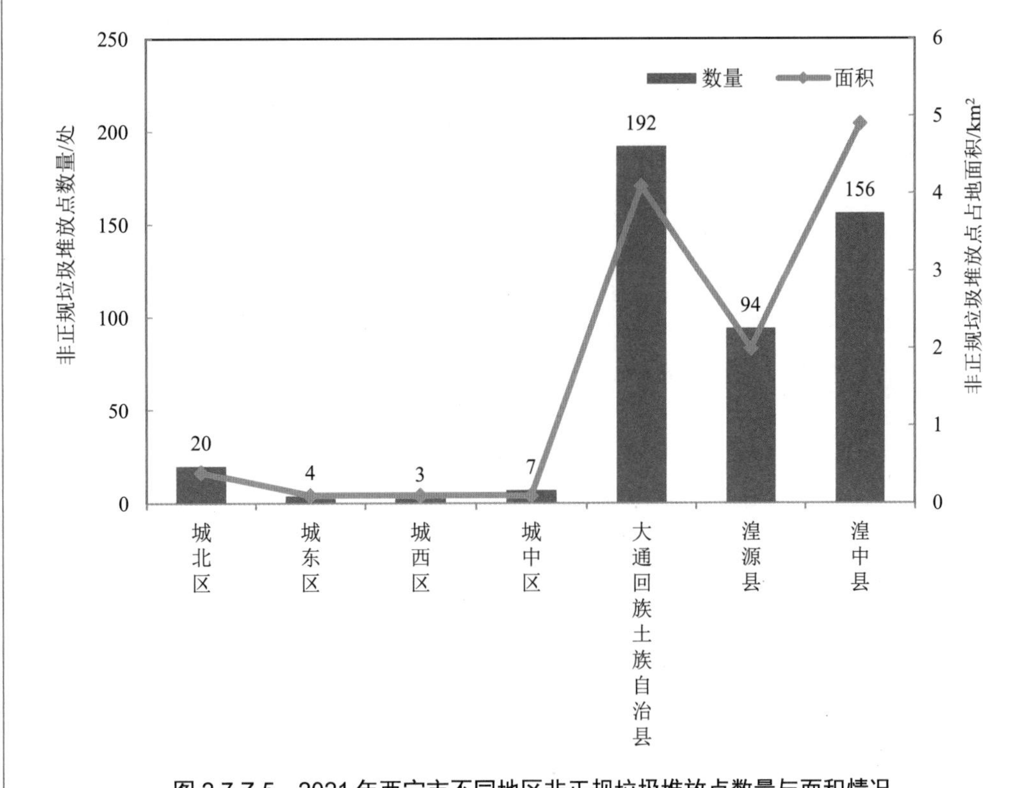

图 2.7.Z-5　2021 年西宁市不同地区非正规垃圾堆放点数量与面积情况

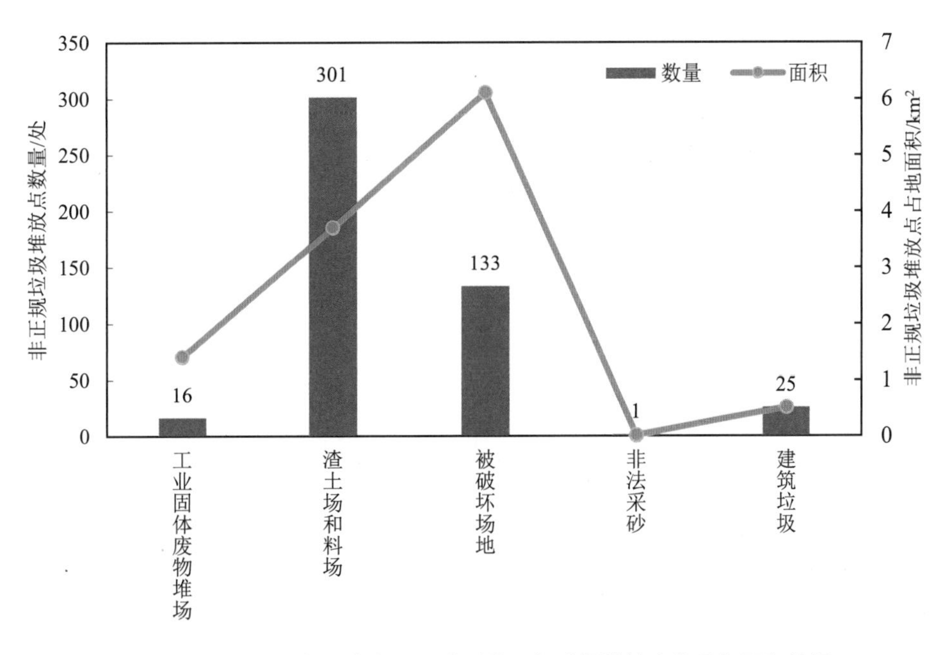

图 2.7.Z-6　2021 年西宁市不同类型非正规垃圾堆放点数量与面积情况

第八章　辐射环境

第一节　环境电离辐射

一、环境 γ 辐射

2021 年，环境 γ 辐射剂量率自动监测结果处于当地天然本底涨落范围内。各自动站环境 γ 辐射剂量率自动监测年均值范围为 49.3～195.2 nGy/h，主要分布区间为 66.5～100.9 nGy/h。

环境 γ 辐射剂量率自动监测小时均值主要分布在年均值附近，小时均值在年均值±10 nGy/h 范围内的比例为 97.8%～99.9%。

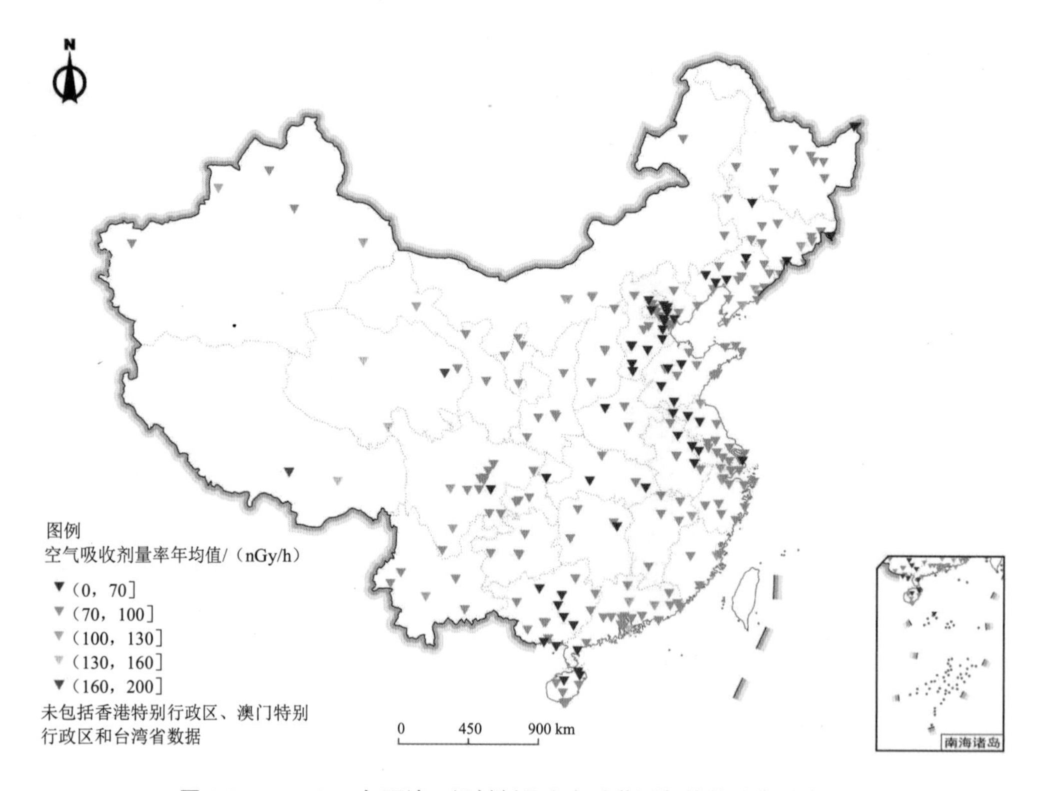

图 2.8.1-1　2021 年环境 γ 辐射剂量率自动监测年均值分布示意图

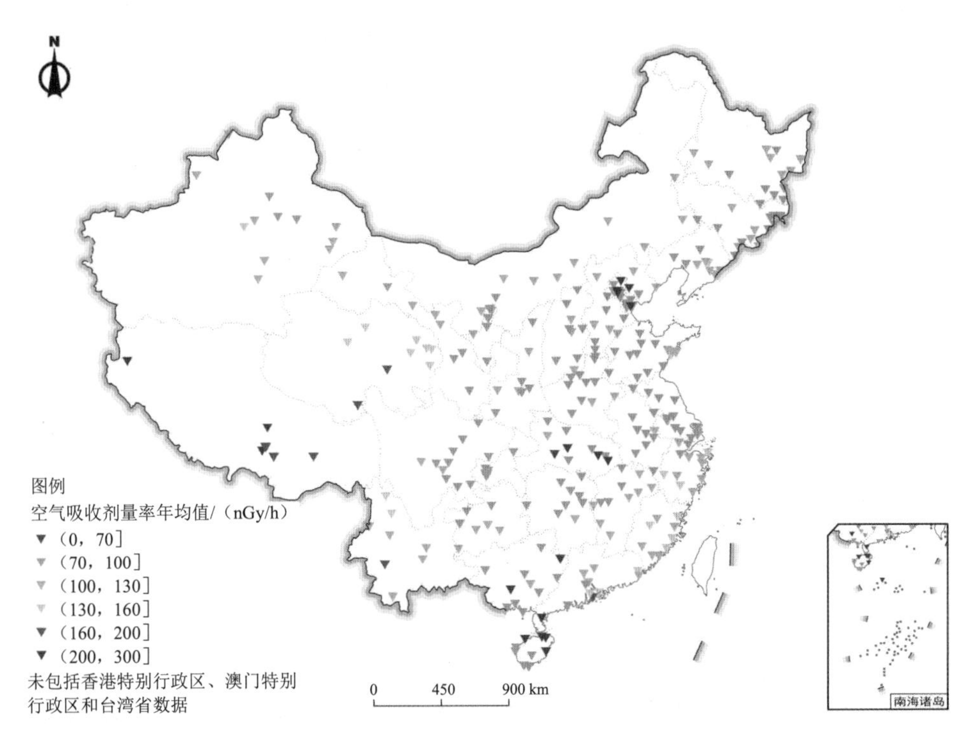

图 2.8.1-2 2021 年环境 γ 辐射剂量率累积监测年均值分布示意图

二、空气

2021 年，气溶胶中铍-7、钾-40、铅-210、钋-210 等天然放射性核素活度浓度处于本底涨落范围内；铯-137 和锶-90 等人工放射性核素活度浓度未见异常，个别点位检出了碘-131，主要受到采样点位临近区域核技术应用的影响。

沉降物中铍-7、钾-40 等天然放射性核素日沉降量处于本底涨落范围内；铯-137 和锶-90 等人工放射性核素日沉降量未见异常。降水中氚活度浓度未见异常。

空气水分中氚活度浓度未见异常，空气中气态放射性碘同位素活度浓度未见异常。

表 2.8.1-1 2021 年气溶胶监测结果

监测项目		单位	n/m①	范围②
γ 能谱分析	铍-7	mBq/m³	1 204/1 204	0.03～24
	钾-40	mBq/m³	668/1 201	0.01～0.64
	铅-210	mBq/m³	370/370	0.12～7.0
	碘-131	μBq/m³	9/1 202	1.2～100
	铯-134	μBq/m³	0/1 205	—
	铯-137	μBq/m³	12/1 204	0.52～17

监测项目		单位	n/m[①]	范围[②]
放化分析	铯-137	μBq/m³	193/205	0.02～3.3
	锶-90	μBq/m³	202/211	0.04～9.7
	钋-210	mBq/m³	375/375	0.02～1.2

注：① n 为检出值数，m 为测值总数，“—”为不适用，下同。
② “范围”为检出值范围，下同。

表 2.8.1-2 2021 年沉降物监测结果

监测项目		单位	n/m	范围
γ 能谱分析	铍-7	Bq/（m²·d）	610/610	0.01～9.6
	钾-40	Bq/（m²·d）	535/615	0.07～1.0
	碘-131	mBq/（m²·d）	0/614	—
	铯-134	mBq/（m²·d）	0/615	—
	铯-137	mBq/（m²·d）	24/615	0.47～7.0
放化分析	铯-137	mBq/（m²·d）	124/151	0.06～4.7
	锶-90	mBq/（m²·d）	141/149	0.03～8.5

表 2.8.1-3 2021 年降水和空气水分监测结果

监测项目	单位	n/m	范围
降水中氚	Bq/L	44/120	0.56～6.2
空气水分中氚	Bq/L	11/29	0.94～4.7

三、水体

（一）主要江河湖库

2021 年，长江、黄河、珠江、松花江、淮河、海河、辽河、浙闽片河流、西南诸河、西北诸河和重要湖泊（水库）的地表水中总 α 和总 β 活度浓度、天然放射性核素铀和钍浓度、镭-226 活度浓度处于本底涨落范围内，其中天然放射性核素活度浓度与全国环境天然放射性水平调查值处于同一水平；人工放射性核素锶-90 和铯-137 活度浓度未见异常。大于探测下限的测值中，天然放射性核素铀浓度的主要分布区间为 0.17～4.3 μg/L，钍浓度的主要分布区间为 0.05～0.38 μg/L，镭-226 活度浓度的主要分布区间为 3.2～11 mBq/L；人工放射性核素锶-90 活度浓度的主要分布区间为 1.3～5.8 mBq/L，铯-137 活度浓度的主要分布区间为 0.2～1.0 mBq/L。

（二）地下水

地下水中总 α 和总 β 活度浓度，天然放射性核素铀和钍浓度、镭-226 活度浓度处于本底涨落范围内，其中天然放射性核素活度浓度与全国环境天然放射性水平调查值处于同一水平。地下饮用水中总 α 和总 β 活度浓度均低于《生活饮用水卫生标准》(GB 5749—2006）规定的放射性指标指导值。

（三）集中式饮用水水源地

集中式饮用水水源地水中总 α 和总 β 活度浓度、天然放射性核素铀和钍浓度、镭-226 活度浓度处于本底涨落范围内；人工放射性核素锶-90 和铯-137 活度浓度未见异常。其中，总 α 和总 β 活度浓度均低于《生活饮用水卫生标准》（GB 5749—2006）规定的放射性指标指导值。

（四）海洋环境

全国近岸海域海水中天然放射性核素铀和钍浓度、镭-226 活度浓度处于本底涨落范围内，且与全国环境天然放射性水平调查值处于同一水平；人工放射性核素氚、锶-90 和铯-137 活度浓度未见异常，其中，锶-90 和铯-137 活度浓度低于海水水质标准。海洋生物中人工放射性核素锶-90 和铯-137 活度浓度未见异常，且低于《食品中放射性物质限制浓度标准》（GB 14882—1994）规定的限制浓度。

核电基地周围海域海水、沉积物、海洋生物等环境介质中与设施活动相关的放射性核素活度浓度总体处于历年涨落范围内。评估结果显示，各核电厂运行对公众造成的辐射剂量均远低于国家规定的剂量限值，未对环境安全和公众健康造成影响。

西太平洋海域仍受到日本福岛核泄漏事故的影响，海水中铯-137 活度浓度与上年保持在同一水平。

表 2.8.1-4　2021 年水体监测结果

监测项目		江河水	湖库水	饮用水水源地水	地下水	海水
铀/（μg/L）	n/m	159/159	41/42	77/78	31/31	48/48
	范围	0.07～7.2	0.02～10	0.02～4.7	0.02～13	1.0～5.4
钍/（μg/L）	n/m	146/153	37/40	70/77	23/29	48/48
	范围	0.03～0.89	0.05～0.45	0.02～0.49	0.04～0.26	0.03～1.1
镭-226/（mBq/L）	n/m	157/159	40/42	76/77	29/31	45/46
	范围	1.7～23	1.0～19	1.2～18	1.4～33	3.7～25
锶-90/（mBq/L）	n/m	157/157	42/42	78/78	—	46/48
	范围	0.63～8.8	0.59～7.6	0.65～5.5	—	0.65～5.8
铯-137/（mBq/L）	n/m	97/155	18/38	43/75	—	47/48
	范围	0.1～1.8	0.2～1.2	0.2～1.1	—	0.3～1.7

注：“—”表示监测方案未要求开展监测。

表 2.8.1-5 2021 年海洋生物监测结果

海洋生物		锶-90		铯-137	
		n/*m*	范围	*n*/*m*	范围
藻类	海带	1/1	0.075	1/1	0.028
	紫菜	0/1	—	1/1	0.094
鱼类		14/14	0.007～0.18	14/14	0.018～0.14
贝类		6/12	0.007～0.21	11/12	0.006～0.15
甲壳类		4/6	0.036～0.12	6/6	0.027～0.13

注：紫菜样品为干紫菜，单位为 Bq/kg-干，其他样品单位为 Bq/kg-鲜；鱼类为梭鱼、黄鱼、鲳鱼等，贝类为文蛤、蛏子、牡蛎等，甲壳类为爬虾、对虾、梭子蟹等。

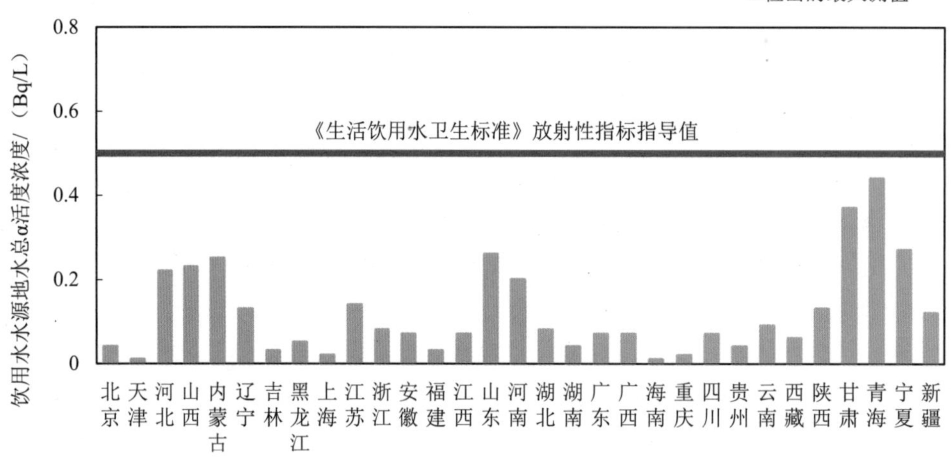

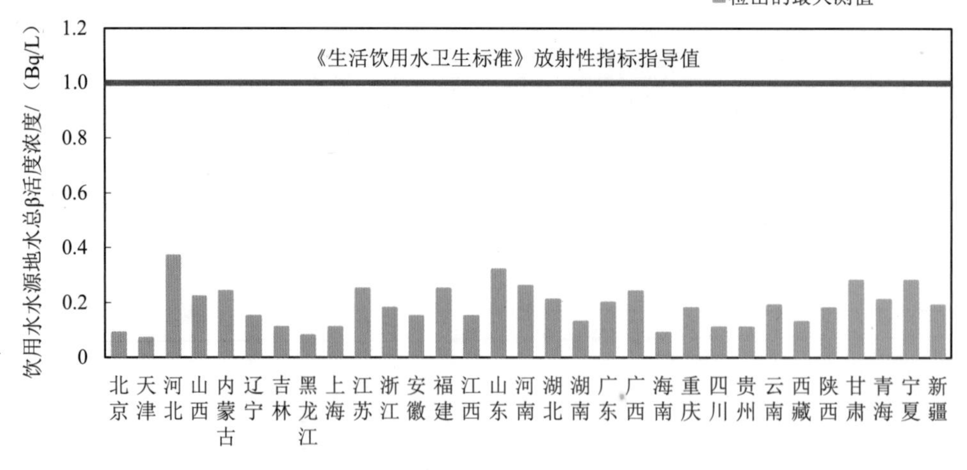

图 2.8.1-3 2021 年集中式饮用水水源地水中总 α 和总 β 活度浓度

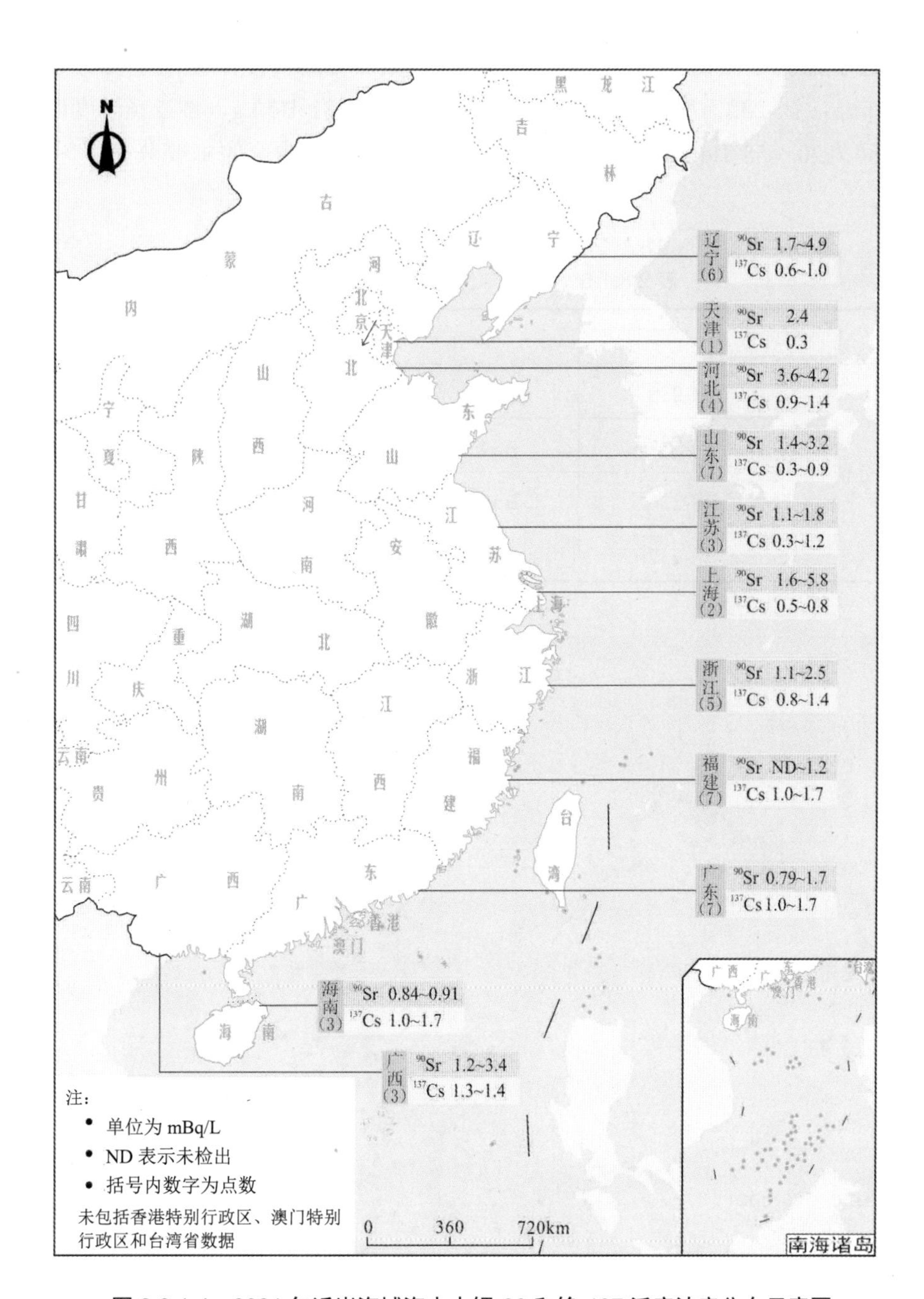

图 2.8.1-4　2021 年近岸海域海水中锶-90 和铯-137 活度浓度分布示意图

四、土壤

2021 年，土壤中天然放射性核素铀-238、钍-232 和镭-226 活度浓度处于本底涨落范围内，且与全国环境天然放射性水平调查值处于同一水平，人工放射性核素铯-137 活度浓度未见异常。

土壤大于探测下限的测值中，天然放射性核素铀-238活度浓度的主要分布区间为22～71 Bq/kg，钍-232活度浓度的主要分布区间为32～81 Bq/kg，镭-226活度浓度的主要分布区间为20～58 Bq/kg；人工放射性核素铯-137活度浓度的主要分布区间为0.6～3.8 Bq/kg。

表 2.8.1-6　2021 年土壤放射性监测结果

监测项目		单位	*n*/*m*	范围
γ 能谱分析	铀-238	Bq/kg-干	330/348	11～312
	钍-232	Bq/kg-干	359/359	12～463
	镭-226	Bq/kg-干	350/350	7～268
	铯-137	Bq/kg-干	190/356	0.2～15

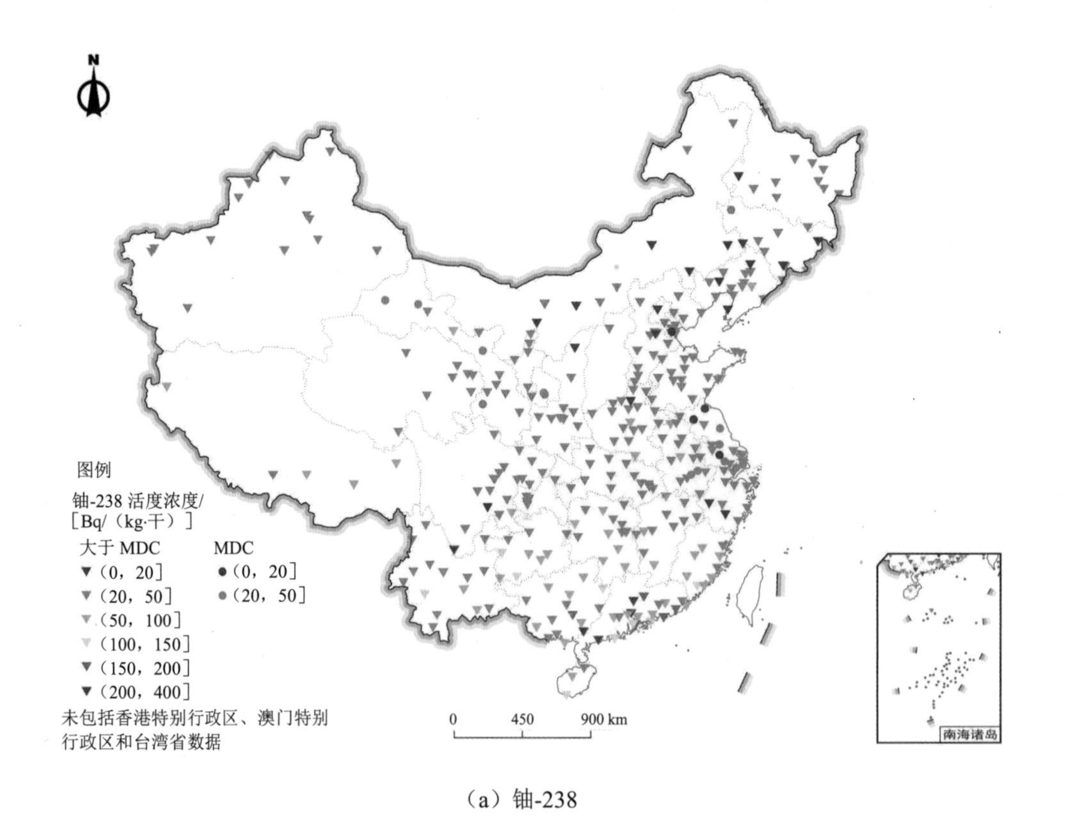

（a）铀-238

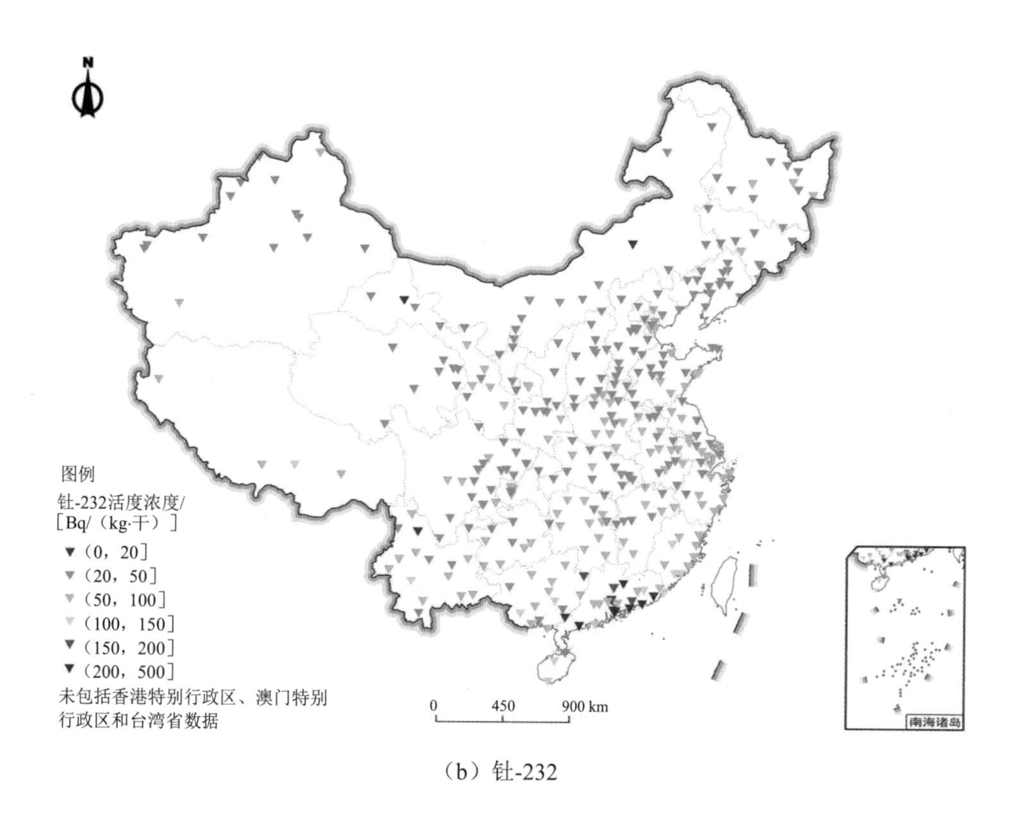
N
图例
钍-232活度浓度/
[Bq/（kg·干）]
（0，20]
（20，50]
（50，100]
（100，150]
（150，200]
（200，500]
未包括香港特别行政区、澳门特别行政区和台湾省数据
0
450
900 km
南海诸岛

（b）钍-232

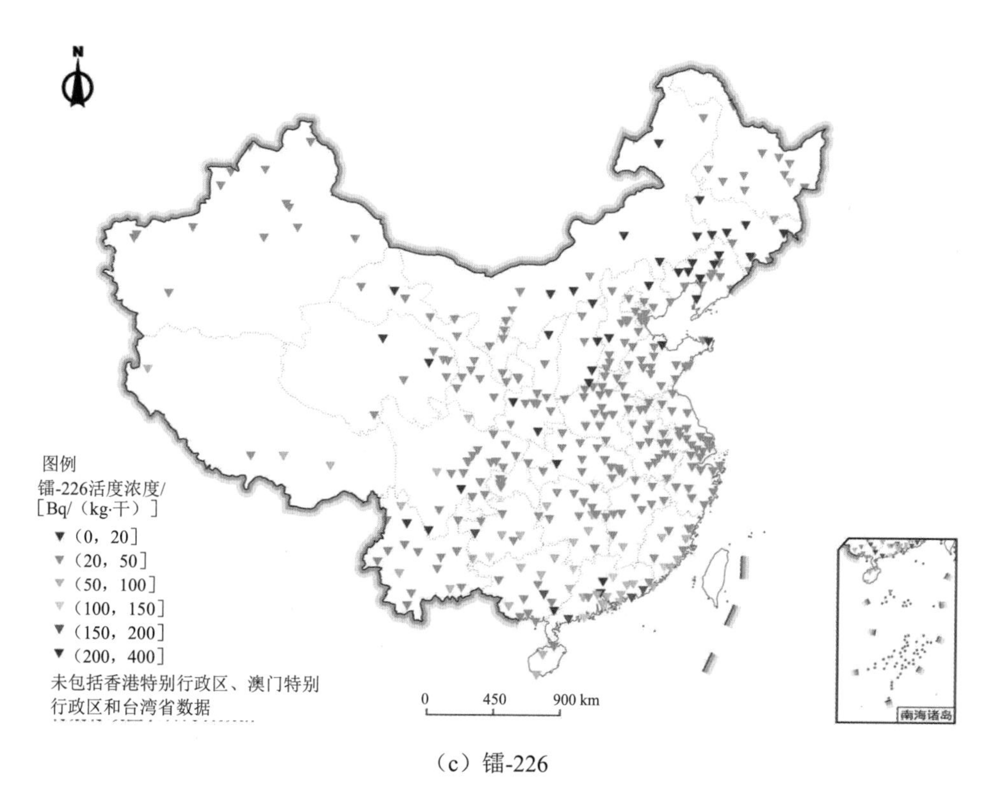
N
图例
镭-226活度浓度/
[Bq/（kg·干）]
（0，20]
（20，50]
（50，100]
（100，150]
（150，200]
（200，400]
未包括香港特别行政区、澳门特别行政区和台湾省数据
0
450
900 km
南海诸岛

（c）镭-226

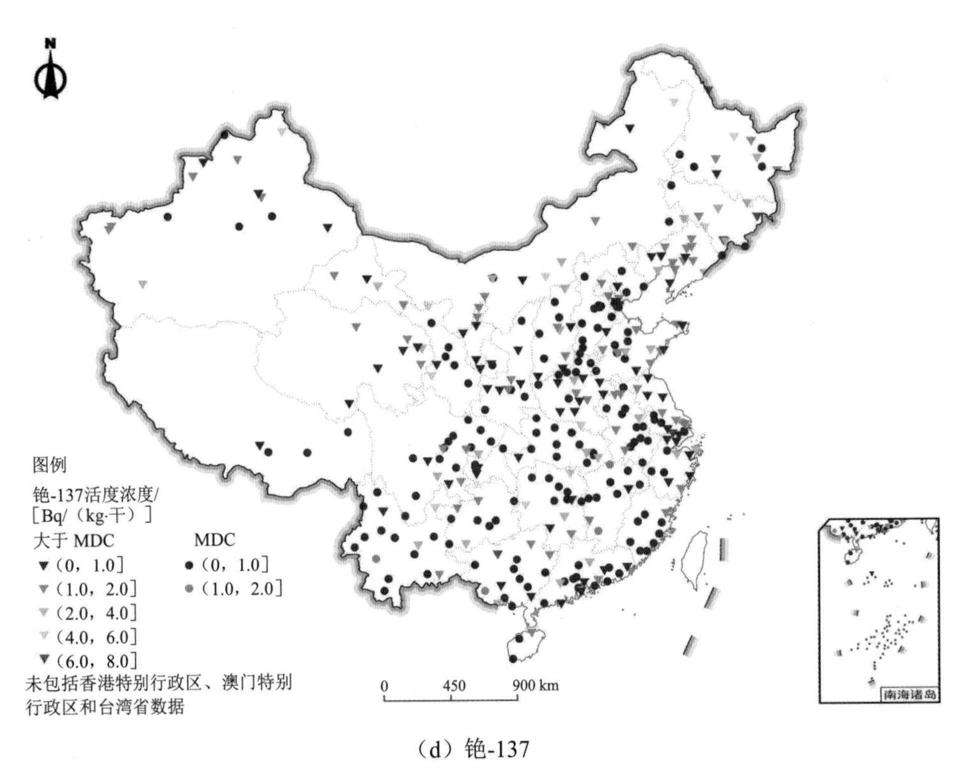

（d）铯-137

图 2.8.1-5 2021 年土壤中放射性核素活度浓度分布示意图

注：MDC：最小可探测浓度。
右列应是未检出。

第二节 环境电磁辐射

2021 年，环境中频率范围为 0.1～3 000 MHz 的电场强度范围为 0.06～3.8 V/m，低于《电磁环境控制限值》（GB 8702—2014）中规定的相应频率范围的公众曝露控制限值。

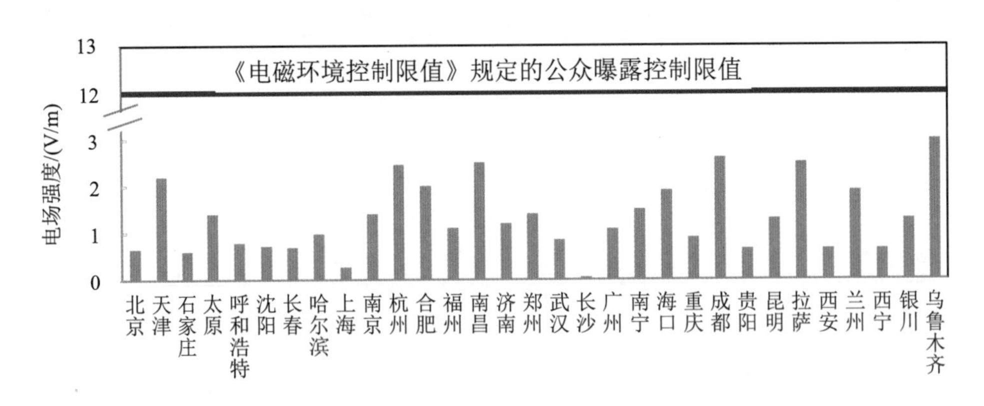

图 2.8.2-1 2021 年直辖市和省会城市环境电磁辐射水平

第三篇

污染源排放状况

第一章　废气污染物

第一节　二氧化硫

一、全国二氧化硫排放情况[①]

2021 年，全国废气中二氧化硫排放量为 274.8 万 t。其中，工业源二氧化硫排放量为 209.7 万 t，占全国二氧化硫排放量的 76.3%；生活源排放量为 64.9 万 t，占 23.6%；集中式污染治理设施排放量 0.3 万 t，占 0.1%。

表 3.1.1-1　2021 年全国二氧化硫排放量

排放源	全国	工业源	生活源	集中式污染治理设施*
排放量/万 t	274.8	209.9	64.9	0.3
占比/%	—	76.3	23.6	0.1

注：*集中式污染治理设施废气污染物包括生活垃圾处理场（厂）和危险废物（医疗废物）集中处理（置）厂焚烧废气中排放的污染物，下同。

二、各省份二氧化硫排放情况

2021 年，二氧化硫排放量由高到低排名前五的省份依次为内蒙古、云南、河北、山东和辽宁，5 个省份排放量之和占全国排放量的 32.7%。工业源和生活源二氧化硫排放量最大的是内蒙古。

① 本篇中污染源排放数据来源于 2021 年度《排放源统计调查制度》数据库。本篇中部分数据合计数或占比数由于单位取舍不同而产生的计算误差，均未做机械调整。特此说明，下同。

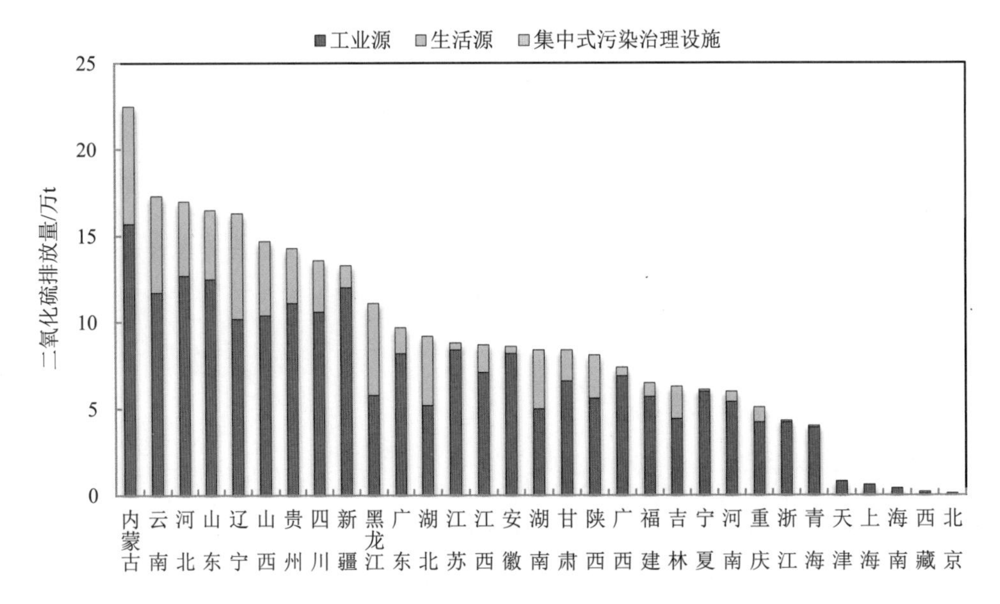

图 3.1.1-1　2021 年各省份二氧化硫排放情况

三、工业行业二氧化硫排放情况

2021 年，在统计调查的 42 个工业行业中，二氧化硫排放量由高到低排名前三的行业依次为电力、热力生产和供应业，黑色金属冶炼和压延加工业，非金属矿物制品业。3 个行业排放量合计为 149.5 万 t，占工业企业二氧化硫排放量的 71.3%。

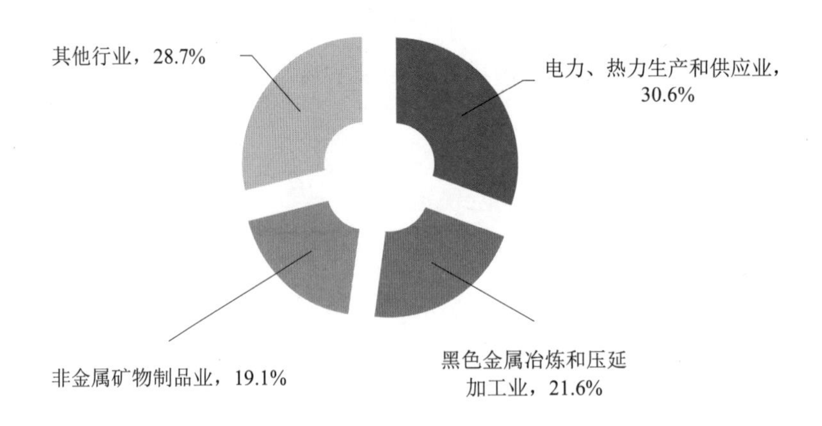

图 3.1.1-2　2021 年工业行业二氧化硫排放分布

第二节　氮氧化物

一、全国氮氧化物排放情况

2021 年，全国废气中氮氧化物排放量为 988.4 万 t。其中，工业源氮氧化物排放量为 368.9 万 t，占全国排放量的 37.3%；生活源排放量为 35.9 万 t，占 3.6%；移动源排放量为 582.1 万 t，占 58.9%；集中式污染治理设施排放量为 1.5 万 t，占 0.2%。

表 3.1.2-1　2021 年全国氮氧化物排放量

排放源	全国	工业源	生活源	移动源	集中式污染治理设施
排放量/万 t	988.4	368.9	35.9	582.1	1.5
占比/%	—	37.3	3.6	58.9	0.2

二、各省份氮氧化物排放情况

2021 年，氮氧化物排放量由高到低排名前五的省份依次为河北、山东、广东、辽宁和江苏，5 个省份排放量之和占全国排放量的 33.8%。工业源、生活源、移动源氮氧化物排放量最大的分别为河北、内蒙古、山东。

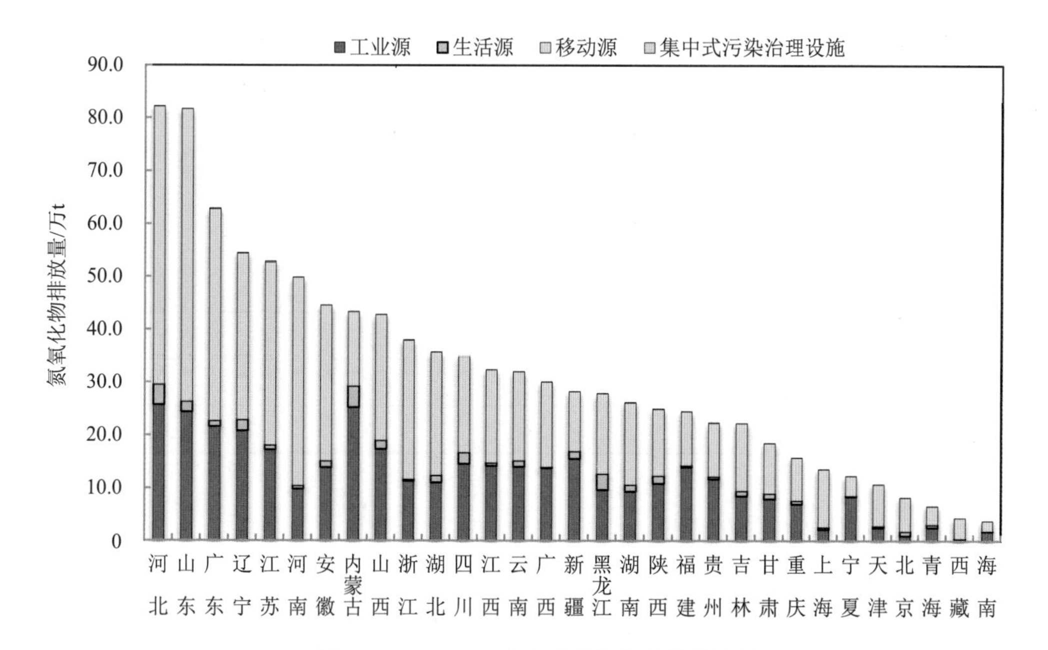

图 3.1.2-1　2021 年各省份氮氧化物排放情况

三、工业行业氮氧化物排放情况

2021 年，氮氧化物排放量由高到低排名前三的工业行业依次为电力、热力生产和供应业，非金属矿物制品业，黑色金属冶炼和压延加工业。3 个行业氮氧化物排放量合计为 303.0 万 t，占工业企业氮氧化物排放量的 82.1%。

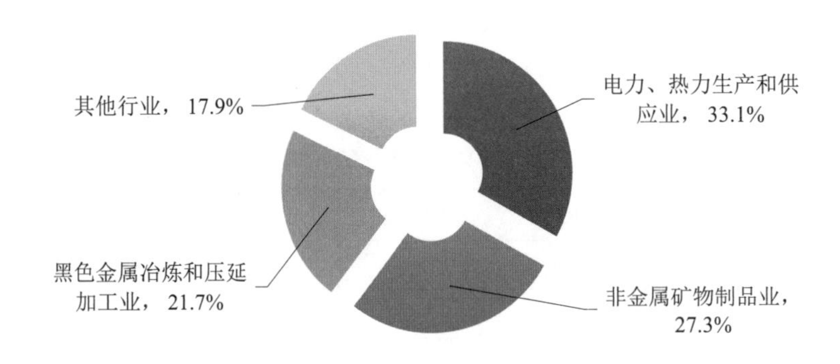

图 3.1.2-2　2021 年工业行业氮氧化物排放分布

第三节　颗粒物

一、全国颗粒物排放情况

2021 年，全国废气中颗粒物排放量为 537.4 万 t。其中，工业源排放量为 325.3 万 t，占全国排放量的 60.5%；生活源排放量为 205.2 万 t，占 38.2%；移动源排放量为 6.8 万 t，占 1.3%；集中式污染治理设施排放量为 0.1 万 t，占 0.02%。

表 3.1.3-1　2021 年全国颗粒物排放量

排放源	全国	工业源	生活源	移动源	集中式污染治理设施
排放量/万 t	537.4	325.3	205.2	6.8	0.1
占比/%	—	60.5	38.2	1.3	0.02

二、各省份颗粒物排放情况

2021 年，颗粒物排放量由高到低排名前五的省份依次为内蒙古、新疆、黑龙江、河北和山西，5 个省份排放量之和占全国排放量的 46.0%。工业源和生活源颗粒物排放量最大的是内蒙古，移动源颗粒物排放量最大的是山东。

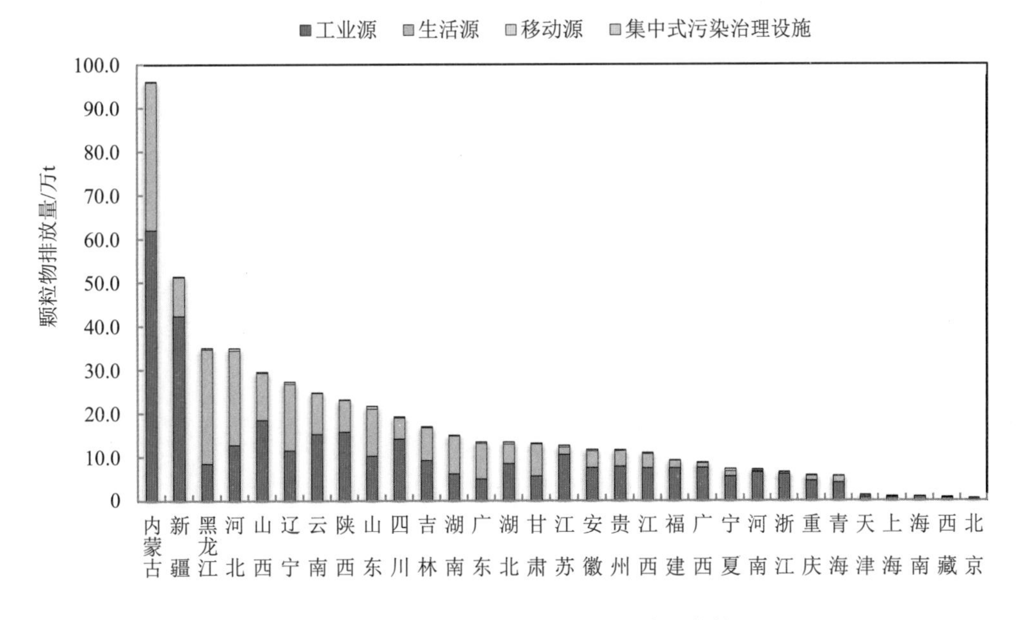

图 3.1.3-1　2021 年各省份颗粒物排放情况

三、工业行业颗粒物排放情况

2021 年，颗粒物排放量排名前三的工业行业依次为煤炭开采和洗选业，非金属矿物制品业，黑色金属冶炼和压延加工业。3 个行业共排放颗粒物 211.9 万 t，占工业企业颗粒物排放量的 65.2%。

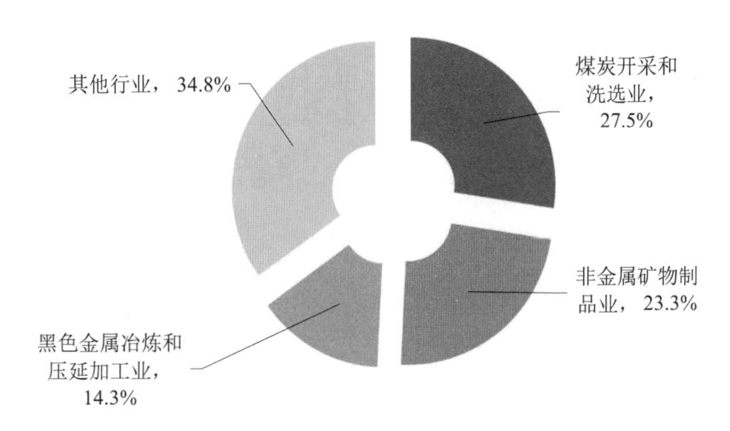

图 3.1.3-2　2021 年工业行业颗粒物排放分布

第二章　废水污染物

第一节　化学需氧量

一、全国化学需氧量排放情况

2021年，全国废水中化学需氧量排放量为2 531.0万t。其中，工业源（含非重点）废水中化学需氧量排放量为42.3万t，占全国废水中化学需氧量排放量的1.7%；农业源化学需氧量排放量为1 676.0万t，占全国废水中化学需氧量排放量的66.2%；生活源污水中化学需氧量排放量为811.8万t，占全国废水中化学需氧量排放量的32.1%；集中式污染治理设施废水（含渗滤液）中化学需氧量排放量为0.9万t，占全国废水中化学需氧量排放量的0.04%。2021年全国及各排放源化学需氧量排放情况见表3.2.1-1。

表3.2.1-1　2021年全国及各排放源化学需氧量排放量

排放源	全国	工业源	农业源	生活源	集中式污染治理设施*
排放量/万t	2 531.0	42.3	1 676.0	811.8	0.9
占比/%	—	1.7	66.2	32.1	0.04

注：*集中式污染治理设施废水污染物包括生活垃圾处理场（厂）和危险废物（医疗废物）集中处理厂废水（含渗滤液）中排放的污染物，下同。

二、各省份化学需氧量排放情况

2021年，化学需氧量排放量由高到低排名前五的省份依次为广东、湖北、山东、河北和河南。5个省份排放量之和占全国排放量的30.7%。工业源、农业源、生活源化学需氧量排放量最大的省份分别为江苏、河北、广东。

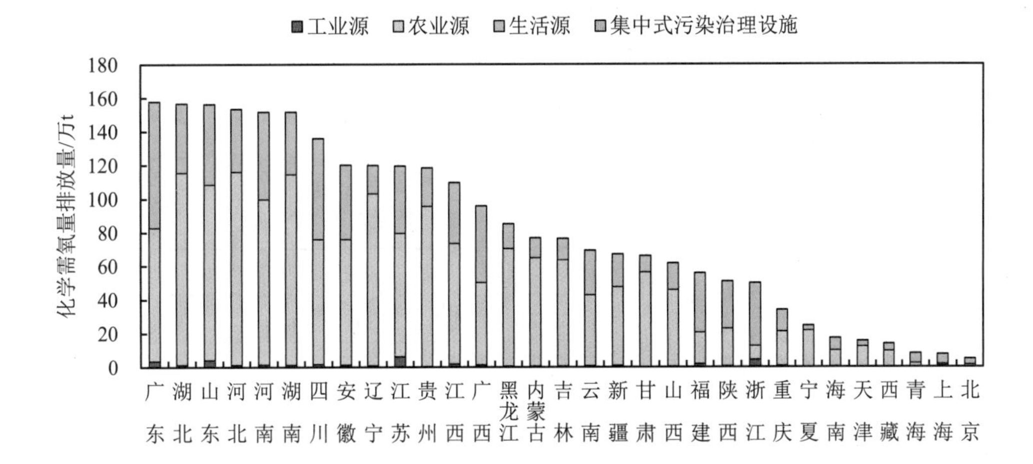

图 3.2.1-1 2021 年各省份化学需氧量排放情况

三、工业行业化学需氧量排放情况

2021 年，在统计调查的 42 个大类工业行业中，化学需氧量排放量由高到低排名前三的工业行业依次为纺织业、造纸和纸制品业、化学原料和化学制品制造业，3 个行业的排放量合计为 16.6 万 t，占重点调查工业企业化学需氧量排放量的 44.0%。

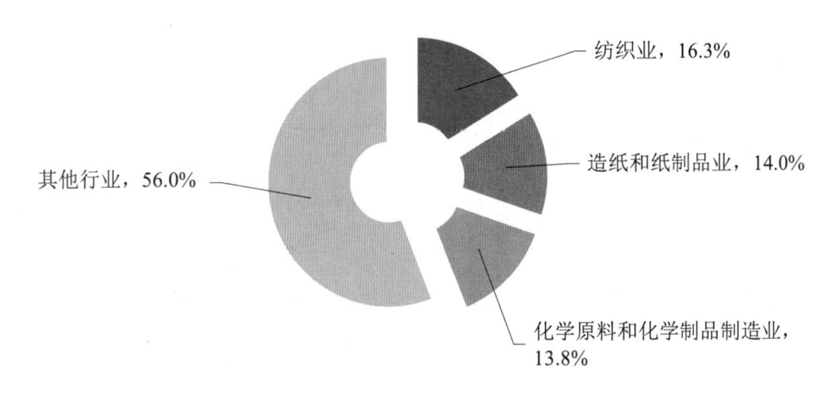

图 3.2.1-2 2021 年工业行业化学需氧量排放量分布

第二节 氨 氮

一、全国氨氮排放情况

2021 年，全国废水中氨氮排放量为 86.8 万 t。其中，工业源（含非重点）氨氮排放量为 1.7 万 t，占全国氨氮排放量的 2.0%；农业源氨氮排放量为 26.9 万 t，占全国氨氮排放量的 31.0%；生活源氨氮排放量为 58.0 万 t，占全国氨氮排放量的 66.9%；集中式污染治理设施废水（含渗滤液）中氨氮排放量为 0.1 万 t，占全国氨氮排放量的 0.1%。2021 年全国及各排放源氨氮排放情况见表 3.2.2-1。

表 3.2.2-1 2021 年全国及各排放源氨氮排放量

排放源	全国	工业源	农业源	生活源	集中式污染治理设施
排放量/万 t	86.8	1.7	26.9	58.0	0.1
占比/%	—	2.0	31.0	66.9	0.1

二、各省份氨氮排放情况

2021 年，氨氮排放量由高到低排名前五的省份依次为广东、四川、湖南、湖北和广西，5 个省份排放量之和占全国排放量的 35.5%。工业源、农业源、生活源氨氮排放量最大的省份分别为江苏、湖南、广东。

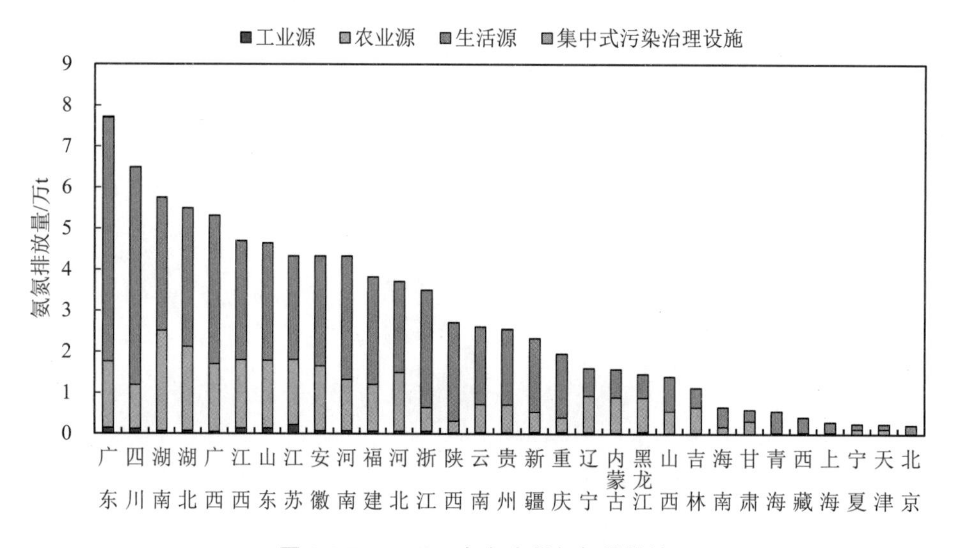

图 3.2.2-1 2021 年各省份氨氮排放情况

三、工业行业氨氮排放情况

2021 年，在统计调查的 42 个大类工业行业中，氨氮排放量由高到低排名前三的工业行业依次为化学原料和化学制品制造业、农副食品加工业、造纸和纸制品业，3 个行业的排放量合计为 0.6 万 t，占重点调查工业企业氨氮排放量的 40.4%。

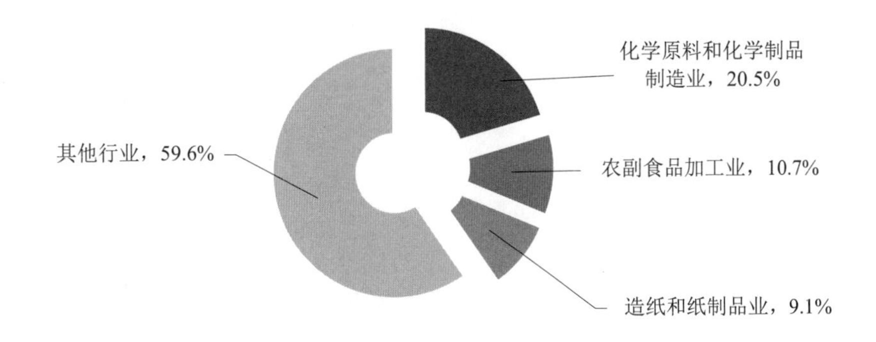

图 3.2.2-2　2021 年工业行业氨氮排放量分布

第三节　总　氮

一、全国总氮排放情况

2021 年，全国废水中总氮排放量为 316.7 万 t。其中，工业源（含非重点）总氮排放量为 10.0 万 t，占全国总氮排放量的 3.2%；农业源总氮排放量为 168.5 万 t，占全国总氮排放量的 53.2%；生活源总氮排放量为 138.0 万 t，占全国总氮排放量的 43.6%；集中式污染治理设施废水（含渗滤液）中总氮排放量为 0.2 万 t，占全国总氮排放量的 0.1%。2021 年全国及各排放源总氮排放情况见表 3.2.3-1。

表 3.2.3-1　2021 年全国及各排放源总氮排放量

排放源	全国	工业源	农业源	生活源	集中式污染治理设施
排放量/万 t	316.7	10.0	168.5	138.0	0.2
占比/%	—	3.2	53.2	43.6	0.1

二、各省份总氮排放情况

2021 年，总氮排放量由高到低排名前五的省份依次为广东、湖北、湖南、广西和四川，5 个省份排放量之和占全国排放量的 33.7%。工业源、农业源、生活源总氮排放量最大的省份分别为江苏、广西、广东。

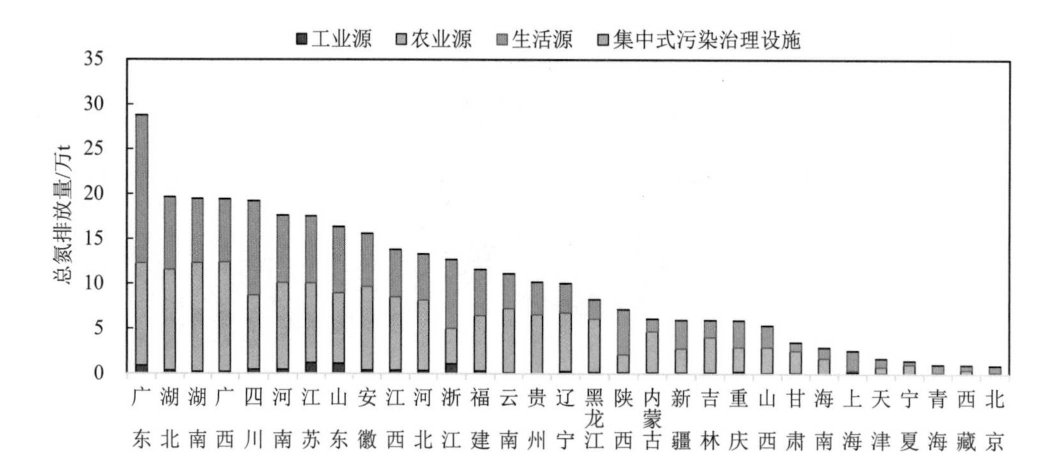

图 3.2.3-1 2020 年各省份总氮排放情况

三、工业行业总氮排放情况

2021 年，在统计调查的 42 个大类工业行业中，总氮排放量由高到低排名前三的工业行业依次为化学原料和化学制品制造业、纺织业、农副食品加工业，3 个行业的排放量合计为 3.4 万 t，占重点调查工业企业总氮排放量的 42.3%。

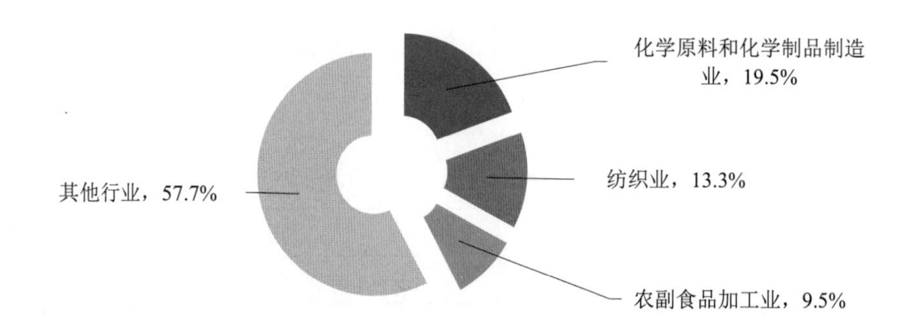

图 3.2.3-2 2021 年工业行业总氮排放量分布

第四节 总 磷

一、全国总磷排放情况

2021 年，全国废水中总磷排放量为 33.8 万 t。其中，工业源（含非重点）总磷排放量为 0.3 万 t，占全国总磷排放量的 0.9%；农业源总磷排放量为 26.5 万 t，占全国总磷排放量的 78.5%；生活源总磷排放量为 7.0 万 t，占全国总磷排放量的 20.6%；集中式污染治理设施废水（含渗滤液）中总磷排放量为 52.1 t，占全国总磷排放量的 0.02%。2021 年全国及各排放源总磷排放情况见表 3.2.4-1。

表 3.2.4-1　2021 年全国及各排放源总磷排放量

排放源	全国	工业源	农业源	生活源	集中式污染治理设施
排放量/万 t	33.8	0.3	26.5	7.0	0.01
同比变化/%	—	0.9	78.5	20.6	0.02

二、各省份总磷排放情况

2021 年，总磷排放量由高到低排名前五的省份依次为广东、湖南、湖北、广西和安徽，5 个省份排放量之和占全国排放量的 35.8%。工业源总磷排放量最大的是江苏，农业源和生活源排放量最大的是广东。

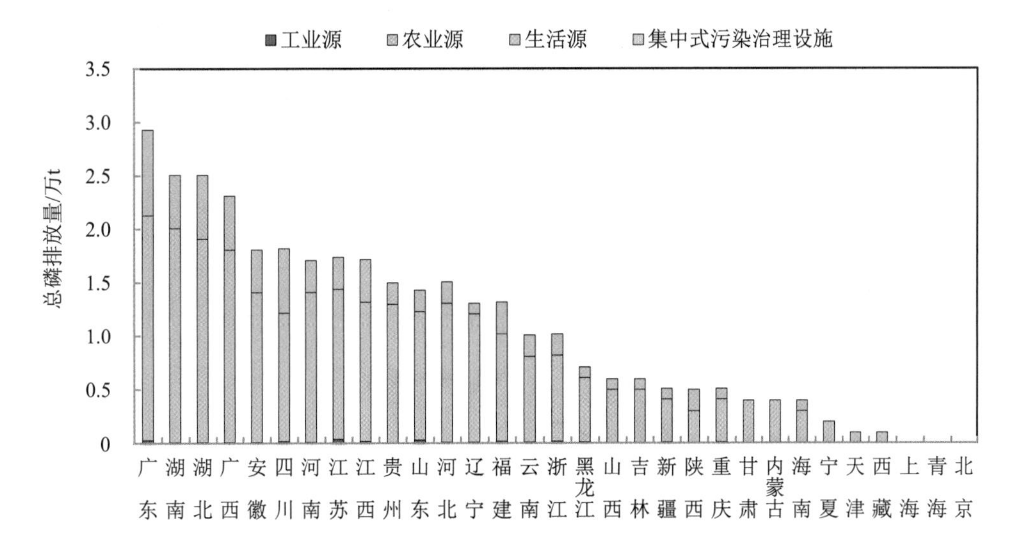

图 3.2.4-1　2021 年各省份总磷排放情况

三、工业行业总磷排放情况

2021 年，在统计调查的 42 个大类工业行业中，总磷排放量由高到低排名前三的工业行业依次为农副食品加工业、化学原料和化学制品制造业、纺织业，3 个行业的排放量合计为 0.1 万 t，占重点调查工业企业总磷排放量的 49.0%。

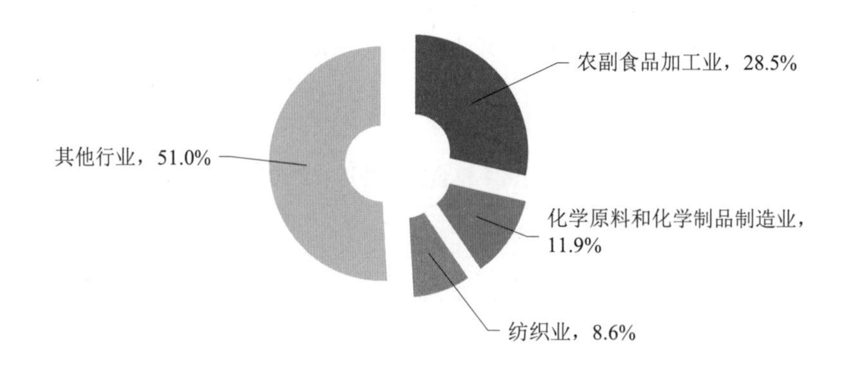

图 3.2.4-2　2021 年工业行业总磷排放量分布

第五节　重金属

2021 年，全国废水重金属[①]排放量为 50.5 t。其中，工业源废水重金属排放量为 45.0 t，占全国排放量的 89.0%；集中式污染治理设施废水重金属排放量为 5.5 t，占 11.0%。

表 3.2.5-1　2021 年全国废水重金属排放量

排放源	全国	工业源	集中式污染治理设施
排放量/万 t	50.5	45.0	5.5
占比/%	—	89.0	11.0

① 废水重金属排放量指废水中总砷、总铅、总镉、总汞、总铬排放量合计值。

第三章　工业固体废物

第一节　一般工业固体废物

一、全国一般工业固体废物产生及处理情况

2021 年，全国一般工业固体废物产生量为 39.7 亿 t，综合利用量为 22.7 亿 t，处置量为 8.9 亿 t。

二、各省份一般工业固体废物产生及处理情况

2021 年，一般工业固体废物产生量由高到低排名前五的省份依次为山西、内蒙古、河北、山东和辽宁，5 个省份的产生量占全国产生量的 44.8%。综合利用量排名前五的省份依次为河北、山东、山西、内蒙古和安徽，5 个省份的综合利用量占全国综合利用量的 39.0%。处置量排名前五的省份依次为山西、内蒙古、辽宁、河北和陕西，5 个省份的处置量占全国处置量的 63.8%。

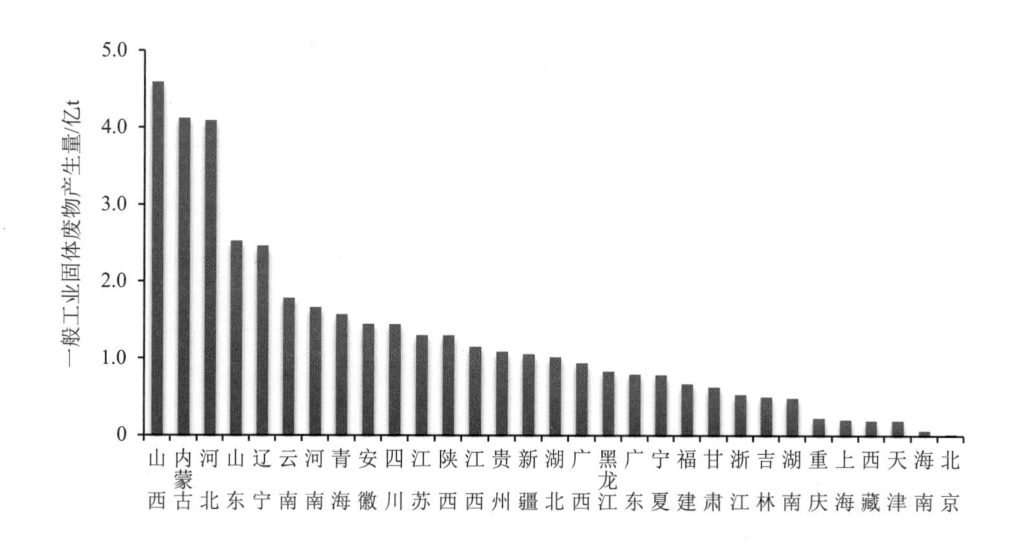

图 3.3.1-1　2021 年各省份一般工业固体废物产生量

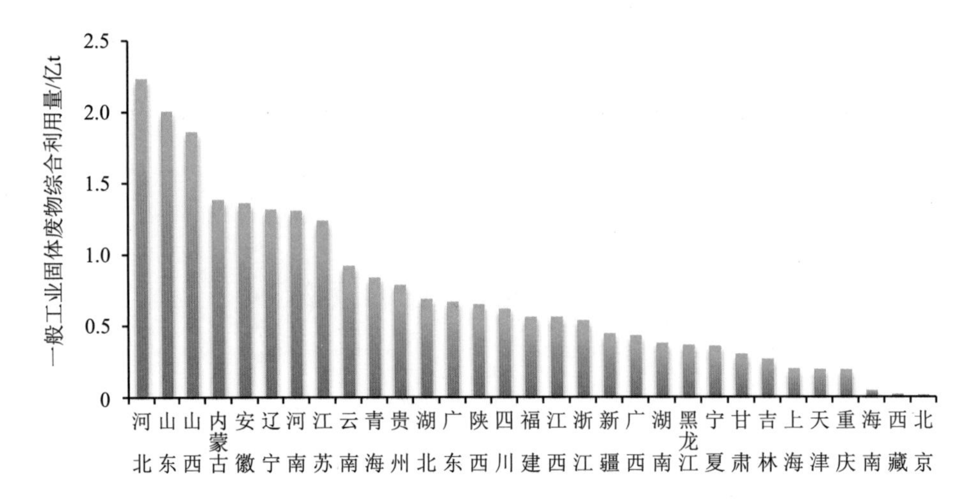

图 3.3.1-2　2021 年各省份一般工业固体废物综合利用量

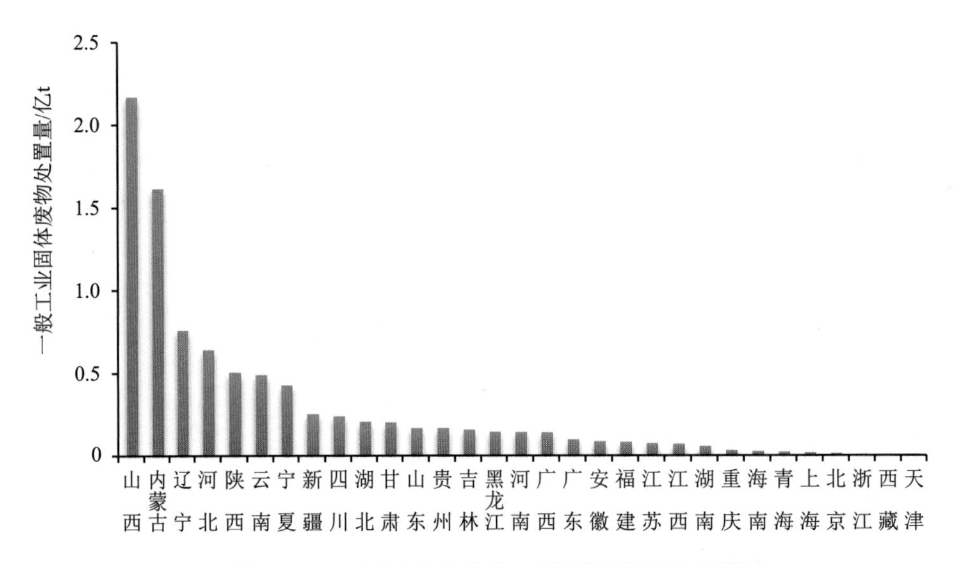

图 3.3.1-3　2021 年各省份一般工业固体废物处置量

三、各行业一般工业固体废物产生及处理情况

2021 年，在统计调查的 42 个大类工业行业中，一般工业固体废物产生量由高到低排名前五的行业依次为电力、热力生产和供应业，黑色金属矿采选业，黑色金属冶炼和压延加工业，有色金属矿采选业，煤炭开采和洗选业，5 个行业一般工业固体废物产生量占工业企业产生量的 76.9%。

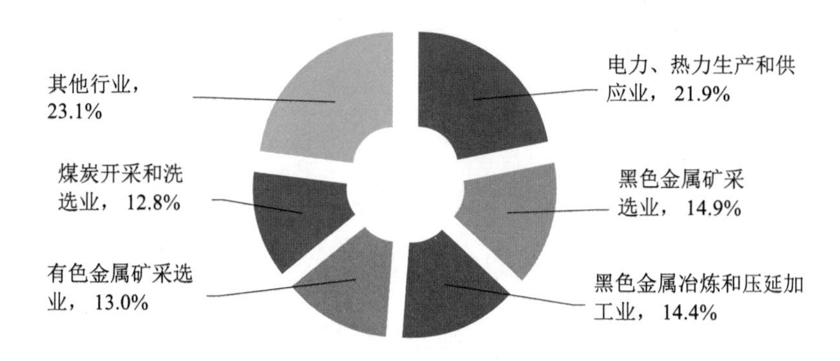

图 3.3.1-4 2021 年一般工业固体废物产生量行业分布

2021 年，在统计调查的 42 个大类工业行业中，一般工业固体废物综合利用量由高到低排名前五的行业依次为电力、热力生产和供应业，黑色金属冶炼和压延加工业，煤炭开采和洗选业，化学原料和化学制品制造业，黑色金属矿采选业，5 个行业一般工业固体废物综合利用量占工业企业产生量的 82.0%。

2021 年，在统计调查的 42 个大类工业行业中，一般工业固体废物处置量由高到低排名前五的行业依次为煤炭开采和洗选业，电力、热力生产和供应业，黑色金属矿采选业，有色金属矿采选业，化学原料和化学制品制造业，5 个行业一般工业固体废物处置量占工业企业处置量的 77.7%。

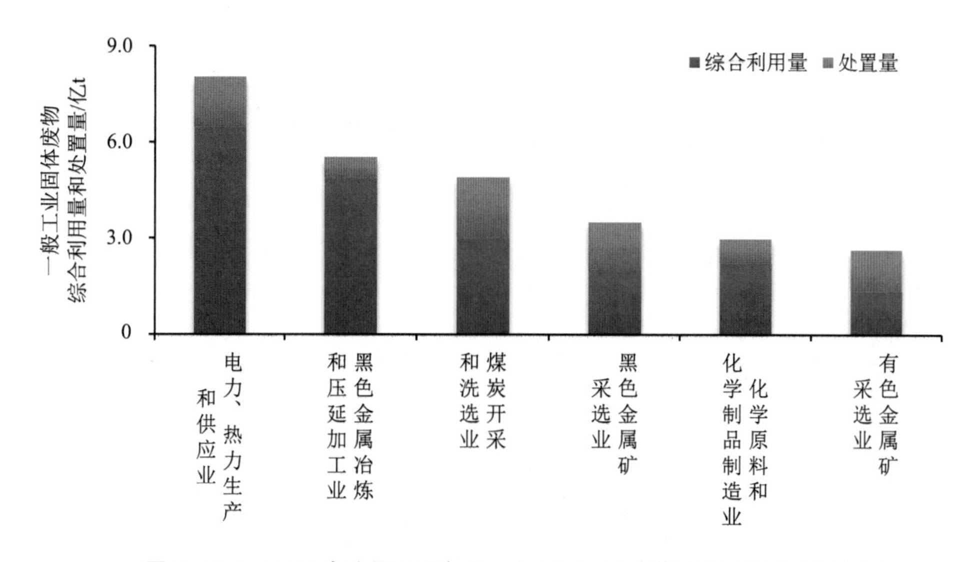

图 3.3.1-5 2021 年主要工业行业一般工业固体废物综合利用和处置情况

第二节　工业危险废物

一、全国危险废物产生及利用处置情况

2021 年，全国工业危险废物产生量为 8 653.6 万 t，利用处置量为 8 461.2 万 t。

二、各省份危险废物产生及利用处置情况

2021 年，工业危险废物产生量由高到低排名前五的省份依次是山东、内蒙古、江苏、浙江和广东，5 个省份工业危险废物产生量占全国产生量的 36.5%。工业危险废物利用处置量排名前五的省份依次为山东、内蒙古、江苏、浙江和广东，5 个省份工业危险废物利用处置量占全国利用处置量的 37.8%。

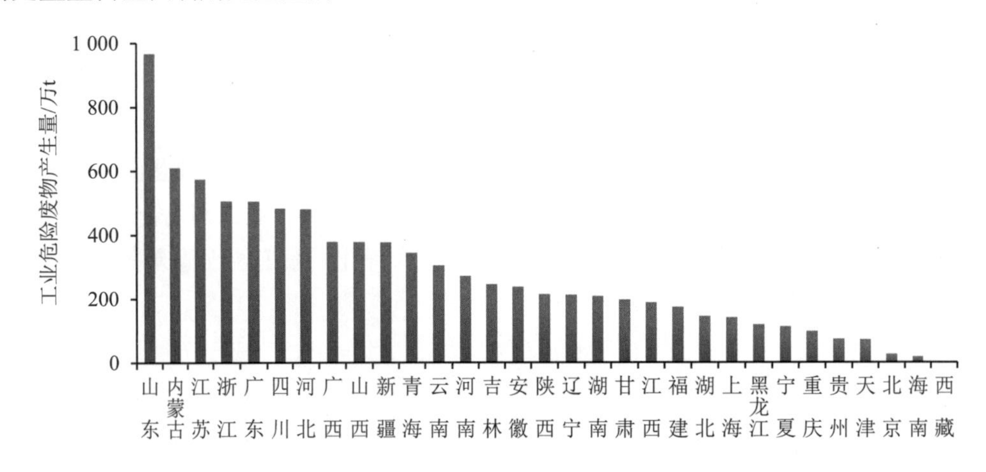

图 3.3.2-1　2021 年各省份工业危险废物产生量

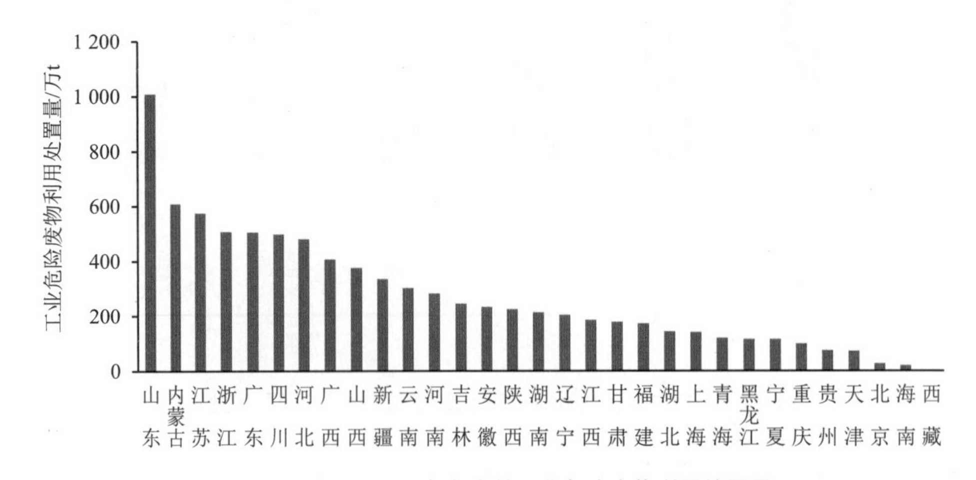

图 3.3.2-2　2021 年各省份工业危险废物利用处置量

三、各行业危险废物产生、利用处置情况

2021 年，在统计调查的 42 个大类工业行业中，工业危险废物产生量由高到低排名前五的行业依次为化学原料和化学制品制造业，有色金属冶炼和压延加工业，石油、煤炭及其他燃料加工业，黑色金属冶炼和压延加工业，电力、热力生产和供应业，5 个行业工业危险废物产生量占工业危险废物产生量的 69.3%。

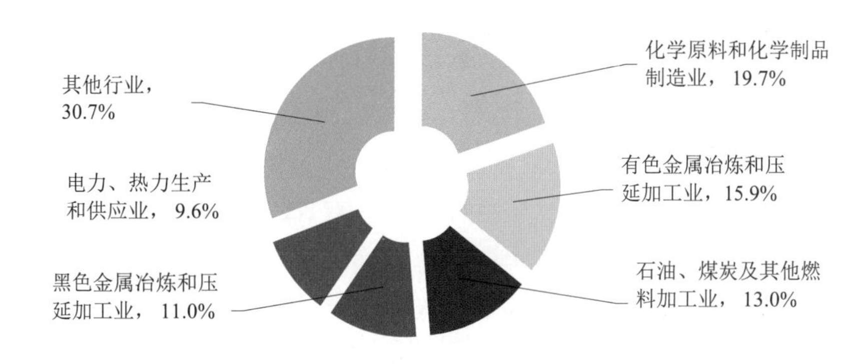

图 3.3.2-3　2021 年工业危险废物产生量行业分布

工业危险废物利用处置量由高到低排名前五的行业依次为化学原料和化学制品制造业，有色金属冶炼和压延加工业，石油、煤炭及其他燃料加工业，黑色金属冶炼和压延加工业，电力、热力生产和供应业，5 个行业危险废物利用处置量占工业危险废物利用处置量的 71.4%。

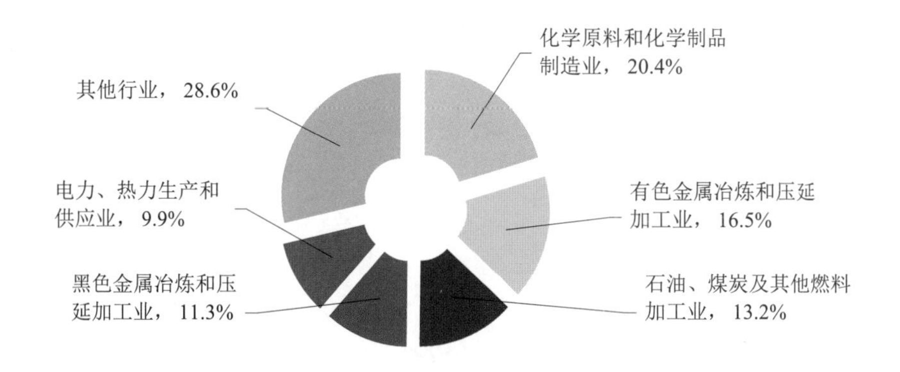

图 3.3.2-4　2021 年工业危险废物利用处置量行业分布

第四章　污染源监测

第一节　执法监测

一、废水

（一）总体情况

2021 年，开展废水排放执法监测的 14 433 家已核发排污许可证的企业中，694 家排污单位废水排放超标，超标比例为 4.8%。

从地区来看，29 个省（区、市）及兵团均存在超标情况。

从行业来看，超标的排污单位主要集中在纺织业，金属制品业，农副食品加工业，化学原料和化学制品制造业，公共设施管理业，计算机、通信和其他电子设备制造业等行业，分别为 158 家、86 家、50 家、43 家、33 家和 32 家，合计数占超标排污单位总数的 57.9%。

从超标项目来看，监测指标共 160 余项，其中 50 项存在超标情况，化学需氧量、总氮、氨氮、总磷、pH 值和悬浮物为主要超标污染物，监测的排污单位数分别为 13 716 家、8 591 家、13 098 家、10 164 家、12 393 家和 11 168 家，超标的排污单位数分别为 186 家、139 家、137 家、135 家、90 家和 83 家，超标比例分别为 1.4%、1.6%、1.0%、1.3%、0.7% 和 0.7%。

与上年相比，2021 年监测的废水排污单位数减少 2 244 家，超标数减少 143 家，超标比例下降 0.2 个百分点。

（二）污水处理厂

2021 年，开展废水排放执法监测的 4 087 家已核发排污许可证的污水处理厂中，252 家污水处理厂超标，超标比例为 6.2%。

从地区来看，除北京、天津、福建和山东外，其他 25 个省（区、市）及兵团均存在超标情况。

从超标项目来看，监测指标共 110 余项，其中 25 项存在超标情况，粪大肠菌群数、悬浮物、总氮、总磷、氨氮和化学需氧量为主要超标污染物，监测的污水处理厂数分别为 3 234 家、3 666 家、3 738 家、3 866 家、3 997 家和 4 024 家，超标污水处理厂数分别为 145 家、65 家、54 家、50 家、49 家和 28 家，超标比例分别为 4.5%、1.8%、1.4%、1.3%、1.2%和 0.7%。

与上年相比，2021 年监测的污水处理厂数减少 262 家，超标污水处理厂数减少 31 家，超标比例下降 0.3 个百分点。

二、废气

2021 年，开展废气排放执法监测的 15 564 家已核发排污许可证的企业中，412 家排污单位废气排放超标，超标比例为 2.6%。

从地区来看，除吉林、海南和四川外，其他 28 个省（区、市）及兵团均存在超标。

从行业来看，超标的排污单位主要集中在非金属矿物制品业，电力、热力生产和供应业，化学原料和化学制品制造业，农副食品加工业，石油、煤炭及其他燃料加工业，有色金属冶炼和压延加工业，分别为 88 家、57 家、53 家、28 家、22 家和 22 家，合计数占超标排污单位数的 65.5%。

从超标项目来看，监测指标共 180 余项，其中 40 项存在超标情况，颗粒物、氮氧化物、二氧化硫、非甲烷总烃和臭气浓度为主要超标污染物，监测的排污单位数分别为 10 503 家、9 019 家、8 772 家、4 630 家和 1 206 家，超标的排污单位数分别为 228 家、130 家、96 家、53 家和 21 家，超标比例分别为 2.2%、1.4%、1.1%、1.1%和 1.7%。

与上年相比，2021 年，监测的废气排污单位数减少 3 658 家，超标数减少 109 家，超标比例下降 0.1 个百分点。

第二节　固定污染源废气 VOCs 监测

2021年，有组织监测评价的2 673家VOCs有组织监测排污单位中，达标排污单位2 638家，占98.7%，有35家出现排放超标现象。无组织监测评价的1 263家排污单位中，达标排污单位1 260家，占99.8%，有3家出现排放超标现象。

从地区来看，有组织监测评价的超标单位主要分布在广东、江苏、浙江、江西，无组织监测评价的超标单位分布在广东、河南。

从行业来看，有组织监测评价的超标单位主要是化学原料和化学制品制造业、医药制造业、橡胶和塑料制品业、家具制造业等行业的排污单位，分别为 6 家、6 家、5 家和 3 家；仪器仪表制造业、其他制造业达标排污单位比例较低，分别为 50%、85.7%；无组织监测评价的超标单位是废弃资源综合利用业、橡胶和塑料制品业、家具制造业等行业的排污单位，分别各有 1 家，其中，废弃资源综合利用业行业达标排污单位比例较低，为 92.3%。

与上年相比，VOCs 有组织监测排污单位数减少 77 家，无组织监测排污单位数减少 71 家。

第四篇

结论和对策建议

第一章　基本结论

2021 年，全国生态环境质量明显改善，生态系统稳定性不断增强，生态安全屏障持续巩固，减污降碳协同增效，核与辐射安全得到切实保障，生态环境保护实现“十四五”良好开局，美丽中国建设迈出坚实步伐。

一、大气环境质量持续向好

城市环境空气质量持续改善。2021 年，全国 339 个城市中，218 个环境空气质量达标，占 64.3%，与上年相比增加 12 个；优良天数比例平均为 87.5%，与上年相比上升 0.5 个百分点。$PM_{2.5}$和 PM_{10}浓度分别为 30 μg/m^3 和 54 μg/m^3，与上年相比分别下降 9.1%和 3.6%。全国 31 个省份中，$PM_{2.5}$、PM_{10}和 O_3超标省份分别为 5 个、4 个和 5 个，与上年相比，分别减少 6 个、1 个和 2 个；所有省份 SO_2、NO_2、CO 均持续达标。连续两年实现 $PM_{2.5}$和 O_3浓度双下降。

酸雨发生面积与频率持续下降。2021 年，全国酸雨发生面积比例为 3.8%，酸雨城市比例为 11.6%，酸雨发生频率平均为 8.5%，与上年相比分别下降 1.0 个、4.1 个和 1.8 个百分点，首次未出现重酸雨区。

二、水环境质量稳步改善

地表水环境质量稳步改善。2021 年，全国地表水总体水质良好，Ⅰ～Ⅲ类水质断面比例为 84.9%，劣Ⅴ类水质断面比例为 1.2%。重点流域水质持续改善。长江流域、珠江流域等水质持续为优，黄河干流水质为优、主要支流水质良好，淮河流域、辽河流域水质由轻度污染改善为良好。

地下水水质状况总体较好。2021 年，全国地下水Ⅰ～Ⅳ类水质点位比例为 79.4%，总体处于较好水平。

饮用水水源地水质保持稳定。2021 年，地级及以上城市集中式生活饮用水水源达标率为 94.2%，其中，地表水和地下水饮用水水源达标率分别为 96.1%和 90.3%，89.6%的城市水源达标率为 100%。

海洋生态环境状况持续向好。2021 年，全国夏季一类水质海域面积占管辖海域面积的 97.7%，与上年相比增加 0.9 个百分点，劣四类水质海域面积与上年相比减少 87 201 km^2。近岸海域水质良好，优良水质面积比例为 81.3%，与上年相比上升 3.9 个百分点。开展监测评价的河口、海湾、滩涂湿地、珊瑚礁、红树林和海草床等典型海洋生态系统基本保持稳定，无不健康状态。

三、土壤污染风险得到基本管控

土壤污染加重趋势得到初步遏制。2021 年，全国受污染耕地安全利用率稳定在 90%以上，全国农用地土壤环境状况总体稳定，影响农用地土壤环境质量的主要污染物是重金属，其中镉为首要污染物。国家土壤环境监测网每 5 年完成一轮监测工作，2021 年珠江流域和太湖流域 2 118 个国家土壤环境基础点开展监测，两流域土壤环境质量总体保持稳定。

四、城市声环境质量总体向好

城市声环境质量保持稳定。2021 年，地级及以上城市各类功能区昼间和夜间总点次达标率分别为 95.4%和 82.9%，与上年相比分别上升 0.8 个和 2.8 个百分点；区域昼间平均等效声级为 54.1 dB（A），道路交通昼间平均等效声级为 66.5 dB（A），均与上年基本持平。

五、自然生态状况总体稳定

全国生态质量总体稳定。2021 年，全国生态质量指数（EQI）值为 59.77，生态质量综合评价为“二类”，与上年相比基本稳定。生态质量为一类、二类、三类、四类和五类的县域面积分别占国土面积的 27.7%、32.1%、32.7%、6.6%和 0.8%。

生态系统保持稳定。我国具有各种类型的地球陆地生态系统，有红树林、珊瑚礁、海草床、海岛、海湾、河口和上升流等多种类型的海洋生态系统，有农田、人工林、人工湿地、人工草地和城市等人工生态系统，已知物种及种下单元数为 127 950 种。

六、农村水环境整治取得成效

农村地表水水质呈改善趋势。2021 年，农村地表水Ⅰ～Ⅲ类水质断面比例为 83.4%，与上年相比上升 0.9 个百分点；劣Ⅴ类水质比例为 1.5%，与上年相比下降 0.5 个百分点。

农村千吨万人饮用水水源地水质总体上升。2021 年，农村千吨万人饮用水水源地水质达标比例为 78.0%，与上年相比上升 6.9 个百分点。

农田灌溉水水质有所上升。2021 年，规模达到 10 万亩及以上农田灌区的灌溉用水水质达标断面（点位）比例为 90.9%，与上年相比上升 4.7 个百分点。

七、核与辐射安全态势总体平稳

环境电离辐射水平总体良好。环境 γ 辐射水平处于本底涨落范围内。环境介质中天然放射性核素活度浓度处于本底涨落范围内，人工放射性核素活度浓度未见异常。

环境电磁辐射水平保持稳定。直辖市和省会城市环境电磁辐射水平未见明显变化，均低于电磁环境控制限值。

第二章　主要生态环境问题

当前，我国生态文明建设仍然面临诸多矛盾和挑战，生态环境稳中向好的基础还不稳固，从量变到质变的拐点还没有到来。生态环境质量同人民群众对美好生活的期盼相比，同建设美丽中国的目标相比，同构建新发展格局、推动高质量发展、全面建设社会主义现代化国家的要求相比，都还有较大差距。

一、空气质量持续改善存在一定难度

仍有部分城市环境空气质量尚未达标。2021 年，339 个城市中，从污染物超标项数来看，仍有 60 个城市存在 2 项及 2 项以上污染物超标，从优良天数比例来看，仍有 73 个城市环境空气质量优良天数比例低于 80%，从 $PM_{2.5}$ 浓度来看，仍有 29.8%的城市平均浓度超标。

区域性复合型环境空气污染较为突出。全国范围内区域性空气污染问题仍较突出，区域性重污染天气过程仍时有发生。同时，以 $PM_{2.5}$ 和 O_3 双重污染为特征的复合型大气污染持续显现。

夏秋季臭氧超标频率依然处于高位。2021 年，339 个城市中，以 O_3 为首要污染物的超标天数占总超标天数的比例为 34.7%，连续第 4 年超过 30%，重点地区的月均 O_3 浓度最高值集中在 6—9 月。

大范围沙尘天气影响空气质量。2021 年，我国沙尘天气频发且强度大，因沙尘导致的超标天同比增加 1 890 d，PM_{10} 为首要污染物的重度及以上污染天数同比增加 664 d。若不扣除沙尘天气过程影响，与上年相比，2021 年 339 个城市中，PM_{10} 超标城市增加 10 个，“2+26”城市、长三角地区、汾渭平原、珠三角地区、苏皖鲁豫交界 PM_{10} 浓度均有所上升。

二、水环境质量整体改善仍需时日

仍有一定比例的地表水水质国控断面存在超标情况。2021 年，全国地表水仍有 15.2%的断面水质超过Ⅲ类，1.2%的断面水质为劣Ⅴ类，少数地区消除劣Ⅴ类断面难度较大，个别断面存在个别月份重金属超标现象。主要污染指标为化学需氧量、高锰酸盐指数和总磷。

松花江部分支流污染相对较重。2021 年，松花江干流水质有所下降，主要支流为轻度污染，其中黑龙江水系水质与上年相比明显下降，劣Ⅴ类断面比例上升 11.1 个百分点。

部分湖库富营养化状态没有得到明显改善。2021 年，仍有 7 个湖泊与 2 座水库处于中度富营养状态，其中异龙湖、杞麓湖等湖泊常年处于中度富营养状态。部分重点湖泊蓝藻水华居高不下，巢湖营养状态明显下降。

地下水环境质量有待进一步提升。2021年，有20.6%的地下水监测点位为Ⅴ类水质。饮用水水源地中，地级及以上城市在用集中式生活饮用水地下水水源监测断面（点位）达标率为90.3%，农村千吨万人饮用水地下水水源监测点位达标率为61.4%。

入海河流水质较差，部分近岸海域水质长期处于劣四类。2021年，全国入海河流总体为轻度污染，其中，辽宁、福建入海河流水质与上年相比有所变差，广西明显变差。近岸海域主要超标指标为无机氮和活性磷酸盐。辽东湾、长江口、杭州湾、浙江沿岸、珠江口等近岸海域仍是劣四类水质主要分布区域。

三、城市声环境质量有待持续提升

城市1类和4a类声功能区夜间声环境质量有待提升。全国城市1类声功能区（居住文教区）和4a类声功能区（道路交通干线两侧区域）夜间达标率持续偏低。2021年，1类声功能区夜间达标率低于80%，4a类声功能区夜间达标率低于70%。

昼间区域声环境质量评价为较差的城市比例有所上升。全国昼间区域声环境评价等级为四级和五级的城市比例上升1.3个百分点，其中直辖市和省会城市评价等级为四级和五级的城市比例上升3.2个百分点。

四、生态系统还需加大恢复力度

部分县域生态质量有所变差。2021年，分别有99个和17个县域生态质量“轻微变差”和“一般变差”，占国土面积的比例分别为1.3%和0.5%，主要分布在黄土高原西北部、黄淮海平原中部。

人类活动对生态系统影响有所加重。与上年相比，全国主要生态类型林地、草地、湿地、农田和未利用地均有所减少。2021年上、下半年，国家级自然保护区新增或规模扩大人类活动面积分别为3.18 km^2和5.14 km^2。

五、局地农村生态环境问题仍然存在

农村水环境质量与全国水平还有差距。2021年，农村地表水和饮用水水源地存在不同程度污染，农村地表水Ⅰ～Ⅲ类水质比例为83.4%；农村千吨万人饮用水水源地水质达标比例为78.0%，低于城市水平。

局地生态问题和环境污染仍然存在。2021年，农村地区经济社会发展过程中面临的秸秆焚烧、水土流失、化肥农药过量施用、农业农村面源污染、养殖业点源污染、废旧农膜随意丢弃、生活垃圾堆积等生态环境问题仍然存在，尚未得到根本性扭转。

第三章　对策建议

良好生态环境是实现中华民族永续发展的内在要求，是增进民生福祉的优先领域，是建设美丽中国的重要基础。持续改善生态环境质量，必须坚持方向不变、力度不减，突出精准治污、科学治污、依法治污，以实现减污降碳协同增效为总抓手，统筹污染治理、生态保护、应对气候变化，深入打好污染防治攻坚战，促进经济社会发展全面绿色转型。

一、立足高质量发展，有序推动绿色低碳发展

我国还处于工业化、城镇化深入发展阶段，生态环境新增压力仍在高位，实现碳达峰、碳中和任务艰巨。建议继续推动减污降碳协同治理，切实提升生态环境治理能力，积极落实碳达峰、碳中和“1+N”政策体系。实施可再生能源替代行动，严把“两高”项目准入关口，推动“三线一单”落地应用，促进形成绿色低碳生活方式。推进相关法律法规制定修订，继续打击环境违法犯罪。

二、巩固污染防治成果，深入打好污染防治攻坚战

我国生态环境稳中向好的基础还不稳固，需要继续深入打好污染防治攻坚战。建议继续加强 $PM_{2.5}$ 和 O_3 污染协同控制、VOCs 综合治理与沙尘治理，深化区域联防联控和重污染天气应急应对；持续开展排污口排查整治，不断加强地下水环境质量监测，积极组织重点湖库水华治理、松花江污染治理和重点海域综合治理等工作；强化固体废物治理，有效管控土壤污染风险；制订实施噪声污染防治行动计划，着重改善夜间声环境质量。

三、加强生态保护与监管，守住自然生态安全边界

坚持保护优先，坚持“山水林田湖草沙”一体化保护和系统治理，是生态文明建设的应有之义。建议进一步建立完善生态保护红线生态破坏问题监督机制，推进生态退化地区生态环境改善，降低人类活动对生态系统的影响；突出水资源、水生态、水环境“三水”统筹，扎实推进实施长江保护修复、黄河生态保护治理等工作；不断完善以国家公园为主体的自然保护地体系建设，推动达成“2020 年后全球生物多样性框架”；有效提升生态系统稳定性与安全性。

四、助力乡村振兴战略，打好农业农村污染治理攻坚战

我国农村环境管理和保护基础薄弱，建议进一步弥补环境基础设施建设短板。推进

农村环境质量监测点位区县级全覆盖，积极改善农村空气质量；推进农业面源污染监测网建设和化肥农药减量增效行动，加强黑臭水体动态排查整治和农村水源地保护，有效提升水质；推进农村生活污水垃圾治理和生活垃圾无害化处理，持续改善农村人居与生态环境质量。

附录

附录一　监测依据和范围

附表 1-1　生态环境监测指标与依据

<table>
<tr><th colspan="2">监测要素/项目</th><th>监测指标</th><th>监测依据</th></tr>
<tr><td rowspan="8">环境空气</td><td>城市环境</td><td>二氧化硫（SO_2）、二氧化氮（NO_2）、可吸入颗粒物（PM_{10}）、细颗粒物（$PM_{2.5}$）、一氧化碳（CO）和臭氧（O_3）等六项污染物</td><td rowspan="8">《生态环境监测规划纲要（2020—2035 年）》（环监测〔2019〕86 号）
《“十四五”国家空气、地表水环境质量监测网设置方案》（环办监测〔2020〕3 号）
《2021 年国家生态环境监测方案》（环办监测函〔2021〕88 号）
《环境空气颗粒物（PM_{10} 和 $PM_{2.5}$）连续自动监测系统运行和质控技术规范》（HJ 817—2018）
《环境空气气态污染物（SO_2、NO_2、O_3、CO）连续自动监测系统运行和质控技术规范》（HJ 818—2018）
《环境空气自动监测标准传递管理规定（试行）》（环办监测函〔2017〕242 号）
《环境空气自动监测 O_3 标准传递工作实施方案》（环办监测函〔2017〕1620 号）
《关于报送国家区域/背景环境空气质量监测站运行维护记录的通知》（总站气字〔2017〕333 号）
《关于做好国家区域/背景环境空气质量监测站 O_3 量值传递工作的通知》（总站气字〔2018〕136 号）
《国家背景环境空气质量监测运行维护手册（第四版）》（总站气字〔2021〕564 号）
《国家区域环境空气质量监测运行维护手册（第二版）》（总站气字〔2021〕564 号）
《沙尘天气分级技术规定（试行）》（总站生字〔2004〕31 号）
《沙尘暴天气预警》（GB/T 28593—2012）
《沙尘暴天气监测规范》（GB/T 20479—2006）</td></tr>
<tr><td>背景站</td><td>16 个国家背景环境空气质量监测站开展环境空气质量背景监测，监测指标为二氧化硫（SO_2）、二氧化氮（NO_2）、可吸入颗粒物（PM_{10}）、细颗粒物（$PM_{2.5}$）、一氧化碳（CO）和臭氧（O_3）等六项污染物。11 个背景站开展温室气体二氧化碳（CO_2）、甲烷（CH_4）监测，5 个背景站开展温室气体氧化亚氮（N_2O）监测</td></tr>
<tr><td>区域站</td><td>二氧化硫（SO_2）、二氧化氮（NO_2）、可吸入颗粒物（PM_{10}）、细颗粒物（$PM_{2.5}$）、一氧化碳（CO）和臭氧（O_3）等六项污染物</td></tr>
<tr><td>沙尘</td><td>地面监测：总悬浮颗粒物（TSP）和可吸入颗粒物（PM_{10}）
遥感监测：沙尘分布范围、等级、面积</td></tr>
<tr><td>降尘</td><td>降尘量</td></tr>
<tr><td>降水</td><td>降水量、pH 值、电导率；硫酸根离子（SO_3^{2-}）、硝酸根离子（NO_3^-）、氟离子（F^-）、氯离子（Cl^-）、铵离子（NH_4^+）、钙离子（Ca^{2+}）、镁离子（Mg^{2+}）、钠离子（Na^+）和钾离子（K^+）等 9 种离子成分监测</td></tr>
<tr><td>颗粒物组分</td><td>$PM_{2.5}$ 质量浓度；
水溶性离子：硫酸根离子（SO_4^{2-}）、硝酸根离子（NO_3^-）、氟离子（F^-）、氯离子（Cl^-）、钠离子（Na^+）、铵离子（NH_4^+）、钾离子（K^+）、镁离子（Mg^{2+}）、钙离子（Ca^{2+}）；
碳组分：有机碳（OC）、元素碳（EC）；
无机元素：钒、铁、锌、镉、铬、钴、砷、铝、锡、锰、镍、硒、硅、钛、钡、铜、铅、钙、镁、钠、硫、氯、钾、锑</td></tr>
</table>

监测要素/项目		监测指标	监测依据
环境空气	挥发性有机物	监测117种挥发性有机物（光化学前体物），包括卤代烃、烷烃、含氧有机物、芳香烃、烯烃、炔烃，非甲烷总烃（NMHC）	《沙尘暴天气等级》（GB/T 20480—2017） 《受沙尘天气过程影响城市空气质量评价补充规定》（环办监测〔2016〕120号） 《关于沙尘天气过程影响扣除有关问题的函》（环测便函〔2019〕417号） 《"2+26"城市县（市、区）环境空气降尘监测方案》 《汾渭平原、长三角地区城市环境空气降尘监测方案》 《环境空气 降尘的测定 重量法》（GB/T 15265—1994） 《酸沉降监测技术规范》（HJ/T 165—2004） 《环境空气 PM_{10}和$PM_{2.5}$的测定 重量法》（HJ 618—2011） 《环境空气 颗粒物中水溶性阳离子（Li^+、Na^+、NH_4^+、K^+、Ca^{2+}、Mg^{2+}）的测定 离子色谱法》（HJ 800—2016） 《环境空气 颗粒物中水溶性阴离子（F^-、Cl^-、Br^-、NO_2^-、NO_3^-、PO_4^{3-}、SO_3^{2-}、SO_4^{2-}）的测定 离子色谱法》（HJ 799—2016） 《环境空气颗粒物源解析监测技术方法指南（试行）》（第二版） 《环境空气 颗粒物中无机元素的测定 波长色散X射线荧光光谱法》（HJ 830—2017） 《环境空气 颗粒物中无机元素的测定 能量色散X射线荧光光谱法》（HJ 829—2017） 《空气和废气 颗粒物中金属元素的测定 电感耦合等离子体发射光谱法》（HJ 777—2015） 《空气和废气 颗粒物中铅等金属元素的测定 电感耦合等离子体质谱法》（HJ 657—2013） 《环境空气质量手工监测技术规范》（HJ/T 194—2017） 《环境空气 挥发性有机物的测定 罐采样/气相色谱-质谱法》（HJ 759—2015） 《环境空气挥发性有机物气相色谱连续监测系统技术要求及检测方法》（HJ 1010—2018） 《环境空气臭氧前体有机物手工监测技术要求（试行）》（环办监测函〔2018〕240号） 《国家环境空气监测网环境空气挥发性有机物连续自动监测质量控制技术规定（试行）》（总站气函〔2019〕785号） 《细颗粒物（$PM_{2.5}$）卫星遥感监测技术指南》 《卫星遥感秸秆焚烧监测技术规范》（HJ 1008—2018）
	细颗粒物遥感监测	O_3柱浓度、NO_2柱浓度、HCHO 柱浓度、CO 柱浓度	
	秸秆焚烧遥感监测	秸秆焚烧火点点位、空间分布	

<table>
<tr><th colspan="2">监测要素/项目</th><th>监测指标</th><th>监测依据</th></tr>
<tr><td rowspan="5">淡水</td><td>地表水</td><td>9+X，水温、pH 值、溶解氧、电导率、浊度、高锰酸盐指数、氨氮、总磷、总氮（湖库增测叶绿素 a、透明度等指标），X 为《地表水环境质量标准》（GB 3838—2002）表 1 基本项目中，除 9 项基本指标外，上一年及当年出现过的超过Ⅲ类标准限值的指标，若断面考核目标为Ⅰ类或Ⅱ类，则为超过Ⅰ类或Ⅱ类标准限值的指标。特征指标结合水污染防治工作需求动态调整</td><td rowspan="5">《关于印发“十四五”国家空气、地表水环境质量监测网设置方案的通知》（环办监测〔2020〕3 号）
《关于印发“十四五”国家地表水监测及评价方案（试行）的通知》（环办监测函〔2020〕714 号）
《关于开展地表水部分省界断面流量监测工作的通知》（总站水字〔2018〕451 号）
《国家地表水环境质量修约处理规则》（总站水字〔2018〕87 号）
《国家地表水环境质量监测网采测分离管理办法》（环办监测〔2019〕2 号）
《国家地表水采测分离现场监测异常数据处置技术要求（试行）》（总站水字〔2019〕447 号）
《国家地表水环境质量监测网任务作业指导书（试行）》
《地表水和污水监测技术规范》（HJ/T 91—2002）
《环境水质监测质量保证手册》（第二版）
《全国集中式生活饮用水水源地水质监测实施方案》（环办函〔2012〕1266 号）
《地表水环境质量标准》（GB 3838—2002）
《地下水质量标准》（GB/T 14848—2017）
《水华遥感与地面监测评价技术规范（试行）》（HJ 1098—2020）
《2021 年国家生态环境监测方案》（环办监测函〔2021〕88 号）</td></tr>
<tr><td>饮用水水源地</td><td>常规监测：《地表水环境质量标准》（GB 3838—2002）表 1 的基本项目（23 项，化学需氧量除外）、表 2 的补充项目（5 项）和表 3 的优选特定项目（33 项），湖泊、水库型水源地增测叶绿素 a 和透明度，并统计当月各水源地的总取水量；
水质全分析：《地表水环境质量标准》（GB 3838—2002）中的 109 项，湖泊、水库型水源地增测叶绿素 a 和透明度</td></tr>
<tr><td>地下水</td><td>基本指标：《地下水质量标准》（GB/T 14848—2017）表 1 常规指标中的 29 项，包括 pH 值、硫酸盐、氯化物、铁、锰、铜、锌、铝、挥发性酚类、阴离子表面活性剂、耗氧量（高锰酸盐指数）、氨氮、硫化物、钠、亚硝酸盐、硝酸盐、氰化物、氟化物、碘化物、汞、砷、硒、镉、铬（六价）、铅、三氯甲烷、四氯化碳、苯和甲苯；
特征指标：对于风险监控点位，根据其所在区域的污染源特征，在基本指标的基础上，可适当增加部分典型的特征指标</td></tr>
<tr><td>湖库水华</td><td>水质监测（湖体及饮用水水源地）：水温、pH 值、溶解氧、总氮、总磷、叶绿素 a、藻密度、微囊藻毒素（Ⅰ级预警饮用水水源地一级保护区）；
卫星遥感监测：水华面积、分布位置、占湖水面积比例</td></tr>
<tr><td>重点流域水生生物</td><td>水质理化、水生生物和物理生境指标</td></tr>
</table>

<table>
<tr><th colspan="2">监测要素/项目</th><th>监测指标</th><th>监测依据</th></tr>
<tr><td rowspan="8">海洋</td><td>海水水质</td><td>基础指标：风速、风向、海况、天气现象、水深、水温、水色、盐度、透明度、叶绿素 a；
化学指标：pH 值、溶解氧、化学需氧量、氨氮、硝酸盐氮、亚硝酸盐氮、活性磷酸盐、石油类、悬浮物质、总氮、总磷、铜、锌、总铬、汞、镉、铅、砷；
全项目：在 148 个点位开展《海水水质标准》（GB 3097—1997）全项目监测（放射性核素、病原体除外）</td><td rowspan="8">《环境空气质量手工监测技术规范》（HJ/T 194—2017）
《环境空气总悬浮颗粒物的测定　重量法》（GB/T 15432—1995）
《酸沉降监测技术规范》（HJ/T 165—2004）
《海洋垃圾监测与评价技术规程（试行）》（海环字〔2015〕31 号）
《海洋微塑料监测技术规程（试行）》（海环字〔2016〕13 号）
《海洋监测规范》（GB 17378—2007）
《海洋调查规范》（GB/T 12763—2007）
《海洋监测技术规程》（HY/T 147—2013）
《渔业生态环境监测规范》（SC/T 9102—2007）
《海洋沉积物质量》（GB 18668—2002）
《海洋监测技术规程　第 7 部分：卫星遥感技术方法》（HYT 147.7—2013）
《海域卫星遥感动态监测技术规程》（国海管字〔2014〕500 号）
《海域使用分类遥感判别指南》（国海管字〔2014〕500 号）
《海岸线保护与利用管理办法》（国海发〔2017〕2 号）
《全国海岸线修测技术规程》（自然资办函〔2019〕1187 号）</td></tr>
<tr><td>海洋沉积物质量</td><td>沉积物质量：硫化物、石油类、有机碳、汞、镉、铅、砷、铜、锌、铬、粒度</td></tr>
<tr><td>海水浴场水质</td><td>水质项目：粪大肠菌群、漂浮物、溶解氧、色、臭和味，赤潮发生情况（必测）；石油类、pH 值、肠球菌（选测）；
其他项目：同步开展水温监测；具备能力的地方开展浪高、天气现象、风向、风速、总云量、降水量、气温、能见度等的监测</td></tr>
<tr><td>海洋生态</td><td>水环境质量：水温、pH 值、溶解氧、化学需氧量、盐度、氨氮、硝酸盐氮、亚硝酸盐氮、活性磷酸盐、石油类、悬浮物质、铜、锌、总铬、汞、镉、铅、砷、叶绿素 a；
沉积物质量：硫化物、石油类、有机碳、汞、镉、铅、砷、铜、锌、铬、粒度；
生物质量：铜、锌、铬、总汞、镉、铅、砷、石油烃和麻痹性贝毒；
栖息地状况：岸线及生物栖息地面积变化；生物群落状况</td></tr>
<tr><td>入海河流水质</td><td>同地表水</td></tr>
<tr><td>直排海污染源</td><td>按照污染排放口执行标准监测全部项目，标准中无总氮和总磷要求的，增加总氮和总磷</td></tr>
<tr><td>海洋大气</td><td>干沉降指标：总氮（选测）、氨氮、硝酸盐氮、亚硝酸盐氮、总磷（选测）、活性磷酸盐、砷、铅、铜、锌、镉、铬、总悬浮颗粒物（选测）；
湿沉降指标：总氮（选测）、氨氮、硝酸盐氮、亚硝酸盐氮、总磷（选测）、活性磷酸盐、砷、铅、铜、锌、镉、铬、降水量、降水电导率（选测）、降水 pH 值（选测）；
气象指标：风速、风向、气温、气压、相对湿度</td></tr>
</table>

监测要素/项目		监测指标	监测依据
	海洋垃圾与微塑料	海面漂浮垃圾、海滩垃圾、海底垃圾（选测）的种类、数量、重量、来源；海面漂浮微塑料的数量、成分、粒径和形状	
	海洋倾倒区	水深、水质、沉积物质量和底栖生物	
	海洋油气区	海水：石油类、化学需氧量、汞和镉	
	海洋渔业水域水质	《渔业生态环境监测规范》（SC/T 9102—2007）、《海洋沉积物质量》（GB 18668—2002）中规定的相关内容	
	海岸线保护与利用遥感监测	海岸线变化等	
声环境	城市区域	等效声级	《环境噪声监测技术规范　城市声环境常规监测》（HJ 640—2012）
	道路交通	等效声级	
	城市功能区	点次达标率	
生态	全国生态质量	遥感监测项目：土地利用或覆盖数据（6类26项）、植被覆盖指数、城市热岛比例指数； 其他项目：土壤侵蚀、水资源量、降水量、主要污染物排放量、自然保护区外来入侵物种情况等	《2021年国家生态环境监测方案》（环办监测函〔2021〕88号） 《区域生态质量评价办法（试行）》（环监测〔2021〕99号） 《关于加强“十三五”国家重点生态功能区县域生态环境质量监测评价与考核工作的通知》（环办监测函〔2017〕279号） 《湿地生态环境健康评价方法（暂行）》（总站生字〔2014〕130号） 《自然保护地人类活动遥感监测技术规范》（HJ 1156—2021） 《生物多样性保护重大工程观测工作方案》
	典型生态系统	地面监测：森林、草地、湿地、荒漠和城市等5类生态系统的生物要素、环境要素以及景观格局等	
	自然保护区人类活动	遥感监测：不同类型人类活动	
	生物多样性		
农村	农村空气	二氧化硫（SO_2）、二氧化氮（NO_2）、可吸入颗粒物（PM_{10}）、细颗粒物（$PM_{2.5}$）、一氧化碳（CO）、臭氧（O_3）等	《环境空气质量自动监测技术规范》（HJ/T 193—2005） 《环境空气质量手工监测技术规范》（HJ/T 194—2017） 《地表水和污水监测技术规范》（HJ/T 91—2002）
	农村地表水	《地表水环境质量标准》（GB 3838—2002）表1中基本项目（共24项）	

监测要素/项目		监测指标	监测依据
农村	农村千吨万人饮用水水源地	《地表水环境质量标准》（GB 3838—2002）表 1 的基本项目（23 项，化学需氧量除外，河流总氮除外）、表 2 的补充项目（5 项），共 28 项； 《地下水质量标准》（GB/T 14848—2017）表 1 中 39 项常规指标	《地表水和污水监测技术规范》（HJ/T 91—2002） 《地下水环境监测技术规范》（HJ/T 164—2004） 《农用水源环境质量监测技术规范》（NY/T 396—2000） 《农田灌溉水质标准》（GB 5084—2021） 《生态环境监测规划纲要（2020—2035 年）》 《“十四五”生态环境监测规划》（环监测〔2021〕117 号） 《2021 年国家生态环境监测方案》（环办监测函〔2021〕88 号）
	农田灌溉水	《农田灌溉水质标准》（GB 5084）表 1 的基本控制项目 16 项	
	农业面源污染	农村生活污水处理设施出水水质监测、规模化养殖场自行监测	
土壤	土壤环境质量	0～20 cm 表层土壤样品； 土壤理化指标：土壤 pH 值； 无机污染物：镉、汞、砷、铅、铬、铜、镍和锌等 8 种元素的全量； 有机污染物：有机氯农药：六六六总量和滴滴涕总量	《2021 年国家生态环境监测方案》（环办监测函〔2021〕88 号）
辐射	电离辐射	环境 γ 辐射剂量率自动和累积监测、总 α、总 β、铀、钍、氚、锶-90、铯-137、镭-226、γ 能谱分析（包括铍-7、钾-40、碘-131、铯-134、铯-137、镭-226、钍-232 和铀-238 等核素）	《辐射环境监测技术规范》（HJ 61—2021） 《全国辐射环境监测方案》 《环境 γ 辐射剂量率测量技术规范》（HJ 1157—2021）等 23 个监测标准方法 《辐射环境保护管理导则　电磁辐射监测仪器和方法》（HJ/T 10.2—1996）
	电磁辐射	电场强度	
污染源	执法监测	按照执行的排放标准、环评及批复和排污许可证等要求确定监测项目	《2021 年国家生态环境监测方案》（环办监测函〔2021〕88 号） 《关于加强挥发性有机物监测工作的通知》（环办监测函〔2020〕335 号） 《关于印发 2021 年全国生活垃圾焚烧厂二噁英排放执法监测工作方案的通知》（总站源字〔2021〕109 号）
	固定污染源废气 VOCs 监测	按照执行的排放标准、环评及批复和排污许可证等要求确定监测项目	
	生活垃圾焚烧厂二噁英监测	二噁英	
	长江经济带入河排污口监督监测	按照执行的排放标准、环评及批复和排污许可证等要求确定监测项目	

附表 1-2　2021 年 339 个城市开展监测情况

序号	省份	城市名称	是否开展监测/报送监测数据						
			城市空气环境质量	沙尘地面	降尘	降水	大气颗粒物组分	光化学	集中式生活饮用水水源地
1	北京	北京市	√	√	√	√	√	√	√
2	天津	天津市	√	√	√	√	√	√	√
3	河北	石家庄市	√	√	√	√	√	√	√
4	河北	唐山市	√	√	√	√	√	√	√
5	河北	秦皇岛市	√	√		√	√	√	√
6	河北	邯郸市	√	√	√	√	√	√	√
7	河北	邢台市	√	√	√	√	√	√	√
8	河北	保定市	√	√	√	√	√	√	√
9	河北	承德市	√	√		√		√	√
10	河北	沧州市	√	√	√	√	√	√	√
11	河北	廊坊市	√	√	√	√	√	√	√
12	河北	衡水市	√	√	√	√	√	√	√
13	河北	张家口市	√	√			√	√	√
14	山西	太原市	√	√	√	√	√	√	√
15	山西	大同市	√	√		√			√
16	山西	阳泉市	√	√	√	√	√	√	√
17	山西	长治市	√	√	√	√	√	√	√
18	山西	晋城市	√	√	√	√	√	√	√
19	山西	朔州市	√	√		√			√
20	山西	晋中市	√	√	√	√	√		√
21	山西	运城市	√	√	√	√	√	√	√
22	山西	忻州市	√	√		√		√	√
23	山西	临汾市	√	√	√	√	√		√
24	山西	吕梁市	√	√	√	√	√		√
25	内蒙古	呼和浩特市	√	√		√			√
26	内蒙古	包头市	√	√		√			√
27	内蒙古	乌海市	√	√		√			√
28	内蒙古	赤峰市	√	√		√			√
29	内蒙古	通辽市	√	√		√			√
30	内蒙古	鄂尔多斯市	√	√		√			√

序号	省份	城市名称	是否开展监测/报送监测数据						
			城市空气环境质量	沙尘地面	降尘	降水	大气颗粒物组分	光化学	集中式生活饮用水水源地
31	内蒙古	呼伦贝尔市	√	√		√			√
32	内蒙古	巴彦淖尔市	√	√		√			√
33	内蒙古	乌兰察布市	√	√		√			√
34	内蒙古	兴安盟	√	√		√			√
35	内蒙古	锡林郭勒盟	√	√		√			√
36	内蒙古	阿拉善盟	√	√		√			√
37	辽宁	沈阳市	√	√		√		√	√
38	辽宁	大连市	√	√		√		√	√
39	辽宁	鞍山市	√	√		√			√
40	辽宁	抚顺市	√	√		√		√	√
41	辽宁	本溪市	√	√		√			√
42	辽宁	丹东市	√	√		√			√
43	辽宁	锦州市	√	√		√		√	√
44	辽宁	营口市	√	√		√		√	√
45	辽宁	阜新市	√	√		√		√	√
46	辽宁	辽阳市	√	√		√			√
47	辽宁	盘锦市	√	√		√		√	√
48	辽宁	铁岭市	√	√		√		√	√
49	辽宁	朝阳市	√	√		√			√
50	辽宁	葫芦岛市	√	√		√		√	√
51	吉林	长春市	√	√		√			√
52	吉林	吉林市	√	√		√			√
53	吉林	四平市	√	√		√			√
54	吉林	辽源市	√	√		√			√
55	吉林	通化市	√	√		√			√
56	吉林	白山市	√	√		√			√
57	吉林	松原市	√	√		√			√
58	吉林	白城市	√	√		√			√
59	吉林	延边州	√	√		√			√
60	黑龙江	哈尔滨市	√	√		√			√
61	黑龙江	齐齐哈尔市	√	√		√			√

序号	省份	城市名称	是否开展监测/报送监测数据						
			城市空气环境质量	沙尘地面	降尘	降水	大气颗粒物组分	光化学	集中式生活饮用水水源地
62	黑龙江	鸡西市	√	√		√			√
63	黑龙江	鹤岗市	√	√		√			√
64	黑龙江	双鸭山市	√	√		√			√
65	黑龙江	大庆市	√	√		√			√
66	黑龙江	伊春市	√	√		√			√
67	黑龙江	佳木斯市	√	√		√			√
68	黑龙江	七台河市	√	√		√			√
69	黑龙江	牡丹江市	√	√		√			√
70	黑龙江	黑河市	√	√		√			√
71	黑龙江	绥化市	√	√		√			√
72	黑龙江	大兴安岭地区	√	√		√			√
73	上海	上海市	√	√	√	√		√	√
74	江苏	南京市	√	√	√	√		√	√
75	江苏	无锡市	√	√	√	√		√	√
76	江苏	徐州市	√	√	√	√		√	√
77	江苏	常州市	√	√	√	√		√	√
78	江苏	苏州市	√	√	√	√		√	√
79	江苏	南通市	√	√	√	√		√	√
80	江苏	连云港市	√	√	√	√		√	√
81	江苏	淮安市	√	√	√	√		√	√
82	江苏	盐城市	√	√	√	√		√	√
83	江苏	扬州市	√	√	√	√		√	√
84	江苏	镇江市	√	√	√	√		√	√
85	江苏	泰州市	√	√	√	√		√	√
86	江苏	宿迁市	√	√	√	√		√	√
87	浙江	杭州市	√	√	√	√		√	√
88	浙江	宁波市	√	√	√	√		√	√
89	浙江	温州市	√	√	√	√		√	√
90	浙江	嘉兴市	√	√	√	√		√	√
91	浙江	湖州市	√	√	√	√		√	√
92	浙江	金华市	√	√	√	√		√	√

序号	省份	城市名称	是否开展监测/报送监测数据						
			城市空气环境质量	沙尘地面	降尘	降水	大气颗粒物组分	光化学	集中式生活饮用水水源地
93	浙江	衢州市	√	√	√	√		√	√
94	浙江	舟山市	√	√	√	√		√	√
95	浙江	台州市	√	√	√	√		√	√
96	浙江	丽水市	√	√	√	√		√	√
97	浙江	绍兴市	√	√	√			√	√
98	安徽	合肥市	√	√	√	√		√	√
99	安徽	芜湖市	√	√	√	√		√	√
100	安徽	蚌埠市	√	√	√	√			√
101	安徽	淮南市	√	√	√	√		√	√
102	安徽	马鞍山市	√	√	√	√		√	√
103	安徽	淮北市	√	√	√	√		√	√
104	安徽	铜陵市	√	√	√	√			√
105	安徽	安庆市	√	√	√	√		√	√
106	安徽	黄山市	√	√	√	√			√
107	安徽	滁州市	√	√	√	√		√	√
108	安徽	阜阳市	√	√	√	√		√	√
109	安徽	宿州市	√	√	√	√		√	√
110	安徽	六安市	√	√	√	√			√
111	安徽	亳州市	√	√	√	√		√	√
112	安徽	池州市	√	√	√	√		√	√
113	安徽	宣城市	√	√	√	√			√
114	福建	福州市	√	√		√			√
115	福建	厦门市	√	√		√			√
116	福建	莆田市	√	√		√			√
117	福建	三明市	√	√		√			√
118	福建	泉州市	√	√		√			√
119	福建	漳州市	√	√		√			√
120	福建	南平市	√	√		√			√
121	福建	龙岩市	√	√		√			√
122	福建	宁德市	√	√		√			√
123	江西	南昌市	√	√		√			√

序号	省份	城市名称	是否开展监测/报送监测数据						
			城市空气环境质量	沙尘地面	降尘	降水	大气颗粒物组分	光化学	集中式生活饮用水水源地
124	江西	景德镇市	√	√		√			√
125	江西	萍乡市	√	√		√			√
126	江西	九江市	√	√		√			√
127	江西	新余市	√	√		√			√
128	江西	鹰潭市	√	√		√			√
129	江西	赣州市	√	√		√			√
130	江西	吉安市	√	√		√			√
131	江西	宜春市	√	√		√			√
132	江西	抚州市	√	√		√			√
133	江西	上饶市	√	√		√			√
134	山东	济南市	√	√	√	√	√	√	√
135	山东	青岛市	√	√		√		√	√
136	山东	淄博市	√	√	√	√	√	√	√
137	山东	枣庄市	√	√		√		√	√
138	山东	东营市	√	√		√		√	√
139	山东	烟台市	√	√		√		√	√
140	山东	潍坊市	√	√		√		√	√
141	山东	济宁市	√	√	√	√	√	√	√
142	山东	泰安市	√	√		√		√	√
143	山东	威海市	√	√		√		√	√
144	山东	日照市	√	√		√		√	√
145	山东	临沂市	√	√		√		√	√
146	山东	德州市	√	√	√	√	√	√	√
147	山东	聊城市	√	√	√	√	√	√	√
148	山东	滨州市	√	√	√	√	√	√	√
149	山东	菏泽市	√	√	√	√	√	√	√
150	河南	郑州市	√	√	√	√	√	√	√
151	河南	开封市	√	√	√	√	√	√	√
152	河南	洛阳市	√	√	√	√	√	√	√
153	河南	平顶山市	√	√		√		√	√
154	河南	安阳市	√	√	√	√	√	√	√

序号	省份	城市名称	是否开展监测/报送监测数据						
			城市空气环境质量	沙尘地面	降尘	降水	大气颗粒物组分	光化学	集中式生活饮用水水源地
155	河南	鹤壁市	√	√	√	√	√	√	√
156	河南	新乡市	√	√	√	√	√	√	√
157	河南	焦作市	√	√	√	√	√	√	√
158	河南	濮阳市	√	√	√	√	√	√	√
159	河南	许昌市	√	√		√		√	√
160	河南	漯河市	√	√		√		√	√
161	河南	三门峡市	√	√	√	√	√	√	√
162	河南	南阳市	√	√		√		√	√
163	河南	商丘市	√	√		√		√	√
164	河南	信阳市	√	√		√		√	√
165	河南	周口市	√	√		√		√	√
166	河南	驻马店市	√	√		√		√	√
167	湖北	武汉市	√	√		√		√	√
168	湖北	黄石市	√	√		√		√	√
169	湖北	十堰市	√	√		√			√
170	湖北	宜昌市	√	√		√		√	√
171	湖北	襄阳市	√	√		√		√	√
172	湖北	鄂州市	√	√		√		√	√
173	湖北	荆门市	√	√		√		√	√
174	湖北	孝感市	√	√		√		√	√
175	湖北	荆州市	√	√		√			√
176	湖北	黄冈市	√	√		√		√	√
177	湖北	咸宁市	√	√		√		√	√
178	湖北	随州市	√	√		√			√
179	湖北	恩施州	√	√		√			√
180	湖南	长沙市	√	√		√			√
181	湖南	株洲市	√	√		√			√
182	湖南	湘潭市	√	√		√			√
183	湖南	衡阳市	√	√		√			√
184	湖南	邵阳市	√	√		√			√
185	湖南	岳阳市	√	√		√			√

序号	省份	城市名称	是否开展监测/报送监测数据						
			城市空气环境质量	沙尘地面	降尘	降水	大气颗粒物组分	光化学	集中式生活饮用水水源地
186	湖南	常德市	√	√		√			√
187	湖南	张家界市	√	√		√			√
188	湖南	益阳市	√	√		√			√
189	湖南	郴州市	√	√		√			√
190	湖南	永州市	√	√		√			√
191	湖南	怀化市	√	√		√			√
192	湖南	娄底市	√	√		√			√
193	湖南	湘西州	√	√		√			√
194	广东	广州市	√	√		√		√	√
195	广东	韶关市	√	√		√			√
196	广东	深圳市	√	√		√		√	√
197	广东	珠海市	√	√		√		√	√
198	广东	汕头市	√	√		√			√
199	广东	佛山市	√	√		√		√	√
200	广东	江门市	√	√		√		√	√
201	广东	湛江市	√	√		√			√
202	广东	茂名市	√	√		√			√
203	广东	肇庆市	√	√		√		√	√
204	广东	惠州市	√	√		√		√	√
205	广东	梅州市	√	√		√			√
206	广东	汕尾市	√	√		√			√
207	广东	河源市	√	√		√			√
208	广东	阳江市	√	√		√			√
209	广东	清远市	√	√		√			√
210	广东	东莞市	√	√		√		√	√
211	广东	中山市	√	√		√		√	√
212	广东	潮州市	√	√		√			√
213	广东	揭阳市	√	√		√			√
214	广东	云浮市	√	√		√			√
215	广西	南宁市	√	√		√			√
216	广西	柳州市	√	√		√			√

序号	省份	城市名称	是否开展监测/报送监测数据						
			城市空气环境质量	沙尘地面	降尘	降水	大气颗粒物组分	光化学	集中式生活饮用水水源地
217	广西	桂林市	√	√		√			√
218	广西	梧州市	√	√		√			√
219	广西	北海市	√	√		√			√
220	广西	防城港市	√	√		√			√
221	广西	钦州市	√	√		√			√
222	广西	贵港市	√	√		√			√
223	广西	玉林市	√	√		√			√
224	广西	百色市	√	√		√			√
225	广西	贺州市	√	√		√			√
226	广西	河池市	√	√		√			√
227	广西	来宾市	√	√		√			√
228	广西	崇左市	√	√		√			√
229	海南	海口市	√	√		√			√
230	海南	三亚市	√	√		√			√
231	海南	三沙市	√	√					
232	海南	儋州市	√	√		√			√
233	重庆	重庆市	√	√		√		√	√
234	四川	成都市	√	√		√		√	√
235	四川	自贡市	√	√		√			√
236	四川	攀枝花市	√	√		√			√
237	四川	泸州市	√	√		√			√
238	四川	德阳市	√	√		√			√
239	四川	绵阳市	√	√		√			√
240	四川	广元市	√	√		√			√
241	四川	遂宁市	√	√		√			√
242	四川	内江市	√	√		√			√
243	四川	乐山市	√	√		√			√
244	四川	南充市	√	√		√			√
245	四川	眉山市	√	√		√			√
246	四川	宜宾市	√	√		√			√
247	四川	广安市	√	√		√			√

序号	省份	城市名称	是否开展监测/报送监测数据						
			城市空气环境质量	沙尘地面	降尘	降水	大气颗粒物组分	光化学	集中式生活饮用水水源地
248	四川	达州市	√	√		√			√
249	四川	雅安市	√	√		√			√
250	四川	巴中市	√	√		√			√
251	四川	资阳市	√	√		√			√
252	四川	阿坝州	√	√		√			√
253	四川	甘孜州	√	√		√			√
254	四川	凉山州	√	√		√			√
255	贵州	贵阳市	√	√		√			√
256	贵州	六盘水市	√	√		√			√
257	贵州	遵义市	√	√		√			√
258	贵州	安顺市	√	√		√			√
259	贵州	铜仁市	√	√		√			√
260	贵州	黔西南州	√	√		√			√
261	贵州	毕节市	√	√		√			√
262	贵州	黔东南州	√	√		√			√
263	贵州	黔南州	√	√		√			√
264	云南	昆明市	√	√		√			√
265	云南	曲靖市	√	√		√			√
266	云南	玉溪市	√	√		√			√
267	云南	保山市	√	√		√			√
268	云南	昭通市	√	√		√			√
269	云南	丽江市	√	√		√			√
270	云南	普洱市	√	√		√			√
271	云南	临沧市	√	√		√			√
272	云南	楚雄州	√	√		√			√
273	云南	红河州	√	√		√			√
274	云南	文山州	√	√		√			√
275	云南	西双版纳州	√	√		√			√
276	云南	大理州	√	√		√			√
277	云南	德宏州	√	√		√			√
278	云南	怒江州	√	√		√			√

序号	省份	城市名称	是否开展监测/报送监测数据						
			城市空气环境质量	沙尘地面	降尘	降水	大气颗粒物组分	光化学	集中式生活饮用水水源地
279	云南	迪庆州	√	√		√			√
280	西藏	拉萨市	√	√		√			√
281	西藏	昌都市	√	√					√
282	西藏	山南市	√	√					√
283	西藏	日喀则市	√	√					√
284	西藏	那曲地区	√	√					√
285	西藏	阿里地区	√	√					√
286	西藏	林芝市	√	√					√
287	陕西	西安市	√	√	√	√	√	√	√
288	陕西	铜川市	√	√	√	√	√		√
289	陕西	宝鸡市	√	√	√	√	√		√
290	陕西	咸阳市	√	√	√	√	√		√
291	陕西	渭南市	√	√	√	√	√		√
292	陕西	延安市	√	√		√			√
293	陕西	汉中市	√	√		√			√
294	陕西	榆林市	√	√		√			√
295	陕西	安康市	√	√		√			√
296	陕西	商洛市	√	√		√			√
297	甘肃	兰州市	√	√		√			√
298	甘肃	嘉峪关市	√	√		√			√
299	甘肃	金昌市	√	√					√
300	甘肃	白银市	√	√					√
301	甘肃	天水市	√	√					√
302	甘肃	武威市	√	√					√
303	甘肃	张掖市	√	√		√			√
304	甘肃	平凉市	√	√		√			√
305	甘肃	酒泉市	√	√		√			√
306	甘肃	庆阳市	√	√		√			√
307	甘肃	定西市	√	√		√			√
308	甘肃	陇南市	√	√					√
309	甘肃	临夏州	√	√		√			√

序号	省份	城市名称	是否开展监测/报送监测数据						
			城市空气环境质量	沙尘地面	降尘	降水	大气颗粒物组分	光化学	集中式生活饮用水水源地
310	甘肃	甘南州	√	√					√
311	青海	西宁市	√	√		√			√
312	青海	海东市	√	√					√
313	青海	海北州	√	√		√			√
314	青海	黄南州	√	√		√			√
315	青海	海南州	√	√		√			√
316	青海	果洛州	√	√					√
317	青海	玉树州	√	√		√			√
318	青海	海西州	√	√		√			√
319	宁夏	银川市	√	√		√			√
320	宁夏	石嘴山市	√	√		√			√
321	宁夏	吴忠市	√	√		√			√
322	宁夏	固原市	√	√		√			√
323	宁夏	中卫市	√	√		√			√
324	新疆	乌鲁木齐市	√	√		√			√
325	新疆	克拉玛依市	√	√		√			√
326	新疆	吐鲁番地区	√	√		√			√
327	新疆	哈密市	√	√		√			√
328	新疆	昌吉州	√	√		√			√
329	新疆	博州	√	√		√			√
330	新疆	巴州	√	√		√			√
331	新疆	阿克苏地区	√	√		√			√
332	新疆	克州	√	√					√
333	新疆	喀什地区	√	√		√			√
334	新疆	和田地区	√	√		√			√
335	新疆	伊犁州	√	√		√			√
336	新疆	塔城地区	√	√		√			√
337	新疆	阿勒泰地区	√	√		√			√
338	新疆	石河子市	√	√		√			
339	新疆	五家渠市	√	√					√

附表 1-3　168 个城市范围

地区	省份	城市
京津冀及周边地区城市群（54 个，包含“2+26”城市与其他城市）	北京	北京
	天津	天津
	河北	石家庄、唐山、秦皇岛、邯郸、邢台、保定、张家口、承德、沧州、廊坊、衡水共 11 个城市
	山西	太原、大同、朔州、忻州、阳泉、长治、晋城共 7 个城市
	山东	济南、青岛、淄博、枣庄、东营、潍坊、济宁、泰安、日照、临沂、德州、聊城、滨州、菏泽共 14 个城市
	河南	郑州、开封、平顶山、安阳、鹤壁、新乡、焦作、濮阳、许昌、漯河、南阳、商丘、信阳、周口、驻马店共 15 个城市
	内蒙古	呼和浩特、包头共 2 个城市
	辽宁	朝阳、锦州、葫芦岛共 3 个城市
长三角地区（41 个）	上海	上海
	江苏	南京、无锡、徐州、常州、苏州、南通、连云港、淮安、盐城、扬州、镇江、泰州、宿迁共 13 个城市
	浙江	杭州、宁波、温州、绍兴、湖州、嘉兴、金华、衢州、台州、丽水、舟山共 11 个城市
	安徽	合肥、芜湖、蚌埠、淮南、马鞍山、淮北、铜陵、安庆、黄山、阜阳、宿州、滁州、六安、宣城、池州、亳州共 16 个城市
汾渭平原（11 个）	山西	吕梁、晋中、临汾、运城共 4 个城市
	河南	洛阳、三门峡共 2 个城市
	陕西	西安、咸阳、宝鸡、铜川、渭南共 5 个城市
成渝地区（16 个）	重庆	重庆
	四川	成都、自贡、泸州、德阳、绵阳、遂宁、内江、乐山、眉山、宜宾、雅安、资阳、南充、广安、达州共 15 个城市
长江中游城市群（22 个）	湖北	武汉、咸宁、孝感、黄冈、黄石、鄂州、襄阳、宜昌、荆门、荆州、随州共 11 个城市
	江西	南昌、萍乡、新余、宜春、九江共 5 个城市
	湖南	长沙、株洲、湘潭、岳阳、常德、益阳共 6 个城市
珠三角地区（9 个）	广东	广州、深圳、珠海、佛山、江门、肇庆、惠州、东莞、中山共 9 个城市
其他省会城市和计划单列市（15 个）	辽宁、吉林、黑龙江、福建、广西、海南、贵州、云南、西藏、甘肃、青海、宁夏、新疆	沈阳、大连、长春、哈尔滨、福州、厦门、南宁、海口、贵阳、昆明、拉萨、兰州、西宁、银川、乌鲁木齐共 15 个城市

附录二　评价依据和方法

1　环境空气

1.1　城市环境空气

（1）评价依据

城市环境空气质量评价依据《环境空气质量标准》（GB 3095—2012）及修改单、《环境空气质量评价技术规范（试行）》（HJ 663—2013）和《环境空气质量指数（AQI）技术规定（试行）》（HJ 633—2012）。

城市空气质量受沙尘天气影响评价依据《受沙尘天气过程影响城市空气质量评价补充规定》（环办监测〔2016〕120 号）和《关于沙尘天气过程影响扣除有关问题的函》（环测便函〔2019〕417 号）。

城市空气质量排名依据《城市环境空气质量排名技术规定》（环办监测〔2018〕19 号）。

（2）评价指标

评价项目为《环境空气质量标准》（GB 3095—2012）中的 6 个基本项目：二氧化硫（SO_2）、二氧化氮（NO_2）、可吸入颗粒物（PM_{10}）、细颗粒物（$PM_{2.5}$）、臭氧（O_3）、一氧化碳（CO）。主要评价指标包括监测项目浓度、达标情况、首要污染物、优良天数比例、综合指数。

（3）指标计算与评价方法

SO_2、NO_2、PM_{10}、$PM_{2.5}$的评价浓度为评价时段内日均浓度的算术平均值，O_3的评价浓度为评价时段内日最大 8 h 平均值的第 90 百分位数，CO 的评价浓度为评价时段内日均浓度的第 95 百分位数。污染物的百分位数浓度计算依据为《环境空气质量评价技术规范（试行）》（HJ 663—2013）附录 A。

污染物达标情况对照《环境空气质量标准》（GB 3095—2012）中年平均值（CO 为 24 h 平均值，O_3为日最大 8 h 平均值）标准得到。SO_2、NO_2、PM_{10}、$PM_{2.5}$年度达标情况由该项污染物年均值确定；[①]CO 浓度年度达标情况由 CO 日均值第 95 百分位数浓度对照 24 h 值平均标准确定；O_3年度达标情况由O_3日最大 8 h 平均值第 90 百分位数浓度对照日最大 8 h 平均值标准确定。达到或好于环境空气质量二级标准为达标，超过二级标准为超标。空气质量综合达标指 SO_2、NO_2、PM_{10}、$PM_{2.5}$年均值、O_3日最大 8 h 平均值第 90 百分位数、

① 计算 $PM_{2.5}$、PM_{10}年均值时扣除沙尘影响。

CO 日均值第 95 百分位数均达到或好于环境空气质量二级标准浓度限值。

附表 2.1.1-1 《环境空气质量标准》（GB 3095—2012）部分污染物浓度限值

污染物项目	平均时间	浓度单位	浓度限值	
			一级标准	二级标准
SO_2	年平均值	μg/m³	20	60
NO_2	年平均值	μg/m³	40	40
PM_{10}	年平均值	μg/m³	40	70
$PM_{2.5}$	年平均值	μg/m³	15	35
CO	24 h 平均值	mg/m³	4.0	4.0
O_3	日最大 8 h 平均值	μg/m³	100	160

首要污染物指空气质量指数（AQI）大于 50 时空气质量分指数（IAQI）最大的空气污染物，计算依据为《环境空气质量指数（AQI）技术规定（试行）》（HJ 633—2012）。优良天数比例指评价时段内，空气质量指数（AQI）小于等于 100 的天数在有效监测天数中的占比；空气质量指数（AQI）计算依据为《环境空气质量指数（AQI）技术规定（试行）》（HJ 633—2012）。

附表 2.1.1-2 《环境空气质量指数（AQI）技术规定（试行）》（HJ 633—2012）
空气质量指数分级及对应信息

空气质量指数	空气质量指数级别	空气质量指数类别	对健康影响情况
0～50	一级	优	空气质量令人满意，基本无空气污染
51～100	二级	良	空气质量可接受，但某些污染物可能对极少数异常敏感人群健康有较弱影响
101～150	三级	轻度污染	易感人群症状有轻度加剧，健康人群出现刺激症状
151～200	四级	中度污染	进一步加剧易感人群症状，可能对健康人群心脏、呼吸系统有影响
201～300	五级	重度污染	心脏病和肺病患者症状显著加剧，运动耐受力降低，健康人群普遍出现症状
＞300	六级	严重污染	健康人群运动耐受力降低，有明显强烈症状，提前出现某些疾病

综合指数评价时段内，参与评价的各项污染物的单项质量指数之和，综合指数越大表明城市空气污染程度越重；计算依据为《城市环境空气质量排名技术规定》（环办监测〔2018〕19 号）。

1.2 背景站与区域站

（1）评价依据

《环境空气质量标准》（GB 3095—2012）及修改单、《环境空气质量评价技术规范》（试行）（HJ 663—2013）。

（2）评价指标

《环境空气质量标准》（GB 3095—2012）中的6个基本项目：二氧化硫（SO_2）、二氧化氮（NO_2）、可吸入颗粒物（PM_{10}）、细颗粒物（$PM_{2.5}$）、臭氧（O_3）、一氧化碳（CO）。

（3）指标计算与评价方法

对 SO_2、NO_2、PM_{10} 和 $PM_{2.5}$ 浓度年均值，CO 日均值第95百分位数浓度和 O_3 日最大8 h平均值第90百分位数浓度的达标情况进行评价。背景站因污染物浓度较低，仪器为痕量级设备，除CO保留3位小数外，其他污染物浓度保留1位小数。

16个背景站的平均值代表背景地区污染物浓度水平，61个区域站的平均值代表所属区域污染物浓度水平。

1.3 沙尘地面监测

地面监测/手工监测沙尘天气发生期间空气中颗粒物污染状况，评价依据为《沙尘天气分级技术规定（试行）》（总站生字〔2004〕31号），同时参考《沙尘暴天气预警》（GB/T 28593—2012）、《卫星遥感沙尘暴天气监测技术导则》（QX/T 141—2011）、《沙尘暴观测数据归档格式》（QX/T 134—2011）、《沙尘天气监测规范》（GB/T 20479—2017）、《沙尘暴天气等级》（GB/T 20480—2017）和《受沙尘天气过程影响城市空气质量评价补充规定》（环办监测〔2016〕120号）及《关于沙尘天气过程影响扣除有关问题的函》（环测便函〔2019〕417号）。

1.4 沙尘遥感监测

（1）评价依据

《沙尘天气分级技术规定（试行）》（总站生字〔2004〕31号）、《沙尘暴天气预警》（GB/T 28593—2012）、《卫星遥感沙尘暴天气监测技术导则》（QX/T 141—2011）、《沙尘暴观测数据归档格式》（QX/T 134—2011）、《沙尘暴天气监测规范》（GB/T 20479—2006）和《沙尘天气等级》（GB/T 20480—2017）。

（2）评价指标

沙尘分布面积和等级。

（3）指标计算与评价方法

基于沙尘气溶胶光谱辐射特性和卫星遥感监测原理，采用热红外双通道差值方法监测沙尘分布及强度。

1.5 降水

（1）评价依据

采用降水pH低于5.6作为酸雨判据，降水pH低于5.6为酸雨，pH低于5.0为较重酸雨，pH低于4.5为重酸雨。采用降水pH年均值和酸雨出现的频率评价酸雨状况。酸雨城市指降水pH年均值低于5.6的城市，较重酸雨城市指降水pH年均值低于5.0的城市，重酸雨城市指降水pH年均值低于4.5的城市。

（2）评价指标

现状评价指标：降水pH年均值、酸雨频率；

变化趋势评价指标：离子当量浓度比例变化、硝酸根与硫酸根当量浓度比、酸雨城市比例、酸雨发生频率的城市比例、酸雨频率、酸雨面积。

（3）指标计算与评价方法

pH均值采用H^+浓度与降水量的加权算术平均法计算，公式如下：

$$\mathrm{pH}_{均值} = -\log \frac{\sum_{i=1}^{n} 10^{-\mathrm{pH}_i} \cdot V_i}{\sum_{i=1}^{n} V_i}$$

式中，V_i为第i次降水的降水量，mm；n为降水次数。

酸雨发生频率计算公式如下：

$$酸雨发生频率 = \frac{某时段内监测到的酸雨场次（天数）}{该时段内全部降雨场次（天数）} \times 100\%$$

1.6 颗粒物组分

（1）评价依据

颗粒物组分监测结果均为实况监测结果，目前尚未针对该类监测数据建立标准的分析评价方法，组分监测结果的分析评价参考《环境空气质量标准》（GB 3095—2012）、《环境空气质量评价技术规范（试行）》（HJ 663—2013）、《环境空气质量指数（AQI）技术规定（试行）》（HJ 633—2012）中对$PM_{2.5}$的相关评价规定。

（2）评价指标

大气颗粒物中包含水溶性离子组分、碳组分、无机元素组分等多种类型的化学组分，其中OC、NO_3^-、NH_4^+、SO_4^{2-}既来源于一次排放，也有二次生成，其他组分主要来源于一次排放。

（3）指标计算与评价方法

综合运用多种分析方法对大气颗粒物组分监测数据进行综合评价，可参考的颗粒物组分特征分析方法包括常见的比值法（如OC/EC、NO_3^-/SO_4^{2-}等）、阴阳离子平衡法等，以获得颗粒物组分的关键特征并对数据有效性进行校验。

其中常用的阴阳离子平衡计算公式如下：

阳离子电荷数公式（单位：μeq/m³）：

$$\text{CE（Cation Equivalent）}=\frac{[Na^+]}{23}+\frac{[NH_4^+]}{18}+\frac{[K^+]}{39}+\frac{[Mg^{2+}]}{12}+\frac{[Ca^{2+}]}{20}$$

阴离子电荷数公式（单位：μeq/m³）：

$$\text{AE（Anion Equivalent）}=\frac{[SO_4^{2-}]}{48}+\frac{[NO_3^-]}{62}+\frac{[Cl^-]}{35.5}+\frac{[F^-]}{19}$$

1.7　挥发性有机物

（1）评价依据

《环境空气非甲烷总烃自动监测技术规定》（试行）（总站气字〔2021〕61 号）、《国家大气光化学监测网自动监测数据审核技术指南（2021 版）（试行）》（总站气字〔2021〕0583 号）。

（2）评价指标

VOCs 的大气反应活性是指 VOCs 中的组分参与大气化学反应的能力，大气 VOCs 的种类繁多，各物种化学结构迥异，参与大气化学反应的活性差异也非常大，可以有多种方式评价大气 VOCs 中不同物种的化学反应活性，如 OH 自由基反应活性（L_{OH}）、臭氧生成潜势（ozone formation potential，OFP）、等效丙烯浓度等，这些物种参与大气化学反应的能力各异，从而生成臭氧的潜势也不尽相同。目前常用 VOCs 的 OFP 和 L_{OH} 两种方法定量估算各类 VOCs 物种对臭氧生成的相对贡献。

（3）指标计算与评价方法

OFP 为某 VOCs 化合物环境浓度与该 VOCs 的 MIR（maximum incremental reactivity）系数的乘积，不仅考虑了不同 VOCs 的动力学活性，还考虑了不同 VOCs/NO_x 比例下同一种 VOCs 对臭氧生成的贡献不同，即考虑了激励活性。计算公式为

$$OFP_i = MIR_i \times [VOC]_i$$

式中，$[VOC]_i$ 为实际观测中的某 VOC 大气环境浓度，μg/m³；MIR_i 为某 VOCs 化合物在臭氧最大增量反应中的臭氧生成系数。

1.8　细颗粒物遥感监测

（1）评价依据

《环境空气质量标准》（GB 3095—2012）。

（2）评价指标

$PM_{2.5}$ 年均浓度超标面积、超标面积比例和 $PM_{2.5}$ 年均浓度变化（上升或下降）面积比例。

（3）指标计算与评价方法

利用地理加权方法从卫星遥感气溶胶光学厚度中反演获取近地面 $PM_{2.5}$ 浓度，其中 $PM_{2.5}$ 年均浓度超标面积为卫星遥感监测 $PM_{2.5}$ 年均浓度大于年平均二级浓度限值［《环境空气质量标准》（GB 3095—2012）中 $PM_{2.5}$ 年平均二级浓度限值 35 μg/m³］的所有像元面积之和，超标面积比例为 $PM_{2.5}$ 年均浓度超标面积占目标行政区划总面积的百分比，$PM_{2.5}$ 年均浓度变化面积（上升或下降）比例为 $PM_{2.5}$ 年均浓度与上年相比上升或下降的所有像元面积之和占目标行政区划总面积的百分比。

1.9 秸秆焚烧火点遥感监测

（1）评价依据

《卫星遥感秸秆焚烧监测技术规范》（HJ 1008—2018）。

（2）评价指标

秸秆焚烧火点个数、面积及空间分布。

（3）指标计算与评价方法

基于秸秆焚烧疑似火点像元与背景常温像元在中红外和热红外波段亮度温度的差异，结合土地分类数据，对全国 31 个省份范围的秸秆焚烧火点进行监测。

2 淡水环境

2.1 河流水质

（1）评价依据

《地表水环境质量评价办法（试行）》（环办〔2011〕22 号）和《地表水环境质量监测数据统计技术规定（试行）》（环办监测函〔2020〕82 号），采用自动监测和采测分离手工监测融合数据开展地表水环境质量评价。

（2）评价指标

《地表水环境质量标准》（GB 3838—2002）表 1 中除水温、总氮和粪大肠菌群以外的 21 项，即 pH 值、溶解氧、高锰酸盐指数、化学需氧量、五日生化需氧量、氨氮、总磷、铜、锌、氟化物、硒、砷、汞、镉、铬（六价）、铅、氰化物、挥发酚、石油类、阴离子表面活性剂和硫化物，按Ⅰ～劣Ⅴ类 6 个类别进行评价。总氮作为参考指标单独评价（河流总氮除外）。

（3）指标计算与评价方法

断面水质评价 河流断面水质类别评价采用单因子评价法，即根据评价时段内该断面参评的指标中类别最高的一项来确定。描述断面的水质类别时，使用“符合”或“劣于”等词语。

附表 2.2.1-1　断面水质定性评价

水质类别	水质状况	表征颜色	水质功能
Ⅰ、Ⅱ类	优	蓝色	饮用水水源一级保护区、珍稀水生生物栖息地、鱼虾类产卵场、仔稚幼鱼的索饵场等
Ⅲ类	良好	绿色	饮用水水源二级保护区、鱼虾类越冬场、洄游通道、水产养殖区、游泳区
Ⅳ类	轻度污染	黄色	一般工业用水和人体非直接接触的娱乐用水
Ⅴ类	中度污染	橙色	农业用水及一般景观用水
劣Ⅴ类	重度污染	红色	除调节局部气候外，使用功能较差

断面主要污染指标　评价时段内，断面水质为“优”或“良好”时，不评价主要污染指标。断面水质劣于Ⅲ类标准时，先按照不同指标对应水质类别的优劣，选择水质类别最差的前 3 项指标作为主要污染指标；当不同指标对应的水质类别相同时计算超标倍数，将超标指标按其超标倍数大小进行排列，取超标倍数最大的前 3 项为主要污染指标。当氰化物或铅、铬等重金属超标时，应优先作为主要污染指标列入。

确定主要污染指标的同时，应在指标后标注该指标浓度超过Ⅲ类水质标准的倍数，即超标倍数。水温、pH 和溶解氧等指标不计算超标倍数。超标倍数保留小数点后 1 位有效数字。

$$超标倍数=\frac{某指标的浓度值-该指标的Ⅲ类水质标准值}{该指标的Ⅲ类水质标准值}$$

河流、流域（水系）水质评价　当河流、流域（水系）的断面总数少于 5 个时，分别计算各断面各项评价指标的浓度算术平均值，然后按照上述“断面水质评价”方法评价，并按附表 2.2.1-1 指出每个断面的水质类别和水质状况；当河流、流域（水系）的断面总数在 5 个（含 5 个）以上时，采用断面水质类别比例法评价，即根据河流、流域（水系）中各水质类别的断面数占河流、流域（水系）所有评价断面总数的百分比来评价其水质状况，不作平均水质类别的评价。

附表 2.2.1-2　河流、流域（水系）水质定性评价

水质类别比例	水质状况	表征颜色
Ⅰ～Ⅲ类水质比例≥90%	优	蓝色
75%≤Ⅰ～Ⅲ类水质比例＜90%	良好	绿色
Ⅰ～Ⅲ类水质比例＜75%，且劣Ⅴ类比例＜20%	轻度污染	黄色
Ⅰ～Ⅲ类水质比例＜75%，且 20%≤劣Ⅴ类比例＜40%	中度污染	橙色
Ⅰ～Ⅲ类水质比例＜60%，且劣Ⅴ类比例≥40%	重度污染	红色

河流、流域（水系）主要污染指标 当河流、流域（水系）的断面总数在 5 个（含 5 个）以上时，将水质劣于III类标准的指标按其断面超标率大小进行排列，取断面超标率最大的前三项为主要污染指标；断面超标率相同时，按照超标倍数大小排列确定。当河流、流域（水系）的断面总数少于 5 个时，按“断面主要污染指标的确定方法”确定每个断面的主要污染指标。超标倍数保留小数点后 1 位有效数字。

$$超标倍数=\frac{超标断面数}{断面总数}\times 100\%$$

2.2 湖库水质

（1）评价依据

同“2.1 河流水质”。

（2）评价指标

同“2.1 河流水质”。

（3）指标计算与评价方法

湖库单个点位水质评价按照“2.1 河流水质　断面水质评价”方法进行。湖库有多个监测点位时，先分别计算所有点位各项评价指标浓度的算术平均值，然后按照“2.1 河流水质　断面水质评价”方法评价。

湖库多次监测结果的水质评价，先按时间序列计算湖库各个点位各项评价指标浓度的算术平均值，再按空间序列计算湖库所有点位各项评价指标浓度的算术平均值，然后按照“2.1 河流水质　断面水质评价”方法进行评价。

大型湖库，亦可分不同的湖库区进行水质评价。

河流型湖库按照河流水质评价方法进行评价。

2.3 营养状态

（1）评价依据

同“2.1 河流水质”。

（2）评价指标

同“2.1 河流水质”。

湖库营养状态评价指标为叶绿素 a、总磷、总氮、透明度和高锰酸盐指数共 5 项，按贫营养～重度富营养 5 个级别进行评价。

（3）指标计算与评价方法

评价方法采用综合营养状态指数法［$TLI(\sum)$］，采用 0～100 的一系列连续数字对湖库营养状态进行分级：

$TLI(\sum)<30$　　贫营养

$30\leq TLI(\sum)\leq 50$　　中营养

$TLI(\Sigma) > 50$　　富营养

$50 < TLI(\Sigma) \leqslant 60$　　轻度富营养

$60 < TLI(\Sigma) \leqslant 70$　　中度富营养

$TLI(\Sigma) > 70$　　重度富营养

综合营养状态指数计算公式如下：

$$TLI(\Sigma) = \sum_{j=1}^{m} W_j \cdot TLI(j)$$

式中，TLI(Σ)为综合营养状态指数；W_j为第 j 种参数的营养状态指数的相关权重；$TLI(j)$ 为第 j 种参数的营养状态指数。

以叶绿素 a（chla）作为基准参数，则第 j 种参数的归一化的相关权重计算公式为

$$W_j = \frac{r_{ij}^2}{\sum_{j=1}^{m} r_{ij}^2}$$

式中，r_{ij} 为第 j 种参数与基准参数 chla 的相关系数；m 为评价参数的个数。

附表 2.2.3-1　湖库部分参数与 chla 的相关关系 r_{ij} 及 r_{ij}^2 值

参数	叶绿素 a（chla）	总磷（TP）	总氮（TN）	透明度（SD）	高锰酸盐指数（COD_{Mn}）
r_{ij}	1	0.84	0.82	−0.83	0.83
r_{ij}^2	1	0.705 6	0.672 4	0.688 9	0.688 9

各项参数营养状态指数计算公式如下：

$$TLI(chla) = 10(2.5 + 1.086 \ln chla)$$

$$TLI(TP) = 10(9.436 + 1.624 \ln TP)$$

$$TLI(TN) = 10(5.453 + 1.694 \ln TN)$$

$$TLI(SD) = 10(5.118 - 1.94 \ln SD)$$

$$TLI(COD_{Mn}) = 10(0.109 + 2.661 \ln COD_{Mn})$$

式中，chla 单位为 mg/m^3，SD 单位为 m，其他指标单位均为 mg/L。

2.4　蓝藻水华

（1）评价依据

《水华遥感与地面监测评价技术规范（试行）》（HJ 1098—2020）、《基于水华面积比例评价的水华程度分级标准》（试行）。

（2）评价指标

采用藻密度和水华面积比例评价水华程度。

（3）指标计算与评价方法

不同时段定量比较 对同一监测点位或监测水域某一时段的水华状况与前一时段、上年同期或其他时段的水华状况进行定量比较和变化分析，比较内容包括藻密度、水华面积、水华程度、不同级别水华程度的频次比例（百分比）等。

附表 2.2.4-1 基于藻密度评价的水华程度分级标准

水华程度级别	藻密度 D /（个/L）	水华特征
I	$0 \leqslant D < 2.0 \times 10^6$	无水华
II	$2.0 \times 10^6 \leqslant D < 1.0 \times 10^7$	无明显水华
III	$1.0 \times 10^7 \leqslant D < 5.0 \times 10^7$	轻度水华
IV	$5.0 \times 10^7 \leqslant D < 1.0 \times 10^8$	中度水华
V	$D \geqslant 1.0 \times 10^8$	重度水华

附表 2.2.4-2 基于水华面积比例评价的水华程度分级标准

水华程度级别	水华面积比例 P/%	水华特征
I	0	无水华
II	$0 < P < 10$	无明显水华
III	$10 \leqslant P < 30$	轻度水华
IV	$30 \leqslant P < 60$	中度水华
V	$60 \leqslant P \leqslant 100$	重度水华

水华程度变化评价 基于相同监测点位或监测水域，评价不同时段水华程度变化幅度和方向。将水华程度变化幅度和方向分为3类，分别为无明显变化、有所变化（加重或减轻）、明显变化（加重或减轻）。具体评价方法如下：

按水华程度等级变化评价：当水华程度等级不变时，则评价为无明显变化；当水华程度等级发生1个级别变化时，则评价为有所变化（加重或减轻）；当水华程度等级发生2个级别以上（含2个级别）变化时，则评价为明显变化（加重或减轻）。

按水华程度组合类别比例评价：设ΔG为后时段与前时段“无明显水华～轻微水华”出现频次比例百分点之差；ΔD为后时段与前时段“中度水华～重度水华”频次比例百分点之差。

当（$\Delta G-\Delta D$）$<-10\%$时，则评价为明显加重；当$-10\% \leqslant$（$\Delta G-\Delta D$）$<-5\%$时，则评价为有所加重；当$-5\% \leqslant$（$\Delta G-\Delta D$）$<5\%$，则评价为无明显变化（加重或减轻）；当$5\% \leqslant$（$\Delta G-\Delta D$）$<10\%$时，则评价为有所减轻；当（$\Delta G-\Delta D$）$\geqslant 10\%$时，则评价为明显减轻。

2.5 地下水

（1）评价依据

依据《地下水质量标准》（GB/T 14848—2017）开展地下水质量评价。

（2）评价指标

基本指标 29 项：pH 值、硫酸盐、氯化物、铁、锰、铜、锌、铝、挥发性酚类（以苯酚计）、阴离子表面活性剂、耗氧量（COD_{Mn}法，以 O_2 计）、氨氮（以 N 计）、硫化物、钠、亚硝酸盐（以 N 计）、硝酸盐（以 N 计）、氰化物、氟化物、碘化物、汞、砷、硒、镉、铬（六价）、铅、三氯甲烷、四氯化碳、苯和甲苯。

特征指标 18 项：铍、锑、镍、钴、银、钡、二氯甲烷、1,2-二氯乙烷、氯乙烯、氯苯、乙苯、二甲苯、苯乙烯、2,4-二硝基甲苯、2,6-二硝基甲苯、苯并[*a*]芘、五氯酚和乐果。

（3）指标计算与评价方法

采用《地下水质量标准》（GB/T 14848—2017）中综合评价方法，将水质划分为 5 个类别，其中Ⅰ～Ⅲ类水质相对较好，可直接作为生活饮用水；Ⅳ类水经适当处理后可作为生活饮用水；Ⅴ类水化学组分含量高，不宜作为生活饮用水。

2.6 集中式饮用水水源

（1）评价依据

根据《地表水环境质量评价方法（试行）》（环办〔2011〕22 号），地表水饮用水水源水质评价执行《地表水环境质量标准》（GB 3838—2002）Ⅲ类标准或对应的标准限值，地下水饮用水水源水质评价执行《地下水质量标准》（GB/T 14848—2017）Ⅲ类标准。

（2）评价指标

地表水饮用水水源评价指标为《地表水环境质量标准》（GB 3838—2002）中除水温、化学需氧量、总氮和粪大肠菌群以外的 105 项。地下水饮用水水源评价指标为《地下水质量标准》（GB/T 14848—2017）中的 93 项。

（3）指标计算与评价方法

水源单月水质评价采用单因子评价法，分为达标、不达标两类。若水源单月所有评价指标均达到或优于Ⅲ类标准或相应标准限值，则该水源当月为达标水源，当月取水量为达标取水量；若有一项评价指标超过Ⅲ类标准或相应标准限值，则该水源当月为不达标水源，当月取水量为不达标取水量。

采用年内各月累计评价结果加和评价水源年度水质。水源年内各月均达标，则年度评价为达标水源。采用水量达标率和水源达标率评价全国及区域水源年度水质。其中，水量达标率为评价区域内统计时段的水源达标取水量之和与水源取水总量的百分比，水源达标率为评价区域内统计时段的达标水源数量之和与水源总数量的百分比。

2.7 流域水生态

（1）评价依据

《河流水生态环境质量监测与评价指南》（报批稿）、《湖库水生态环境质量监测与评价指南》（报批稿）。

（2）评价指标

采用综合指数法进行水生态环境质量综合评估，通过水化学指标、物理生境指标和水生生物指标加权求和，构建水生态环境质量综合评价指数（WEQI），以该指数表示各评估单元和水环境整体的质量状况。

（3）指标计算与评价方法

水生态环境质量综合评价指数（WEQI）的计算如下：

$$\mathrm{WEQI} = \sum_{i=1}^{n} x_i w_i$$

式中，x_i为评价指标分值（1～5）；w_i为评价指标权重（水环境质量、水生生物、物理生境权重分别为0.4、0.4、0.2）。水生态环境质量分级标准见附表2.2.7-1。

附表2.2.7-1 水生态环境质量分级标准

水生态环境质量	优秀	良好	中等	较差	很差
WEQI	WEQI=5	5＞WEQI≥4	4＞WEQI≥3	3＞WEQI≥2	2＞WEQI≥1
表征颜色	蓝色	绿色	黄色	橙色	红色

3 海洋环境

3.1 管辖海域海水

（1）评价依据

评价标准依据《海水水质标准》（GB 3097—1997），评价方法依据《海水质量状况评价技术规程（试行）》（海环字〔2015〕25号）、《近岸海域环境监测技术规范》（HJ 442—2020），采用夏季管辖海域国控监测点位数据。

（2）评价指标

评价指标包括无机氮（亚硝酸盐氮、硝酸盐氮、氨氮）、活性磷酸盐、石油类、化学需氧量、pH。

（3）指标计算与评价方法

开展海水综合质量评价是以单因子评价为基础，通过叠加不同指标评价结果得到海水综合质量等级。根据评价尺度，管辖海域评价网格分辨率不低于1'×1'。依据相关要求确定评价网格，使用插值方法对网格进行赋值。插值方法采用改进的距离反比例法，具体公式详见《海水质量状况评价技术规程（试行）》（海环字〔2015〕25 号）。

开展海水综合质量评价数据资料应符合 GB 17378.2 和 HJ 442.3 中水质监测一般要求，按 HJ 442.2 中监测数据信息与数据处理等相关规定进行处理后方可使用。在分层采样的情况下，油类采用表层数据进行评价；其他要素在采样点水深小于或者等于 50 m 时采用多层数据的平均值进行评价，在采样点水深大于 50 m 时采用表层数据进行评价。

依据 GB 3097—1997，对网格单要素质量等级进行判定，质量等级分为一类、二类、三类、四类、劣四类共 5 个等级。对各单要素质量等级的网格进行叠加比较，依据所有单要素中质量最差的等级，确定该网格的综合质量等级。综合质量等级划分如下：

一类水质海域：符合第一类海水水质标准的海域；二类水质海域：劣于第一类海水水质标准但符合第二类海水水质标准的海域；三类水质海域：劣于第二类海水水质标准但符合第三类海水水质标准的海域；四类水质海域：劣于第三类海水水质标准但符合第四类海水水质标准的海域；劣四类水质海域：劣于第四类海水水质标准的海域。

对综合评价的网格数据集进行等值面提取，获取代表综合水质各等级的等值面分布图，并计算各等级的水质面积。

3.2 近岸海域海水

（1）评价依据

评价标准依据《海水水质标准》（GB 3097—1997），评价方法依据《海水质量状况评价技术规程（试行）》（海环字〔2015〕25 号）、《近岸海域环境监测技术规范》（HJ 442—2020），采用春、夏、秋 3 个季节近岸海域国控监测点位数据。

（2）评价指标

评价指标包括无机氮（亚硝酸盐氮、硝酸盐氮、氨氮）、活性磷酸盐、石油类、化学需氧量、pH 值、铜、汞、镉、铅。

（3）指标计算与评价方法

评价方法与管辖海域相同，其中根据评价尺度，近岸海域评价网格分辨率不低于 1'×1'。

3.3 河口海湾海水

（1）评价依据

同“3.2 近岸海域海水”。

（2）评价指标

同“3.2 近岸海域海水”。

（3）指标计算与评价方法

评价方法与管辖海域相同，其中根据评价尺度，河口海湾评价网格分辨率不低于 0.01'×0.01'。

3.4 营养状态

（1）评价依据

评价方法依据《海水质量状况评价技术规程（试行）》（海环字〔2015〕25 号）、《近岸海域环境监测技术规范》（HJ 442—2020），采用夏季管辖海域国控监测点位数据。

（2）评价指标

评价指标包括无机氮（亚硝酸盐氮、硝酸盐氮、氨氮）、活性磷酸盐、化学需氧量。

（3）指标计算与评价方法

海水中富营养化状况评价采用《近岸海域环境监测技术规范》（HJ 442—2020）的富营养化指数及水质富营养等级划分指标进行评价。依据管辖海域海水质量评价方法，分别对无机氮、活性磷酸盐、化学需氧量等单要素进行赋值，计算每个网格的富营养化指数。依据水质富营养等级划分指标确定每个网格的富营养化等级。对富营养化等级评价的网格数据集进行等值面提取，获取代表富营养化各等级的等值面分布图，并计算富营养化各等级的面积。

3.5 海洋垃圾

（1）评价依据

《海洋垃圾监测与评价技术规程（试行）》（海环字〔2015〕31 号）。

（2）评价指标

海面漂浮垃圾、海滩垃圾、海底垃圾（选测）的种类、数量、重量。

（3）指标计算与评价方法

每个监测区域的海洋垃圾密度（个/km^2 或 kg/km^2）由该区域各监测断面的垃圾数量或质量与监测面积比值的平均值确定，全国近岸海洋垃圾的密度按照全国各监测区域海洋垃圾的密度进行算术平均。

3.6 海洋微塑料

（1）评价依据

《海洋微塑料监测技术规程（试行）》（海环字〔2016〕13 号）。

（2）评价指标

海面漂浮微塑料的数量、成分、粒径和形状。

（3）指标计算与评价方法

每个站位微塑料的密度（个/m^3）由调查站位微塑料的数量与过滤海水体积的比值确定，监测断面微塑料的密度由该断面包含站位微塑料密度的算术平均值确定，海域微塑料的密度由该海域所有调查断面微塑料密度的算术平均值确定，全国近海微塑料的密度由各海域微塑料密度的算术平均值确定。

3.7 典型海洋生态系统

（1）评价依据

典型海洋生态系统健康评价依据《近岸海洋生态健康评价指南》（HY/T 087—2005）。

（2）评价指标

从水环境、沉积环境、生物质量、栖息地和生物群落 5 个方面进行评价。

（3）指标计算与评价方法

按照生态健康指数（$CEHi_{ndx}$）评价生态系统健康状况，将近岸海洋生态系统健康状况划分为“健康”“亚健康”和“不健康”3 个等级，当 $CEHi_{ndx}\geqslant 75$ 时，生态系统处于“健康”状态；当 $50\leqslant CEHi_{ndx}<75$ 时，生态系统处于“亚健康”状态；当 $CEHi_{ndx}<50$ 时，生态系统处于“不健康”状态。

3.8 海岸线

（1）评价依据

海岸线保护与利用遥感监测评价依据《海洋监测技术规程　第 7 部分：卫星遥感技术方法》（HY/T 147.7—2013）、《海域卫星遥感动态监测技术规程》（国海管字〔2014〕500 号）、《海域使用分类遥感判别指南》（国海管字〔2014〕500 号）、《海岸线保护与利用管理办法》（国海发〔2017〕2 号）和《全国海岸线修测技术规程》（自然资办函〔2019〕1187 号）。

（2）评价指标

海岸线分类指标为自然岸线和人工岸线，监测指标为海岸线变化的位置、长度、类型、自然岸线比例和利用现状。

自然岸线是指由海陆相互作用形成的海岸线，包括砂质岸线、淤泥质岸线、基岩岸线等原生岸线，以及整治修复后具有自然海岸线形态特征和生态功能的海岸线。

海岸线变化类型指标包括自然岸线开发利用、人工岸线生态修复和人工岸线规模扩张 3 个。自然岸线开发利用是指由于围海养殖、填海造地、向陆侧开发建设等人类活动，造成的原生自然岸线生态系统功能破坏或丧失情况；人工岸线生态修复是指由于退养还滩、生态修复、自然恢复等生态恢复修复行为，引发的海岸线自然生态系统功能恢复情况；人工岸线规模扩张是指由于填海造地或围海养殖等开发利用活动，造成的海岸线外扩或截弯取直等人工岸线位置变化情况。

海岸线利用现状（海岸线用途）指标包括渔业岸线、工业岸线、港口岸线、旅游娱乐岸线、城镇建设岸线和海岸防护岸线 6 个。

3.9 入海河流

同“2.1 河流水质”评价方法。

3.10 海洋倾倒区

（1）评价依据

《海水水质标准》（GB 3097—1997）和《海洋沉积物质量》（GB 18668—2002）。

（2）评价指标

水深、水质和沉积物质量3类。

（3）指标计算与评价方法

倾倒区水质和沉积物质量现状采用单因子评价法，即某倾倒区水质任一站位任一评价指标超过一类海水标准，该倾倒区水质即为二类，超过二类海水标准即为三类，依此类推。沉积物质量标准评价方法同水质。水深采用与上年值进行对比的方法评价变化状况。

3.11 海洋油气区

（1）评价依据

依据《海洋工程环境影响评价技术导则》（GB/T 19485—2014）、《海水水质标准》（GB 3097—1997）开展海洋油气区海水水质状况评价。

（2）评价指标

海水水质的石油类、化学需氧量、汞和镉。

（3）指标计算与评价方法

水质现状评价采用单因子评价法，单个站位某个污染要素的污染指数计算公式如下：

$$C_f^i = \frac{C^i}{C_n^i}$$

式中，C_f^i 为第 i 种污染要素的污染指数；C^i 为海水中第 i 种污染要素的实测浓度；C_n^i 为第 i 种污染要素的海水评价标准阈值，按海洋主管部门批准的油气区环境影响报告书采用的水质标准执行。

通过计算 C_f^i 值，确定海洋油气区海水水质现状等级。

3.12 海水浴场

（1）评价依据

依据《海水浴场监测与评价指南》（HY/T 0276—2019）要求实施，其中粪大肠菌群采用发酵法分析。

（2）评价指标

评价指标包括粪大肠菌群、漂浮物、溶解氧、色臭味、赤潮发生情况、石油类。

（3）指标计算与评价方法

水质状况判定采用单因子评价法，如果水质要素均为“一类”，则判定海水浴场水质等级为“优”，适宜游泳；如果水质要素有一项或一项以上属“二类”，且未出现“三类”，则判定海水浴场水质等级为“良”，较适宜游泳；如果水质要素有一项或一项以上属“三类”，则判定海水浴场水质等级为“差”，不适宜游泳。

按照上述判别依据统计各浴场各级别水质状况天数，计算其占监测天数的百分比。

水质状况年度综合判别亦按照“优”“良”“差”3 个等级开展评价。如果全部水质要素判别结果均为“优”，则判定海水浴场水质年度综合评价等级为“优”；如果有一项或一项以上水质要素判别结果为“良”，且没有水质要素判别结果为“差”，则判定海水浴场水质年度综合评价等级为“良”；如果有一项或一项以上水质要素判别结果为“差”，则判定海水浴场水质年度综合评价等级为“差”。

3.13 海洋渔业水域

（1）评价依据

海洋渔业水域水质评价参照《渔业水质标准》（GB 11607—1989），其中未包含的项目参照《海水水质标准》（GB 3097—1997），海水鱼虾类产卵场、索饵场及水生生物自然保护区和水产种质资源保护区参照一类标准。海洋重要渔业水域沉积物评价标准参照《海洋沉积物质量》（GB 18668—2002）一类标准。

（2）评价指标

水体中石油类、无机氮、活性磷酸盐、化学需氧量、非离子氨、挥发性酚、铜、锌、铅、镉、汞、铬和砷，沉积物中石油类、铜、锌、铅、镉、汞、砷、铬。

4 声环境

4.1 城市功能区

（1）评价依据

《声环境质量标准》（GB 3096—2008）。

（2）评价指标

昼间、夜间监测点次的达标率。

（3）评价方法

城市功能区中，0 类区主要为康复疗养区，1 类区主要为居民文教区，2 类区主要为商住混合区，3 类区主要为工业、仓储物流区，4a 类为交通干线两侧区域，4b 类为铁路干线两侧区域，各类声环境功能区的环境噪声等效声级限值如附表 2.4.1-1 所示。

附表 2.4.1-1 各类声环境功能区的环境噪声等效声级限值

功能区	0 类	1 类	2 类	3 类	4a 类	4b 类
昼间/dB（A）	≤50	≤55	≤60	≤65	≤70	≤70
夜间/dB（A）	≤40	≤45	≤50	≤55	≤55	≤60

4.2 城市区域

（1）评价依据

《环境噪声监测技术规范　城市声环境常规监测》（HJ 640—2012）。

（2）评价指标

昼间平均等效声级和夜间平均等效声级。

（3）评价方法

城市区域环境噪声总体水平等级“一级”至“五级”可分别对应评价为“好”“较好”“一般”“较差”和“差”，按附表2.4.2-1进行评价。

附表2.4.2-1　城市区域环境噪声总体水平等级划分

等级	一级	二级	三级	四级	五级
昼间平均等效声级（$\overline{S}_d$）/dB（A）	≤50.0	50.1～55.0	55.1～60.0	60.1～65.0	＞65.0
夜间平均等效声级（$\overline{S}_n$）/dB（A）	≤40.0	40.1～45.0	45.1～50.0	50.1～55.0	＞55.0

4.3 道路交通

（1）评价依据

《环境噪声监测技术规范　城市声环境常规监测》（HJ 640—2012）。

（2）评价指标

昼间平均等效声级和夜间平均等效声级。

（3）评价方法

道路交通噪声强度等级“一级”至“五级”可分别对应评价为“好”“较好”“一般”“较差”和“差”，噪声强度等级按附表2.4.3-1进行评价。

附表2.4.3-1　道路交通噪声强度等级划分

等级	一级	二级	三级	四级	五级
昼间平均等效声级（$\overline{L}_d$）/dB（A）	≤68.0	68.1～70.0	70.1～72.0	72.1～74.0	＞74.0
夜间平均等效声级（$\overline{L}_n$）/dB（A）	≤58.0	58.1～60.0	60.1～62.0	62.1～64.0	＞64.0

5 生态状况

5.1 全国

（1）评价依据

《区域生态质量评价办法（试行）》（环监测〔2021〕99号）。

（2）评价指标

评价指标包括生态格局、生态功能、生物多样性和生态胁迫 4 个一级指标、11 个二级指标和 18 个三级指标。

5.2 自然保护区人类活动

（1）评价依据

《自然保护地人类活动遥感监测技术规范》（HJ 1156—2021）。

（2）评价指标

自然保护区人类活动遥感监测指标：人类活动类型、变化类型、变化情况、人类活动面积/长度、位置等。

人类活动类型包括矿产资源开发、工业开发、能源开发、旅游开发、交通开发、养殖开发、农业开发、居民点与其他活动 8 种一级类型。变化类型包括新增、扩大、减少。人类活动面积/长度包括人类活动面状图斑的面积和道路的长度。位置包括人类活动所在的具体位置及经纬度坐标信息。

6 农村环境

6.1 空气

（1）评价依据

《环境空气质量标准》（GB 3095—2012）、《环境空气质量指数（AQI）技术规定（试行）》（HJ 633—2012）。

（2）评价指标

二氧化硫（SO_2）、二氧化氮（NO_2）、可吸入颗粒物（PM_{10}）、细颗粒物（$PM_{2.5}$）、一氧化碳（CO）和臭氧（O_3）。

（3）指标计算与评价方法

每项污染物达到或好于环境空气质量二级标准为达标，超过二级标准为超标。优良天数比例指所有村庄的空气质量指数（AQI）小于等于 100 的天数占有效监测天数的比例。

6.2 地表水

（1）评价依据

《地表水环境质量标准》（GB 3838—2002）、《地表水环境质量评价办法（试行）》（环办〔2011〕22 号）。

（2）评价指标

《地表水环境质量标准》（GB 3838—2002）表 1 中除水温、总氮、粪大肠菌群以外的 21 项指标。水温、总氮、粪大肠菌群作为参考指标单独评价（河流总氮除外）。

（3）指标计算与评价方法

水质类别评价采用单因子评价法。

6.3 千吨万人饮用水水源

（1）评价依据

《地表水环境质量标准》（GB 3838—2002）和《地下水质量标准》（GB/T 14848—2017）III类标准或相应标准值。

（2）评价指标

地表水饮用水水源评价指标为《地表水环境质量标准》（GB 3838—2002）表 1 中除化学需氧量、水温、总氮、粪大肠菌群以外的 20 项指标［化学需氧量不参评，水温、总氮、粪大肠菌群作为参考指标单独评价（河流总氮除外）］、表 2 中的 5 项指标，共 28 项；地下水饮用水水源评价指标为《地下水质量标准》（GB/T 14848—2017）中 39 项常规指标。

（3）指标计算与评价方法

季度水质评价采用单因子评价法，分为达标和不达标两类；年度水质评价采用各季度累计评价结果加和评价，各季度水质均达标，则为达标断面（点位）。

6.4 农田灌溉水

（1）评价依据

《农田灌溉水质标准》（GB 5084—2021）。

（2）评价指标

《农田灌溉水质标准》（GB 5084—2021）中 16 项基本控制项目。

（3）指标计算与评价方法

水质评价采用单因子评价法，分为达标和不达标两类。

6.5 农业面源污染遥感监测

（1）评价依据

《生态环境监测规划纲要（2020—2035 年）》、《“十四五”生态环境监测规划》、《2021 年国家生态环境监测方案》（环办监测函〔2021〕88 号）。

（2）评价指标

农业面源污染总氮排放负荷和入河负荷；农业面源污染总磷排放负荷和入河负荷。

（3）评价指标计算方法

采用遥感面源污染估算模型（Diffuse Pollution Estimation with Remote Sensing，DPeRS），对种植业、畜禽养殖业和农村生活等农业面源污染总氮、总磷因子排放负荷和入河负荷进行估算。

7 土壤环境

（1）评价依据

根据《土壤环境质量　农用地土壤污染风险管控标准（试行）》（GB 15618—2018）进行土壤环境质量评价。

（2）评价指标

评价指标及标准值见附表 2.7-1 和附表 2.7-2。

附表 2.7-1　农用地土壤污染风险筛选值

污染物项目*		风险筛选值/（mg/kg）			
		pH≤5.5	5.5＜pH≤6.5	6.5＜pH≤7.5	pH＞7.5
镉	水田	0.3	0.4	0.6	0.8
	其他	0.3	0.3	0.3	0.6
汞	水田	0.5	0.5	0.6	1.0
	其他	1.3	1.8	2.4	3.4
砷	水田	30	30	25	20
	其他	40	40	30	25
铅	水田	80	100	140	240
	其他	70	90	120	170
铬	水田	250	250	300	350
	其他	150	150	200	250
铜	果园	150	150	200	200
	其他	50	50	100	100
镍		60	70	100	190
锌		200	200	250	300
六六六总量**		0.10			
滴滴涕总量***		0.10			
苯并[a]芘		0.55			

注：*重金属和类金属砷均按元素总量计；对于水旱轮作地，采用其中较严格的风险筛选值；

**六六六总量为 α-六六六、β-六六六、γ-六六六、δ-六六六 4 种异构体的含量总和；

***滴滴涕总量为 p,p'-滴滴伊、p,p'-滴滴滴、o,p'-滴滴涕、p,p'-滴滴涕 4 种衍生物的含量总和。

附表 2.7-2　农用地土壤污染风险管制值

污染物项目	风险管制值/（mg/kg）			
	pH≤5.5	5.5<pH≤6.5	6.5<pH≤7.5	pH>7.5
镉	1.5	2.0	3.0	4.0
汞	2.0	2.5	4.0	6.0
砷	200	150	120	100
铅	400	500	700	1 000
铬	800	850	1 000	1 300

8　辐射环境

（1）评价依据

《辐射环境监测技术规范》（HJ 61—2021）、《生活饮用水卫生标准》（GB 5749—2006）、《海水水质标准》（GB 3097—1997）、《食品中放射性物质限制浓度标准》（GB 14882—94）、《电磁环境控制限值》（GB 8702—2014）等标准以及《控制图　第 2 部分：常规控制图》（GB/T 17989.2—2020）、《数据的统计处理和解释　正态样本离群值的判断和处理》（GB/T 4883—2008）、《数据的统计处理和解释　正态分布均值和方差的估计与检验》（GB/T 4889—2008）等数据统计处理标准。

（2）评价指标

环境γ辐射水平和空气、水体、土壤、生物等环境介质中放射性水平以及环境电磁辐射水平。其中：

环境γ辐射水平包括环境γ辐射剂量率自动监测和累积监测结果；

环境介质中放射性水平包括总α和总β活度浓度；铀、钍、铍-7、钾-40、铅-210、钋-210、镭-226、钍-232 和铀-238 等天然放射性核素活度浓度；氚、锶-90、碘-131、铯-134、铯-137 等人工放射性核素活度浓度；

环境电磁辐射水平为电场强度。

（3）评价方法

采用数据统计处理和解释系列标准中的 Grubbs 检验、控制图等方法进行本底涨落评价和异常评价。

采用数据统计处理和解释系列标准中均值检验、置信区间等方法进行全国环境天然放射性水平调查结果、相关标准规定值的对比评价。

9　污染源

（1）评价依据

废水、废气均按照排污单位所执行的污染物排放（控制）标准限值进行评价。

（2）评价方法

对排污单位的一次监测中，任一排污口排放的任何一项污染物浓度超过排放标准限值，则该排污口本次监测为不达标；排污企业任一排污口不达标，则该排污企业本次监测为不达标。

单项污染物达标评价指一次监测中排污企业的任一排污口单项污染物浓度不达标，则排污企业本次监测该单项污染物为不达标。

附录三 部分监测数据

附表 3-1 339 个城市六项污染物浓度及环境空气质量达标情况

省份	城市名称	SO_2 年均浓度/（μg/m³）	NO_2 年均浓度/（μg/m³）	PM_{10} 年均浓度/（μg/m³）	CO 日均值第 95 百分位数浓度/（mg/m³）	O_3 日最大 8 h 平均值第 90 百分位数浓度/（μg/m³）	$PM_{2.5}$ 年均浓度/（μg/m³）	达标情况
北京	北京市	3	26	55	1.1	149	33	达标
天津	天津市	8	37	69	1.4	160	39	未达标
河北	石家庄市	9	32	84	1.4	173	46	未达标
河北	唐山市	10	39	79	1.9	161	43	未达标
河北	秦皇岛市	11	32	63	1.8	154	34	达标
河北	邯郸市	12	28	78	1.6	174	46	未达标
河北	邢台市	10	31	75	1.6	172	43	未达标
河北	保定市	8	36	79	1.3	175	43	未达标
河北	承德市	11	30	55	1.6	131	30	达标
河北	沧州市	8	31	69	1.2	164	40	未达标
河北	廊坊市	7	36	73	1.3	171	37	未达标
河北	衡水市	12	30	70	1.0	165	42	未达标
河北	张家口市	9	18	48	1.0	144	23	达标
山西	太原市	14	39	83	1.5	192	44	未达标
山西	大同市	21	24	60	1.4	140	28	达标
山西	阳泉市	19	36	73	1.5	171	43	未达标
山西	长治市	14	26	65	1.6	159	38	未达标
山西	晋城市	10	28	76	1.8	180	35	未达标
山西	朔州市	15	28	78	1.1	143	31	未达标
山西	晋中市	18	31	67	1.2	179	37	未达标
山西	运城市	10	25	84	1.9	173	48	未达标
山西	忻州市	16	28	73	1.2	161	40	未达标
山西	临汾市	12	34	72	2.0	197	53	未达标
山西	吕梁市	13	40	83	1.0	161	27	未达标

省份	城市名称	SO_2 年均浓度/（μg/m³）	NO_2 年均浓度/（μg/m³）	PM_{10} 年均浓度/（μg/m³）	CO 日均值第95百分位数浓度/（mg/m³）	O_3 日最大8 h平均值第90百分位数浓度/（μg/m³）	$PM_{2.5}$ 年均浓度/（μg/m³）	达标情况
内蒙古	呼和浩特市	11	28	60	1.4	144	28	达标
内蒙古	包头市	15	32	65	1.9	142	30	达标
内蒙古	乌海市	22	25	81	1.5	151	26	未达标
内蒙古	赤峰市	14	23	46	1.0	119	22	达标
内蒙古	通辽市	9	20	52	0.7	120	29	达标
内蒙古	鄂尔多斯市	11	22	57	0.9	151	22	达标
内蒙古	呼伦贝尔市	4	12	28	0.6	100	17	达标
内蒙古	巴彦淖尔市	10	15	68	0.9	142	25	达标
内蒙古	乌兰察布市	17	21	47	0.9	140	21	达标
内蒙古	兴安盟	5	14	35	0.8	106	24	达标
内蒙古	锡林郭勒盟	10	10	26	0.5	113	9	达标
内蒙古	阿拉善盟	6	8	42	0.6	150	20	达标
辽宁	沈阳市	15	33	65	1.5	135	38	未达标
辽宁	大连市	9	26	49	1.0	140	28	达标
辽宁	鞍山市	13	27	69	1.9	131	39	未达标
辽宁	抚顺市	13	26	66	1.4	134	40	未达标
辽宁	本溪市	16	29	57	1.9	119	30	达标
辽宁	丹东市	12	19	48	1.5	120	28	达标
辽宁	锦州市	20	29	63	1.5	123	42	未达标
辽宁	营口市	11	29	64	1.7	144	37	未达标
辽宁	阜新市	19	22	63	1.2	132	34	达标
辽宁	辽阳市	15	27	62	1.8	127	37	未达标
辽宁	盘锦市	13	28	45	1.4	141	34	达标
辽宁	铁岭市	7	26	60	1.2	130	34	达标
辽宁	朝阳市	12	20	58	1.4	126	31	达标
辽宁	葫芦岛市	21	29	66	1.6	130	38	未达标
吉林	长春市	9	31	54	1.0	116	31	达标
吉林	吉林市	12	24	51	1.1	120	32	达标
吉林	四平市	9	25	55	1.0	126	28	达标
吉林	辽源市	12	20	47	1.2	127	32	达标
吉林	通化市	17	20	44	1.4	115	23	达标

省份	城市名称	SO_2年均浓度/（μg/m³）	NO_2年均浓度/（μg/m³）	PM_{10}年均浓度/（μg/m³）	CO日均值第95百分位数浓度/（mg/m³）	O_3日最大8 h平均值第90百分位数浓度/（μg/m³）	$PM_{2.5}$年均浓度/（μg/m³）	达标情况
吉林	白山市	15	21	57	1.6	110	25	达标
吉林	松原市	6	18	43	1.0	123	23	达标
吉林	白城市	9	14	38	0.7	107	23	达标
吉林	延边州	10	15	35	0.9	102	21	达标
黑龙江	哈尔滨市	16	31	57	1.2	128	37	未达标
黑龙江	齐齐哈尔市	15	16	44	0.9	113	20	达标
黑龙江	鸡西市	9	28	53	1.1	106	30	达标
黑龙江	鹤岗市	8	15	44	1.0	108	23	达标
黑龙江	双鸭山市	9	15	43	1.0	108	26	达标
黑龙江	大庆市	9	18	41	0.9	126	27	达标
黑龙江	伊春市	9	13	33	1.0	99	23	达标
黑龙江	佳木斯市	7	21	45	1.0	109	29	达标
黑龙江	七台河市	11	24	51	1.0	115	29	达标
黑龙江	牡丹江市	8	23	51	1.1	104	29	达标
黑龙江	黑河市	6	12	26	0.7	94	15	达标
黑龙江	绥化市	8	16	49	1.0	121	33	达标
黑龙江	大兴安岭地区	8	11	22	0.8	110	16	达标
上海	上海市	6	35	43	0.9	145	27	达标
江苏	南京市	6	33	56	1.0	168	29	未达标
江苏	无锡市	7	34	54	1.1	175	29	未达标
江苏	徐州市	9	32	75	1.2	156	42	未达标
江苏	常州市	9	38	61	1.1	180	36	未达标
江苏	苏州市	6	33	48	1.0	162	28	未达标
江苏	南通市	6	26	45	1.0	156	30	达标
江苏	连云港市	10	27	57	1.1	150	32	达标
江苏	淮安市	6	25	59	1.0	153	36	未达标
江苏	盐城市	5	21	50	0.9	150	28	达标
江苏	扬州市	9	31	62	0.9	176	33	未达标
江苏	镇江市	7	30	58	1.0	175	36	未达标
江苏	泰州市	7	23	56	1.0	157	33	达标

省份	城市名称	SO_2 年均浓度/（μg/m³）	NO_2 年均浓度/（μg/m³）	PM_{10} 年均浓度/（μg/m³）	CO 日均值第 95 百分位数浓度/（mg/m³）	O_3 日最大 8 h 平均值第 90 百分位数浓度/（μg/m³）	$PM_{2.5}$ 年均浓度/（μg/m³）	达标情况
江苏	宿迁市	6	25	66	0.9	157	38	未达标
浙江	杭州市	6	34	55	0.9	162	28	未达标
浙江	宁波市	9	34	40	0.9	137	21	达标
浙江	温州市	5	33	51	0.8	126	25	达标
浙江	嘉兴市	7	34	49	1.0	156	26	达标
浙江	湖州市	6	36	53	0.9	170	25	未达标
浙江	金华市	6	32	50	1.0	145	27	达标
浙江	衢州市	6	28	51	1.0	142	24	达标
浙江	舟山市	5	19	31	0.8	130	15	达标
浙江	台州市	5	23	44	0.7	129	23	达标
浙江	丽水市	6	19	40	0.7	119	21	达标
浙江	绍兴市	7	30	50	0.9	149	27	达标
安徽	合肥市	7	36	63	1.0	143	32	达标
安徽	芜湖市	9	32	57	1.1	152	34	达标
安徽	蚌埠市	11	27	68	0.8	155	37	未达标
安徽	淮南市	8	23	71	0.9	162	42	未达标
安徽	马鞍山市	9	33	61	1.2	159	35	达标
安徽	淮北市	7	23	73	1.0	152	41	未达标
安徽	铜陵市	11	35	65	1.2	138	34	达标
安徽	安庆市	7	24	50	1.0	140	33	达标
安徽	黄山市	6	12	33	0.8	120	20	达标
安徽	滁州市	8	28	63	1.0	159	34	达标
安徽	阜阳市	7	24	72	0.9	149	44	未达标
安徽	宿州市	6	23	71	0.8	154	41	未达标
安徽	六安市	6	25	62	1.0	145	32	达标
安徽	亳州市	6	18	72	0.9	154	38	未达标
安徽	池州市	7	25	52	1.1	152	31	达标
安徽	宣城市	7	26	45	0.9	142	30	达标
福建	福州市	4	18	39	0.8	113	21	达标
福建	厦门市	5	19	36	0.7	128	20	达标
福建	莆田市	5	15	40	0.8	133	22	达标

省份	城市名称[a]	SO_2年均浓度/（μg/m³）	NO_2年均浓度/（μg/m³）	PM_{10}年均浓度/（μg/m³）	CO日均值第95百分位数浓度/（mg/m³）	O_3日最大8 h平均值第90百分位数浓度/（μg/m³）	$PM_{2.5}$年均浓度/（μg/m³）	达标情况
福建	三明市	8	22	40	1.2	114	25	达标
福建	泉州市	5	18	40	0.7	138	21	达标
福建	漳州市	6	24	46	0.7	138	24	达标
福建	南平市	6	14	31	0.8	108	20	达标
福建	龙岩市	8	21	36	0.7	118	20	达标
福建	宁德市	5	16	38	0.9	128	21	达标
江西	南昌市	8	27	61	1.1	134	31	达标
江西	景德镇市	11	20	48	0.9	112	25	达标
江西	萍乡市	16	23	54	1.9	126	36	未达标
江西	九江市	8	28	55	0.9	137	33	达标
江西	新余市	18	25	58	1.3	122	31	达标
江西	鹰潭市	15	20	39	0.9	128	26	达标
江西	赣州市	9	19	45	1.2	123	23	达标
江西	吉安市	11	18	50	1.0	127	27	达标
江西	宜春市	11	22	56	1.3	127	31	达标
江西	抚州市	8	16	47	1.0	124	26	达标
江西	上饶市	18	21	49	0.9	129	28	达标
山东	济南市	11	33	78	1.3	181	40	未达标
山东	青岛市	8	30	56	1.1	144	28	达标
山东	淄博市	14	35	77	1.6	183	47	未达标
山东	枣庄市	14	29	83	1.0	173	45	未达标
山东	东营市	14	27	65	1.2	166	36	未达标
山东	烟台市	9	27	53	1.1	150	27	达标
山东	潍坊市	8	31	71	1.3	156	38	未达标
山东	济宁市	10	28	78	1.2	169	47	未达标
山东	泰安市	12	29	76	1.3	184	42	未达标
山东	威海市	5	18	43	0.8	145	24	达标
山东	日照市	8	29	59	1.2	153	31	达标
山东	临沂市	11	33	78	1.4	168	43	未达标
山东	德州市	10	27	80	1.2	171	43	未达标
山东	聊城市	14	32	85	1.2	166	46	未达标

省份	城市名称	SO_2年均浓度/（μg/m³）	NO_2年均浓度/（μg/m³）	PM_{10}年均浓度/（μg/m³）	CO 日均值第95百分位数浓度/（mg/m³）	O_3日最大8 h平均值第90百分位数浓度/（μg/m³）	$PM_{2.5}$年均浓度/（μg/m³）	达标情况
山东	滨州市	16	31	74	1.4	180	40	未达标
山东	菏泽市	10	27	93	1.1	168	48	未达标
河南	郑州市	8	32	76	1.2	177	42	未达标
河南	开封市	8	27	80	1.1	168	47	未达标
河南	洛阳市	6	29	77	1.1	172	43	未达标
河南	平顶山市	9	28	80	1.1	152	46	未达标
河南	安阳市	9	31	89	1.8	176	49	未达标
河南	鹤壁市	11	31	88	1.7	176	50	未达标
河南	新乡市	11	32	93	1.6	173	47	未达标
河南	焦作市	10	26	84	1.4	183	45	未达标
河南	濮阳市	9	28	78	1.3	164	51	未达标
河南	许昌市	10	26	69	1.3	154	44	未达标
河南	漯河市	8	22	80	1.1	154	49	未达标
河南	三门峡市	8	29	71	1.2	158	42	未达标
河南	南阳市	9	23	77	1.3	149	46	未达标
河南	商丘市	8	24	71	1.1	157	45	未达标
河南	信阳市	7	21	62	1.0	140	38	未达标
河南	周口市	9	21	71	1.2	147	44	未达标
河南	驻马店市	8	21	66	1.1	146	42	未达标
湖北	武汉市	8	40	59	1.3	155	37	未达标
湖北	黄石市	14	30	64	1.8	156	33	达标
湖北	十堰市	6	21	52	1.0	123	31	达标
湖北	宜昌市	7	25	58	1.1	137	39	未达标
湖北	襄阳市	10	26	64	1.1	143	49	未达标
湖北	鄂州市	9	31	67	1.2	154	36	未达标
湖北	荆门市	5	24	56	1.0	140	44	未达标
湖北	孝感市	7	20	58	1.4	150	33	达标
湖北	荆州市	8	25	64	1.3	134	35	达标
湖北	黄冈市	12	22	61	1.0	161	31	未达标
湖北	咸宁市	7	17	48	0.9	140	29	达标
湖北	随州市	8	20	59	1.2	140	36	未达标

省份	城市名称	SO_2 年均浓度/（μg/m³）	NO_2 年均浓度/（μg/m³）	PM_{10} 年均浓度/（μg/m³）	CO 日均值第 95 百分位数浓度/（mg/m³）	O_3 日最大 8 h 平均值第 90 百分位数浓度/（μg/m³）	$PM_{2.5}$ 年均浓度/（μg/m³）	达标情况
湖北	恩施州	7	14	48	1.2	98	24	达标
湖南	长沙市	7	29	52	1.1	144	43	未达标
湖南	株洲市	7	29	53	1.1	142	40	未达标
湖南	湘潭市	8	29	56	1.1	141	43	未达标
湖南	衡阳市	11	21	54	1.2	130	35	达标
湖南	邵阳市	13	20	54	1.2	124	38	未达标
湖南	岳阳市	9	25	54	1.1	140	36	未达标
湖南	常德市	9	20	51	1.1	132	41	未达标
湖南	张家界市	2	15	44	0.9	105	27	达标
湖南	益阳市	5	21	52	1.5	131	36	未达标
湖南	郴州市	9	21	41	1.1	123	28	达标
湖南	永州市	9	18	48	1.0	124	33	达标
湖南	怀化市	7	14	50	1.2	115	28	达标
湖南	娄底市	7	22	55	1.4	121	37	未达标
湖南	湘西州	7	14	38	1.0	109	24	达标
广东	广州市	8	34	46	1.0	160	24	达标
广东	韶关市	9	19	39	1.0	140	24	达标
广东	深圳市	6	24	37	0.8	130	18	达标
广东	珠海市	6	22	37	0.8	144	20	达标
广东	汕头市	9	16	35	0.8	138	20	达标
广东	佛山市	8	32	46	1.0	169	23	未达标
广东	江门市	7	30	45	1.0	163	23	未达标
广东	湛江市	9	14	37	0.8	131	23	达标
广东	茂名市	11	14	41	0.9	125	21	达标
广东	肇庆市	10	26	38	0.9	145	22	达标
广东	惠州市	8	20	40	0.7	145	19	达标
广东	梅州市	7	21	33	0.8	122	20	达标
广东	汕尾市	8	11	32	0.8	138	18	达标
广东	河源市	7	19	39	1.0	133	21	达标
广东	阳江市	7	17	37	0.9	140	21	达标
广东	清远市	7	24	40	1.1	158	23	达标

省份	城市名称	SO_2年均浓度/（μg/m³）	NO_2年均浓度/（μg/m³）	PM_{10}年均浓度/（μg/m³）	CO日均值第95百分位数浓度/（mg/m³）	O_3日最大8 h平均值第90百分位数浓度/（μg/m³）	$PM_{2.5}$年均浓度/（μg/m³）	达标情况
广东	东莞市	9	29	42	0.9	165	22	未达标
广东	中山市	5	25	39	0.9	154	20	达标
广东	潮州市	9	15	41	0.9	144	23	达标
广东	揭阳市	8	19	44	1.0	146	27	达标
广东	云浮市	11	24	44	1.0	124	24	达标
广西	南宁市	8	25	47	1.0	129	28	达标
广西	柳州市	11	21	47	1.2	122	30	达标
广西	桂林市	11	20	45	1.2	121	29	达标
广西	梧州市	12	26	53	1.3	117	26	达标
广西	北海市	8	12	41	1.0	133	24	达标
广西	防城港市	10	17	44	1.0	113	23	达标
广西	钦州市	10	18	49	1.2	121	28	达标
广西	贵港市	6	21	49	1.1	133	29	达标
广西	玉林市	11	17	46	1.0	126	30	达标
广西	百色市	13	17	51	1.2	120	29	达标
广西	贺州市	9	19	46	1.0	121	27	达标
广西	河池市	8	20	48	1.0	104	26	达标
广西	来宾市	13	18	53	1.2	131	33	达标
广西	崇左市	9	16	49	1.0	124	30	达标
海南	海口市	4	10	28	0.7	124	14	达标
海南	三亚市	4	8	24	0.6	106	12	达标
海南	三沙市	2	7	26	0.6	95	9	达标
海南	儋州市	7	10	29	0.7	102	15	达标
重庆	重庆市	9	32	54	1.0	127	35	达标
四川	成都市	6	35	61	1.0	151	40	未达标
四川	自贡市	8	24	66	0.9	142	43	未达标
四川	攀枝花市	22	29	47	2.3	133	31	达标
四川	泸州市	12	27	52	1.0	137	41	未达标
四川	德阳市	6	31	63	1.0	146	37	未达标
四川	绵阳市	8	26	57	1.0	139	35	达标
四川	广元市	7	27	41	1.2	112	24	达标

省份	城市名称	SO_2年均浓度/（μg/m³）	NO_2年均浓度/（μg/m³）	PM_{10}年均浓度/（μg/m³）	CO日均值第95百分位数浓度/（mg/m³）	O_3日最大8 h平均值第90百分位数浓度/（μg/m³）	$PM_{2.5}$年均浓度/（μg/m³）	达标情况
四川	遂宁市	8	20	49	0.9	126	30	达标
四川	内江市	9	24	52	1.1	137	35	达标
四川	乐山市	7	26	55	1.1	138	37	未达标
四川	南充市	5	21	55	1.1	107	37	未达标
四川	眉山市	9	31	54	1.1	149	34	达标
四川	宜宾市	8	29	60	0.9	142	44	未达标
四川	广安市	6	19	51	1.1	127	34	达标
四川	达州市	9	31	60	1.4	96	38	未达标
四川	雅安市	7	20	40	0.8	118	28	达标
四川	巴中市	4	24	44	1.0	108	28	达标
四川	资阳市	6	24	50	1.0	132	28	达标
四川	阿坝州	12	11	26	1.0	108	17	达标
四川	甘孜州	8	20	17	0.6	96	8	达标
四川	凉山州	11	15	36	0.8	129	21	达标
贵州	贵阳市	10	20	42	0.9	114	23	达标
贵州	六盘水市	6	13	37	1.0	105	25	达标
贵州	遵义市	12	18	39	0.9	112	24	达标
贵州	安顺市	13	10	31	0.9	123	25	达标
贵州	铜仁市	4	16	39	1.0	101	23	达标
贵州	黔西南州	8	16	32	0.8	116	22	达标
贵州	毕节市	8	14	35	0.8	123	25	达标
贵州	黔东南州	8	18	32	1.0	100	23	达标
贵州	黔南州	6	9	27	1.1	106	18	达标
云南	昆明市	9	23	41	0.9	134	24	达标
云南	曲靖市	8	16	37	1.0	142	23	达标
云南	玉溪市	9	19	36	1.5	135	21	达标
云南	保山市	5	10	29	0.8	134	23	达标
云南	昭通市	9	14	37	0.9	122	24	达标
云南	丽江市	6	9	24	0.8	119	12	达标
云南	普洱市	6	16	34	0.8	131	21	达标
云南	临沧市	8	14	38	1.0	125	28	达标

省份	城市名称	SO_2年均浓度/（μg/m^3）	NO_2年均浓度/（μg/m^3）	PM_{10}年均浓度/（μg/m^3）	CO日均值第95百分位数浓度/（mg/m^3）	O_3日最大8 h平均值第90百分位数浓度/（μg/m^3）	$PM_{2.5}$年均浓度/（μg/m^3）	达标情况
云南	楚雄州	10	16	31	1.0	128	20	达标
云南	红河州	12	9	35	0.9	122	27	达标
云南	文山州	6	11	33	0.8	116	23	达标
云南	西双版纳州	8	18	40	1.0	124	22	达标
云南	大理州	6	12	26	0.8	122	17	达标
云南	德宏州	7	21	47	1.0	127	27	达标
云南	怒江州	8	15	39	1.2	116	24	达标
云南	迪庆州	8	8	17	0.8	120	15	达标
西藏	拉萨市	6	16	24	0.8	121	10	达标
西藏	昌都市	8	8	15	0.8	118	8	达标
西藏	山南市	7	17	22	0.6	120	9	达标
西藏	日喀则市	5	9	21	0.8	129	8	达标
西藏	那曲地区	8	14	30	1.5	126	20	达标
西藏	阿里地区	9	9	16	0.6	152	7	达标
西藏	林芝市	9	6	15	0.7	105	8	达标
陕西	西安市	8	40	82	1.3	154	41	未达标
陕西	铜川市	10	28	66	1.1	153	36	未达标
陕西	宝鸡市	7	28	65	1.0	142	40	未达标
陕西	咸阳市	10	40	85	1.3	161	48	未达标
陕西	渭南市	12	36	84	1.4	163	44	未达标
陕西	延安市	5	34	56	1.5	139	27	达标
陕西	汉中市	9	23	60	1.7	125	38	未达标
陕西	榆林市	9	35	56	1.2	151	26	达标
陕西	安康市	10	19	47	1.1	113	29	达标
陕西	商洛市	8	21	43	0.8	131	24	达标
甘肃	兰州市	15	46	72	2.0	145	32	未达标
甘肃	嘉峪关市	14	19	54	0.8	129	19	达标
甘肃	金昌市	16	15	58	1.0	122	18	达标
甘肃	白银市	31	24	59	1.2	118	23	达标
甘肃	天水市	11	27	52	1.4	130	25	达标
甘肃	武威市	7	23	65	1.0	129	28	达标

省份	城市名称	SO_2年均浓度/（μg/m³）	NO_2年均浓度/（μg/m³）	PM_{10}年均浓度/（μg/m³）	CO日均值第95百分位数浓度/（mg/m³）	O_3日最大8 h平均值第90百分位数浓度/（μg/m³）	$PM_{2.5}$年均浓度/（μg/m³）	达标情况
甘肃	张掖市	9	23	52	0.8	127	25	达标
甘肃	平凉市	7	33	48	0.9	130	17	达标
甘肃	酒泉市	7	22	64	0.8	130	23	达标
甘肃	庆阳市	9	15	49	1.0	129	23	达标
甘肃	定西市	12	24	52	1.2	132	22	达标
甘肃	陇南市	16	21	44	1.7	114	18	达标
甘肃	临夏州	8	27	55	1.6	133	26	达标
甘肃	甘南州	12	19	34	0.8	122	14	达标
青海	西宁市	18	36	58	2.0	142	32	达标
青海	海东市	15	32	59	1.3	137	33	达标
青海	海北州	14	12	31	0.8	139	21	达标
青海	黄南州	9	10	40	1.1	120	21	达标
青海	海南州	11	16	33	0.9	126	19	达标
青海	果洛州	15	15	32	0.6	139	18	达标
青海	玉树州	14	11	24	0.9	100	9	达标
青海	海西州	15	16	31	0.6	131	13	达标
宁夏	银川市	14	30	63	1.5	152	27	达标
宁夏	石嘴山市	24	28	74	1.8	153	33	未达标
宁夏	吴忠市	12	21	62	1.0	149	27	达标
宁夏	固原市	5	21	45	1.0	133	20	达标
宁夏	中卫市	11	26	65	0.6	138	27	达标
新疆	乌鲁木齐市	7	38	65	1.8	134	39	未达标
新疆	克拉玛依市	6	22	48	1.1	119	23	达标
新疆	吐鲁番地区	8	31	102	2.5	129	39	未达标
新疆	哈密市	10	26	74	1.0	122	21	未达标
新疆	昌吉州	11	35	84	2.6	138	51	未达标
新疆	博州	9	19	57	1.0	122	21	达标
新疆	巴州	4	25	83	0.8	121	27	未达标
新疆	阿克苏地区	6	29	87	1.7	124	35	未达标
新疆	克州	4	13	76	1.4	130	24	未达标
新疆	喀什地区	7	35	118	3.1	133	55	未达标

省份	城市名称	SO_2年均浓度/（μg/m^3）	NO_2年均浓度/（μg/m^3）	PM_{10}年均浓度/（μg/m^3）	CO 日均值第95百分位数浓度/（mg/m^3）	O_3日最大8 h平均值第90百分位数浓度/（μg/m^3）	$PM_{2.5}$年均浓度/（μg/m^3）	达标情况
新疆	和田地区	12	25	123	2.6	128	44	未达标
新疆	伊犁州	12	30	64	3.2	122	36	未达标
新疆	塔城地区	5	11	38	0.9	102	12	达标
新疆	阿勒泰地区	3	14	16	0.7	102	10	达标
新疆	石河子市	9	37	87	2.0	133	54	未达标
新疆	五家渠市	9	30	102	2.6	130	58	未达标

注：各城市$PM_{2.5}$和PM_{10}年均浓度均已扣除沙尘天气影响。